数据科学与工程导论

Introduction to Data Science and Engineering

王伟 刘垚 编著

华东师范大学出版社
·上海·

图书在版编目(CIP)数据

数据科学与工程导论/王伟,刘垚编著. —上海:华东师范大学出版社,2020
ISBN 978 - 7 - 5760 - 0404 - 5

Ⅰ.①数… Ⅱ.①王…②刘… Ⅲ.①数据管理 Ⅳ.①TP274

中国版本图书馆 CIP 数据核字(2020)第 164281 号

数据科学与工程导论

编　　著	王　伟　刘　垚
责任编辑	李　琴
特约审读	戎甘润
责任校对	王丽平　时东明
装帧设计	俞　越
出版发行	华东师范大学出版社
社　　址	上海市中山北路 3663 号　邮编 200062
网　　址	www.ecnupress.com.cn
电　　话	021 - 60821666　行政传真 021 - 62572105
客服电话	021 - 62865537　门市(邮购)电话 021 - 62869887
地　　址	上海市中山北路 3663 号华东师范大学校内先锋路口
网　　店	http://hdsdcbs.tmall.com
印 刷 者	杭州名典古籍印务有限公司
开　　本	787×1092　16 开
印　　张	33.25
字　　数	654 千字
版　　次	2021 年 1 月第 1 版
印　　次	2021 年 1 月第 1 次
书　　号	ISBN 978 - 7 - 5760 - 0404 - 5
定　　价	69.00 元
出版人	王　焰

(如发现本版图书有印订质量问题,请寄回本社客服中心调换或电话 021 - 62865537 联系)

"数据科学与工程"系列教材编委会

组长　周傲英　华东师范大学
成员　（按姓氏笔画排序）
　　　　于　戈　东北大学
　　　　王　伟　华东师范大学
　　　　王时绘　湖北大学
　　　　王善平　华东师范大学
　　　　古天龙　桂林电子科技大学
　　　　印　鉴　中山大学
　　　　乔保军　河南大学
　　　　杜小勇　中国人民大学
　　　　李　明　华东师范大学
　　　　李战怀　西北工业大学
　　　　岳　昆　云南大学
　　　　金澈清　华东师范大学
　　　　周　勇　中国矿业大学
　　　　周　烜　华东师范大学
　　　　秦永彬　贵州大学
　　　　钱卫宁　华东师范大学
　　　　高　宏　哈尔滨工业大学
　　　　高　明　华东师范大学
　　　　黄　波　华东师范大学
　　　　黄定江　华东师范大学
　　　　常耀辉　石河子大学
　　　　琚生根　四川大学
　　　　韩玉民　中原工学院
　　　　濮晓龙　华东师范大学

序
FOREWORD

数据科学与工程核心课程的系列教材终于要面世了，这是一件鼓舞人心的事。作为华东师范大学数据学院的发起者和见证人，核心课程和系列教材一直是我心心念念的事情。值此系列教材出版发行之际，我很高兴能被邀请写几句话，做个回顾，分享一些感悟，也展望一下未来。

借着大数据热的东风，依托何积丰院士在 2007 年倡导成立的华东师范大学海量计算研究所，2012 年 6 月在时任 SAP 公司 CTO 史维学博士(Dr. Vishal Sikka)的支持下，我们成立了华东师范大学云计算与大数据研究中心。2013 年 9 月，学校发起成立作为二级独立实体的数据科学与工程研究院，开始在软件工程一级学科下自设数据科学与工程二级学科，开展博士研究生和硕士研究生的培养工作。在进行研究生培养的探索过程中，我们深切感受到计算机类的本科生人才培养需要反思和改革。因此，到了 2016 年 9 月，研究院改制成数据科学与工程学院，随后就开始招收数据科学与工程专业的本科生，第一届本科生已于 2020 年毕业，这就是我们学院和专业的简单历史。经过这么几年的实践和思考，我们越发坚信当年对"数据科学与工程"这一名称的选择，"数据学院"和"数据专业"已经得到越来越多的认可，学院的师生也逐渐接受"数据人"这一称呼。

这里我想分享以下几方面的感悟：为什么要办数据专业？怎么办数据专业？教材为什么很重要？对人才培养有什么贡献？

为什么要办数据专业？ 数据是新能源，这是大家耳熟能详的一句话。说到能源，我们首先想到的是石油，所以大家就习惯把数据比喻成石油。但是，在我们看来，"新能源"对应的英文应该是"New Power"。"Data is Power"，这是我们的基本信念，也是我们要办数据学院的根本动机。数据是人类文明史上的第三个重要的 Power，之前的两个 Power 是蒸汽能(Steam Power)和电能(Electric Power)，它们分别引发了第一次和第二次工业革命。如果说蒸汽能和电能造就了从西方世界开始的两百多年的工业文明，数据能(Data Power)将把人类带入数字文明时代。数据是数字经济发展的重要生产要素，这个生产要素不同于土地、劳动力，也不同于资本、技术。如果要给数据找一个恰当的比拟物，也许只有 19 世纪末伟大的发明家尼古拉·特斯拉发明的交流电。数据是新时代的交流电，就像 20 世纪，交流电给世界带来的深刻变化一样，随着人们对数据能(Data Power)认识的提高，我们将进入一个"未来已来，一切重构"的时代。数据学院就像一百多年前的电力学院或电气学院。

怎么办数据专业？ 我们数据学院脱胎于软件工程学院，在此以前还有计算机科学与工程学院，数据相关的研究和偏向管理的图书情报方向的信息系统学科及专业也密切相关，应用数学、概率统计更是数据分析和处理的理论基础，不可或缺。到底什么样的专业才算是数据专业？起初的时候，这对我们来说基本上可以说是一个"灵魂拷问"。为此，我们发起成立了由国内十五所高校三十多位知名教授组成的"高校数据科学与工程专业建设协作组"。并且以协作组成员为班底，成立了数据科学与工程系列教材编委会，除了协作组成员，还邀请了多位有丰富教材编写经验的华东师范大学教师加入编委会，共同策划教材的内容安排。我们相信，有了先进的理念，再加上集体的力量，数据专业建设的探索之路就能走通。截至 2020 年 11 月，协作组已经召开了四次研讨会，确定了被称为 CST 的专业建设路线图，C 代表 Curriculum（培养计划），S 代表 Syllabus（课程大纲），T 代表 Textbook（教材建设）。在得知我们的工作后，ACM/IEEE 计算机工程学科规范主席约翰·因帕利亚佐（John Impagliazzo）教授邀请我们参与了 ACM/IEEE 数据科学学科规范的制定。协作组经过讨论达成共识：专业课程分为基础课、核心课、方向课三类，核心课是体现专业区分度的一组课程。与数据专业（DSE）最相近的专业就是计算机科学与工程（CSE）及软件工程（SE）两个专业，我们确定的第一批 DSE 区别于 CSE 和 SE 的 8 门核心课程是：数据科学与工程导论、数据科学与工程数学基础、数据科学与工程算法基础、应用统计与机器学习、当代数据管理系统、当代人工智能、分布式计算系统、云计算系统。随后我们又确定两门课纳入这个系列，分别是：区块链导论——原理、技术与应用，数据中台初阶教程。数据专业作为一个新专业，三类课程的边界还不清晰，我们将关注重点放在核心课程上面，核心课有遗漏的知识点可以纳入基础课或方向课。这样可以保证知识体系的完整性，简单起步，快速迭代。随着实践和认识的深入，逐渐明晰三类课程的边界，形成完善的培养计划。

教材为什么很重要？ 建设好一个专业，确定培养计划和课程体系固然很重要，但落实在根本上是教材。一套好的教材是建成一个好的专业的前提。放眼看去，无论是国内还是国外，无论是具体某个高校还是国家区域层面，这都是不争的事实，即好的专业都有成体系的好的教材。当然，现在的教材已经不仅仅指单纯的一本教科书，还有深层次的内容，比如说具体的教学内容和教学方式。我们都知道，教材是知识的结晶，是站到巨人肩膀上的台阶。在自然科学领域，确实如此，一百年前我们民族的仁人志士呼唤"赛先生"，在中华大地上科学的传播带来了翻天覆地的变化。在更广泛的领域，教材也还是技术、工艺和文化的传承，是产业发展的助推器。拿信息技术来举例，技术的源头和产业的发祥地都在美国和欧洲，像 IBM、Lucent、Oracle 等跨国企业在我国商业上取得的巨大成功无一不与他们重视教材开发密切相关。试想一下，我们的学生在课堂上学的都是他们研究和研发的东西，等走上工作岗位，自然会对熟悉的技术和系统有亲近感，这应该是产业或产品生态最重要的一个环节。21 世纪以来，随着互联网的蓬勃发展,人们已经深刻认识到,互联网改变世界。在人类的文明史上,没有任何一项科研成果像互联网这样深刻地改变人、改变世界。互联网之所以能改变世界,是因为它真正发挥了数据的威力。互联网实现了信息技术发展从"以计算为中心"到"以数据为中心"的路径转变。用"昔日王谢堂前燕,飞入寻常百姓家"来形容很多我们以前甚至当前教材上的一些内容,可以说毫不为过。以互联网为代表的新型产业的发展,极大地推动了技术的进步,我们已经到了可以编写自己的教材,形成自己的技术体系和科学理论体系的时候了。我们是现代科学的后来者,已经习惯了从科学到技术再到应用的路径,现在有了成功的应用,企业也发展出了领先的技术,学界可以在此基础上发展出技术体系和科学理论体系,应用、技术和科学的联动才是真正的创新之路。

对人才培养有什么贡献? 在信息技术领域,迄今为止我们更多地是参考或沿袭了西方发达国家的培养计划和教材体系。在改革开放以来的四十年,这种"拿来主义"的做法很有效,培养了大量的人才,推动了我国的社会经济发展。但总的来说,我们的高校在这一领域更像是在培养"驾驶员",培养开车的人,现在到了需要我们来培养自己的造车人的时候了。技术发展趋势如此,国际形势也对我们提出了这样的要求。我们处在一个大变局的时代,世界充满不确定性,开放和创新是应对不确定性的不二之选。创新成为人才培养的第一性原理,更新观念、变革教育、卓越育人是我们华东师范大学新时期人才培养的基本理念。人才培养是大学的第一要务,科学研究、社会服务和文化传承是大学的另外三大职能,大学通过这三大职能的实现可以更好地服务于人才培养。人工智能时代最稀缺的是想象力,想象力是比知识更重要的东西。如何在传播知识、传承文化的同时,保护和激发学生的想象力,这也许是当前教育需要关注的。激发想象力,培养创新能力,这是数据专业核心课程系列教材建设的指导思想,我们愿意为之付出,久久为功地建设这套数据专业核心课程系列教材就是我们践行以上认识和理解的一个具体行动。

最后,要特别表示感谢。感谢华东师范大学出版社和高等教育出版社的支持和鼓励,感谢数据科学与工程专业建设协助组的各位老师的通力协作和辛勤劳动,也要感谢数据学院师生的信任和付出。心有所信,方能行远;因为相信,所以看见。希望作为探路者而付出的所有艰辛能够成为我们学术和事业生涯中的一笔重要财富。

"The best way to predict the future is to invent it." —— Alan Kay

"Imagination is more important than knowledge. For knowledge is limited to all we now know and understand, while imagination embraces the entire world, and all there ever will be to know and understand." ——Albert Einstein

周傲英

2020 年 11 月

前言

中国大陆首家迪士尼乐园已于2016年6月在上海盛大开园营业,乐园拥有七大主题园区:米奇大街、奇想花园、探险岛、宝藏湾、明日世界、梦幻世界、玩具总动员;两座主题酒店:上海迪士尼乐园酒店、玩具总动员酒店;一座地铁站:迪士尼站;并有许多全球首发游乐项目。

不太严谨地说,可以把一门导论类课程比之于游览迪士尼的导游。游客可能希望在入门之前,就有熟悉情况的人作一个总的介绍,特别是提醒他哪些是要紧之处,以便游览时心中有底。希望这本关于"数据科学与工程"的导论教材能对读者起到一点这种"导游"的作用。

更重要的是,我们希望通过该教材解决这门课程的知识结构以及核心问题。我们要回答的是:什么是数据科学?什么是数据工程?数据科学与大数据的关系又是什么?如何进行这门课程的实践?诸如此类。在这个大背景下,我们将用建设一门专业基础课程的方式来思考上面这些问题。无论你是老师还是学生,无论你是研究人员还是工程师,无论你是教育者还是实践者,只要你对数据感兴趣,相信都会在这门课程中学到很多你所不知道、同时又有趣的东西。

过去几十年,互联网、云计算和物联网得到了蓬勃发展,信息技术得到极大的普及与应用。未来若干年,数据科学与人工智能将迎来人类有史以来最美妙的春天,一个数据与智能复兴的时代!阿尔法狗围棋赛战胜了人类,这一事件不仅仅是一次人机之间的娱乐活动,它更是开启了一个新的数据科学时代。

本教材定位为数据专业的入门课程教材,为学生搭建起通向"数据科学与工程知识空间"的桥梁和纽带。教材将系统梳理总结数据科学与工程的相关原理、技术和实践案例,帮助学生形成对数据科学与工程知识体系及其应用领域的轮廓性认知,为学生在该领域"深耕细作"奠定基础、指明方向,最终形成数据思维。截至2019年3月,教育部批准了477所高校设立"数据科学与大数据技术"专业,682所职校设立"大数据技术与应用"专业,这种前无古人的做法充满了挑战与机遇。无论如何,数据学科开始像当年的计算机学科一样生根发芽,作为人工智能时代的核心备受瞩目。

然而,作为一门年轻得不能再年轻的学科,数据科学与工程究竟是什么?会发展成为什么样子?它与计算机科学、软件工程、统计学等学科究竟有什么样的区别与联系?现阶段,对这些问题的回答无疑还是有些困难的,就像当年的计算机学科一样。只有在经历了一段长时间的沉淀,以及大量反复的实践后,一个新学科才能真正成为一个强学科。

这本教材以及与之对应课程的目标包括:
- 了解数据专业全貌,建立数据思维的意识;
- 掌握数据科学与工程的基本内涵和应用模式;
- 培养以数据为中心的问题求解能力,系统性地学习数据科学与工程的核心原理与关键技术;
- 培养开源开放的精神,建立基于开源工具的数据分析与处理意识,并完成初步的数据编程训练;
- 让大家感受到数据与计算的美,数据与计算的愉悦;
- 点燃大家对数据专业的热情与兴趣!

最后两点无疑是重要的,也是作为一门导论类课程的核心,是一门卓越课程的最高追求。

数据专业作为一个新工科专业(也有少数学校将其归为理科或经管类),工程实训的重要性不言而喻。随着教育技术的发展,大规模的在线实训开始成为可能。为此,在在线实训平台的协助下(感谢KFCoding提供的支持!),本教材所配套的实训课将会贯穿到整个学习过程中。

作为一个交叉性学科,在计算机科学、信息管理、统计学等学科前辈的帮助下,数据学科的知识体系已经有了一个基本的轮廓,但还需要细化、发展和完善,这个是一个学科之所以能够成为一个学科的关键所在。

现阶段,仅从对应的课程来说,我们认为,数据科学与工程是以数据为中心,通过计算思维与数据思维的方法,来理解我们所处的世界(科学),以及对现实问题的求解(工程)。其最重要的思维方式是数据思维,简单来说就是以数据为中心的问题求解。这将是纵贯整本教材最重要的一条线。

教材的整体框架和概要如下所示,总共包括四大部分:数据科学与工程概述、数据与计算的基础设施、数据分析的原理与方法,以及数据应用与社会问题。

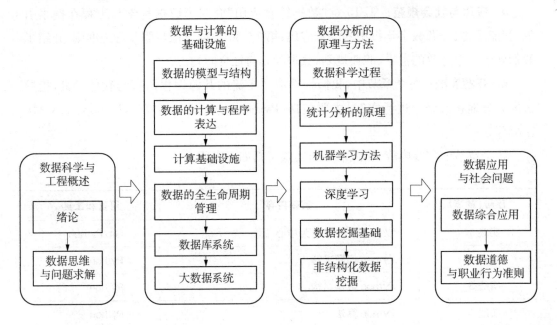

这些内容通过五条线贯穿起来:

1. 数据思维:第 1 章"绪论"介绍了信息文明与数据简史、数据科学与工程的基本内涵、第四范式,以及数据科学与工程的应用;第 2 章"数据思维与问题求解"介绍问题求解与思维方式、计算思维与数据思维以及相关实例。

2. 数据、计算与基础设施:第 3 章"数据的模型与结构"介绍了比特与数据、数据的二进制表示、数据的模型、数据的结构;第 4 章"数据的计算与程序表达"介绍了数据算法、算法分析与局限性、数据结构与算法的关系、计算机编程语言;第 5 章"计算基础设施"介绍了通用机器的思想、程序是如何执行的、计算机系统结构、云计算与数据中心;第 6 章"数据的全生命周期管理"介绍了数据采集、数据存储、数据管理、数据计算、数据分析、数据展示;第 7 章"数据库系统"介绍了数据库的起源与发展、关系数据库、数据仓库与 OLAP、数据管理技术新格局、结构化查询语言 SQL;第 8 章"大数据系统"介绍了大数据的基本概念、Hadoop 和 Spark 生态、SQL 与 Hadoop 的组合、大数据系统实例。

3. 分析方法:第 9 章"数据科学过程"介绍了数据科学过程基础、数据科学工作流;第 10 章"统计分析的原理"介绍了数据科学的数学基础、概率与统计基础、统计建模;第 11 章"机器学习方法"介绍了机器学习的发展历史、机器学习的方法、机器学习的最新发展;第 12 章"深度学习"介绍了深度学习的基本概念、深度学习的拓展、深度学习的应用、深度学习的工具;第 13 章"数据挖掘基础"介绍了数据挖掘的概念、数据挖掘标准流程、数据挖掘的技术、大数据挖掘;第 14 章"非结构化数据挖掘"介绍了自然语言处理、语音信号处理、图像处理与理解。

4. 应用与社会规范：第 15 章"数据综合应用"介绍了数据科学与工程在搜索引擎、智能运维、开源数字年报中的综合应用；第 16 章"数据道德与职业行为准则"介绍了我们处于一个开放的世界、职业规划、数据隐私与社会问题。

5. 开源实践：每个章节中，我们均选取了主流的开源编程语言与软件工具，指导大家充分地在数据上进行实践，主要包括：Python 语言、SQL 语言、Hadoop、KNIME 工具等。

各个章节的实践内容、实践语言与实践工具如下表所示：

序号（章节）	实践内容	语言和工具
实践 1	以 Git 与 Python 为中心	Git/Python
实践 2	Python 问题求解	Python
实践 3	Python 数据结构	Python
实践 4	Python 算法	Python
实践 5	基础设施数据采集与分析	Python
实践 6	Python 网络爬虫	Python
实践 7	SQL 数据处理与分析	SQL/MySQL
实践 8	Hadoop 与 Spark 大数据处理	Hadoop/Spark
实践 9	KNIME 数据科学工作流	KNIME
实践 10	Python 统计分析	Python
实践 11	Python 机器学习	Python
实践 12	Python 手写汉字识别	Python
实践 13	Python 图像分类	Python
实践 14	Python 文本数据挖掘	Python

如果上面的某些点能够让你感兴趣，不要犹豫，加入我们，一起来探索数据科学与工程的美妙世界，一起来见证这个代表着未来时代发展的新专业的成长。

科技的源头就是科学，信息技术的发展造就了当下的大数据与数据科学。今天，我们都在义无反顾地拥抱数据，呼唤着数据的视野、数据的思维与数据的想象，这一次，我们将向数据科学与工程寻根究底、理清源流。

我们在每章内容后配套了丰富的习题材料帮助读者进行复习、思考和实践等活动，主要包括下面三个类型的习题材料：

- **复习题**：帮助读者复习本章的一些基本核心概念，有的从章节内容中基本上就可以找到对应答案，有的则需要读者查找一些课外资料，甚至包括一些开放问题。
- **践习题**：围绕本章内容，结合对应的编程语言或工具，开展动手实践的活动，动手实践已经成为新工科背景之下课程内容的必要组成部分。
- **研习题**：阅读所推荐的学术论文，深度调研与本章内容相关的话题，培养读者学术论文阅读与理解的能力，从中也可以找到很多数据科学与工程领域的最新前沿内容。

本书在编写过程中，参考和引用了大量国内外的著作、论文和研究报告。由于篇幅有限，本书仅仅列举了主要的参考文献。作者向所有被参考和引用相关文献的作者表示由衷的感谢，他们的辛勤劳动成果为本书提供了丰富的资料。如果有的资料没有查到出处或因疏忽而未列出，请原作者见谅，并请告知我们，以便再版时补上。

衷心感谢华东师范大学出版社和高等教育出版社的工作人员，从本书的策划开始，多次满足我们在书稿上的各种苛刻要求，正是在他们无数次的帮助下，才使本书顺利出版。特别感谢华东师范大学数据科学与工程学院的同仁，大家的帮助和指导使得该书能够按时出版；还要感谢 X-lab 开放实验室的所有成员，特别是周添一、苏斌、黄立波、范家宽、吴佳洁、杨尚辉、王皓月等同学，他们给本书的编写提供了极大的帮助；同时感谢钱卫宁、周烜、金澈清、高明、陈志云、白玥、朱晴婷和胡文心等老师为本书的审稿工作做出了巨大的贡献。

苏轼在《稼说》一文中提出学习的主张"博观而约取，厚积而薄发"，这是我们多年教育工作的共鸣，其精髓就是勤于积累和精于应用。一个好的教育，是一个灵魂对另一个灵魂的呼唤；一门好的课程，是一个生命对另一个生命的碰撞。

最后，欢迎读者关注我们的公众号（嘉数汇：微信公众号 Datahui），获取配套的课件、扩展阅读材料以及实践资料等。

作者

2020 年 8 月于上海

目 录
CONTENTS

算法/程序列表　/ 1

第一部分　数据科学与工程概述

第 1 章
绪论
- 1.1　信息文明与数据简史　/ 4
- 1.2　数据科学与工程的基本内涵　/ 13
- 1.3　第四范式：数据密集型科学　/ 18
- 1.4　数据科学与工程的应用　/ 23
- 1.5　实践：以 Git 与 Python 为中心　/ 32
- 1.6　本章小结　/ 37
- 1.7　习题与实践　/ 37

第 2 章
数据思维与问题求解
- 2.1　问题求解与思维方式　/ 40
- 2.2　计算思维与数据思维　/ 43
- 2.3　计算思维与数据思维实例　/ 51
- 2.4　实践：Python 问题求解　/ 61
- 2.5　本章小结　/ 66
- 2.6　习题与实践　/ 67

第二部分　数据与计算的基础设施

第 3 章　数据的模型与结构

- 3.1 比特与数据 / 72
- 3.2 进制与数据表达 / 78
- 3.3 数据的编码与存储 / 82
- 3.4 数据的模型 / 86
- 3.5 数据的结构 / 93
- 3.6 实践：Python 数据结构 / 96
- 3.7 本章小结 / 101
- 3.8 习题与实践 / 101

第 4 章　数据的计算与程序表达

- 4.1 数据的计算 / 104
- 4.2 算法分析 / 115
- 4.3 算法的实例 / 117
- 4.4 计算机编程语言 / 124
- 4.5 实践：Python 算法 / 129
- 4.6 本章小结 / 136
- 4.7 习题与实践 / 136

第 5 章　计算基础设施

- 5.1 数据处理的通用机器 / 139
- 5.2 程序执行过程 / 144
- 5.3 计算机系统结构 / 148
- 5.4 基础设施软件 / 154
- 5.5 云计算与数据中心 / 160
- 5.6 实践：基础设施数据采集与分析 / 164
- 5.7 本章小结 / 168
- 5.8 习题与实践 / 169

第 6 章
数据的全生命周期管理

6.1 数据采集 / 173

6.2 数据存储 / 178

6.3 数据管理 / 181

6.4 数据计算 / 183

6.5 数据分析 / 185

6.6 数据展示 / 187

6.7 实践：Python 网络爬虫 / 196

6.8 本章小结 / 202

6.9 习题与实践 / 202

第 7 章
数据库系统

7.1 数据库的起源与发展 / 205

7.2 关系数据库 / 208

7.3 数据仓库与 OLAP / 217

7.4 SQL 语言 / 220

7.5 实践：SQL 数据处理与分析 / 226

7.6 本章小结 / 233

7.7 习题与实践 / 233

第 8 章
大数据系统

8.1 大数据的基本概念 / 237

8.2 Hadoop 和 Spark 生态 / 244

8.3 SQL 与 Hadoop 的组合 / 247

8.4 大数据系统的发展与未来 / 250

8.5 实践：Hadoop 与 Spark 大数据处理 / 253

8.6 本章小结 / 261

8.7 习题与实践 / 261

第三部分　数据分析的原理与方法

第 9 章　数据科学过程

9.1　数据科学过程基础　/ 266

9.2　数据科学工作流　/ 279

9.3　实践：KNIME 数据科学工作流　/ 285

9.4　本章小结　/ 294

9.5　习题与实践　/ 295

第 10 章　统计分析的原理

10.1　数据科学的数学基础　/ 297

10.2　概率与统计基础　/ 307

10.3　统计建模：线性回归模型　/ 314

10.4　数据分析的工具　/ 319

10.5　实践：Python 统计分析　/ 323

10.6　本章小结　/ 327

10.7　习题与实践　/ 327

第 11 章　机器学习方法

11.1　机器学习发展历史　/ 331

11.2　机器学习方法　/ 335

11.3　机器学习最新发展　/ 340

11.4　经典机器学习算法　/ 342

11.5　实践：Python 机器学习　/ 350

11.6　本章小结　/ 357

11.7　习题与实践　/ 357

第 12 章 深度学习

- 12.1 深度学习介绍 / 360
- 12.2 深度学习价值 / 366
- 12.3 误差反向传播算法 / 368
- 12.4 卷积神经网络 / 371
- 12.5 深度学习工具 / 376
- 12.6 实践：Python 深度学习——手写汉字识别 / 379
- 12.7 本章小结 / 385
- 12.8 习题与实践 / 385

第 13 章 数据挖掘基础

- 13.1 初识数据挖掘 / 389
- 13.2 数据挖掘技术 / 394
- 13.3 典型数据挖掘算法 / 399
- 13.4 实践：Python 图像分类 / 411
- 13.5 本章小结 / 415
- 13.6 习题与实践 / 416

第 14 章 非结构化数据挖掘

- 14.1 自然语言处理 / 418
- 14.2 语音信号处理 / 422
- 14.3 图像处理与理解 / 427
- 14.4 实践：Python 文本数据挖掘 / 432
- 14.5 本章小结 / 440
- 14.6 习题与实践 / 440

第四部分 数据应用与社会问题

第15章
数据综合应用

15.1 搜索引擎 / 446
15.2 智能运维 / 460
15.3 开源数字年报 / 470
15.4 本章小结 / 474
15.5 习题与实践 / 475

第16章
数据道德
与职业行为准则

16.1 开放的世界 / 478
16.2 数据科学与工程职业规划 / 483
16.3 数据隐私与社会问题 / 488
16.4 数据与人工智能伦理 / 495
16.5 本章小结 / 498
16.6 习题与实践 / 499

文献阅读 / 500

参考文献 / 503

附录 / 505

算法 / 程序列表

第 1 章　绪论 / 3

　　程序 1.1　　第一个 Python 数据科学程序 / 36

第 2 章　数据思维与问题求解 / 39

　　程序 2.1　　递归加法 / 52

　　程序 2.2　　最小值_循环 / 52

　　程序 2.3　　最小值_递归 / 53

　　程序 2.4　　最小值_分治 / 54

　　程序 2.5　　验证帕斯卡的分析 / 56

　　程序 2.6　　估计 π 值 / 58

　　程序 2.7　　开平方 1　"笨办法" / 62

　　程序 2.8　　开平方 2　二分法 / 63

　　程序 2.9　　开平方 3　牛顿法 / 64

　　程序 2.10　 开平方 4　蒙特卡罗法 / 66

第 3 章　数据的模型与结构 / 71

　　程序 3.1　　变量的赋值 / 97

　　程序 3.2　　栈的实现 / 97

　　程序 3.3　　简单树的实现 / 99

　　程序 3.4　　用列表创建简单树 / 99

　　程序 3.5　　二叉树类的定义 / 99

　　程序 3.6　　二叉树中插入左子节点 / 100

程序 3.7　二叉树中插入右子节点 / 100

程序 3.8　获取和设置根值以及获得左右子树 / 100

第 4 章　数据的计算与程序表达 / 103

算法 4.1　函数 search for X / 112

程序 4.2　交换变量 a 和 b 的值 / 117

算法 4.3　冒泡排序 / 118

算法 4.4　汉诺塔问题的解 / 120

算法 4.5　树排序 / 124

程序 4.6　冒泡排序 / 130

程序 4.7　选择排序 / 132

程序 4.8　插入排序 / 133

程序 4.9　快速排序 / 135

程序 4.10　希尔排序 / 137

第 5 章　计算基础设施 / 138

程序 5.1　替换函数 1 / 167

程序 5.2　替换函数 2 / 167

程序 5.3　替换函数 3 / 167

程序 5.4　替换函数 4 / 167

程序 5.5　程序性能测试 / 168

第 6 章　数据的全生命周期管理 / 171

程序 6.1　散点图 / 191

程序 6.2　网络爬虫 / 198

程序 6.3　绘制散点图 / 200

程序 6.4　绘制正弦、余弦曲线 / 200

程序 6.5　绘制等高线图 / 201

第 7 章　数据库系统 / 204

程序 7.1　查询客户总消费额 / 212
程序 7.2　数据库事务 / 213
程序 7.3　创建表 / 228
程序 7.4　SQL 查询 1 / 228
程序 7.5　SQL 查询 2 / 229
程序 7.6　SQL 查询 3 / 229
程序 7.7　SQL 查询 4 / 230
程序 7.8　SQL 查询 5 / 230
程序 7.9　SQL 查询 6 / 231
程序 7.10　SQL 分析 1 / 231
程序 7.11　SQL 分析 2 / 231
程序 7.12　SQL 分析 3 / 232
程序 7.13　SQL 分析 4 / 232
程序 7.14　SQL 分析 5 / 232

第 8 章　大数据系统 / 235

程序 8.1　map 代码 / 258
程序 8.2　reduce 代码 / 258
程序 8.3　用 Spark 进行 WordCount / 261

第 10 章　统计分析的原理 / 296

程序 10.1　文本词频统计 / 323
程序 10.2　线性回归模型 / 325

第 11 章　机器学习方法 / 329

程序 11.1　损失函数 / 350

程序 11.2　梯度计算函数 / 350

程序 11.3　梯度下降算法 / 351

第 12 章　深度学习 / 359

程序 12.1　基于 VGG 模型的手写汉字识别模型 / 384

第 13 章　数据挖掘基础 / 387

程序 13.1　KNN 算法模型 / 413

程序 13.2　训练 KNN / 414

第 14 章　非结构化数据挖掘 / 417

程序 14.1　词云制作 / 433

程序 14.2　文本分类实践 / 434

第 15 章　数据综合应用 / 445

程序 15.1　使用倒排索引的检索处理 / 455

程序 15.2　基于文档和查询关联度的检索 / 456

程序 15.3　基于查询单词的文档和查询关联度的检索 / 457

程序 15.4　基于排序的索引构建 / 458

程序 15.5　基于合并的索引构建 / 459

第一部分

数据科学与工程概述

第1章 绪论

CHAPTER ONE

在1895年出版的达尔文(Darwin)名著《物种起源》(*The Origin of Species*)第一版扉页上写道:"作为生物进化论的完整理论体系,《物种起源》主要讨论两个问题:一个是形形色色的生命是否由进化而来,二是进化的主要机理是什么。"达尔文对第一个问题的回答是肯定的,对第二个问题的回答是"自然选择"。

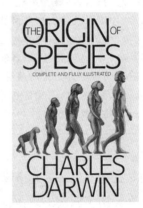

开篇实例

如果站在月球轨道的特定位置,
你将会看到一颗蓝色星球从月球地平线上冉冉升起,
这种景象被称为地出(earthrise)。
这个蓝色星球就是——
地球。
250万年前,
地球上出现了一种生物,
今天我们将其定义为——
人类。

月球探测轨道飞行器拍摄的地球近照

> **开篇实例**
>
> 很多人以为当时的人类是以打猎为生，事实上在整个食物链中人类的地位弱爆了。他们基本没有能力捕猎，更多是等待其他猎食者的残羹剩饭。他们小心翼翼、东张西望，避免自己进餐时成为其他猛兽的猎物。他们搬起旁边的石头砸向骨头，将敲出的骨髓当成最后的晚餐，人类的石器时代就这样诞生了。
>
>
>
> 旧石器时代代表：东非奥尔德沃文化的石制砍砸器
>
> 人类历史的诞生伴随着信息的诞生，可是人类对信息的认识却姗姗来迟，直到电子计算机出现以后，才逐渐展露出信息时代的真正面目。人类社会经历了语言，文字，造纸术及印刷术，电报、电话和电视，计算机、互联网和物联网，云计算、大数据与人工智能等六次重要的信息革命。信息的传播、融合和持续发展是人们发明、创造、开拓、进取的基础条件，是人类历史前进的推动力。信息载体的一次次演变导致了人类社会的一次次飞跃，信息的普遍性、流通性和共享性以及信息革命的不断升级，必将引导全人类走向和平大同。人类文明正以一种超乎我们想象的加速度在前进。

科学是如实反映客观事物固有规律的系统知识，计算科学是，数据科学也是。人类文明迄今经历了四次浪潮：农业革命，工业革命，信息革命，以及智能革命。本章主要内容如下：1.1 节介绍信息文明与数据简史，1.2 节介绍数据科学与工程的基本内涵，1.3 节介绍第四范式，1.4 节介绍数据科学与工程的应用，1.5 节介绍以 Git 与 Python 为中心的数据科学与工程实践体系。

1.1　信息文明与数据简史

在浩瀚的宇宙中，一颗诞生已经 46 亿年的星球，身披蓝色，显得那么美丽、宁静而又生机勃勃，她就是太阳系的骄子——地球。人类便是这颗蓝色星球通过长期演化所创造出来的奇迹。

1932 年，美国耶鲁大学研究生刘易斯在印度西瓦立克山晚中新世到早上新世的地层中发现了带有牙齿的猿类上颌骨化石，两年后这种化石被命名为"拉玛古猿"。在自然界的变迁过程中，拉玛古猿中的一部分进化为南猿，被认为是人类最早的祖先。

大约 300 万年前，南猿中的一支开始直立行走，并逐步进化为"能人"，这就是人类最早的代表。距今约 150 万年至 20 万年前，早期直立人经过无数代的演化，进入到晚期直立人阶段。距今约 20 万年至 5 万年前，人类的发展进入到早期智人阶段。距今约 5 万年至 1 万年前，人类的发展进入到晚期智人阶段，其体质行态与现代人完全相同或

图 1.1 同时期比较重要的四个人种
(人属之下的人种在那个时候还是非常多的,其中比较重要的四个人种包括匠人、佛洛勒斯人、尼安德特人以及智人,也就是我们的祖先)

图 1.2 智人征服世界的线路图
(从最北端的阿拉斯加的彻骨极寒,一直到最南端的潘帕斯草原的奔腾兽群,智人仅仅用了两千年的时间就成为世界上分布最广的一个物种)

接近,脑量达到 1 400 毫升,和现代人基本一致。

回首历史,我们可以看到,人类的发展经历了从古猿、直立能人和智人的三个进化阶段,从原始人群演化为以血缘为纽带的共同生产、共同消费的原始共产主义生活的人,人类的文明进步走过了极为艰难的漫长历程。

1.1.1 人类文明的启蒙与机械思维

当智人祖先在这个世界上生存下来之后,便开启了人类伟大文明的进程。人类先后经历了原始文明、农业文明、工业文明和信息文明几个阶段。

原始文明是人类社会发展的最初阶段。处于原始文明的人类生产力水平很低下,人口很少。其物质生产活动是直接利用自然物作为人的生活资料,对自然的开发和支配能力极其有限。经济生活以狩猎、采集、捕捞为主,或者以简单的自然农业为主。它基本上依赖大自然而生,可以说是一种原生态的自然文明。

农业文明是人类对自然进行初步探索和开发时期,自然经济和农业生产占主导地位。这时开始出现青铜器、铁器、文字、造纸、印刷术、指南针、火药等科技文化成就,主要的生产活动是农耕和畜牧。这个时期的人类通过创造适当的条件,使自己所需要的物种得到生长和繁衍,不再依赖自然界提供的现成食物,对自然力的利用已经扩大到若干可再生能源(如畜力、水力等)。在农业文明时代,人与自然的关系仍然是人类一切生产生活的基础,人对大自然的依赖性决定了农业文明也是一种生态型自然文明。

工业文明是人类对自然进行大规模征服和掠夺开发的时代,其主要表现在征服大自然的物质生产活动方面。随着近现代科技和社会生产力的空前发展,特别是西方近现代科学家进行科学探索活动中科学分析和实验方法的兴起和运用,人类开始对自然进行"审讯"与"拷问"式研究,迫使自然俯首贴耳地服务于人类。以蒸汽机、电动机、电脑和原子核反应堆为标志的每一次科学技术革命,都建立起了"人化自然"的新丰碑,使工业化发展到更高的程度,并以工业武装农业,促进世界工业化、城市化、市场化。工业文明强调经济效益和资本利润的最大化,推动劳动效率最优化、劳动分工精细化、劳动组织系统化、生产经营规模化等基本原则。

工业文明的到来同时也给人类的思维方式带来了一次飞跃。在当今的我们看来,"机械思维"好像是滞后的、呆板的象征,甚至"机械"本身也成为了对某个人的贬义形容。然而在17世纪,机械思维就像当今的所谓互联网思维一样时髦,绝非贬义。

毕达哥拉斯学派开启了科学的第一个大发现时代。他们集中证明:算术的本质是"绝对的不连续量",音乐的本质是"相对的不连续量",几何的本质是"静止的连续量",天文学的本质是"运动的连续量",终成"数即万物"学说。

机械思维的方法论可以用八字箴言来概括:"大胆假设,小心求证。"大体上就是做出假设、建构模型、数据证实、优化模型、预测未来。这也是沿用至今的一套科学方法论的思路。成果也是非常的显著,比如,牛顿用他的三大定律说明了大千世界宇宙万物的运动规律。这其中蕴含了机械思维的三大特质:确定、简明和普适。

在机械思维的指导下,最能体现科学革命本质的就是天文学家开普勒(Johannes Kepler)发现三定律的过程。最初,在作为主流的托勒密(Ptolemy)地心说越来越无法解释天体观测数据时,哥白尼提出了日心说,用新的模型解释了大部分过去无法解释的数据。与伽利略(Galileo Galilei)同时代的天文学家第谷·布拉赫(Tycho Brahe)没有接受哥白尼的日心说,他提出了"月亮和行星绕着太阳转,太阳带着它们绕地球转"的假说。然而,他倾尽毕生心血观察了20年的天文数据,直到去世都始终无法使之与自己的模型相吻合。在第谷去世后,第谷的助手开普勒拿到了他的全部数据,开普勒完全接受了哥白尼的日心说。他为了让数据与日心说完全吻合,把哥白尼的地球公转的圆形轨道修正为椭圆轨道,太阳在椭圆的一个焦点上。这就是开普勒第一定律。之后,他用相同的方法发现了其他两个定律。开普勒三定律不仅完满解释了第谷的所有观测数据,并且能够解释任何新观测到的数据,这就是新发现的知识。

总结一下,这个发现过程共分三个步骤:第一,积累足够的观测数据(第谷20年的观测数据);第二,提出一个先验的世界模型(哥白尼的"日心说");第三,调整模型的参数直至能够完美拟合已有的数据及新增数据(把圆周轨道调整为椭圆轨道,再调整椭圆轴长以拟合数据)。这三个步骤奠定了现代科学的基本原则,也是早期朴素的数据思维,吹响了科学革命的号角,直接导致了后来的牛顿万有引力的发现,一直影响到今天。

1.1.2 人类文明的进击与数据思维

走过了工业文明,人类开始进入信息社会,即信息文明。信息革命将通过知识革命带领我们进入智慧革命。

信息文明是人类通过对信息的传播、接受和消化来控制生产生活的文明形态。信息和文化构成了社会中非常活跃、主动的推动力量,并对社会存在及其演化发展具有极其重要的作用。自 20 世纪 50 年代以来,人们对以电子计算机为标志的"信息革命"已经普遍认可,信息社会、信息文明、信息时代等称呼已经被大众所公认。人类在文明发展的过程中逐渐认识了构成自然界的三大基本要素:物质、能量与信息。

信息交流自人类社会形成以来就存在,并随着科学技术的进步而不断变革方式。信息技术的出现和进一步发展将使人类社会生产和生活发生巨大变化,引起经济和社会变革。每一次信息革命都对人类社会的发展产生巨大的推动力,促进人类文明迈上新台阶。从古至今,人类共经历了六次信息技术革命,如图 1.3 所示。

信息革命	技术
第一次信息革命	语言
第二次信息革命	文字
第三次信息革命	造纸术及印刷术
第四次信息革命	电报、电话和电视
第五次信息革命	计算机、互联网和物联网
第六次信息革命	云计算、大数据与人工智能

图 1.3　六次信息革命(右图所示为著名维克托·迈尔·舍恩伯格的著作《大数据时代》,描述了大数据带来的信息风暴正在变革我们的生活、工作和思维,为信息革命作了精彩总结)

1. 语言的使用

在最初的原始人群中,人们只能通过手势、眼神、简单的动作和声音来互相传递信息,阻碍了经验和知识的传播,因此那时的生产力非常低下。人们为了维系生命的延续,必须团结起来同野兽作殊死搏杀,同自然界一切灾难性因素作顽强的斗争。在这种长期艰苦劳动的过程中,人们的肌体得到了锻炼,发出的声音出现了高、低、粗、细的频率变化,通过不断的磨练和积累,促使了器官的进化和完善,人们终于创造出了语言,并以此提高了在自然界的适应能力。这就是人类历史上第一次伟大的信息革命,"语言"成为人类活动中最初的信息载体和相互联系的手段。

2. 文字的创造

文字的创造使人类文明得以有效传承,第二次信息技术革命是文字的创造。大约在公元前 3500 年出现了文字。"文字"是语言和文化的载体,是人们记录事物和交流思想的工具,它较之第一次信息革命具有无可比拟的作用,它对人类社会的发展作出了卓越的贡献。

3. 造纸和印刷术的发明

第三次信息技术的革命是造纸和印刷技术的发明。有了文字之后,最重要的就是要有一个很好的载体。公元 3—4 世纪,纸已经基本取代了帛、简而成为人们主要的书写材料,有力地促进了中华民族科学文化的传播和发展。造纸术的发明和推广,对于世界科学、文化的传播产生了深刻的影响,对于社会的进步和发展起着重大的作用。印刷技术的发明解脱了古人手抄多遍的辛苦,同时也避免了因传抄多次而产生的各种错误。大约在公元 1040 年,我国开始使用活字印刷技术。

4. 电报、电话、广播、电视的发明和普及

第四次信息技术革命是以电信传播技术的发明为特征的。我们今天能够方便地使用电报和电话与远方的亲友联系,都是靠它来服务的。自 19 世纪中期以后,人类学会利用电和电磁波以来,信息技术的变革大大加快。电报、电话、收音机、电视机的发明使人类的信息交流与传递快速而有效。

5. 互联网的发明和普及应用

第五次信息技术革命是互联网的发明与普及。20 世纪 50 年代后,半导体、集成电路、计算机的发明,数字通信、卫星通信的发展形成了新兴的以互联网为代表的信息技术,使人类利用信息的手段发生了质的飞跃。人类交换信息不仅不受时间和空间的限制,还可利用互联网收集、加工、存储、处理、控制信息。计算机的发明是人类智力的延伸,互联网的发明是人类智慧的延伸。

6. 云计算、大数据与人工智能

第六次信息技术革命是当下发展正如火如荼的大数据、云计算和人工智能,它们正在全面改变人类的生活和生产方式。这个时代是新闻真正自由的时代,是艺术将成为雅俗共赏的时代,是教育变为互为师生的时代,是学术将迎来开放存取的时代,是历史更加真实的时代,是人类在改造自然中的一次新的飞跃和奇变。

今天的大数据是人类社会信息化到一定阶段之后,必然出现的一个现象(自然现象),主要是由于信息技术不断地进步,不断地通用化和廉价化,以及互联网、云计算、物联网等技术不断地延伸而带来的,是无处不在的信息化应用所带来的一种自然现象。这种史无前例的变化有几个主要的驱动力:

- 第一个是摩尔定律所驱动的指数增长模式(称之为比特化);
- 第二个是技术低成本化驱动的万物的数字化(称之为信息化);
- 第三个是宽带移动泛在互联驱动的人机物广联连接,以及最后大规模的汇聚(称之为网化、物化、云化)。

如果说摩尔定律驱动了万物的数字化,使得电子元件越来越小、越来越密、越来越快、越来越便宜,那么梅特卡夫定律的出现则直接导致了万物互联。梅特卡夫定律说的是网络的价值随着用户数量的平方数的增加而增加,这意味着联网的用户越多,网络的价值越大,联网的需求也就越大。

背景故事1-1：摩尔定律与梅特卡夫定律

- 摩尔与摩尔定律

戈登·摩尔(Gordon Moore)是英特尔公司(Intel)的创始人之一,提出了摩尔定律:当价格不变时,集成电路上可容纳的元器件的数量,约每隔18个月会增加一倍,性能将提升一倍。可以看出,摩尔定律并非数学、物理定律,而是对发展趋势的一种预测,其归纳了信息技术进步的速度。但随着晶体管电路逐渐接近性能极限,摩尔定律也将逐渐失效。

- 梅特卡夫与梅特卡夫定律

罗伯特·梅特卡夫(Robert Metcalfe)是3Com公司的创始人、计算机网络的先驱,发明了以太网。但梅特卡夫定律并非由梅特卡夫本人提出,而是由乔治·吉尔德(George Gilder)提出,并以梅特卡夫的名字命名的,以表彰他在以太网上的巨大贡献。梅特卡夫定律如下:一个网络的价值等于该网络内的节点数的平方,而且该网络的价值与联网的用户数的平方成正比。该定律指出,一个网络的用户数目越多,那么整个网络和该网络内的每台计算机的价值也就越大。

什么是"物联网"?简单来说,"物联网"(Internet of Things,IoT)就是把任何一个带有开关的"物"连接到互联网上(或是让它们彼此相连)。这个"物"可以是任何东西,比如手机、咖啡机、洗衣机、耳机、灯泡、可穿戴设备,或是任何你可以想到的东西。它当然也包括大型机器的部件,比如飞机引擎或是油井的钻机头。只要"物"有开关,那它就可以成为"物联网"的一部分。

"物联网"就是一个非常多"物"(也包括人)连接在一起所形成的超大网络(估计千亿级规模);通过这个网络,人与人、人与物、物与物彼此互联。正是因为互联网、移动互联网、物联网这些复杂系统的急速发展,带来了今天的数据洪流。

相对于机械思维驱动了工业革命,智能革命源于数据的驱动,数据是新的能源(new power)。

苏联在设计武器和航天器时依赖数学家建立了复杂而精准的数学模型,希望可以用之皆准。美国的科学家数学底子弱一些,所以走了不同的道路——建立简单的数学模型,但依赖于计算机和大量数据。最后是美国胜出。

今天,面对我们这个数字世界所产生的大数据,精确的数值往往没有那么重要了,我们关心的点也不必精确到个位数。基于大数据的思维方式不做假设,只根据海量数据做出相关性分析;不注重因果确定,只判断概率大小、相关性强弱。混杂取代精确、相关取代因果、不确定性取代确定性,全量取代样本,这些即是这个数字时代所流行的。

1.1.3 人类文明的升华与智慧时代

诚如贺福初院士所指出,人类文明迄今经历了三次浪潮:第一次是农业革命,数千年前出现并持续数千年,释放出"物之力";第二次是工业革命,数百年前出现并已持续数百年,释放出"能之力";第三次是智业革命,数十年前开始孕育,目前正处于初级阶段,将不断释放"智之力"。

1980 年,阿尔文·托夫勒(Alvin Toffler)就预言了这次新起的文明,并明确指出这次文明将以信息化为标志。农耕文明时代,社会生产力还不算发达,信息通信技术也相对落后,物质资源也比较匮乏,人们之间产生连接的载体通常都是"商业交易",连接的通路基本是"交通通路";工业文明时代,社会生产力显著提高,社会化分工逐渐成熟,通信技术取得长足进步,物质资源快速丰饶起来,人们之间的联系变得更加容易,一条电话线完成了人与人之间的"连接";信息文明时代,社会生产力已处于比较高的水平,社会分工在原有体系上向多样化、细分化方向发生变化,通信基础设施广泛覆盖,智能终端快速普及、移动互联网高速发展,社交网络高度发达,云计算、物联网产业日趋成熟,网络化世界早已成为现实。

原始文明	农业文明	工业文明	信息文明	人类未来
农业革命　工业革命　信息革命　智能革命				
（解放体力）（解放脑力）（超越脑力）				
采集时代	农耕时代	机械时代	数字时代	智慧时代
人之力	物之力	能之力	算之力	智之力

图 1.4 人类文明的各个发展阶段与特点

无论是自动化还是机器人,最终需要解决的本质问题还是那个"脑",是从数据、信号到智能的一个质的变化。数据革命带来的商业模式的变化,或许会和蒸汽机、电力、互联网一样,对人类产生根本的影响。信息化经过这么多年积累所攒出来的大数据,将会在接下来的若干年中发挥巨大的作用,并催生出新一代的智能产业,将人类送入信息文明。

就像曼哈顿计划、阿波罗计划、人类基因组计划开启了知识经济社会一样,脑计划、大数据、人工智能正开启集大成的伟大时代——智慧时代!

1.1.4 从 IT 时代到 DT 时代

"数据"(data)这个词在拉丁文里是"已知"的意思,也可以理解为"事实"。这是欧几里得的一部经典著作的标题,这本书用已知的或者可由已知推导的知识来解释几何学。如今,数据代表着对某件事物的描述,数据可以记录、分析和重组它。而数字化指的是把模拟数据转换成用 0 和 1 表示的二进制码,这样电脑就可以处理这些数据了。1995 年,当美国麻省理工学院媒体实验室的尼古拉斯·尼葛洛庞帝(Nicholas Negroponte)发表他的标志性著作《数字化生存》(*Being Digital*)的时候,他的主题就是"从原子到比特"。

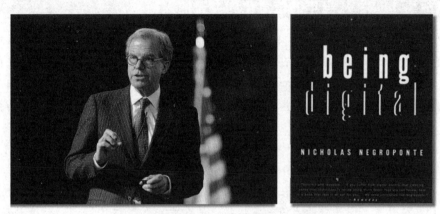

图 1.5　尼葛洛庞帝与《数字化生存》

今天,信息技术变革随处可见,但是如今信息技术变革的重点在"T"(技术)上,而不是在"I"(信息)上。现在,我们是时候把聚光灯打向"I",开始关注信息本身了,以及信息的来源:数据。马云在一次演讲中说道:"人类正从 IT 时代走向 DT 时代。"他认为以控制为出发点的 IT 时代正在走向以激活生产力为目的的 DT(Data Technology)时代。

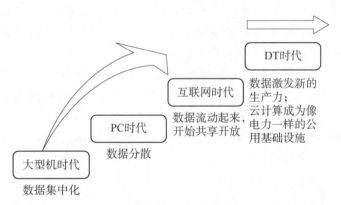

图 1.6　DT 时代的到来

正如美国麻省理工学院的埃里克·布莱恩约弗森曾比喻的,大数据的影响,就像 4 个世纪之前人类发明的显微镜一样。显微镜把人类对自然界的观察和测量水平推进到细胞级别,给人类社会带来了历史性的进步和革命。大数据具有体量大、结构多样、时效强等特征，处理大数据也需采用新型计算架构和智能算法等新技术。同时，大数据的应用强调以新的理念应用于辅助决策、发现新的知识，更强调在线闭环的业务流程优化。因此，大数据不仅"大"，而且"新"，是新资源、新工具和新应用的综合体，它将成为我们下一个观察人类自身社会行为的"显微镜"和监测大自然的"仪表盘"。

背景故事1-2：从当年的信息化到今天的大数据

"信息化"这一概念，最早是由日本科学技术和经济研究团体于1967年首先提出的。20世纪80年代以来，随着计算机、互联网和现代通信技术的快速发展，信息化的作用越发凸显，"第三次浪潮"从理论转化为实践，美国、英国、加拿大、日本和韩国等都先后推出国家信息化计划和信息高速公路计划。而我国信息化建设的奠基者和推动者就是邓小平。

时间回到1982年。当年，沐浴在改革春风中的上海市教育局从每个区挑选了8名小学生和8名中学生，对他们进行最基本的计算机培训，从而试验一下儿童对计算机教育的适应程度。在一些边学边教的教师的指导下，这些儿童接受了中国最早期的计算机教育。李劲作为上海徐汇区挑选的学生参加了这次培训。三个月后，上海市进行了一次计算机编程竞赛，李劲获得了第一名，当时他打印的是一条sin曲线。

1984年2月16日，上海市展览馆举办十年科技成果展。当时13岁的李劲被告知有一位重要的人物要到来。为此，他不得不一遍一遍地演示他的程序给许多人看，大家也一遍一遍地在他耳边说："务求万无一失。"

终于，这位重要人物来到展台前了。李劲和另外一位小同学熟练地按动键盘，电脑屏幕上立即闪现出"热烈欢迎"的中英文字样，接着又出现了一个造型生动、有趣的机器人，闪烁着一双灵活有神的大眼睛，唱起了"我爱北京天安门，天安门上太阳升……"，动听的歌声刚刚结束，一枚镌刻着"中国制造"的巨大火箭，呼啸着冲向蓝天，屏幕上豪迈地显示出："中国，飞向宇宙！"

这位重要人物和蔼地抚摸着李劲的头，对身边的领导干部们说："计算机的普及要从娃娃抓起。"顿时，这个小男孩成为全场摄像机的焦点，他的人生从此发生了变化。后来，大家告诉李劲这位重要人物就是邓爷爷，本来只安排参观1分钟，结果在他的身边逗留了6分钟时间。而那一句"从娃娃抓起"的指示，从此让中国无数的少年孩子跨进了计算机科学的神圣殿堂！

参观完上海市十年科技成果展后，邓小平开始了对中国信息化深度建设道路的思索。1984年9月18日，邓小平在为创刊两周年的《经济参考报》题词时写道："开发信息资源，服务四化建设"。这十二个字成为我国信息化建设和发展的重要指导方针，明确提出了：把信息视为一种重要资源。这从根本上改变了人们对信息价值的判断。将信息资源的开发与整个经济建设联系起来，反映了小平同志对信息问题在我国现代化过程中重要性的认识。

> 随后,中国相继成立了国务院信息化领导小组,成立了信息产业部,旨在制定战略,统一规划,科学实施,加强管理,加速信息产业发展。1986年,邓小平批示启动"863计划",从具体工作方面直接推动我国高科技和信息技术的发展。
>
> 如今,回过头再来看看今天的国家大数据战略,一脉相承:把大数据视为一种重要资源、要有效开发大数据发挥关键作用、大数据资源开发的目的在于服务经济和文化建设,等等,和当年的说法几乎一模一样,只不过把"信息"换成了"大数据"。

1.2 数据科学与工程的基本内涵

数据,就像当年的电能,为社会和经济发展提供源源不断的新能源;数据学科也开始像当年的计算机学科一样生根发芽,作为人工智能时代的核心备受瞩目。

然而,作为一门年轻得不能再年轻的学科,数据学科究竟是什么?会发展成什么样子?它与计算机科学、软件工程、统计学等学科究竟有什么样的区别与联系?现阶段,对这些问题的回答无疑还是有些困难的,就像当年的计算机科学一样。只有在经历了一段长时间的积淀,以及大量反复的实践后,一个新学科才能真正成为一个强学科。

当下的数据学科既没有标准化,也不宜过快地标准化,需要从计算机科学、信息科学、统计学、情报学等不同的视角进行探索,使数据生命周期中各种技术和知识之间进行不断的碰撞与融合,逐渐填补这些不同学科之间的间隙,发展出一个完整而健壮的学科体系。

1.2.1 什么是数据专业?

虽然数据专业的内涵与外延还没有标准化,但不妨碍从我们自身的认识进行探讨。在现阶段,我们可以初步地认为数据专业(或数据学科)至少包括下面四个方面的内容:

- **数据学(Dataology)**:研究探索赛博空间中数据界(data nature)奥秘的理论、方法和技术,研究的对象是数据界中的数据,研究认识数据的各种类型、状态、属性及变化形式和变化规律,即数据专业的数据本体内涵。
- **数据科学(Data Science)**:是以数据为中心,通过计算思维与数据思维的方法,来理解我们所处的世界,并实现问题的求解,即数据专业的学科方法内涵。
- **数据工程(Data Engineering)**:支持上述两类活动的工程实现,包括数据基础设施、数据全生命周期管理过程、数据科学过程方法论和工具、数据处理与分析系统、数据分析编程语言、可视化工具等,即数据专业的工程实现内涵。
- **数据道德与职业行为准则(Data of Ethics & Professional Conduct)**:在数

据的整个生命周期过程中所可能涉及的道德规范、社会问题、伦理问题、职业行为准则等,即数据专业的道德与职业内涵。

1. 数据学

首先,我们再来审视一下数据、信息和知识这几个概念。数据是存在于赛博空间(Cyberspace)中的东西;信息是自然界、人类社会及人类思维活动中存在和发生的现象;而知识是人们在实践中所获得的认识和经验。数据可以作为信息和知识的符号表示或载体,但数据本身并不是信息或知识。因此,数据学研究的对象是数据,而不是信息,也不是知识;但通过研究数据可以获取对自然、生命和行为的认识,进而获得信息和知识。

自然科学研究自然现象和规律,认识的对象是整个自然界,即自然界物质的各种类型、状态、属性及运动形式。行为科学是研究自然和社会环境中人的行为以及低级动物行为的科学,已经确认的学科包括心理学、社会学、社会人类学和其他类似的学科。人类在探索现实自然界和人类社会,用计算机处理人—自然—社会的整个过程中,不知不觉已经创造了一个无比巨量而复杂的数据自然界。

自从数据爆炸以来,人们开始生活在现实自然界和数据自然界两个世界里,人—自然—社会的历史都变成了数据的历史,即便是浩瀚的宇宙、不确定性的社会以及复杂的人类大脑,都是如此。人类不仅可以通过探索数据自然界来探索我们所处的这个世界,同样重要的是,我们还需要探索数据自然界特有的现象和规律,而这就是数据学的任务。可以毫不夸张地说,目前的所有的科学研究领域都会形成相应的数据学,随着数据学的进展,越来越多的科学研究工作将会直接针对数据进行,认识数据、认识自然、认识社会、认识人类行为。

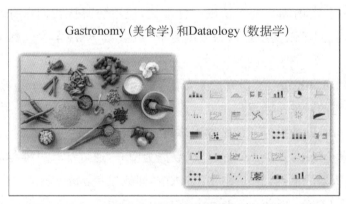

图 1.7 美食学与数据学

从这个角度看,数据学(Datalogy)和美食学(Gastronomy)具有一定的类似性,前者研究数据界中的数据,研究认识数据的各种类型、状态、属性及变化形式和变化规律,而后者则研究自然界中的各种食材,研究认识这些不同食材的类型、色泽、味道以及烹饪加工变化中的形式与规律;厨师以食材作为原材料,利用菜谱和各种厨具,做成美味佳肴,而数据科学家则以数据为原材料,借助模型、算法和软件工具,形成数据产品和应用洞见。

因此,数据学所涉及的研究对象、研究目的和研究方法等等都与已有的计算机科学、信息科学和统计学有着一定的不同。

2. 数据科学

"数据科学"概念的出现要早于我们今天炒得热火朝天的"大数据",其研究内容也不局限于大数据,但数据量的激增使得数据科学的地位越来越重要,并赋予数据科学更丰富的理论内涵与实践意义。

早在 1962 年,图基(J. W. Tukey)在《数据分析的未来》中就预见了数据分析的新方法相比于方法论来说更像是一门科学。而 1974 年诺尔(P. Naur)在其著作《计算机方法的简明调查》中,首次定义了数据科学是"一门研究数据处理的科学,创立之初,数据与其所代表的事物之间的关系隶属于其他学科领域的研究范畴"。

数据科学的发展与计算机、互联网、大数据的发展密不可分,是以问题导向为基础的交叉型学科创新,是一个新的知识体系。因此,和数据学以数据为导向不同,我们认为数据科学的核心是问题导向的。

基于上述内容,按照计算机科学中流行的计算思维的提法,**数据科学**可以定义为:以数据为中心,通过计算思维与数据思维的方法,来理解我们所处的世界(科学),以及对现实问题的求解(工程)。从技术的角度看,前者关注的是利用数据技术在各行各业中发挥作用,包括生物信息学、天体信息学、数字地球、计算教育学、计算社会学等领域;而后者则关注如何用信息技术收集、传输、处理、存储和显示数据,专业领域方面包括统计学、机器学习、数据挖掘、数据库等领域。其中最重要的思维方式是数据思维,简单来说就是以数据为中心的问题求解。这也是贯穿本书的最重要的一条线。

数据科学就是以数据为中心的,利用计算思维与数据思维来开展:

 理解世界 科学方面 & 问题求解 工程方面

图 1.8　数据科学的内涵

我们认为**数据思维**是基于计算思维的,数据思维的养成自然也就包括计算思维的养成,但数据思维还可以解决部分通过传统计算思维所解决不了的事情,这一点我们将

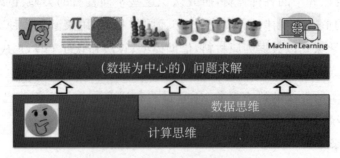

图 1.9 数据思维与计算思维

在第 2 章中详细描述。

3. 数据工程

"数据工程"和上面说所的"数据学"与"数据科学"又有什么区别呢?

实际上,科学、技术与工程是现代"科学技术"中的三个不同领域或不同层次。科学是对客观世界本质规律的探索与认识。其发展的主要形态是发现(discovery),主要手段是研究(research),其成果主要是学术论文与专著。技术是科学与工程之间的桥梁。其发展的主要形态是发明(innovation),主要手段是研发(research & development),其成果主要是专利,也包括论文和专著。工程则是科学与技术的应用和归宿,是以创新思想(new idea)对现实世界发展的新问题进行求解(solution)。其主要的发展形态是综合集成(integration),主要手段是设计(design)、制造(manufacture)、应用(application)与服务(service),其成果是产品、作品、工程实现与产业。科学家的工作是发现,工程师的工作是创造。

有了这些概念后,回过头再来看就比较明白了。

数据科学是以问题为导向对自然世界和数据世界的本质规律进行探索与认识,是以创新思想对现实世界中的问题进行求解。

数据技术是数据科学与数据工程之间的桥梁。包括数据的采集与感知技术、数据的存储技术、数据的计算与分析技术、数据的可视化技术等。

数据工程则是数据科学与数据技术的应用和归宿,是利用工程的观点进行数据管理和分析以及开展系统的研发和应用,是支持数据学和数据科学两类活动的工程实现,包括了数据基础设施、数据全生命周期管理过程、数据科学过程方法论和工具、数据处理与分析系统、数据分析编程语言、可视化工具等。

4. 数据道德与职业行为准则

数据道德与职业行为准则包括在数据的整个生命周期过程中所可能涉及的道德规范、社会问题、伦理问题、职业行为准则等,代表着数据专业的道德与职业内涵。

总结一下,数据专业四个方面的核心内容如表 1.1 所示。

表 1.1 数据专业的四个核心内容

核心内容	认知层面	结合的知识领域	应用场景
数据学	理论认知层面	信息论、概率论	数据压缩、数据传输
数据科学	方法论认知层面	计算机科学、统计学、信息管理	数据分析、数据挖掘
数据工程	技术认知层面	开源技术、软件工程、系统工程	数据管理、数据系统
数据道德与行为准则	社会认知层面	社会、经济、法律	数据伦理、开放数据

1.2.2 数据科学与工程的挑战与应对

我们认为,数据科学与数据工程是不可分割的,作为问题求解的方法论,既包括问题的描述与抽象,也包括技术的应用与实现,因此我们将用"数据科学与工程"这个词汇来统称它们。我们可以用"博大精深"与"广开思路"来形容当下的数据科学与工程的发展现状。

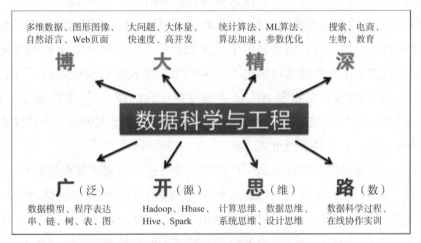

图 1.10 "博大精深"与"广开思路"的数据科学与工程

数据科学与工程的博大精深包括了以下四点。

- 博:数据类型的多样性、丰富性,结构化数据、非结构化数据;多维数据、图像数据、自然语言数据、Web 数据、视频数据等等。
- 大:就是大数据中的大了,不仅仅是大家常说的 3V、4V、5V 等(第 8 章介绍),还包括了通过数据所解决问题的重要性。
- 精:对数据深度的分析则需要精准的算法,除了需要基于统计学的统计算法、机器学习算法,还需要利用各种计算方法对算法进行加速、对模型的参数进行优化。
- 深:数据技术在各行各业的深入应用,互联网搜索、电子商务推荐、生物信息处理、教育与学习科学等。

针对上述的这些问题和挑战,我们应该如何应对呢?那就是广开思路了。

- 广(泛)：对于变化多样的不同数据类型，我们需要进行数据抽象建立广泛的数据模型，利用多种多样的算法与数据结构进行数据的程序表达，串、链、树、表、图等等正是我们的武器。
- 开(源)：对应于数据的各种大 V 特点，特别是大体量、快速度、异构性等，业界已经发展出来的开源软件无疑是最好的武器，Hadoop、Hbase、Hive、Spark 等等正是应对这些不同特点的专业解决方案。
- 思(维)：而对于数据的深度分析和算法的精准设计，就需要我们强大的思维能力了，计算机科学领域所发展出来的计算思维和数据界刚起步的数据思维，再加上系统思维、设计思维等，有利于将数据与算法的优势充分地结合起来。
- 路(数)：每个领域都有每个领域的做法，每个专家都有每个专家的套路，数据科学与工程领域自然也总结出不少路数来应对，数据科学过程、弹性可扩展、众包与协作、开放数据等均可以用来解决不同领域的问题。

一句话总结：数据科学与工程的博大精深，需要你我的广开思路。

数据科学与工程被认为是继实验观察、理论推导、计算机模拟后的第四科学研究范式，已经开始对各个领域的科学研究产生重要的影响。《科学》杂志上曾刊登过一个研究成果，利用从文献中获得的欧洲历史上名人的出生地和死亡地的数据，得出了"条条道路通罗马"的结论，也就是很多名人出生地没有什么规律，但是死亡地都是在罗马。无疑，罗马就是历史上欧洲的中心，而这也是数据在历史学研究中的一个具体例子。因此，数据科学与工程是新的研究范式。

不仅如此，数据科学与工程也是一种新的工作方式。当遇到复杂问题的时候，可以求助于数据。例如，旅行路线规划问题是典型的图论中的最短路径问题，但是，当图的规模变得越来越大时，传统的数学计算方法就不灵了(因为它是 NP 问题)。如果利用人们日常旅行所记录的路径数据，或者利用目前流行的摩拜单车的轨迹数据，这个时候只需要做些统计分析，找到适当的分类，就可以提供可行的旅行路线规划建议，而这就是数据的方法，与传统的研究方法不一样。

1.3 第四范式：数据密集型科学

1.3.1 什么是科学范式？

"范式"(paradigm)这一概念最初由美国著名科学哲学家托马斯·库恩(Thomas Samuel Kuhn)于 1962 年在《科学革命的结构》中提出来，指的是常规科学所赖以运作的理论基础和实践规范，是从事某一科学的科学家群体所共同遵从的世界观和行为方式。"范式"的基本理论和方法随着科学的发展发生变化。新范式的产生，一方面是由于科学研究范式本身的发展，另一方面则是由于外部环境的推动。人类进入 21 世纪以来,随着信息技术的飞速发展,促使新的问题不断产生,使得原有的科学研究范式受到各个方面的挑战。

图灵奖得主、关系型数据库的鼻祖吉姆·格雷(Jim Gray)在 2007 年加州山景城召开的计算机科学与电信委员会大会上,发表了留给世人的最后一次演讲"第四范式:数据密集型科学发现"(The Fourth Paradigm:Data-Intensive Scientific Discovery),提出科学研究的四类范式。

格雷总结出科学研究的范式共有四个:
- 几千年前,是经验科学,主要用来描述自然现象;
- 几百年前,是理论科学,使用模型或归纳法进行科学研究;
- 几十年前,是计算科学,主要模拟复杂的现象;
- 今天,是数据探索,统一于理论、实验和模拟。它的主要特征是:数据依靠信息设备收集或模拟产生,依靠软件处理,用计算机进行存储,使用专用的数据管理和统计软件进行分析。

正如曼彻斯特大学的道格拉斯·凯尔(Douglas Kell)教授所说,"21 世纪科学的最大挑战之一,就是我们如何应对这个数据密集型科学的新时代"。

背景故事 1-3:吉姆·格雷与第四范式

吉姆·格雷毕业于加州大学伯克利分校,先后供职于 IBM 公司、微软旧金山研究所。格雷曾参与主持过 IMS、System R、SQL/DS、DB2 等项目的开发。他在事务处理方面取得了突出的成就,使他成为该技术领域公认的权威,他的研究成果反映在他发表的一系列论文和研究报告之中,最后结晶为一部厚厚的专著《事物处理:概念与技术》(Transaction Processing:Concepts and Techniques)。格雷"开创性的数据库研究"为数据库系统的应用奠定了坚实基础,并在 1998 年获得了计算机科学领域的最高奖项——图灵奖。

2007 年,已故的图灵奖得主吉姆·格雷在他最后一次演讲中描绘了数据密集型科研"第四范式"(the fourth paradigm)的愿景。将大数据科研从第三范式(计算机模拟)中分离出来单独作为一种科研范式,是因为其研究方式不同于基于数学模型的传统研究方式。PB 级数据使我们可以做到没有模型和假设就可以分析数据。将数据丢进巨大的计算机机群中,只要有相互关系的数据,统计分析算法就可以发现过去的科学方法发现不了的新模式、新知识甚至新规律。实际上,谷歌的广告优化配置、战胜人类的 IBM 沃森问答系统等都是这么实现的,这就是"第四范式"的魅力!

美国《连线》杂志主编克里斯·安德森 2008 年甚至发出"理论已终结"的惊人断言:"数据洪流使(传统)科学方法变得过时。"他指出获得海量数据和处理这些数据的统计工具的可能性提供了理解世界的一条完整的新途径。然而,数据量的增加能否引起科研方法本质性的改变仍然是一个值得探讨的问题。对研究领域的深刻理解（如空气动力学方程用于风洞实验）和数据量的积累应该是一个迭代累进的过程。没有科学假设和模型就能发现新知识，这究竟有多大的普适性也需要实践来检验。所谓从数据中获取知识要不要人的参与，人在机器自动学习和运行中应该扮演什么角色？也许有些领域可以先用第四范式，等领域知识逐步丰富了再过渡到第三范式。不管怎样，科研第四范式不仅是科研方式的转变，也是人们思维方式的大变化。

图 1.11　吉姆·格雷先生是个游艇爱好者，于 2007 年 1 月 28 日早上独自乘船出海，不幸在外海失踪

1.3.2　经验科学

人类最早的科学研究，主要以记录和描述自然现象为特征，又称为"实验科学"（第一范式），从原始的钻木取火，发展到后来以伽利略为代表的文艺复兴时期的科学发展初级阶段，开启了现代科学之门。

经验科学是"理论科学"的对称，指偏重于经验事实的描述和明确具体的实用性的科学，一般较少抽象的理论概括性。在研究方法上，以归纳为主，带有较多盲目性的观测和实验。一般科学的早期阶段属经验科学，生物、化学尤其如此。

这种方法自从 17 世纪的科学家弗朗西斯·培根（Francisc Bacon）阐明之后，科学界一直沿用着。他指出科学必须是实验的、归纳的，一切真理都必须以大量确凿的事实材料为依据，并提出一套实验科学的"三表法"，即寻找因果联系的科学归纳法。其方法是先观察，进而假设，再根据假设进行实验。如果实验的结果与假设不符合，则修正假设再实验。

经验科学的主要研究模型是：科学实验。

典型范例包括：伽利略的物理学、动力学。伽利略是第一个把实验引进力学的科学家，他利用实验和数学相结合的方法确定了一些重要的力学定律。在 1589—1591 年间，伽利略通过对落体运动做细致的观察之后，在比萨斜塔上做了"两个铁球同时落地"的著名实验，从此推翻了亚里士多德"物体下落速度和重量成比例"的学说，纠正了这个持续了 1900 年之久的错误结论。牛顿的经典力学、哈维的血液循环学说以及后来的热力学、电学、化学、生物学、地质学等都是实验科学的典范。

1.3.3　理论科学

经验科学的研究，显然受到当时实验条件的限制，难以完成对自然现象更精确的理解。科学家们开始尝试尽量简化实验模型,去掉一些复杂的干扰,只留下关键因素(例如:"足够光滑""足够长的时间""空气足够稀薄"),然后通过演算进行归纳总结,这就是第二范式:理论科学。

理论指人类对自然、社会现象按照已有的实证知识、经验、事实、法则、认知以及经过验证的假说,经由一般化与演绎推理等方法,进行合乎逻辑的推论性总结。人类借由观察实际存在的现象或逻辑推论而得到某种学说,如果未经社会实践或科学试验证明,只能属于假说。如果假说能借由大量可重现的观察与实验而验证,并为众多科学家认定,这项假说可被称为理论。理论科学偏重理论总结和理性概括,强调较普遍的理论认识而非直接实用意义的科学。在研究方法上,以演绎法为主,不局限于描述经验事实。

这种研究范式一直持续到19世纪末,都堪称完美,牛顿三大定律成功解释了经典力学,麦克斯韦理论成功解释了电磁学,经典物理学大厦美轮美奂。但之后量子力学和相对论的出现,则以理论研究为主,以超凡的头脑思考和复杂的计算超越了实验设计,而随着验证理论的难度和经济投入越来越高,科学研究开始显得力不从心。

理论科学的主要研究模型是:数学模型。

典型范例包括:数学中的集合论、图论、数论和概率论;物理学中的相对论、弦理论、圈量子引力理论;地理学中的大陆漂移学说、板块构造学说;气象学中的全球暖化理论;经济学中的微观经济学、宏观经济学以及博弈论;计算机科学中的算法信息论、计算机理论。

1.3.4 计算科学

20世纪中叶,约翰·冯·诺依曼(John von Neumann)提出了现代电子计算机架构,利用电子计算机对科学实验进行模拟仿真的模式得到迅速普及,人们可以对复杂现象通过模拟仿真,推演出越来越多复杂的现象,典型案例如模拟核试验、天气预报等。随着计算机仿真越来越多地取代实验,逐渐成为科研的常规方法,即第三范式:计算科学。

计算科学,又称科学计算,是一个与数据模型构建、定量分析方法以及利用计算机来分析和解决科学问题相关的研究领域。在实际应用中,计算科学主要用于对各个科学学科中的问题进行计算机模拟和其他形式的计算。典型的问题域包括:数值模拟,重建和理解已知事件(如地震、海啸和其他自然灾害),或预测未来或未被观测到的情况(如天气、亚原子粒子的行为);模型拟合与数据分析,调整模型或利用观察来解方程(如石油勘探地球物理学、计算语言学、基于图的网络模型、复杂网络等);计算和数学优化,最优化已知方案(如工艺和制造过程、运筹学等)。

计算科学的主要研究模型是:计算机仿真和模拟。

典型范例包括:热力学和分子问题、信号系统,以及传统的人工智能等。

1.3.5 数据密集型科学

随着数据的爆炸性增长,计算机将不仅仅能做模拟仿真,还能进行分析总结,得到理论。数据密集范式理应从第三范式中分离出来,成为一个独特的科学研究范式。也就是说,过去由牛顿、爱因斯坦等科学家从事的工作,未来完全可以由计算机来做。这种科学研究的方式,被称为第四范式:数据密集型科学。数据密集型科学由传统的假设驱动向基于科学数据进行探索的科学方法转变。

如果说科学的最初范式是实验,第二范式是理论推演,第三范式是仿真模拟,第四范式就是大规模数据的分析。"第四范式"的提出,是科研领域的一场革命。

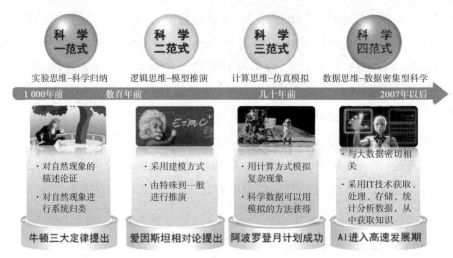

图 1.12　科学四范式的比较

我们可以看到,第四范式与第三范式都是利用计算机来进行计算的。它们的区别是什么呢？现在大多数科研人员,应该都比较理解第三范式,在研究中总是被专家评委不断追问"科学问题是什么""有什么科学假设",这就是先提出可能的理论,再搜集数据,然后通过计算来验证。而基于大数据的第四范式,则是先有了大量的已知数据,然后通过计算得出之前未知的理论。

大数据时代最大的转变,就是放弃对因果关系的渴求,取而代之的是关注相关关系。也就是说,只要知道"是什么",而不需要知道"为什么"。关联关系是大数据的本质特征之一。

这就颠覆了千百年来人类的思维惯例,据称是对人类的认知和与世界交流的方式提出了全新的挑战。因为人类总是会思考事物之间的因果联系,而对基于数据的相关性并不是那么敏感；相反,电脑则几乎无法自己理解因果,而对相关性分析极为擅长。这样我们就能理解了,第三范式是"人脑＋电脑",人脑是主角；而第四范式是"电脑＋人脑",电脑是主角,进而由此引发的新一代人工智能技术。

我们知道要发现事物之间的因果联系，在大多数情况下总是困难重重的。我们人类推导的因果联系，总是基于过去的认识，获得"确定性"的机理分解，然后建立新的模型来进行推导。但是，这种过去的经验和常识，也许是不完备的，甚至可能有意无意中忽略了重要的变量。

举个例子。现在我们人人都在关注雾霾天气。我们想知道：雾霾天气是如何发生的？又应如何预防？首先需要在一些"代表性"位点建立气象站，来收集一些与雾霾形成有关的气象参数。根据已有的机理认识，雾霾天气的形成不仅与源头和大气化学成分有关，还与地形、风向、温度、湿度等气象因素有关。仅仅这些有限的参数，就已经超过了常规监测的能力，只能进行简化，人为去除一些看起来不怎么重要的参数，只保留一些简单的参数。那些看起来不重要的参数会不会在某些特定条件下，起到至关重要的作用？如果再考虑不同参数的空间异质性，这些气象站的空间分布合理吗？足够吗？从这一点来看，如果能够获取更全面的数据，也许就能真正做出更科学的预测，这就是第四范式的出发点，也许是最迅速和实用的解决问题的途径。

现在，我们的手机就可以监测温度、湿度，可以定位空间位置，监测大气环境化学成分和PM2.5浓度变化的传感设备也在逐渐走向市场，这些移动的监测终端更增加了监测的空间覆盖度，同时产生了海量的数据，利用这些数据，分析得出雾霾的成因，最终进行预测指日可待。

数据密集型科学的主要研究模型是：统计学、机器学习与数据挖掘。

典型范例包括几乎所有的大数据实践场景，以及基于大数据的人工智能。特别是当前火热的新一代人工智能研究。我们在过去认为非常难以解决的智能问题，会因为大数据的使用而迎刃而解，比如围棋。同时，大数据还会彻底改变未来的商业模式，很多传统的行业都将采用数据驱动的智能技术实现升级换代，同时改变原有的商业模式。大数据和机器智能对于未来社会的影响是全方位的，其给整个社会带来巨大的冲击，尤其是在智能革命的初期。

从大数据中探索"不知道自己不知道"的现象和规律，成为科学研究中必不可少的部分。科学从经验科学到理论科学再到计算机科学，现在发展到数据密集型科学，科学范式也相应地从经验范式发展到理论范式、计算机模拟范式再到第四范式。每一个范式都有各自相应的特征和范例，清楚认识各个范式的特点和所包含的范例，对于科学研究第四范式的发展有着重要的意义，对数据科学和数据工程也有着重要的推动意义。同时大数据发展也将引爆智能革命，深刻地影响我们今天的每一个人。

1.4 数据科学与工程的应用

1.4.1 数据科学与工程的典型应用领域

数据科学与工程正在改变整个世界，重新定义人与自然彼此之间的互动方式。它正在改变我们的学习、工作、生活、娱乐等方式。下面是数据科学与工程的几个具有创新性、洞察力和激励性的典型领域,如图1.13所示。

(a) 医疗:对生活的实际影响

(b) 宇宙:解开宇宙奥秘,造福全人类

(c) 娱乐:由数据驱动的洞见

(d) 市民公用服务:智慧能源

(e) 商业:发现新市场

(f) 网络空间安全:大数据作为核心战略

图1.13 数据洞见的创新领域

1. 医疗:对生活的实际影响

大数据创新正在重塑医疗业的几乎各个方面,而医疗业占据了很大一部分的国民经济总量。例如在美国,麦肯锡有一项预测指出,美国公民储蓄中有3 000亿~4 500亿美元都用于医疗保健,而这还只是保守估计。医学专家正在利用大数据来改变对患者的诊断方式;制药公司正在使用新的信号传感器来跟踪药物的副作用,将研发重点放在最有可能成功的药品上;疾病研究人员和流行病学家正在绘制疾病暴发的分布图,并将新细菌分解为遗传组分,从而阻止病毒的暴发;专业保险人员则正在筛选更加智能、受众面更广、索赔欺诈风险减少、激励机制更健全的医疗保险方案;还有基因医学的突破以及个性化药品的出现;等等。总之,大数据洞察将实现更健康的医疗保健体系。

2. 宇宙:解开宇宙奥秘,造福全人类

有谁的数据比美国国家航空航天局(NASA)更多、更有趣呢? 这些真正的科学家保持着和数百颗卫星的通信来采集大数据,并通过分析这些大数据来揭秘未知世界的愿景。NASA的科学家从太阳系中收集宇宙大爆炸数据,以期解开宇宙奥秘。以美国平方公里阵列(Square Kilometer Array,SKA)为例,该项目聚合了来自数万个射电望远镜的数据,帮助解密银河系在宇宙之初是如何形成的。NASA将数据分析算法运用于众多航天器(包括无人探测车和探测器)、地面望远镜和全球天文台提供的数万种不同格式的数据,期望能够在不远的将来取得突破性成果。而中国最近建成的500米口径球面射电望远镜(Five hundred meters Aperture Spherical Radio Telescope, FAST),成为世界上最大口径的射电望远镜,届时全世界的科学家都将有望使用这样一个多学科基础研究平台所产生的海量数据,研究和揭示众多领域的科学奥秘,造福全人类。

3. 娱乐:由数据驱动的洞见

一直以来,音乐产业一直由具有丰富经验的音乐专家所推动。签约和宣传哪些歌手是一场豪赌,这样的决定往往由具有出众的音乐判断能力的专家作出,他们能够凭借经验和直觉预测哪些歌手会占据排行榜榜首,哪些歌手注定只能昙花一现或者默默无闻。基于大数据的创新成果将改变这一切。唱片公司收集并关联各种与歌手和歌曲相关的数据集(下载次数、外界评论、商品销售数量),并将这些数据与空间地理和时间数据进行关联(如音乐会地点和日期以及电视播出次数)。而音乐迷也经常会用各种褒贬不一的词汇来表达对歌手和音乐的评价,这一点可以通过对海量的文本分析得到。若要发现下一位能一夜成名的歌手,只需进行语义和文本挖掘就可以了。换句话说,音乐公司现在像数据科学家一样运作!

另一个例子,美剧《纸牌屋》火爆的背后原因就是奈飞(Netflix)使用他们珍贵的用户历史数据去准确地了解用户正在搜索什么内容。根据用户的反馈数据去选择主角,发展剧情。整个过程大致是:首先去量化用户日常的观看电影数据,如观看影片的时间、在选择影片上花费的时间、重播和停止行为等,然后通过对这些数据进行分析、建模,形成用户的喜好(如电影评级),并且去建模预测用户未来最希望欣赏到的电影,从而让用户持续处于热忱活跃的状态。

4. 市民公用服务:智慧能源

能源供给是一个城市的关键所在。基于大数据的分析,可以使得能源供应商在用电高峰期或恶劣的天气情况下仍保持有效的用电供给。越来越多的城市都开始采用先进的数据分析平台来获得洞见,包括天气预报、实时传感器数据、连续用电计量数据等,然后使用强大的可视化和建模工具来预测电网中的供需状态。这样,能源提供商就可以预计出市民在未来每一时刻的用电需求,并能在突发事件的情况下,合理调配整个电网的能源供给。

5. 商业:发现新市场

很多公司将大数据视为发现全新市场入口的手段。例如,耐克公司,虽然其地位一直非常稳固,但若要在将来持续巩固其高价值、高盈利的客户关系,单凭"想做就做"(Just do it)的标语和产品质量显然并不够。通过绩效跟踪数据和穿戴式健康监测设备获得的运动数据将更有价值,因为对这些数据的分析,可以使公司与客户的联系更加紧密、更具可持续性。大数据已经成为耐克公司开拓新市场的重要手段。

6. 网络空间安全:大数据作为核心战略

网络空间安全是一个系统的全面的安全问题,需要确定国家层面的网络空间安全总体战略。大数据是网络空间安全战略的核心技术保障,通过对重要领域数据的寡头控制,特别是充分利用大数据领域的综合优势,注重基于大数据的整体网络安全态势的感知和掌控,以保证网络空间的行动自由和实际控制,实现对现实世界的掌控能力和攻击能力。大数据技术领域的竞争,将事关国家安全和军事安全。

1.4.2 智慧城市

随着我国城市化进程的不断推进,人口和资源迅速向城市集中,中国城市化率已经超过了50%,是世界上城市人口最多的国家。城市化虽然提高了人们的生活水平,但同时也带来一系列的社会和环境问题。目前,各大城市普遍出现了以人口膨胀、交通拥堵、资源紧缺、环境恶化、生态破坏、事故频发等为特征的"城市病"。此外,中国城市的空间结构和社会环境尤为复杂,繁华的城市中心人口密度大、人员结构复杂、流动性大、犯罪率高,成为城市发展的不稳定因素,给城市管理和公共安全保障带来极大的困难。这些问题已成为制约城市健康、可持续发展的难题,如何妥善解决这些问题并提供更好的城市生活已经迫在眉睫。渐趋成熟的"智慧城市"理念为解决上述问题提供了思路,成为促进未来城市发展的新理论和实践。目前,智慧城市建设已经上升为国家战略,科学技术部、工业和信息化部、住房和城乡建设部、发展和改革委员会等多个部委纷纷制定了相关政策和方案推动智慧城市建设,至今已有近百个城市(区)在进行智慧城市建设试点。

智慧城市建立在数字城市基础之上,可以看作数字城市的高级形态,旨在将云计算、物联网以及数据挖掘等先进技术充分地运用到城市的各行各业,人类可以用一种更加精细和动态的方式管理生产和生活,达到"智慧"的状态。随着十多年来数字城市项目的开展,目前国内各大城市都构建了较好的城市信息化基础设施,给智慧城市建设提供了海量的城市大数据:在市民家庭方面,移动电话、有线电视、宽带网络基本普及;在政府层面,电子政务网络平台基本形成,对外提供信息公开和网上办事等功能,人口、交通、土地、房屋、企业、市政、地理等基础信息数据库不断完善;在医疗卫生领域,电子病历、健康档案开始试点;几十万甚至几千万个监控摄像头覆盖整个城市;电子商务不断发展壮大。通过各种传感设备可以实现人类对城市环境各种数据的获取,总的来说,城市大数据包含两方面的内容:一类是城市数字化(数字城市、数字交通、数字医疗、数字政务等)产生的物理实体感知数据,另一类是人们社会交往产生的社会感知数据(E-mail、微信、微博等)。这些数据从多个维度描述了城市现实物理环境和社会生活的方方面面,构成了一个与之平行的虚拟镜像。智慧城市的一个重要内涵就是通过数据关联、分析,提取知识和智能,挖掘其中蕴含的巨大价值,实现城市运行与管理的智能化。

数据案例 1：智慧地球

早在 2008 年，在持续了两年的"创新"之后，IBM 提出了让业界再次眼前一亮的理念——"智慧地球"。其目标是让世界的运转更加智能化，涉及个人、企业、组织、政府、自然和社会之间的互动，而他们之间的任何互动都将是提高性能、效率和生产力的机会。随着地球体系智能化的不断发展，也为我们提供了更有意义的、崭新的发展契机。

智慧是
通过影响整个城市的交通方式而降低拥堵和碳排放量。

瑞典斯德哥尔摩：实施了智能收费系统，该系统利用摄像头、传感器和中央服务器，根据驾车地点和时间而识别车辆，并向司机收费——交通流量减少20%，碳排放量降低12%。

智慧是
确切地了解何处发生断电，并即时派遣人员解决问题。

DONG Energy：安装了远程监控和控制设备，获得了前所未有的关于电网最新状态的大量信息，可将断电时间缩短25%~50%。

智慧是
利用独特的电力和天然气仪表，将"从读表到缴费"的成本降低50%。

Oxxio Metering：利用独特的无线数据通信模块从"智能"电表中收集数据，并将数据直接传送到中央控制室。Oxxio还实施了独特的解决方案，将电力和天然气读表数据整合在一起，使客户能够监控自己的电力和天然气消耗量。

智慧是
整合配送中心，使碳排放量降低15%，燃料成本降低25%。

COSCO：对产品开发、采购、生产、仓储和配送业务进行分析。公司最终将配送中心从100个整合为40个，每年减少碳排放量100 000吨。

智慧是
重新设计制造流程，减少水、能源和其他化学品的使用。

IBM Burlington FAB：重新设计了芯片制造工艺，将每年的用水量降低2000万加仑，化学品使用量减少15 000加仑，用电量减少超过150万千瓦时。

智慧是
降低差旅、不动产和办公成本，同时吸引优秀人才。

某一智慧的组织：可降低纸张消耗量80%，每年的不动产成本降低数千万美元。通过重新设计员工业务流程消除了20%的编程(软件)代码，并降低了相关的能源成本。

智慧是
建立绿色数据中心，支持企业品牌目标。

kika/Leiner：设计并构建了新的高能效、可扩展的模块化数据中心——电力消耗降低40%。新的数据中心扩展了公司的环境战略，将其数据中心包含在内。

智慧是
主动满足信息增长和环境法规要求。

智慧的组织：可构建绿色基础设施，以预测和应对信息的增长，衡量和验证绩效，并实现高达80%的数据压缩率。

智慧是
可优化能源和财产管理的智能绿色建筑。

中国上海：一家五星级酒店实施了能源使用量的诊断和监控，并将客流情况考虑在内。结果：与其他五星级酒店相比，能源的成本/收入降低40%。

图 1.14　智慧地球中的案例

"智慧地球"勾勒出世界智慧运转之道的三个重要维度。第一，我们需要更透彻地感应和度量世界的本质和变化。第二，我们的世界正在更加全面地互联互通。第三，在此基础上所有事物、流程、运行方式都具有更深入的智能化，我们也获得更智能的洞察。当这些智慧之道更普遍、更广泛地应用到人、自然系统、社会体系、商业系统和各种组织，甚至是城市和国家中时，"智慧地球"就将成为现实。

1.4.3 计算教育学

教育在数据科学与大数据技术的冲击下正在发生一场"静悄悄的革命",教学范式的转型成为这场革命的先导和核心。教学范式的发展变化主要经历了三代,第一代是经验模仿教学范式,第二代是计算机辅助教学范式,第三代是数据驱动教学范式。从教育教学角度看,教育的科学性由弱变强;从技术发展角度看,技术的智能性由弱变强。

经验模仿教学范式下,教学的技术可以看作是"教刷术"(教授学+印刷术)。在这种范式下,教学者在整体的教学结构中占据绝对的主导地位,学习者大多扮演被动接受者的角色,教学内容以书本知识、已有经验和技能为主,教学媒介限于纸笔、书本、黑板、粉笔等传统教学工具。

技术的介入是计算机辅助教学范式最大的特征,互联网等各种新兴技术与媒体的应用使得知识的产生和传输速度持续飙升。教学内容开始超越传统的书本教材,延伸至广阔的互联网。教学内容的形态也逐步多样化,音视频、图片、动画等资源开始在教学中普及应用。教学媒体也变得丰富起来,由传统的教学"老三样"(黑板、粉笔+课本)演变为"新四样"(电脑、网络、白板+多媒体课件)。

数据驱动教学是国际教育信息化发展的前沿课题,呈现科学化、精准化、智能化与个性化四个核心特征。在数据驱动教学范式下,教学结构从四要素(教师、学生、媒介、内容)转变为五要素(教师、学生、媒介、内容、数据),数据作为一种新的生态要素出现在教学系统中,并为整个系统的运转提供智慧能量。真实的教学数据不会"说假话",它会

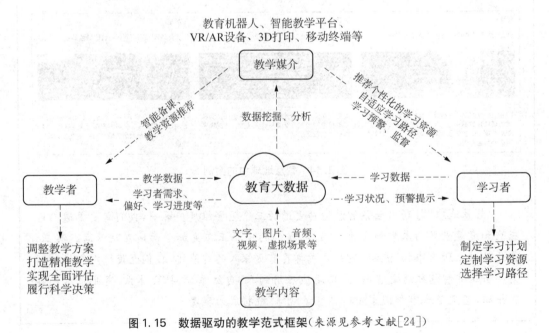

图 1.15 数据驱动的教学范式框架(来源见参考文献[24])

赋予教师三种能力,分别是"显微镜"式的观察能力(看得更细,比如详细诊断学生的知识缺陷),"望远镜"式的预测能力(看得更远,比如预测学生的学习成效),"导航仪"式的指导能力(看得更准,比如给予学生个性化的学习路径与方法指导)。通过"数据分析——特征发现——智能干预"一系列操作,实现"互联网+"时代学校教育的规模化与个性化。

数据案例2：语音评测在英语听说考试中的应用

随着国际交流的日益增多,英语交际能力越来越重要。虽然国家、社会、学校都很重视英语教学工作,但是由于缺乏有效的评估和教学手段,"哑巴英语""洋泾浜英语"等现象仍然大量存在。《中国青年报》统计,我国有56%的学生"大部分"时间花在英语学习上,但是真正具备沟通能力的仅有10%。全国绝大多数省份都已开展了高考英语听力考试和口语加试,广东、江苏等越来越多的省市已经把英语口语考试成绩计入高考、中考绝对分。实践表明,开展英语听说考试可以显著促进英语教学的发展。中、高考英语听说考试已经是大势所趋。

依托国际领先的智能语音评测技术,科大讯飞开发了英语听说智能测试系统,实现了英语听说考试全过程的自动化与智能化。科大讯飞英语听说智能测试系统由"命题制卷子系统""考务管理子系统""现场考试子系统""阅卷评分子系统"构成,支持短文朗读、情景反应、角色扮演、口语表达、话题复述等所有主流题型。

科大讯飞英语听说智能测试系统目前已经在全国23个省市地区的中、高考中进行了广泛应用,包括北京中、高考,上海高考,广东高考,江苏中考,深圳中考等,年测试人数达230万人次,累计测试人数达1 900万人次。在2012年广东省科技鉴定中,科大讯飞智能语音评测技术的计算机评分相关度超过所有专家,平均误差低于所有专家,整体效果全面超过人工。

利用基于人工智能技术开发设计的英语听说智能测试系统开展考试,相比传统的人工考试具有显著优势：

① 智能语音评分技术可以彻底解决人工阅卷主观性强、评分标准不统一的问题,使英语口语考试更加公平、公正。

② 智能语音评测技术可大幅提高大规模口语考试的阅卷速度,降低口语考试阅卷的成本及实施难度,促进口语考试的发展。

③ 智能语音评测技术能够从发音标准度评估、发音缺陷检测、口语应用能力评估等多个维度进行详细的测评,能够客观全面地反映学生的口语能力。

④ 考试现场应用人工智能技术进行在线实时评分,使自适应考试成为可能。自适应考试由于更加准确地评估考生水平,是未来考试的发展趋势。

⑤ 智能语音质量检测技术应用于考试端,能够在考生口语采集环节避免设备故障或人为原因造成录音失败的情况,大大提高口语考试的成功率。

1.4.4 人工智能

人工智能近几年成为全球热门新闻话题，很大一部分原因是由于阿尔法狗（AlphaGo）先后击败人类围棋界顶尖棋手柯洁和李世石。智能要取代人还非常遥远，我们更需要关注的是：人工智能是今天能够拿来用的工具，它能帮助人类解决问题，能取代重复性的工作，能创造商业价值。正因为这个理由，我们今天进入了人工智能的黄金时代。

今天很多的工作以后都会消失，比如说翻译，虽然现在机器翻译还不是非常完美，但是它每年进步得都很快，我们有理由相信几年后翻译人员可能就会失业。记者也同样如此，如今90%美联社的文章都是机器撰写的。几乎所有思考模式可以被理性推算的工作岗位，当有足够数据支撑的时候，都可能会被取代。

计算机之所以能战胜人类，是因为机器获得智能的方式和人类不同，它不是靠逻辑推理，而是靠大数据和智能算法。在数据方面，谷歌使用了几十万盘围棋高手之间对弈的数据来训练阿尔法狗，这是它获得所谓的"智能"的原因。在计算方面，谷歌采用了上万台服务器来训练阿尔法狗下棋的模型，并且让不同版本的阿尔法狗相互对弈了上千万盘，这才保证它能做到"算无遗策"。下围棋这个看似智能型的问题，从本质上讲，是一个大数据和算法的问题。

阿尔法狗无论是在训练模型时，还是在下棋时所采用的算法都是几十年前大家就已经知道的机器学习和博弈树搜索算法，谷歌所做的工作是让这些算法能够在上万台甚至上百万台服务器上并行运行，这就使得计算机解决智能问题的能力有了本质的提高。这些算法并非专门针对下棋而设计，其中很多已经在其他智能应用的领域（比如语音识别、机器翻译、图像识别和大数据医疗）获得了成功。阿尔法狗成功的意义不仅在于它标志着人工智能的水平达到了一个新的台阶，还在于计算机可以解决更多的智能问题。今天，计算机已经开始完成很多过去必须用人的智力才能够完成的任务，比如：医疗诊断、阅读和处理文件、自动回答问题、撰写新闻稿、驾驶汽车等。可以讲，阿尔法狗的获胜，宣告了人工智能时代的到来。

阿尔法狗的获胜让一些不了解机器智能的人开始杞人忧天，担心机器在未来能够控制人类。这种担心是不必要的，因为阿尔法狗的灵魂是计算机科学家和数据科学家为它编写的程序。机器不会控制人类，但是制造智能机器的人可以。而科技在人类进步中总是扮演着最活跃最革命的角色，它的发展是无法阻止的，我们能做的就是面对现实，抓住智能革命的机遇，而不是回避它、否定它和阻止它。未来的社会，属于那些具有创意的人，包括计算机科学家、数据科学家，而不属于掌握某种技能做重复性工作的人。

数据案例 3：智能网络视频云服务

近年来，互联网视频产业发展迅猛，成为用户规模最大的网络服务，中国网络视频用户达到 5.65 亿，占网民总数的 75%。随着用户数目逐年增长，视频内容数量呈指数级增长。作为国内最大的网络视频分享平台，爱奇艺每天处理上万小时的新增视频，产生千亿条的用户日志。海量信息内容孕育着更多的价值，也对网络视频行业发展提出新的挑战。

爱奇艺智能网络视频云服务系统可自动对视频进行智能识别处理，大幅度提高生产效率；并通过智能算法对用户行为大数据进行分析，产生用户画像，提供精准的个性化搜索推荐；最后，系统支持商业合作伙伴进行精准营销和广告投放，通过闪植和随视购技术，创新性地打通了电商系统和视频系统，实现"视频内物品所见即所买"的精准投放。

爱奇艺智能网络视频云服务平台架构包扩基础层、感知层、认知层、平台层和应用层。基础层提供 AI 服务所需的算力、数据和基本算法，极大地降低了对本地硬件设备和软件系统的要求、运维成本和风险。感知层模拟人的听觉、视觉，实现语音识别、图片识别、视频分析、AR/VR 配准渲染等功能。认知层模拟大脑的语义理解功能，实现自然语言处理、知识图谱的记忆推理和用户画像分析等功能，构成爱奇艺大脑。平台层通过开放服务接口，为视频创作、视频生产、内容分发、社交互动、商业变现等上层应用赋能。

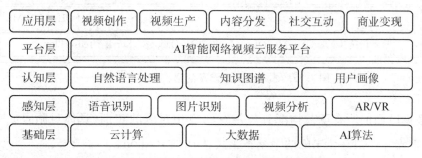

图 1.16　爱奇艺智能网络视频云服务平台架构

智能视频生产系统极大提高了视频生产效率，视频数量从 2014 年到 2017 年增长了约 20 倍，但员工人数仅增长约 2 倍。爱奇艺精彩片段的剪辑通过 AI 技术的应用使生产效率提升 2.5 倍。封面图生成通过 AI 技术实现全自动生成，每天为几十万 UGC 视频（用户生成视频）自动生产封面图。情感识别技术则首次将 C3D 和 RNN 模型应用到情感识别领域中，准确地捕捉表情时序变化，协助发掘视频中的精彩片段。

智能内容分发系统建立了精准的用户画像，使用 AI 技术赋能个性化搜索推荐，进行高效内容分发。爱奇艺全网搜索涵盖高达 5 亿全网视频内容，是业界领先的全网视频搜索引擎。目前高峰搜索量突破 3 亿，整体日导流量突破 4 亿。智能推荐整体导流超 6 亿，占总流量约 30%，长视频猜你喜欢、短视频联播效果达到行业第一。

1.5 实践：以 Git 与 Python 为中心

实践一直是人类学习活动中的一个重要组成部分,著名的学习金字塔用数字形式指出:采用不同的学习方式,学习者在两周以后还能记住内容(平均学习保持率)的多少是不一样的。"听讲"作为最传统的教学方式,其效率最低,14 天后学习内容将被遗忘超过 95%;"阅读"学到的内容被遗忘 90%;"视听结合"遗忘率在 80%左右;"示范"下降至 70%;建立"讨论组"进行小组讨论减少至 50%;"实践学习"仅为 15%;最后一种"教授他人"则至多遗忘 10%的内容。综上,实践是人类学习活动中的关键所在,应该作为学习的主要方式。

本书作者根据近几年的教学实践,开发了一套大规模开放在线实训平台:KFCoding(功夫编程)。通过该平台,为本书所有的实训提供一站式的实训环境与教程内容。实训涉及的主要语言与工具包括:Python、SQL 和 KNIME;涉及的主要领域包括:科学计算、字符处理、文本理解、图像分类、搜索引擎、推进系统、智能运维等,如下图所示。

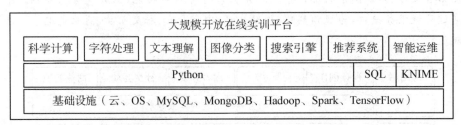

图 1.17 本书实训所涉及的语言、工具与内容

本教材后面的所有章节均配有与每章内容相对应的实训(具体见附录)。在本章中,我们首先介绍贯穿全书的两个基本工具:Git 与 Python。

1.5.1 Git 与 GitHub 简介

会用 Git 已经成为程序员必备技能之一,而 GitHub 作为流行的 Git 仓库托管平台,不仅提供 Git 仓库托管,还是一个非常优秀的技术人员社交平台,技术人员可以通过开源的项目进行协作、交流,是现在优秀的工程师必须娴熟运用的工具。

本节从 GitHub 的历史入手,介绍 Git 安装、创建仓库、Fork、社会化、命令行开发,到最后的图形化工具的使用。让读者不仅掌握 Git 命令行使用方法,也学会 GitHub 图形化使用方法。

Git 是一个优秀的分布版本控制系统。版本控制系统可以保留一个文件集合的历史记录,并能回滚文件集合到另一个状态(历史记录状态)。另一个状态可以是不同的文件,也可以是不同的文件内容。在一个分布版本控制系统中,每个用户都有一份完整的源代码（包括源代码所有的历史记录信息），可以对这个本地的数据进行操作。分布版本控制系统不需要一个集中式的代码仓库。

GitHub 是一个面向开源及私有软件项目的托管平台，因为只支持 Git 作为唯一的版本库格式进行托管，故名 GitHub。GitHub 于 2008 年 4 月 10 日正式上线，除了 Git 代码仓库托管及基本的 Web 管理界面以外，还提供了订阅、讨论组、文本渲染、在线文件编辑器、协作图谱（报表）、代码片段分享（Gist）等功能。GitHub 于 2018 年被微软收购。

1.5.2 使用 Git

图 1.18　极简 Git 实训教程

通过大规模开放在线实训平台上面的一个"极简 Git 实训教程"可以让大家掌握 Git 的典型用法。具体方法参见附录。

1.5.3 Python 简介

Python 由吉多·范罗苏姆（Guido van Rossum）于 1989 年创建。它是解释语言，拥有动态语义。它在所有的平台上可以免费使用。Python 是目前最适合数据科学家使用的语言之一，其优势包括：

- Python 是一门免费、灵活且强大的开源语言；
- Python 能减少一半的开发时间，同时提供简洁易读的语法；
- 使用 Python 可以进行数据操作、数据分析和可视化；

- Python 提供功能强大的库,用于机器学习应用和其他科学计算。

一个 Python 程序和 C 程序的对比如下:

表 1.2 Python 和 C 的对比(求和与平均数)

Python 语言	C 语言

``X=[10,4,6,9,12,92,138,26,98,21,8,98]
sum=0
for i in X:
    sum=sum+i
print("总和是:",sum,"平均值是",sum/len(x))
# 注:len(X) 代表 X 数组的元素个数``` 	
	``# include"stdio.h"
	int main(){
	    int X[12]={10,4,6,9,12,92,138,26,98,21,8,98};
	    int sum=0;
	    int i;
	    for(i=0;i<12;i++)
	      sum=sum+X[i];
	
	    printf("总和是%d,平均值是%.2f",sum,sum/12);
	    return 0;
	}```

用 Python 编程,我们需要先了解以下的基础知识:

- 变量:"变量"这个术语指内存中的一块保留的位置,用于保存值。在 Python 中,使用变量之前不需要定义变量,更不需要声明变量的类型。
- 数据类型:Python 支持多种数据类型,这些数据类型定义了数据的编码方式、数据的操作,以及它们的存储方式。数据类型包括整数、浮点数、复数、列表、字符串、元组、集合和字典。
- 运算符:运算符可以操作操作数进行相应的运算。Python 中的运算符包括算术运算符、关系运算符、逻辑运算符、列表运算符、字符串运算符、元组运算符、集合运算符和字典运算符。
- 条件语句:条件语句可以根据条件表达式的结果选择执行一组语句。有三种条件语句:单分支语句(if 语句)、双分支语句(if…else)和多分支语句(if…elif…else)。
- 循环语句:循环语句用来反复执行一小段代码。有两种循环语句,分别是 while 语句和 for 语句。
- 函数:函数是能够实现一个具体功能的独立模块。使用函数编程可以降低程序复杂度,使程序设计、调试和维护等操作简单化,使代码更易读,可重用。

Python 拥有大量用于科学计算、分析、可视化等的库,在数据科学与工程中发挥着巨大的作用,经典的库如下:

- NumPy:NumPy 是 Python 在数据科学方面的核心库,它的名字的意思是"数值计算用的 Python"。它可以用于科学计算,包含了强大的 n 维数组对象,并提供了许多工具与 C、C++等语言集成。它还可以用作多维容器,用来存储任意数据,从而进行各种 NumPy 操作和特殊功能。

• Matplotlib:Matplotlib 是个强大的可视化 Python 库。它可以用于 Python 脚本、shell、Web 应用服务器上,还可以用于其他 GUI 工具中。可以用它绘制各种图表,也可以把多种图表画在一起。

• Scikit-learn:Scikit-learn 是最引人注目的库之一,通过它可以用 Python 实现机器学习。这个免费的库包含了用于数据分析和数据挖掘的简单有效的工具。用它可以实现各种算法,如逻辑回归。

• Seaborn:Seaborn 是个统计绘图的 Python 库。在数据科学中使用 Python 时,可以使用 Matplotlib(用于二维可视化)和 Seaborn,后者有漂亮的样式和高级接口可以用于绘制统计图表。

• Pandas:Pandas 是数据科学中的重要的 Python 库。它用来操作数据和分析数据。它很适合不同类型的数据,如表格、有序时间序列、无序时间序列、矩阵等。

表 1.3 数据科学中最常用的 Python 库

基本数据操作	NumPy	科学计算基础库,提供高效的数组与向量运算
数据预处理	SciPy	科学计算库,依赖于 NumPy,提供高效的数值计算,以及用于解决函数最优化、数值积分等问题的模块
	Pandas	数据结构与数据分析库,包含高级数据结构和类 SQL 语句,让数据处理变得快速、简单
数据可视化	Matplotlib	数据可视化库,提供大量专业的数据图形制作工具
标准模型库	Scikit-learn	标准的机器学习库,主要用于处理分类、回归、聚类等任务,依赖于 NumPy、SciPy、Matplotlib 等
	Statsmodels	标准的统计计算模型库,主要用于假设检验与参数置信区间分析
	Spark ML	分布式机器学习算法库,可在分布式集群上运行,如 Hadoop,能够对大数据进行建模与分析,Spark 同时提供 Scala 与 Python API 的接口
	TensorFlow	成熟的深度学习算法库,同时提供 GPU 运算模块

本书的大部分章节的实训均采用 Python 编程语言,对于不熟悉 Python 的读者可以参考本书下节中的实训课进行学习。

1.5.4 使用 Python

本节通过大规模开放在线实训平台上面的一个"极简 Python 实训课"让大家掌握 Python 的典型用法。具体方法参见附录。

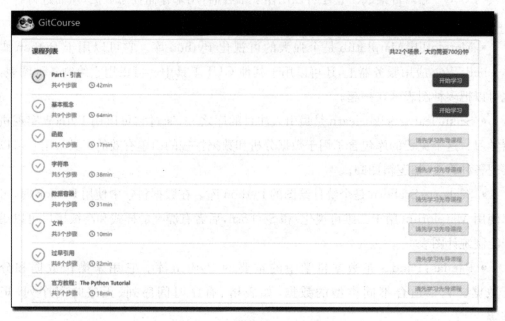

图 1.19　极简 Python 实训课

1.5.5　第一个数据科学程序

本小节的目的是通过掌握 Python 的基本程序结构，能够正确地书写并运行 Python 程序，并完成第一个 Python 数据科学程序，如程序 1.1 所示。

任务很简单，给定一个字符串列表，统计字符串列表中每种字符串出现次数。参考代码如下：

```
#<程序1.1：第一个Python数据科学程序>
def wordCount(data):
    re = {}
    for i in data:
        re[i] = re.get(i, 0 ) + 1
    return re

if __name__ == "__main__":
    data = ["ab","cd","ab","d","d"]
    print ("The result is %s" % wordCount(data))
```

执行结果为：

```
The result is {'d': 2, 'ab': 2, 'cd': 1}
```

疑点解释：
- get()函数：该函数是 dict 类的方法，语法为 dict.get(key,defult＝None)，其中 key 是字典中要查找的键，defult 为如果指定键的值不存在时，返回该默认值。
- if_name_＝＝"_main_"：当.py 文件被直接运行时，if_name_＝＝"_main_"之下的代码块将被运行；当.py 文件以模块形式被导入时，if_name_＝＝"_main_"之下的代码块不被运行。

1.6 本章小结

科学是如实反映客观事物固有规律的系统知识。理论科学、实验科学、计算科学与数据密集型科学共同推动了人类的科技发展和进步，将人类文明推向了 IT 时代和 DT 时代。本章作为全书引领，介绍了信息文明与数据简史、数据科学与工程的基本内涵、第四范式、数据科学与工程应用等知识，同时注重实践，介绍了以 Git 与 Python 为中心的数据科学与工程实践体系。

1.7 习题与实践

复习题

1. 人类经历了哪几次文明的浪潮？其特点分别是什么？
2. 人类经历了哪几次信息革命？并列举出每次革命中的典型技术。
3. IT 和 DT 的联系与区别分别是什么？
4. 数据科学和数据工程的区别与联系是什么？
5. 如何理解数据科学与工程的"博大精深与广开思路"？
6. 数据科学与工程的基本内涵是什么？
7. 什么是第四范式？它对现代科学发展会起到怎样的推动作用？
8. Git 是什么？其背后的协作原理是怎样的？
9. 了解并使用 GitHub 网站，尝试解释为什么 GitHub 会成为开发者的中心平台。
10. Python 为什么会成为数据科学与工程的一个热门语言？

践习题

1. 创建一个 GitHub 账号，以及一个新的仓库。
2. 用 Python 写一个 Hello World 的打印程序，并上传到上题中的 Git 仓库中（例如 GitHub）。
3. 修改上述程序，打印你自己的姓名与学号，并利用 Git 工具在你建立的代码仓库中更新。
4. 写一个 Python 程序，打印"数据科学与工程导论"，并用 print(chr(0x2605))语句打印的星星包围起来。

5. 写一个 Python 程序,输入 x,y,z 这三个数,将这三个数从小到大使用 Print 函数打印出来。

6. 写一个 Python 程序,有 w,x,y,z 四个数,将这四个数从大到小使用 Print 函数打印出来。

7. 写一个 Python 程序,输出 1—100 中的所有奇数。

8. 写一个 Python 程序,用 for 循环,求解 1 到 100 的和。

9. 写一个 Python 程序,分别用 for 和 while 循环实现对一个给定序列的倒排序输出。例如,给定 L=[1,2,3,4,5],输出为[5,4,3,2,1]。

10. 写一个 Python 程序,判断一个输入的字符串 S,是否包含由两个或两个以上连续出现的相同字符组成的字符串。例如,abccccda 中就包含 cccc 这个由 4 个连续字符 c 组成的字符串。

11. 写一个 Python 程序,输入一个字符串 S,去掉其中所有的空格后输出。例如,"Data Science and Engineering",去掉空格后为"DataScienceandEngineering"。

12. 请设计一个求 3 次方根的算法(不允许直接调用求方根的函数),并给出对应的 Python 程序。

13. 写一个 Python 程序,给定一个常数 $n(n>0)$,求 n 的阶乘,即 $n!=1\times 2\times \cdots \times (n-1)\times n$。例如,$4!=24,5!=120$。

研习题

1. 阅读"文献阅读"部分的文献[1],深入理解数据科学与工程学科,并给出你的理解。

2. 阅读"文献阅读"部分的文献[2],论述数据科学与大数据对科学研究的价值所在。

3. 2015 年夏天,加州大学伯克利分校启动了数据科学的规划,建造了一个以计算和数据科学为中心的新的学院级单位。如今,在加州大学伯克利分校所新开设的数据科学相关课程已经成为了全校最火爆课程,以入门级的"数据科学导论"(Introduction to Data Science)课程为例,每次课程参与人数都有近 1 300 人。试通过 https://data.berkeley.edu 网站深入了解伯克利分校在数据科学教育方面所做的工作,并指出哪些值得我们借鉴。

4. "文献阅读"部分的文献[3]为美国国家科学院(National Academy of Sciences)于 2018 年发布的面向全美本科生的数据科学方向培养方案,试根据该方案梳理出数据科学的核心知识体系。

第 2 章　数据思维与问题求解

CHAPTER TWO

第一步:理解问题;

第二步:设计出求解这个问题的计划;

第三步:实行这个计划;

第四步:从解决方案的准确度和能够作为解决其他问题的潜在工具方面评价该计划。

——乔治·波利亚(G. Polya)

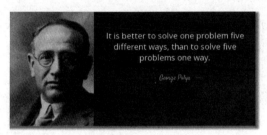

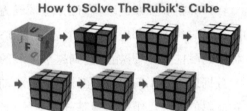

如何破解魔方

开篇实例

有一个有趣的问题:A 要确定 B 的 3 个孩子的年龄。B 告诉 A 孩子的年龄的积是 36;得到这个线索后,A 表示还需要另一条线索,于是 B 告诉了 A 孩子们年龄的和是 13;A 仍旧要求 B 再给出一条线索,于是 B 指出最大的一个孩子在学钢琴;听到这条线索后,A 将 3 个孩子的年龄告诉了 B。

问题:这 3 个孩子分别是多大?

乍一看,最后一条线索似乎与问题完全不相关,但是很明显正是这条线索使得 A 最终确定了孩子们的年龄。这怎么解释呢?

实际上,如果作为 A 完整地思考一遍整个问答的过程,就会明白了,如下所示:

(1,1,36)	(1,6,6)	1+1+36=38	1+6+6=13
(1,2,18)	(2,2,9)	1+2+18=21	2+2+9=13
(1,3,12)	(2,3,6)	1+3+12=16	2+3+6=11
(1,4,9)	(3,3,4)	1+4+9=14	3+3+4=10

得到第一个线索后可能的年龄组合　　得到第二个线索后可能的年龄组合

这个题目说明,如果坚持在求解一个问题之前就试图完全弄懂题目,可能有些时候永远也不会对问题进行正确的求解。在问题求解过程中,这种不确定性的规则是做出合适的问题求解系统的基础。

从初中开始学习平面几何，就是为了训练逻辑思维，让学生通过公理从点、线、面等元素中找到关联关系，进而证明一个结论。尽管日常工作中很少用到平面几何的知识，但这种逻辑思维已经融入脑海中，无时无刻不在影响思维。而在一个数字社会中，与之对应的新的思维方式至关重要。本章以计算思维和数据思维为核心，主要内容如下：2.1 节介绍问题求解与思维方式，2.2 节着重介绍计算思维与数据思维，2.3 节给出问题求解的实例，2.4 节开展 Python 问题求解实践。

2.1 问题求解与思维方式

早在 1972 年，图灵奖得主艾兹格·迪科斯彻（Edsger Dijkstra）就曾说："我们所使用的工具影响着我们的思维方式和思维习惯，从而也深刻地影响着我们的思维能力。"这就是著名的"工具影响思维"的论点。

在计算机和互联网时代，计算思维成为广大 IT 工作者的强大武器，甚至一度被认为是信息时代人人都应该掌握的思维工具；而在大数据与人工智能时代，数据同样作为一种新的赋能工具，开始感受到越来越多的通过数据思维而成功解决的问题。

数据思维并不新，甚至在计算思维之前就有，然而，今天的数据思维是建立在已经日益成熟的计算思维的实践基础之上的，当数据与计算紧密结合起来的时候，所创造出来的可能性将是无限的。

2.1.1 什么是思维？

思维是什么？思维是思维主体处理信息及意识的活动，从计算的观点来看，思维就是一种广义的计算。思维作为一种心理现象，是认识世界的一种高级反映形式。具体来说，思维（thinking）是人脑对客观事物的一种概括的、间接的反映，它反映客观事物的本质和规律。

思维具有概括性，能反映一类事物的本质和事物之间的规律性联系。思维是在人的感性认识基础上，将一类事物的共同、本质的特征和规律抽取出来，加以概括。例如，通过感觉和知觉，只能感知太阳每天从东方升起，又从西方落下。通过思维，则能揭示这种现象是由于地球自转的结果。

思维具有间接性，是非直接的、以其他事物做媒介来反映客观事物，能够凭借知识和经验对客观事物进行的间接反映。例如，医生根据医学知识和临床经验，通过病史询问以及一定程度的体检和辅助检查，就能判断病人内脏器官的病变情况，并确定其病因、病情和做出治疗方案。

思维具有能动性，它不仅能认识和反映客观世界，而且还能对客观世界进行改造。例如，人的肉眼看不到 DNA 分子，但人的思维却揭示了 DNA 分子的双螺旋结构，从而揭示了大自然潜藏的遗传密码。再如，人类不仅认识到物体离开地球所需的宇宙速度，还制造出了地球卫星和宇宙飞船飞向太空。

有时会从程序设计课程老师的口中听到这样的话:"我这个课可不是只教一种语言的,我们教的是思维!"实际上,准确地说,思维是无法直接教授的,思维只能传递,需要同学们来"悟"。

怎么悟呢?这个就需要关注思维的"传递"与"载体",只有通过有效的载体才能传递给学员们。而有效的"传递"需要两个条件:合适的"载体",以及适当的"例子";载体相对复杂,而例子相对简单。例如,当下的计算思维,往往都是通过相对复杂的算法设计来进行的,同时辅以简单易懂的实例。

2.1.2 思维方式

所谓思维方式,是人们大脑活动的内在程式,它对人们的言行起决定性作用。思维方式决定行为结果,如果想在未来的学习工作中有所突破,一定要先在思维方式上有所提高。人并不是生来就具有思维能力,思维能力是后天学习的结果。往往并不是欠缺知识,而是提不出好的理论、方法和系统方案。深层次的原因在于没有培养起有利于创新的思维方式,没有掌握科学的思维方法。常见的思维模式包括直线思维、逆向思维、差异思维、跳跃思维、归纳思维、并行思维、实验思维、科学思维等。

直线思维:直线思维是人们最常用、最简单和最本能的思维方式;它用直线模式去思考问题:从当前点出发,用刚刚发生过的事情建立方向,用直线去预测结果。

逆向思维:就是对当前的状态进行反向思考,其目的是否定当前的状态,向相反的方向寻找目标,但逆向思维并不会持久存在,因为逆向思维的结果充满了风险。

差异思维:差异思维与逆向思维类似,差别是差异思维强调的,即便当前的状态或者命题是正确的,也可以另辟蹊径,寻找不同的路线;条条道路通罗马,解决问题的技术路线肯定不止一条。

跳跃思维:指不按部就班思考,间断性地向某个方向"跳起"的思维方式。很多情况下,不能直接找到问题的解决方案,因为和解决方案之间有一个鸿沟不容易跨越;跳跃思维可以跨过鸿沟,到达新的起点。

归纳思维:归纳思维是人处理外界信息的一种手段。利用归纳思维,能够在短时间内对复杂的信息建立各种模式,只要熟记几个简单的模式,就能掌握无穷多个可能的事实。

并行思维:由于人类大脑自身的输入、输出能力弱的特点,人的思维方式一般从一件事情开始,完成后再做另一件事情;这是自然选择,也是人的本能。人并没有拥有多核的大脑,而是需要在不同的事务之间进行快速切换;这种来回切换、让多个任务不中断的能力就是并行思维。

实验思维:指将所有的可能进行一遍计算,从中筛选出最佳路线;从表面上看这是一种逻辑思维,实际上逻辑并不起作用;实验思维要求能够快速地遍历所有的可能,要求对情况非常了解,这是一种虚拟的快速处理能力。

科学思维:指理性认识及其过程,即将感性认识阶段获得的大量材料,通过整理和改造,形成概念、判断和推理,以便反映事物的本质和规律;是指人脑对自然界中事物的本质属性、内在规律及自然界中事物之间的相互关系所做的有意识的、概括的、间接的和能动的反映,该反映以科学知识和经验为中介,体现为对多变量因果系统的信息加工过程;简而言之,科学思维是人脑对科学信息的加工活动。本章所重点讨论的计算思维与数据思维均属于科学思维的范畴。

2.1.3 问题求解

问题求解是计算机科学中的一个核心内容,与算法密切相关。波利亚(Polya)在他所著的《怎样解题》(How to Solve It)这本书里认为每个算法都有设计、证明和应用这样的一个过程,而学习算法其实也对这三个方面有着不同的侧重。

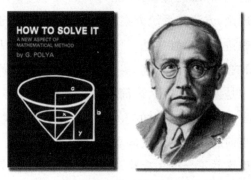

图 2.1　波利亚及其著作《怎样解题》(How to Solve It)

从问题求解的角度看,波利亚认为当遇到一个问题时,一般采取下面几个步骤:第一步首先要理解这个问题(understand the problem);第二步要针对这个问题,去设计一个计划(devise a plan for solving the problem);第三步要去执行这个计划(carry out the plan);第四步要评估这个解决方法的准确性,以及这个方法是否能够被当作一个普适的方法进行推广。

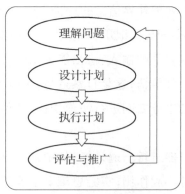

图 2.2　解题的经典步骤

波利亚的解决问题思路给程序设计带来非常大的启示,今天算法的设计也是按照类似的步骤来进行的:即首先要理解与算法相关的问题,其次要设计一个算法步骤来解决这个问题,再次要形成自己的算法,并运用一种具体的语言来写这个算法,最后一步就是要评估所设计的这个程序的准确性如何,以及这个程序是否可以用来解决其他的问题。简单来说,就是问题理解、算法设计、数学模型以及应用这么几个步骤。

问题求解的模式给计算思维与数据思维带来了极大的启发。今天,在阐述计算机科学以及数据科学与工程的核心内容的时候,基于问题求解的思维方式是大家所必需掌握的能力;同样,随着数据科学时代的到来,基于问题求解的数据思维方式也开始变得越来越重要。

2.2 计算思维与数据思维

2.2.1 什么是计算思维?

首先来看看什么不是计算思维。计算机文化课程中的"遇到问题上百度"算不上是计算思维;计算机专业课程中的"了解操作系统的功能与结构"也不应该算是计算思维;计算思维关注的是怎样能让计算机帮助解题。

计算思维(computational thinking)又称构造思维,是指从具体的算法设计规范入手,通过算法过程的构造与实施来解决给定问题的一种思维方法。它以设计和构造为特征,以计算机学科为代表。

从计算机专业的视角来看,人们把一个要解决的问题构造成一个模型(或算法),用计算机理解的语言(通常要通过编译)编程(描述该模型),再让计算机执行程序,最终形成结果,这个过程就是计算思维的过程,这有点像平面几何中的"已知、求、解"。人类的认知规律是从实践到理论,从现象到本质,即从问题出发,通过解决问题总结出规律,再用总结出的规律解决新的问题。

实际上,即使从事的不是计算机专业工作,计算思维也是非常重要的。有了计算思维就会知道如何将一个问题抽象,变为让计算机可"理解"即可计算模型,这个计算能够收敛并在有限的时空内得出结果。有了计算思维就会了解如何把一个大的问题分解成一个个子问题,再把一个子问题分解成为一个个更小的子问题,直到不需要分解,这就是自顶向下和结构化设计的方法。有了结构化设计思想,就会简化问题,从而"分而治之,各个击破"。有了计算思维就会明白正确性和可行性的关系和区别,就会明白解决问题的方案不仅要在理论上正确,而且要在实际中可行。

计算思维可以用计算设备来实现,也可以不通过计算设备。事实上,在推进计算思维教育这条路上,先行者们组织专业人士设计了"不插电的计算思维"(Unplugged Computational Thinking)系列课程来训练计算思维。该系列课程易上手,启发性强,而且很关键的一点是课程中并不需要使用电脑等计算设备,也不需要具备任何编程基础,只需具备一定的逻辑思维能力即可,所以非常的大众化。

计算思维的本质是抽象(abstract)和自动化(automation)。它反映了计算的根本问题,即什么能被有效地自动进行。计算是抽象的自动执行,自动化需要某种计算机去解释抽象。从操作层面上讲,计算就是如何寻找一台计算机去求解问题,隐含地说就是要确定合适的抽象,选择合适的计算机去解释执行该抽象,后者就是自动化。

常见的计算思维方法包括:

(1) 分而治之:把数据、过程或问题分解成更小的、易于管理或解决的部分。

分而治之的思想将复杂的问题拆解成小问题,把复杂的物体拆解成较易应付和理解的小物件,通过解决小问题而解决复杂的问题,使问题变得更加简单。

(2) 模式识别:观察问题的模式、趋势和规律。

任何事物都有相似性,模式识别可以寻找到事物之间的共同特点,利用这些相同的规律,去解决问题。当把复杂的问题分解为小问题时,经常会在小问题中找到模式,这些模式在小问题当中有相似点。

(3) 抽象:识别模式形成背后的一般原理。

抽象化思维是将重要的信息提炼出来,去除次要信息的能力。掌握了抽象化的能力,就可以将一个解决方案应用于其他事物中,制定出解决方案的总体思路。从学科的角度看,抽象主要包括了问题抽象、数据抽象和系统抽象。

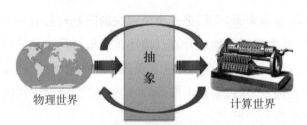

走向物理世界与计算世界的无缝连接

图 2.3 从物理世界到计算世界的抽象

(4) 算法设计:为解决某一类问题撰写一系列详细的步骤。

算法设计就是设计出解决问题的步骤的过程,无论是谁,按照所设计的步骤顺序做,就能完成相关的任务。

总结一下,运用计算思维进行问题求解的步骤:

• 把实际问题抽象为数学问题,并建模,将人对问题的理解用数学语言描述出来;

• 进行映射,把数学模型中的变量等用特定的符号代替,用符号一一对应数学模型中的变量和规则等;

• 通过编程把解决问题的逻辑分析过程写成算法,把解题思路变成计算机指令,也就是算法；
- 执行算法，进行求解，计算机根据算法，一步步完成相应指令，求出结果。

举一个著名的"渡河问题"的例子，说的是这样一个问题：人、狼、羊、菜用一条只能同时载两位（个）的小船渡河，即从"原岸"到达"对岸"，且"狼、羊""羊、菜"不能在无人在场时共处，当然只有人能驾船，问题是找到一条从起始状态到结束状态的尽可能短的通路。

（a）渡河示意图

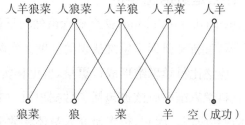
（b）原岸状态图（顶点表示原岸状态）

图 2.4　渡河问题

如图 2.4 所示，该问题可以抽象成一个图模型，顶点表示"原岸的状态"，两点之间有边当且仅当一次合理的渡河"操作"能够实现该状态的转变。起始状态是"人狼羊菜"，结束状态是"空"，由于规则的限制，在"人狼羊菜"的 16 种组合中允许出现的只有 10 种，即图中的 10 个顶点。该问题就变成了一个在该状态图上设计算法找到一个最优解。

方案 1：
- 农夫带羊过河
- 农夫返回
- 农夫带狼过河
- 农夫带羊返回
- 农夫带菜过河
- 农夫返回
- 农夫带羊过河
- 〈结束〉

方案 2：
- 农夫带羊过河
- 农夫返回
- 农夫带菜过河
- 农夫带羊返回
- 农夫带狼过河
- 农夫返回
- 农夫带羊过河
- 〈结束〉

图 2.5　渡河问题可能的解答

总之，计算思维是把现实问题变成计算机可计算模型并产生结果的思维过程，是与计算实践密切相关的。从认识论的角度来说，实践是人类对客观世界的认识和理论的来源。计算思维也不例外，计算思维不是抽象的概念，是关于如何在现代计算技术和计算环境下分析问题和解决问题的思维方法，是在现代计算技术条件下大量实践经验的积累、总结和升华。

而计算思维的培养则是为了培养一种全新的、适用于未来社会发展所面临的计算环境的思维方式,以便具备完整的现代信息意识和信息素养,理解现代计算技术和计算环境与相关科学、技术、医学、人文等其他学科之间的关系,在意识层面、思维层面、创新层面具有利用现代计算技术应对各种社会问题和技术问题,发现问题和解决问题的综合能力。而使大家建立这样一个与计算实践密切相关的思想方法,必然离不开计算实践,而编程实践就是现代计算技术中规模最大、最为普及的计算实践。这也是为什么本书将编程实践贯穿于整本教材的原因所在。

2.2.2 什么是数据思维?

数据思维(data thinking)这个概念虽然很早就有,但直到近几年,随着大数据技术的飞速发展,重新又回到了思维认识的高度。实际上,数据思维一直是人类的思维方式之一,而且应该比科学思维形成得更早,也更朴实。科学思维应该是在数据思维之上产生的,而且科学思维中应该也包括了数据思维,如一些基于统计的学科,其实就是数据思维的体现和应用。因此,很多研究人员还将数据思维更进一步细分为统计思维、推断思维、决策思维、不确定思维等等。

在数字世界中,可以有一种数字孪生体存在,物理世界对象的变化可以以数字的形式在数字世界中反映出来。因此,人们可以在数字世界里用工具去探索和认识物理世界,发现其规律,或者构建机器学习模型,去预测物理世界的变化趋势等。这种认识世界(用数据构建认识世界的模型)和改造世界(通过数据探索寻求解决问题的办法)的方法就是数据思维。

数据思维一直伴随着人类的生活和生产,无处不在。因为人类会自觉不自觉地创造一些理论和模型来"解释"通过数据发现的"结论",并在此基础上做进一步的预测和分析。现代人如此,古人也不例外。

数据思维与逻辑思维、计算思维和系统思维等相比具有明显的不同点。逻辑思维强调的是解决问题的逻辑性和正确性,计算思维强调的是计算过程,系统思维强调的是整体性。而数据思维强调的是物理世界和数字世界的反映性,数据是对物理世界的反映。数据思维强调基于数据本身解决问题,因此,在解决问题时会先收集数据,然后在数据上探索数据,发现解决问题的途径。

维克托·尔耶·舍恩伯格在《大数据时代:生活、工作与思维的大变革》中指出,大数据时代最大的转变就是,除了对因果关系的渴求,关注相关关系也是认识这个世界的一个重要手段。在"是什么"和"为什么"的问题上,会开始权衡。这颠覆了千百年来人类的思维惯例,对人类的认知和与世界交流的方式提出了全新的挑战。

世界进入了数字时代,利用大数据解决复杂的问题已成为一种共识。物理世界的问题非常复杂,而人参与的社会系统的问题则更为复杂,目前还缺乏有效的数学工具将其模型化。让数据成为物理世界的一种模型,在缺乏对因果关系的了解的情况下,发现一些关联关系,能部分地解决物理世界的难题,改善人们的生活。大数据在各行各业中的应用已经看到成效,可以相信,数据思维的重要性将会越来越明显。

举个例子,牛顿发现了苹果从树上掉下来之后,是一定要落到地上的,这一结论的发现,纯粹是数据的结果——基于样本的观察和分析,无一例外。然后他就开动脑筋去"解释"这一结论。于是提出了牛顿第一定律,至于这个定律中的"万有引力"到底是如何产生的,他也不知道。完全是为了"解释"一个观察到的现象而已。在此基础上一系列的定律、理论被提出来了,甚至推动了现代物理学和天文学的飞速发展。

再举一个数据思维的例子。任意给出旅行的起点和终点,如何给出一个行程建议,使得在某些指标上"最短"? 如果用传统办法,这是一个典型的图的最短路径问题,图的顶点就是机场,两个顶点之间的边对应两个机场之间的距离。这个问题可以用 Dijkstra 算法或者动态规划算法来求解,算法复杂度为 $O(n^2)$,其中 n 为图的顶点数。这个算法的复杂性对于大图来说还是有点高,如果节点数量过多,一般的服务器就算不出来了。除此之外,还可以采用数据思维来求解。可以记录物理世界人们旅行的选择,构建旅客、机场以及旅客航程关系的数据模型,这是旅行大数据。只要根据此旅行大数据先搜索出全部的从起点到终点的旅行历史记录,然后用简单的统计方法,对最受欢迎的路线进行一个排序。这个结果就可以看作是过去旅客的经验选择,完全有理由推荐给客户,供他们选择使用。这样做的算法很简单。当然,还可以在旅行大数据上利用更复杂的数据挖掘和机器学习方法,来发现和探索规律,改进服务。

因此,可以看到,数据思维应该也包含了以下几个方面:

(1) 对数据本身问题的求解。

对数据本身问题求解,如果只能举一个例子的话,那就是搜索引擎了,如果只能举一个公司的话,那就是谷歌公司。谷歌公司的愿景就是:组织全球信息,并使它能快速地被查找。

"组织全球信息",即将分散在全球各地的,所有可以数字化的,不同语言、不同格式、不同类型、不同版本的信息,进行分析处理后,通过一个简单的"插头"提供给用户。

谷歌以搜索引擎起家,主要的搜索服务有:网页,图片,音乐,视频,地图,新闻,问答。其中网页搜索是谷歌的核心产品,也是谷歌的第一个产品,目前仍然是谷歌最著名和使用最多的产品,它每天接收上百亿次查询,是互联网上使用最多的搜索引擎。搜索引擎的原理如图 2.6 所示。

这幅图中的内容几乎包含了所有数据不同处理阶段的典型问题。

- 从数据过程的角度:Web 数据采集、数据索引、数据存储、自然语言处理、网页排序、点击数据分析等;
- 从算法设计的角度:深度/广度搜索算法、树索引算法、数据压缩算法、分词算法、分类算法、PageRank 算法、点击反馈算法等;

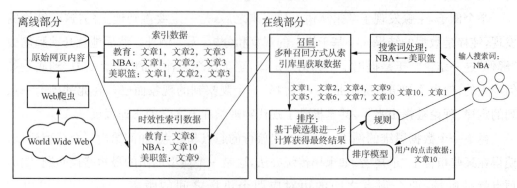

图 2.6　搜索引擎的原理图

- 从具体技术的角度：网页爬虫技术、索引存储技术、HDFS 分布式存储技术、MapReduce 技术、中文分词技术、缓存技术、个性化排序技术、知识库等等。

再加上搜索引擎能够处理各种各样的数据类型，文本、图片、声音、视频、地理信息等等，是一个研究数据问题的极好场景和载体，本教材的后续会有很多从搜索引擎场景提炼出来的具体示例，供大家学习。

(2) 利用数据对现实世界的问题进行求解。

这类问题的载体就更多了。现代社会已经几乎没有不和数据发生关联的学科了，从自然科学到社会科学、从大脑到基因、从深海到宇宙，无一例外，即便是数论这样的纯数学研究中，也能够看到数据武器的身影，更别说统计学这样为数据而生的学科，均是在利用数据来认识客观世界的过程中所发展起来的。

这里，专门来看一下机器学习这种方法，因为机器学习就是一种典型的数据思维方式。

在求解问题的过程中对数据进行搭建模型时，有两种截然不同的思路。一种是所谓的统计模型(statistical model)。这种思路假设真实世界中数据的产生过程是已知的(或者是可以假设的)，可以通过模型去理解真实的世界。因此，这类模型通常具有很好的可解释性，分析其各种性质的数学工具也很多，能很好地满足研究实际问题的需求。但是在实际生产中，这些模型的预测效果并不好，因为现实问题的复杂性和数据的不确定性。

另一种就是所谓的机器学习模型(machine learning model)。这类模型是人工智能的核心，它们假设数据的产生过程是复杂且未知的。建模的目的是尽可能地从结构上"模仿"数据的产生过程，从而达到较好的预测效果。但代价是模型的可解释性很差，而且模型的推广性也比较差，需要为不同的具体问题建立不同的参数模型。例如现在流行的深度模型，很大一部分几乎就是不可解释的。

在面对一个具体的问题时,人首先会根据已有的经验和当前的信息而行动,然后按照行动获得的反馈去修正自己的经验,并不断重复这个过程。而机器学习就是通过程序让计算机"学会"人的学习过程。换句话说,机器学习可以看作是一个计算机程序,这个程序能够根据"经验"自我完善,自己补充出一些关键性的代码(包括参数)。

这里,通过一个具体的例子来体会机器学习和传统编程这两者之间的差异。

假设需要构建一个图片分类系统:能区分猫和狗。这个任务被交给了程序员小明和数据科学家小嘉。程序员小明拿到这个任务并思索过后,总结了两条分辨这两种动物的经验:

- 狗的鼻子比较突出,而猫的鼻子相对没有这么突出;
- 狗的坐姿比较挺立,而猫的坐姿相对没有这么挺立。

然后,小明将上面的两条经验总结成规则:如果图中的动物有鼻子突出或者坐姿挺立,那么图中的动物是狗,反之则为猫。最后,他将上述规则用具体的程序代码写出来后,交给计算机去判断。

数据科学家小明的做法则完全不同。他并不去总结区别这两种动物的规则,而是假设毛发颜色和耳朵大小能区别这两者。于是小嘉将这个逻辑写成机器学习代码,并在计算机上运行;同时,他还从网络上收集了大量的关于狗和猫的图片,并将这些图片做好标记,即每张图片对应的动物是什么;最后小嘉将这些数据以及标记输入给之前编写好的机器学习程序,而后者就可以根据数据不断累积经验和总结规则,这个过程被称为模型训练。经过一段时间的训练后,机器学习程序最后得到了一个模型,同样以代码的形式存在。这个得到的模型和前面小明编写的程序一样,可以用来区分狗和猫的图片。

小明和小嘉各自的工作流程如图 2.7 所示。从编程的角度来看,机器学习是一种能自动生成部分程序(和参数)的特殊程序。

再举一个简单而具体的例子。假设想通过一个成年人的身高(用变量 x 表示)来预测他的体重(用变量 y 表示)。这项工作同样被交给了小明和小嘉。

小明拿到问题之后,上网查阅了成年人身高与体重的相关研究资料,发现这两者的关系可以用一个公式大致表示:$y=0.9x-90$。于是他将公式转换为程序里面的函数,这个函数的输入参数是身高,输出是预测的体重。

小嘉接到任务后,首先假设身高和体重的关系可以用一个线性回归模型来表示,也就是公式 $y=ax+b$,其中 a 和 b 为未知的参数。和图片识别中的做法类似,小嘉接下来收集了大量的人体身高和体重的数据,并将这些数据输入给模型,而模型很快根据这些数据估计出未知参数 a 和 b,最后得到一个这样的公式:$y=0.8x-100$,并把这个公

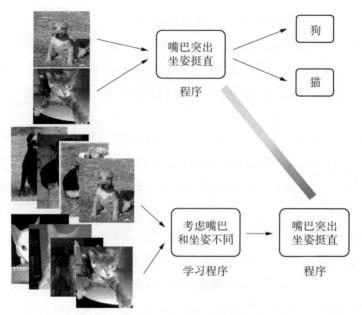

图 2.7 机器学习程序与传统程序的比较

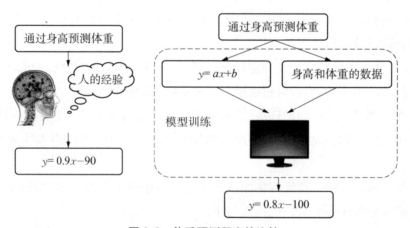

图 2.8 体重预测程序的比较

式自动写进了程序。两种方案的比较如图 2.8 所示。

总结一下,传统的编程方式是人类自己积累经验,并将这些经验转换为规则或数学公式,然后就是用编程语言去表示这些规则和公式。而机器学习可以被看作一种全新的编程方式。在进行机器学习时,人类不需要总结具体的规则或公式,只需制定学习的步骤,然后将大量的数据输入计算机。后者可以根据数据和人类提供的学习步骤自己总结经验,并完成升级。计算机"学习"完成之后会得到一个模型程序(包括参数),而这个由程序生成的程序可以达到甚至超过人类部分领域专家的水平。而这就是一种典型的数据驱动的算法模型,如图 2.9 所示。

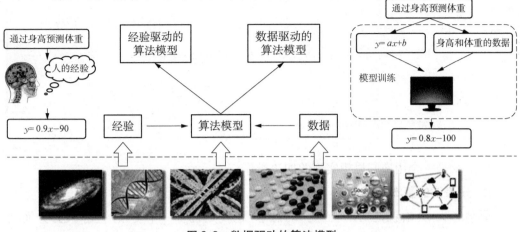

图 2.9　数据驱动的算法模型

今天的数据思维是建立在已经日益成熟的计算思维的实践基础之上的,当数据与计算紧密结合起来的时候,所创造出来的可能性将是无限的。

2.3　计算思维与数据思维实例

本节通过具体的编程实例来说明什么是计算思维与数据思维。

2.3.1　计算思维实例:递归与分治方法

递归与分治是典型的计算思维方法,下面将分别介绍。本节案例来自参考文献[23]。

1. 递归的基本思路

本质上来说,所谓递归(recurrence),就是函数自己调用自己,从而形成了一个循环。类似于诗句的描述"你站在桥上看风景,看风景的人在楼上看你"。在程序设计过程中,使用递归来解决问题是非常有趣的。递归也是很多重要算法或者思想的基础,例如分治法、贪心算法、回溯等都可以基于递归来实现。

举个简单的例子:已知 n 个数 $a_1, a_2, \cdots, a_n$,求这 n 个数的和 $F(n)$。

如果 $a_1=1, a_2=2, \cdots, a_n=n$,则 $F(n)=1+2+3+\cdots+n$。根据中学数学知识,我们就可以知道,$F(n)$ 的解是 $n(n+1)/2$。但是如果 $a_1=1^k, a_2=2^k, \cdots, a_n=n^k (k \geqslant 2)$,要通过数学公式直接计算得到 $F(n)$ 的解就很困难了。这里,我们使用 Python 编程计算 $F(n)$。为了展示递归的使用,本程序仅使用递归方法,不使用 for、while 循环。实际上,在很多时候,递归和循环是可以相互转换的。有的算法中,使用递归更容易理解和编程;但如果要追求极致的计算效率,循环可能更好。

递归函数:$F(1)=a_1; F(n)=F(n-1)+a$。

编写递归函数务必要注意,在递归调用之前(一般写在函数的开始处),应写上递归的结束条件。

```
#<程序 2.1：递归加法>
def  F (a):
    if  len (a) ==1: return (a [0])    #务必写上递归的结束条件
    return (F (a [1:]) +a [0])
a= [1,4,9,16]
print (F (a))
```

以上就是一个用递归思想实现的加法操作。

2. 分治法的基本思想

顾名思义,分治就是"分而治之"的意思,也就是说将一个复杂的大问题"分而治之",划分为若干个相同或相似的、且相互独立的小问题,再把小问题继续划分为更小的问题,不断重复这个过程,直到"最小"的问题可以被直接地求解出来,然后将这些小问题的解层层合并,最终计算出原问题的解。观察上述过程,我们可以感受到递归的思想。实际上,用分治法求解问题的时候,我们往往会结合使用递归。

接下来,我们将通过三种方法(循环比较法、递归比较法和分治比较法)来寻找 n 个数中的最小值,展示这些方法的区别,体会分治法的思想。

求最小值： 假设有 n 个数,分别为 $a_1, a_2 \cdots, a_n$,求这 n 个数中的最小值。

想要找到最小值,就需要将 n 个数作比较,但是怎么比较就是关键了。因为不同的比较策略,找出最小值所花费的时间也不同。首先来看一个最常用、也是最容易想到的方法。

(1) 循环比较法。

依次从这 n 个数中找出最小值：首先将 a_1 和 a_2 进行比较,然后再将较小的数与 a_3 进行比较；接着再将较小的数与 a_4 进行比较,不断重复这个过程,直到所有数都参与了比较,这样就可以找到 n 个数中最小的值。使用 Python 实现上述循环比较法,程序如下：

```
#<程序 2.2：最小值_循环>
def  M(a):
    m=a[0]
    for  i  in  range (1, len(a)):
        if a[i]< m:
            m= a[i]
    return m
a= [4,1,3,5]
print(M(a))
```

观察程序可以知道,用循环比较法求得最小值,需要比较 $n-1$ 次。

(2) 递归比较法。

正如前文所述,循环和递归往往可以相互转换。本题也可以使用递归比较法来实现。

要找到 n 个数中的最小值 $M(n)$,需要知道前 $n-1$ 个数中的最小值 $M(n-1)$,然后比较 a_n 和 $M(n-1)$,较小的就是 $M(n)$;要找到 $n-1$ 个数中的最小值 $M(n-1)$,需要知道前 $n-2$ 个数中的最小值 $M(n-2)$,然后比较 a_{n-1} 和 $M(n-2)$,较小的就是 $M(n-1)$;……要找到 2 个数中的最小值 $M(2)$,就需要知道 1 个数中的最小值 $M(1)$,然后比较 a_2 和 $M(1)$,较小的就是 $M(2)$;而 1 个数中的最小值 $M(1)$ 就是它本身 a_1。有了 $M(1)$ 就可以得到 $M(2)$,有了 $M(2)$ 就可以得到 $M(3)$……有了 $M(n-1)$ 就可以得到 $M(n)$,从而得到 n 个数中的最小值。用公式可以表示为:

$$M(n) = \begin{cases} a_1 & n=1 \\ \min(a_n, M(n-1)) & n>1 \end{cases}$$

使用 Python 实现上述递归比较过程如下:

```
#<程序 2.3:最小值_递归>
def M(a):
    print (a)
    if len(a) == 1:return a[0]#务必写上递归的结束条件
    return (min(a[len(a) - 1], M(a[0:len(a) - 1])))
L = [4,1,3,5]
print (M(L))
```

递归比较法和循环比较法一样共要比较 $n-1$ 次。

(3) 分治比较法。

在查找最小值过程中,其实比较的顺序并不重要,只要保证所有数都被比较过即可。根据这个原则,我们可以将这 n 个数分组进行比较。不妨用 $M(i,j)$ 表示 $a_i,\cdots,a_j$ 这 $j-i+1$ 个数中的最小值,其中 $0 \leqslant i \leqslant j \leqslant n-1$。

要得到 $M(1,n)$,先求得 $M(1,n/2)$ 和 $M(n/2+1,n)$,然后比较 $M(1,n/2)$ 和 $M(n/2+1,n)$,其中较小的就是 $M(1,n)$;而要求 $M(1,n/2)$,先求得 $M(1,n/4)$ 和 $M(n/4+1,n/2)$,然后比较 $M(1,n/4)$ 和 $M(n/4+1,n/2)$,其中较小的就是 $M(1,n/2)$……直到要得到 $M(1,1),M(2,2),\cdots M(n,n)$。根据 $M(i,j)$ 的定义可知:$M(1,1)=a_1,M(2,2)=a_2,\cdots,M(n,n)=a_n$。既然知道了 $M(1,1),M(2,2),\cdots,M(n,n)$,

通过比较也就可以得到 $M(1,2),M(3,4),\cdots,M(n-1,n)$,……通过比较 $M(1,n/2)$ 和 $M(n/2+1,n)$,从而得到 $M(1,n)$。以上的除法都是整数除法。按照上述基本思想,即可求得 n 个数中的最小值 $M(1,n)$,公式表示如下:

$$M(1,n) = \min(M(1,n/2), M(n/2+1,n))$$

上述分治比较法可以通过递归函数来实现。编写分治比较法的递归函数需要注意以下细节:

- 务必写上递归的结束条件。对本例而言,当数组只有一个值时(如 $M(1,1)$),要返回此值(如 a_1)。
- 设定调用的递归函数的参数,也就是大问题要如何分成小问题。对本例而言,即为确定递归调用两个 M 函数的参数(数组及下标)。
- 所调用的函数完成后,也就是子问题解决后,如何构建大问题的解答,并返回此解答。对本例而言,即为比较递归调用的两个 M 函数的返回值,并将最小值返回。

```
#<程序 2.4: 最小值_分治>
def M(a):
    print(a)        #可以列出程序执行顺序
    if len(a)==1: return a[0]#务必写上递归的结束条件
    return (min(M(a[0:len(a)/2]), M(a[len(a)//2:len(a)])))
L=[4,1,3,5]
print (M(L))
```

分析上述程序,可以发现分治比较法同样需要比较 $n-1$ 次。但是这种方法更适合于多核处理器进行并行的处理。"分而治之"的基本思想就是将一个复杂的大问题,划分为若干个相同或相似的、且相互独立的小问题。对本例而言,在求 $M(1,n/2)$ 和 $M(n/2+1,n)$ 时,这两个求解过程所要进行的比较是互不影响的,因此这两个求解过程可以同时进行,进而推广到求 $M(1,2),\cdots,M(n-1,n)$ 时,比较都是可以同时进行的。

2.3.2 数据思维的实例:蒙特卡罗方法

蒙特卡罗方法也称统计模拟方法,是一种以概率统计理论为指导的数值计算方法。它多次执行同一模拟,然后将结果进行平均。很多例子都可以归结为蒙特卡罗方法。1949 年,斯塔尼斯拉夫·乌拉姆和尼古拉斯·梅特罗波利斯创造了"蒙特卡罗模拟"这个名词,目的是向摩纳哥公国赌场中的赌运气游戏致敬。

乌拉姆最著名的经历是和爱德华·特勒设计了氢弹,他对这个模型的发明过程描述如下:

我对实现蒙特卡罗方法的最初想法和努力来源于一个问题,这个问题在1946年突然出现在我的脑海中。当时我处于病后康复期,正在玩单人纸牌。这个问题就是:使用5张纸牌的甘菲德游戏最后成功的机会有多少?我花费了很多时间,通过纯组合运算来计算成功机会。我想知道是否有一种比"抽象思考"更实际的方法,可能要将牌摆100次以上,通过简单观察,数出成功的次数就可以了。随着高速计算机新时代的到来,我们完全可以做这种设想。我又马上想到了中子扩散等其他数学物理问题,一般地说,就是对于由某种差分方程描述的过程,我们如何将其转换为可以由一系列机械操作解释的等价形式。之后……1946年,我向约翰·冯·诺依曼描述了这个想法后,我们就开始计划实际的计算了。

这项技术在曼哈顿计划中用于预测原子核裂变反应的结果,但是直到20世纪50年代,计算机更加普及和强大之后,这个方法才真正取得了成功。乌拉姆不是第一个想使用概率工具来理解赌运气游戏的数学家。概率的历史与赌博的历史紧密相连。不确定性的存在使赌博成为可能,赌博的存在又促进了用来解释不确定性的数学理论的发展。为概率论的奠基做出重要贡献的有卡尔达诺、帕斯卡、费马、伯努利、棣莫弗和拉普拉斯,他们的目的都是为了更好地理解(也可能是赢得)赌运气游戏。

1. 帕斯卡的问题

概率论早期的多数工作都围绕着骰子游戏展开。据说,帕斯卡对概率论这个领域产生兴趣是因为他的朋友问了他一个问题,即"连续掷一对骰子24次得到两个6"这个注是否有利可图。这在17世纪中叶是非常困难的一个问题。帕斯卡和费马这两个天资过人的家伙经过多次通信来讨论如何解决这个问题,虽然现在来看很容易解决:

- 第一次投掷时,每个骰子掷出6的概率是6分之1,所以两个骰子都掷出6的概率是$\frac{1}{36}$;

- 因此,第一次投掷时没有掷出两个6的概率是$1-1/36=\frac{35}{36}$;

- 因此,连续24次投掷都没有掷出两个6的概率是$(35/36)^{24}$,差不多是0.51,所以掷出两个6的概率是$1-(35/36)^{24}$,大约是0.49。长期来看,在24次投掷中掷出两个6这个赌注是无利可图的。

为安全起见,编写一个小程序来模拟帕斯卡这位朋友的游戏(如程序2.5所示),确定是否可以得到和帕斯卡同样的结论。当第一次运行checkPascal(1000000)时,它会输出:

```
Probability of winning= 0.490761
```

这个结果与$1-(35/36)^{24}$非常接近,在Python shell中输入1-(35/36)**24会

计算出 0.491 483 876 139 934 2。

```python
#<程序2.5：验证帕斯卡的分析>
import random
def rollDie():
    return random.choice([1,2,3,4,5,6])

def checkPascal(numTrials):
    '''假设numTrials是正整数，输出获胜概率的估值 '''
    numWins = 0
    for i in range(numTrials):
        for j in range(24):
            d1 = rollDie()
            d2 = rollDie()
            if d1 == 6 and d2 ==6:
                numWins += 1
                break
    print ('Probability of winning =', numWins/numTrials)
def main():
    checkPascal(1000000)

if __name__ == '__main__':
    main()
```

2. 求 π 的值

蒙特卡罗方法能够真实地模拟实际物理过程，适合于解决不确定性问题。有趣的是，蒙特卡罗方法（以及一般的随机算法）也可以用于解决那些本质上不随机的问题。

在介绍这个方法之前，要来看看另外一个无理数，以及它的计算方法，这就是 π。

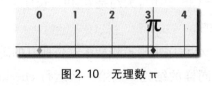

图 2.10　无理数 π

几千年来，人们早就知道有这么一个常数（从 18 世纪开始称为 π），圆的周长等于 π×直径，圆的面积等于 π×半径^2。但是人们不知道这个常数的确切的值。π 的最早估算之一可以在大约公元前 1650 年的古埃及《莱因德纸草书》中找到,即 $4\times\left(\dfrac{8}{9}\right)^2=3.16$。一千多年之后,《旧约全书》记述所罗门王的一项建筑工程时,暗示了一个不同的 π 值:他又铸一个铜海,样式是圆的,高五肘,径十肘,围三十肘。

可以从上面的描述中解出 π,$10π=30$,所以 $π=3$。

叙拉古的阿基米德(公元前 287—公元前 212 年)使用边数较多的多边形近似圆形的方法,推导出了 π 值的上界和下界。他使用 96 边形,得出结论 $\dfrac{223}{71}<π<\dfrac{22}{7}$。在那个年代,得出的上界和下界需要一套非常深奥的方法。还有,如果将这两个界限平均一下作为阿基米德的最佳估计,会得到 3.141 8,误差大概只有 0.000 2!

早在计算机发明以前,法国数学家布冯(1707—1788)和拉普拉斯(1749—1827)提出了使用随机模拟来估算 π 值的方法。假设要在一个边长为 2 的正方形中嵌一个圆,那么这个圆的半径 r 就是 1,如图 2.11 所示。

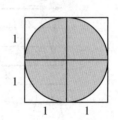

图 2.11 嵌在正方形中的圆

根据 π 的定义,圆面积$=πr^2$。因为 r 为 1,所以 $π=$ 面积。但是圆的面积是多少呢?布冯认为可以估计出圆的面积,方法是向正方形附近扔大量的针(他宣称针是按照随机路径下落的),然后找出针尖落在正方形内的针的数量,再找出针尖落在圆内的针的数量,用二者的比值就可以估计出圆的面积。

如果针的位置确实是随机的,那么有:

$$\frac{圆内针的数量}{正方形内针的数量}=\frac{圆的面积}{正方形的面积}$$

解出圆的面积:

$$圆的面积=\frac{正方形的面积\times圆内针的数量}{正方形内针的数量}$$

2×2 的正方形的面积为 4,所以:

$$圆的面积=\frac{4\times圆内针的数量}{正方形内针的数量}$$

一般来说,要估计某个区域 R 的面积:

(1) 选择一个封闭的区域 E,E 的面积很容易计算,并且 R 完全位于 E 中;

(2) 在 E 中选择一组随机的点;

(3) 令 F 为这些点落入 R 中的比率;

(4) 用 F 乘以 E 的面积。

如果亲自试验了布冯的方法,很快就会发现针落地的位置不是真正随机的。而且,即使可以随机地扔针,要得到和《圣经》中记述的一样好的 π 的近似值,也需要扔大量的针。幸运的是,计算机可以用极快的速度随机扔出大量模拟的针,如图 2.12 所示。

用布冯提出的一种计算圆周率的方法——随机投针法,很多研究学者得到了圆周率 π 的近似值,如图 2.13 所示。

下面的程序可以使用布冯-拉普拉斯方法估计出 π 值。为简单起见,它只考虑那些落在正方形右上方 1/4 面积中的针。

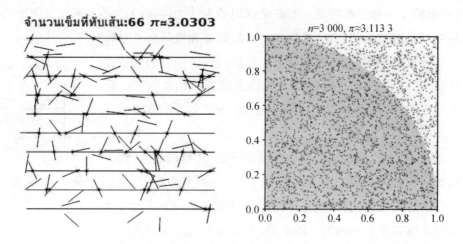

图 2.12　用布冯投针法求解 π

试验者	时间	投掷次数	相交次数	圆周率估计值
沃尔夫(Wolf)	1850 年	5 000	2 532	3.159 6
史密斯(Smith)	1855 年	3 204	1 218.5	3.155 4
摩根(C. De Morgan)	1860 年	600	382.5	3.137
福克斯(Fox)	1884 年	1 030	489	3.159 5
拉泽里尼(Lazzerini)	1901 年	3 408	1 808	3.141 592 9
雷纳(Reina)	1925 年	2 520	859	3.179 5

图 2.13　不同学者给出的圆周率 π 的近似值

```
#<程序2.6：估计 π 值>
def throwNeedles(numNeedles):
    inCircle = 0
    for Needles in range(1,numNeedles + 1):
```

```
            x = random.random()
            y = random.random()
            if (x*x + y*y)*0.5<=1:
                inCircle += 1
        return 4*(inCircle/numNeedles)

def getEst(numNeedles, numTrials):
    estimates = []
    for t in range(numTrials):
        piGuess = throwNeedles(numNeedles)
        estimates.append(piGuess)
    sDev = stdDev(estimates)
    curEst = sum(estimates)/len(estimates)
    print ('Est. =',str(round(curEst, 5))+ ',',
           'Std. dev. =', str(round(sDev, 5)) + ',',
           'Needles =', numNeedles)
    return (curEst, sDev)

def estPi (precision, numTrials):
    numNeedles = 1000
    sDev = precision
    while sDev > precision/1.96:
        curEst, sDev = getEst(numNeedles, numTrials)
        numNeedles *= 2
    return curEst
```

函数 throwNeedles 模拟了扔针的过程。首先,使用 random.random 得到一对正的笛卡尔坐标值(x 值和 y 值),表示相对于正方形中心点的针的位置。然后,使用勾股定理计算出底为 x 高为 y 的直角三角形的斜边的长度,这就是针尖与原点(正方形中心点)之间的距离。因为圆的半径是1,所以当且仅当针尖与原点之间的距离不大于1时,针才落在圆内。就根据这个事实数出落在圆内的针的数量。

函数 getEst 使用 throwNeedles 找出 π 的估计值。首先扔出 numNeedles 根针,然后取 numTrials 次实验结果的平均值,最后返回整个实验的均值和标准差。函数 estPi 使用不断增加的针的数量来调用 getEst,直到 getEst 返回的标准差不大于 precision/1.96。基于误差服从正态分布的假设,这意味着95%的值都位于均值两边 precision 的范围内。

运行 estPi(0.01,100),输出以下结果:

Est.=3.14844,Std.dev.=0.04789,Needles=1000

Est.=3.13918,Std.dev.=0.03550,Needles=2000

Est.=3.14168,Std.dev.=0.02713,Needles=4000

Est.=3.14143,Std.dev.=0.01680,Needles=8000

Est.=3.14135,Std.dev.=0.01370,Needles=16000

Est.=3.14131,Std.dev.=0.00848,Needles=32000

Est.=3.14117,Std.dev.=0.00703,Needles=64000

Est.=3.14159,Std.dev.=0.00403,Needles=128000

正如所料,增加样本数量时,标准差是单调递减的。随着样本数量的增加,在前半阶段,π 的估计值在平稳地改善,有时高于真实值,有时低于真实值,但每次 numNeedles 的增加都会改善估计值。当实验有 1 000 个样本时,这个模拟的估计值已经好于《圣经》和《莱因德纸草书》中的 π 值了。

奇怪的是,当针数从 8 000 增加到 16 000 时,估计值变差了,3.141 35 比 3.141 43 更加远离 x 的真实值。但是,检查每个均值两侧一个标准差的范围就会发现,每个范围内都包含 π 的真实值,而且样本规模越大,这个范围就越小。即使 16 000 个样本产生的估计值偶然离真实值更远,但对它的精确度要有信心。给出一个好的答案是不够的,还必须有足够的理由来确信它真是个好的答案。当扔出足够多的针时,就可以得到足够小的标准差,从而有理由确信答案是正确的。

但足够小的标准差只是确认结果有效性的必要条件,不是充分条件。统计上有效的结论和正确结论是两个概念,不能混淆。

每种统计分析的开始都要进行假设。这里的关键假设是:模型是对现实世界的精确模拟。回忆一下,在对布冯-拉普拉斯方法的模拟中,先使用代数方法解释了如何使用两个面积的比值来计算 π 的值,然后依靠几何知识,再加上 random.random 产生的随机性,将这种方法转换成了代码。

再看看如果模拟中有错误会怎样。例如,假设将函数 throwNeedles 中最后一行代码中的 4 替换为 2,然后再运行 estPi(0.01,100)。这次会输出以下结果:

Est.=1.57422,Std.Dev.=0.02394,Needles=1000

Est.=1.56959,Std.Dev.=0.01775,Needles=2000

Est.=1.57054,Std.Dev.=0.01356,Needles=4000

Est.=1.57072,Std.Dev.=0.00840,Needles=8000

Est.=1.57068,Std.Dev.=0.00685,Needles=16000

Est.=1.57066,Std.Dev.=0.00424,Needles=32000

仅用了 32 000 根针,标准差就已经很小了。这个结果说明,即使使用更多来自同一分布的样本,也只能得到相似的结果。标准差并不能说明这个估计值是否

接近 π 的真实值。

因此,在相信模拟结果之前,既需要确信概念模型是正确的,也需要确信模型的实现过程是正确的。只要有可能,就应该用事实来验证模型结果。本例也可以通过一些其他方式计算出圆面积的近似值(例如实际测量),并通过实测值检查计算出的 π 值是否在正确的范围内。

2.4 实践:Python 问题求解

公元前 5 世纪,古希腊毕达哥拉斯(Pythagoras)学派的希勃索斯(Hippasus)发现了一个惊人事实,一个边长为 1 的正方形的对角线长度不是有理数。无理数的存在说明了数轴上存在不能用有理数表示的"空隙",和毕达哥拉斯学派的"万物皆为数(有理数)"的哲理大相径庭。根据勾股定理(在西方叫毕达哥拉斯定理),边长为 1 的正方形的对角线长度为 $\sqrt{2}$,也就是说希勃索斯是第一个发现 $\sqrt{2}$ 是无理数的人。无理数的发现经常被称为数学史上的第一次危机,其影响是深远的。有理与无理的对立不仅有抽象的哲学意义,也有广泛的应用意义。

这里暂且放下这段波澜壮阔的历史,有兴趣的同学可以去网上查查,接下来看看如何用算法来计算 $\sqrt{2}$。它的计算看似简单,大部分编程语言中都有一个类似 sqrt() 的函数,但实际上如果要自己去计算的话,是不太容易的,如果还要设计一个高效的算法,那就更难了。下面介绍几种典型方法。本节部分案例来自参考文献[23]。

2.4.1 解平方根算法一:循环迭代,逐步逼近

设计算法之前,首先要明确问题以及输入和输出。对本题而言,输入是任意实数 c,问题是求 c 的算术平方跟,输出是求解出的 c 的算术平方根。

最直观的方法就是采用趋近的方法,这个方法的思想实际上很简单,先选取一个接近 $\sqrt{c}$ 的整数,然后根据所需要的精度一步一步地去逼近真实的 $\sqrt{c}$。通用的算法步骤如下:

输入:任意实数 c;

输出:c 的算术平方根 g。

1. 从 0 到 c 的区域里选取一个整数 g',满足 $g'^2 < c$ 且 $(g'+1)^2 > c$ 的条件;

2. 如果 $g'^2 - c$ 足够接近于 0(由给定精度确定,例如 0.000 1),g' 即为所求算术平方根的解 $g = c^{1/2}$;

3. 否则,以步长 h 增加 g':$g' = g' + h$,其中,h 为给定精度下的步长(例如 0.000 01),即每次对 g' 做出调整的值;

4. 重复步骤 2 直到满足条件,此时输出 g',并终止计算。

算法执行完成后,最终输出的平方根值 g' 接近于真实的值 g 的程度,取决于给定

精度 0.000 1。当$|g'^2-c|\leqslant 0.0001$时，g'可以作为 c 的算数平方跟的解。给定精度下的步长是指每次改变 g' 值的跨度，以使得结果渐渐接近精确解。这个步长的跨度决定了解的精确度，步长越小，精确度越高，求解越慢；步长越大，精确度越低，求解越快。

#<程序2.7：开平方1“笨办法”>

```python
#开平方1
def Square_root_1():
    c = 2
    i = 0
    g = 0
    for j in range(0, c+1):
        if (j * j > c and g == 0):
            g = j -1
    while(abs(g * g - c) > 0.0001):
        g += 0.00001
        i = i+1
        print ("%d:g = %.5f" % (i,g))


Square_root_1()
```

```
41411:g = 1.41411
41412:g = 1.41412
41413:g = 1.41413
41414:g = 1.41414
41415:g = 1.41415
41416:g = 1.41416
41417:g = 1.41417
41418:g = 1.41418
>>>
```

循环次数迭代了41 418次，精度为0.000 1

图 2.14　用“笨办法”计算$\sqrt{c}$

如果用 Python 编程，并且设定精度步长是 0.000 01，这个算法的循环迭代次数是 41 418次，效率实在是太低了。有没有什么更加高效的算法呢？

2.4.2　解平方根算法二：二分查找，折半返回

二分查找是计算机科学中一个常用的算法思路，其基本思想是，每次将求解值域的区间减少一半，因此可以快速缩小搜索的范围。在一个有序的集合中，实际上不需要一个一个去查找，而是可以每次去看整个集合中间的数是否是要找的，如果不是，只用在其中一半的集合中重复这个步骤即可，背后的关键因素是目标集合是有序的。

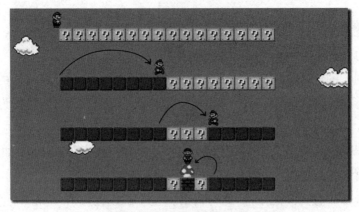

图 2.15　二分查找的示例

不妨假设 c 的平方根为 x，令 $f(x)=x^2-c$，求 c 的平方根 x 就是求该式为 0 的解。

输入：任意实数 c；

输出：c 的算术平方根 g。

1. 令 $\min=0, \max=c$；
2. 令 $g'=(\min+\max)/2$；
3. 如果 g'^2-c 足够接近于 0，g' 即为所求算术平方根的解 $g=c^{1/2}$；
4. 否则，如果 $g'<c$，$\min=g'$，否则，$\max=g'$；
5. 重复步骤 2，直到满足条件，输出 g'，终止程序。

#<程序2.8：开平方2 二分法>

```
# 开平方2  二分法
def Square_root_2():
    i = 0
    c = 2
    m_max = c
    m_min = 0
    g = (m_min + m_max)/2
    while (abs(g * g - c)> 0.00000000001):
        if (g*g<c):
            m_min = g
        else :
            m_max = g
        g = (m_min + m_max)/2
        i = i + 1
        print ("%d:g = %.13f" % (i,g))

Square_root_2()
```

循环次数迭代了36次，精度达到0.000 000 000 01

图 2.16 "快速法"计算 $\sqrt{c}$

如果用 Python 编程，并且设定精度是 0.000 000 000 01，这个算法的循环迭代次数是 36 次，效率大大提高了。看上去非常神奇，没错，这就是算法的魅力所在，同样一个问题，不同的求解方法，效率会非常的不一样。那还有没有更加高效的算法呢？下面就介绍第三种算法：牛顿法。

2.4.3 解平方根算法三：曲线切线，线性逼近

相对于算法一来说，算法二的循环次数更少。下面我们将使用牛顿法对算法进一步优化。

算法三利用牛顿迭代，曲线切线，线性逼近。理解牛顿迭代法的关键是理解：切线是曲线的线性逼近。什么意思呢？请看一下 $f(x)=x^2$ 的图象，然后随便选一点作它的切线。图 2.17 中，曲线是 $f(x)$，直线是 A 点处的切线，可以看出放大之后切线和 $f(x)$ 非常接近了，越放

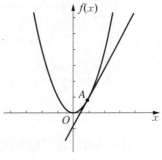

图 2.17 切线的示意图

大图象，A 点的切线就越接近 $f(x)$。因为切线是一条直线（也就是线性的），所以可以说，A 点的切线是 $f(x)$ 的线性逼近。离 A 点距离越近，这种逼近的效果也就越好，也就是说，切线与曲线之间的误差越小。所以可以说在 A 点附近，"切线 ≈ $f(x)$"。

牛顿迭代法又称为牛顿-拉弗森方法，实际上是由牛顿、拉弗森各自独立提出来的。牛顿-拉弗森方法的思路就是切线是曲线的线性逼近这个思想。牛顿和拉弗森认为，切线多简单啊，研究起来也容易，既然切线可以近似于曲线，那直接研究切线的平方根就可以了。

然后他们观察到这么一个事实：随便找一个曲线上的 A 点，作一条切线，切线的根（就是和 x 轴的交点）与曲线的根，还有一定的距离。牛顿、拉弗森想，没关系，从这个切线的根出发，作一根垂线，和曲线相交于 B 点，继续重复刚才的工作，经过多次迭代后会越来越接近曲线的根。

具体方法如下：

输入：任意实数 c；

输出：c 的算术平方根 g。

1. 设 $g = c/2$；

2. 如果 $g^2 - c$ 足够接近于 0，g 即为所求；

3. 否则，$g = \left(g + \dfrac{c}{g}\right)/2$；

4. 重复步骤 2，直到条件满足，并终止计算。

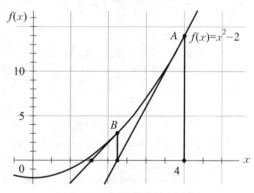

图 2.18　牛顿迭代法示意图

#<程序2.9：开平方3　牛顿法>

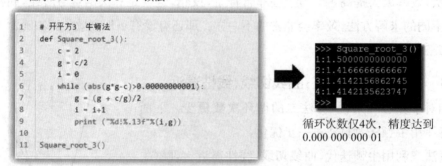

循环次数仅4次，精度达到 0.000 000 000 01

图 2.19　"牛顿法"计算 $\sqrt{c}$

通过编程运算可以发现，该方法循环次数仅 4 次，精度就可以达到 0.000 000 000 01。是不是快得令人难以置信！这就是算法的神奇之处。

对上面的三种方法进行一下总结：
- 上面实例的精彩有趣之处就在于它对于"算法"的研究，解决同一个问题可以设计出各种不同的算法，不同算法之间的效率差别很大；
- 不是获得解就结束了，而是要进一步分析不同算法对程序执行效率的影响，然后选择最好的算法；
- "设计"就是算法研究中的最重要的问题，针对一个问题，设计出高效的算法，而不单单是解决给定的一个问题；
- 算法设计就是计算思维中的一个核心内容，也是计算的美和魅力所在！

那可能有同学会问，如果我不知道二分法或者是牛顿法这样的方法，特别是后者，需要专门的领域知识，是不是就无法设计出有效地解决方法了呢？接下来再来实践一种基于数据的方法，同样也是非常的神奇。

2.4.4 蒙特卡罗法：随机数据，神奇估计

在前面 2.3.2 节中已经介绍了蒙特卡罗方法，其基本思想是首先建立一个概率模型，使所求问题的解正好是该模型的参数或其他有关的特征量；然后通过模拟统计试验（例如，生成大量的随机数），多次随机抽样试验，统计出某事件发生的百分比；只要试验次数很大，该百分比便近似于事件发生的概率；利用建立的概率模型，就可以求出要估计的参数。

用蒙特卡罗法求解 $\sqrt{c}$ 的原理就是随机数的统计特性，得到两个事件集合的发生的概率之比等于集合对应图形区域面积之比又约等于集合对应的随机点数之比。通用算法如下：

输入：任意实数 c；
输出：c 的算术平方根 g。

在第一象限内构造 $c \times c$ 的矩形域和由函数 $y=\sqrt{x}$ 在 $[0,c]$ 与 x 轴围成的区域；
在矩形域中产生大量的随机点；
设在矩形域中的点数为 n（也为总的随机点数），函数 $y=\sqrt{x}$ 在 $[0,c]$ 与 x 轴围成的区域中的点数为 m；
函数 $y=\sqrt{x}$ 在 $[0,c]$ 与 x 轴围成的区域面积通过积分可以求得为 $\frac{2}{3}c^{3/2}$。

用 Python 很容易对上面的算法进行编程，虽然效率不是很高，需要产生大量的随机数，然而神奇的是，看上去只是随机生成的数据，却能够通过简单的计算，算出曾经困扰众多数学家的难题。

```
#<程序 2.10：开平方 4 蒙特卡罗法>
import random
import math
def square_root_4(times):
    sum =0
    for i in range(times):
        x = random.uniform(0,2)
        y = random.uniform(0,2)
        d = math.sqrt(x)- y
        if d >0:
            sum+=1
    return(3*sum)/(times)
square_root_4(1000000)
```

再小结一下：

- 上面实例的精妙有趣之处，就在于通过数据的辅助来进行问题的求解，在不知道有效算法的情况下，通过引入相关数据，即便这些数据是随机生成的，也会产生异常强大的效果；
- 随着大数据与并行计算技术的发展，这类通过产生数据来解决问题的方法往往能够在一些复杂领域产生意想不到的效果；
- 所以高效的算法，以及结合数据的力量，是在求解显示问题中有利的思维武器，这也就是计算与数据的美！

上述实例只是数据思维的一个很小的点，随着学习的深入，大家会接触到更多的方法，特别是和统计学结合后，多变量数据的 Bayesian 统计推理、高维数据的深度学习技术、海量数据的因果分析、MCMC 方法、Bootstrap 技术等，再加上现在的云计算技术，使得计算力近乎无限的水平可扩展，大大地拓展了人类的思维方式，让以前无法想象的难题能够得到解决。

2.5 本章小结

数据思维建立在计算思维的实践基础之上，当数据与计算紧密结合起来，将会创造无限的可能。本章以计算思维和数据思维为核心，介绍了如何通过它们进行问题求解的实例。特别是，通过求解$\sqrt{c}$、求解π以及机器学习的方法，来阐释计算思维与数据思维的特点，以及它们之间的不同，希望大家能够体会到计算与数据所产生的美妙之处。

2.6 习题与实践

复习题
1. 什么是数据思维与计算思维？
2. 典型的计算思维包括哪些方法？分别是什么？
3. 数据驱动的算法模型与经验驱动的算法模型有什么异同？
4. 列举你认为是数据思维的实例。
5. 递归法与分治法背后的思想是怎样的？

践习题
1. 给定一个正整数n，找出一个正整数列表，它们的乘积是所有和为n的正整数列表中最大的。例如，如果n为4，那么要求的正整数列就是2,2，因为2×2的结果比$1\times1\times1\times1$、$2\times1\times1$以及3×1的结果都要大。再比如，如果n为5，那么所求的正整数列就是2,3。
    (1) 如果$n=2\,001$，所求的正整数列是什么？
    (2) 解释是如何迈出第一步的。
    (3) 用 Python 实现所设计的算法。
2. 用 Python 计算 2 的 10 次方、20 次方、30 次方、40 次方和 50 次方，观察所得结果。是不是增长得很快？（用 2 ** 10 的语句可计算出 2 的 10 次方的值）
3. 用 Python 解决本章 2.2.1 中的渡河问题，生成所有的可行方案。
4. 用 while 循环实现"笨办法"求解$\sqrt{2}$，使得一旦找到所要的 g 就跳出循环。这样可以减少不必要的循环次数。
5. 在"牛顿法"求解$\sqrt{2}$的程序中，把 c 设为 2 或 2 000 等不同值，观察运行结果。
6. 在"牛顿法"求解$\sqrt{2}$的程序中，如果把起始值 g=c/2 改为 g=c 或者 g=c/4 等，对结果有影响吗？
7. 给出 c 的三次方根的牛顿迭代式，并使用 Python 进行实现，假设$c=10$。
8. 至少用 3 种方法求解π的值，并比较它们的效率（精度保留到小数点后 10 位）。提示：π的值可以用多种级数的解析式来计算。
9. 根据蒙特卡罗法的思想，用 Python 编写程序计算区间[2,3]上的定积分：$\int (x^2 + 4x\sin x)\mathrm{d}x$。

研习题

1. 阅读"文献阅读"部分文献[4],深入理解计算思维的概念。
2. 阅读"文献阅读"部分文献[5],论述计算、统计和人三个要素对数据科学的关键作用。
3. 阅读"文献阅读"部分文献[6]中的第 14 章"余弦定理和新闻分类",论述其中的计算和数据思维方式。

第二部分
数据与计算的基础设施

第 3 章　数据的模型与结构

CHAPTER THREE

我们相信,在 1992 年,本书适合用来介绍计算机科学理论,今天仍是。

——阿尔弗雷德·艾侯,杰弗里·乌尔曼《计算机科学导论》(Alfred Aho, Jeffrey Ullman, *Foundations of Computer Science*)

DATA IS NEW POWER

开篇实例

2004 年,谷歌发布了一个野心勃勃的计划:它试图把所有版权条例允许的书本内容进行数字化,让世界上所有的人都能通过网络免费阅读这些书籍。为了完成这个伟大计划,谷歌与全球最大和最著名的图书馆进行了合作,并且还发明了一个能自动翻页的扫描仪。

刚开始,谷歌所做的是数字化文本,每一页都被扫描然后存入谷歌服务器的一个高分辨率数字图像文件中。书本上的内容变成了网络上的数字文本,所以任何地方的任何人都可以方便地进行查阅了。然而,这还是需要用户知道自己要找的内容在哪本书上,也必须在浩瀚的内容中寻觅自己需要的片段。由于这些数字文本没有被数据化,它们不能通过搜索词被查找到,也不能被分析,谷歌所拥有的只是一些图像,这些图像只有依靠人的阅读才能转化为有用的信息。

谷歌知道,这些信息只有被数据化,它的巨大潜在价值才会被释放出来。因此谷歌使用了能识别数字图像的光学字符识别软件来识别文本的字、词、句和段落,如此一来,书页的数字化图像就转化成了数据化文本。而"数据化"就是指一种把现象转变为可制表分析的量化形式的过程。

> **开篇实例**
>
> 现实世界中的各种现象经过数字化后,成为数据沉淀到计算机世界中,而进一步经过数据化后,成为可以方便计算机分析的模式化数据(patterned data)。模式化后的数据可以有多种多样的形式:
> - 数据的多媒体类型:文本、图形、图像、音频、视频……
> - 数据的文件类型:doc、pdf、ppt、txt……
> - 数据的结构化类型:结构化、半结构化、非结构化;
> - 数据的程序表达类型:数值、字符、文本、向量、树、表、集合、关系、图、有限自动机、正则表达式……
>
> 其中,最后一种分类类型最为重要。因为在计算领域,我们将现实世界中的事实或信息用编程语言提供的符号化手段进行表示,这种符号化表示就称为数据,它是数据进行计算机处理的必经途径,而在这个过程中最重要就是数据模型(data model)。数据模型又可以从不同的层次去看,如:程序语言中的数据模型、系统软件中的数据模型、集成电路中的数据模型等。

数据是事实或观察的结果,是对客观事物的逻辑归纳。在数字世界中,通过对数据特征的抽象,构建数据模型描述问题,并设计数据结构表示数据模型。本章主要内容如下:3.1 节介绍比特与数据,3.2 节介绍进制与数据表达,3.3 节介绍数据的编码与存储,3.4 节介绍数据的模型,3.5 节介绍数据的结构,3.6 节开展了 Python 数据结构实践。

3.1 比特与数据

3.1.1 比特:虚拟世界的 DNA

比特究竟是什么?比特没有颜色、尺寸或重量,能以光速传播。它是一种存在(being)的状态,比如开或关,真或伪,上或下,入或出,黑或白。假如数数的时候,跳过所有不含 1 和 0 的数字,得出的结果会是:1,10,11,100,101,110,111 等,这就是二进制的字符串,关于二进制的内容,3.2 节将详细介绍。它就好比人体内的 DNA 一样,是信息的最小单位。再来看一下另外一种现象,比如说彩虹。彩虹有多少种颜色?很多人可能会说七种,但是实际上彩虹有很多种颜色,我们之所以说是七种,是因为我们对它进行了简化。把一些连续的事物通过离散的方式进行简化,在计算机里称之为离散化,如图 3.1 所示。

图 3.1　彩虹颜色的离散化处理

离散化最重要的目的就是能够通过 1 和 0 对事物进行表示，对它们进行表示就意味着可以对它们进行存储。计算机（computer）主要做两件事情：对数据进行表示（data representation），对数据进行处理（data processing），如图 3.2 所示，计算机里运行的各种各样的程序和软件实际上都是在做这两件事情。

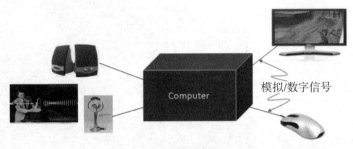

图 3.2　计算机对数据的处理

日常看到的文本、数字、图像、视频以及听到的声音在计算机内部都是通过 0 与 1 组成的字符串来表示的，把这些真实看到的现象转换到计算机里面进行表示的方法称为数字化，如表 3.1 所示。

表 3.1　真实现象在计算机里的数字化表示

我们看到和听到的		计算机内部
Text	a,b,c	01100001,01100010,01100011
Number	1,2,3	00000001,00000010,00000011
Sound	🔊	0100110001010100011010 0...
Image	🐰	10001001010100000100111...
Video	▬	00110000010011010110 01...

进行数字化就需要用到二进制系统，为什么要用二进制来表示数据呢？因为二进制是一种非常有效和直接的表示方式，它最简单，只有两种状态，同时又最容易实现。与比特相关的几个概念还有字节、十六进制等，比如字节是由 8 个比特组成，是计算机存储信息的最小组成单元。比特化背后的驱动力就是摩尔定律（如图 3.3 所示），计算机器件性能的不断提高使得越来越有机会对世界进行刻画和数字化。

了解了比特之后，再来看一下数据这个词，数据这个词在拉丁文里是"已知"的意思，也可以理解为事实。"数据"是欧几里得的一部经典著作的标题，这本书用已知的或者可由已知推导的知识来解释几何学。如今数据代表着对某件事物的描述，数据可以记录、分析和重组。因此，"数据化"就是指一种把现象转变为可制表分析的量化形式的

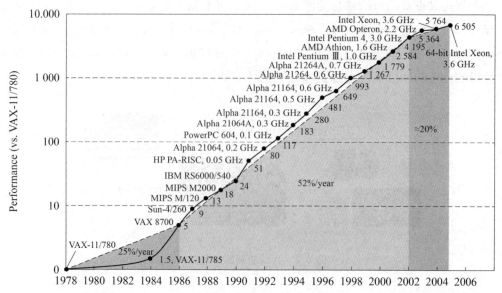

图 3.3　摩尔定律　摩尔定律由英特尔(Intel)创始人之一戈登·摩尔(Gordon Moore)提出,其内容为:当价格不变时,集成电路上可容纳的元器件的数目,约每隔 18—24 个月便会增加一倍,性能也将提升一倍。换言之,每 1 美元所能买到的电脑性能,将每隔 18—24 个月翻一倍以上。该图从处理器角度,揭示了信息技术日新月异的进展(来源见参考文献[8])

过程。

那么数据化和数字化有什么样的区别呢?数字化指的是把模拟数据转换成用 0 和 1 表示的二进制码,这样电脑就可以处理这些数据了。20 世纪 90 年代,主要对文本进行了数字化,随后图像、视频和音乐等类似的内容也都很快执行了这种转化。数字化带来了数据化,而数据化则是数字化后的计量和记录。计量和记录一起促成了数据的诞生,它们是数据化最早的根基,进而使得数据被分析和再利用。

3.1.2　信号、数据、信息和知识

再来关注一下信号、数据、信息和知识这几个概念。

1. 什么是信号

信号是数据在传输过程中的电磁波的表示形式,数据只有转换为信号才能传输。信号按其因变量的取值是否连续,可分为模拟信号和数字信号,如表 3.2 所示。

信号在传输过程中,会受到噪音的干扰。图 3.4 可以很好地表示数据和噪音相互之间的关系,图中最上面的一条是原始数据,然后接下来是噪音,第三条是混杂噪音的数据,可以看到规律性越来越不明显,最后通过计算机离散化以后实际接收到的信号和原始数据相比有了很大的差别。

2. 什么是数据

再来看一下数据的范畴,很多人认为,数据就是数字,或者必须是由数字构成的,其

实不然，数据的范畴比数字要大得多。比如说互联网上任何的内容（包括文字、图片或者视频等）、医院里包括医学影像在内的所有档案、公司和工厂里的各种设计图纸、出土文物上的文字和图示、宇宙在形成过程中的许多数据（比如宇宙基本粒子数等），甚至是人类的活动本身，这些都是数据。而且数据的范畴是随着人类文明的进程不断变化和扩大的。

表 3.2　模拟信号与数字信号

模拟信号	数字信号
![模拟信号波形]	![数字信号波形]

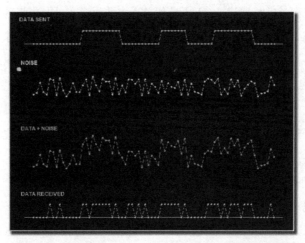

图 3.4　原始数据、噪音、数据与噪音混杂的离散化结果

在今天这个大数据时代，当大家谈论数据时，常常把它和信息的概念混同起来，比如人们在今天谈论数据处理和信息处理时，其实想要表达的意思相差不大。然而严格地讲，数据和信息虽然有相通之处，但还是不同的。

数据本身是客观存在的，但是它的范畴是随着文明的进程不断变化和扩大的。在计算机出现之前，一般书籍上的文字内容并不被看成是数据，而今天，这种以语言和文字形式存在的内容是全世界各种信息处理中最重要的数据，也是全世界通信领域和信息科技产业的核心数据——包括我们的信件、电话和电子邮件内容、电视和广播节目、互联网网页,以及各种社交产品中由用户产生的内容。

人类认识自然的过程,科学实践的过程,以及在经济、社会领域的行为,全都伴随着数据的使用。从某种程度上讲,获得和利用数据的水平反映出文明的水平,数据获取技术的提升推动着人类科技的进步。以天文学数据的观测为例,如图 3.5 所示,人类获取天文数据的工具随着科技的进步而越来越先进。

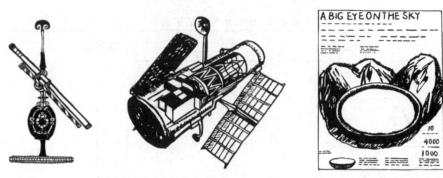

图 3.5　达尔文的望远镜/1609(左),哈勃太空望远镜/1990(中),"天眼"FAST 射电望远镜/2016(右)

在电子计算机诞生、人类进入信息时代之后,数据的作用越来越明显,数据驱动方法开始被普遍采用。如果把资本和机械能作为大航海时代以来全球近代化的推动力,那么数据就是下一次技术革命和社会变革的核心动力。

3. 什么是信息?

信息是关于世界、人和事的描述,它比数据来得抽象。信息既可以是人类创造的,比如两个人的语音通话记录;也可以是天然存在的客观事实,比如地球的面积和质量。不过信息有时藏在事物的背后,需要挖掘和测量才能得到,比如宇宙大爆炸时留下的证据——3K 背景辐射、物理学定律中的参数、日月星辰运行的周期等。

数据和信息稍有不同,虽然它最大的作用在于承载信息,但是并非所有的数据都承载了有意义的信息。数据本身是人造物,因此它们可以被随意制造,甚至可以被伪造。没有信息的数据通常没有太大意义,人们也不太关心,因此这些数据不是本书想要讨论的重点。伪造出的数据则有副作用,比如为了优化网页搜索排名而人为制造出来的各种作弊数据。另外,那些有用的数据、毫无意义的数据和伪造的数据常常是混在一起的,后面两种数据无疑会干扰人们从数据中获取有用的信息,因此如何处理数据,过滤掉没有用的噪声和删除有害的数据,从而获取数据背后的信息,就成为技术甚至是一种艺术。只有善用数据,才能够得到意想不到的惊喜,即数据背后的信息。

数据中隐藏的信息和知识是客观存在的,但是只有具有相关领域专业知识的人才能将它们挖掘出来。处理信息和数据可以说是人类所特有的本事,而这个本事的大小和现代智人的社会发展有关。随着人类进步以及处理数据和信息的能力不断增强,人类从数据中获取有用信息的本事就越来越大,这就是今天所说的大数据应用的基础。

4. 什么是知识?

对数据和信息进行处理后,人类就可以获得知识。知识比信息更高一个层次,也更加抽象,它具有系统性的特征。比如通过测量星球的位置和对应的时间,就得到数据;通过这些数据得到星球运行的轨迹,这就是信息;通过信息总结出开普勒三大定律,就是知识。人类的进步就是靠使用知识不断地改变生活和周围的世界,而数据是知识的基础。

从信号、数据到信息、知识,抽象层次是越来越高的。知识的抽象层次是最高的,而知识中抽象层次最高的,应该就是基础概念。因为这些概念是知识大厦的基石。所以衡量一个人是否睿智,往往是看他是否积累了足够多清晰正确的概念,这些概念之间是否有足够多清晰正确的联系,是否有足够系统的方法论。

抽象的能力和处理数据的能力,都是衡量文明发展程度的重要标准。

知识工程

1977年美国斯坦福大学计算机科学家费根鲍姆(B. A. Feigenbaum)教授在第五届国际人工智能会议上提出知识工程的新概念。他认为:"知识工程是人工智能的原理和方法,对那些需要专家知识才能解决的应用难题提供求解的手段。恰当运用专家知识的获取、表达和推理过程的构成与解释,是设计基于知识的系统的重要技术问题。"这类以知识为基础的系统,就是通过智能软件而建立的专家系统。

人们对知识工程的理解,一般局限于专家系统范围内。在费根鲍姆教授近著《第五代计算机:人工智能和日本计算机对世界的挑战》(1983年9月)中提到,"知识工程"一词在日本人那里很吃香,因为在日本,工程技术人员有很高的地位;但是在英国,工程技术人员不享受这样的荣誉,人们主张使用"专家系统"这个词。我们认为,知识工程是一门以知识为研究对象的新兴学科,它将具体智能系统研究中那些共同的基本问题抽出来,作为知识工程的核心内容,使之成为指导具体研制各类智能系统的一般方法和基本工具,成为一门具有方法论意义的科学。在1984年8月全国第五代计算机专家讨论会上,史忠植提出:"知识工程是研究知识信息处理的学科,提供开发智能系统的技术,是人工智能、数据库技术、数理逻辑、认知科学、心理学等学科交叉发展的结果。"

知识工程可以看成是人工智能在知识信息处理方面的发展,研究如何由计算机表示知识,进行问题的自动求解。知识工程的研究使人工智能的研究从理论转向应用,从基于推理的模型转向基于知识的模型,包括了整个知识信息处理的研究,知识工程已成为一门新兴的边缘学科。

> 21世纪人类全面进入信息时代。信息科学技术促进了劳动资料信息属性的发展,从而促使科学技术与生产力比过去更加紧密地凝结在一起,构成我们这个时代社会经济发展的新的特征,具有划时代的意义。它以计算机、网络和通信相结合的形式,体现在变革社会协作方式的推动力量中。信息化的必然趋势是智能化,它将使世界经济从工业化阶段进入知识经济阶段,即将物质生产和知识生产结合起来,充分利用知识和信息资源,提高产品的知识含量。知识和技术密集型产业将取代劳动密集型产业。

在大数据时代,利用知识工程的思想和方法,对数据进行获取、验证、表示、推论和解释,通过挖掘出的知识来形成解决问题的专家系统,称为"大知识",也称为大数据知识工程,现在正逐渐成为科学家眼中的热门研究领域。

3.2 进制与数据表达

众所周知计算机使用了二进制。其实二进制的思想在古代就已经存在,例如《易经》中就提到"太极生两仪,两仪生四象,四象生八卦",这就可以看作是朴素的二进制思想。

3.2.1 进制的概念

所谓进制,就是进位计数制,也称为进位制,是一种人为定义的带进位的计数方法。例如小时候学习的"逢十进一",就是典型的10进制,当两个一位数相加超过整数十时,需要向高位进位。在我们的生活中,其实也存在着各种各样的进制。例如,一分钟有60秒,当到达59秒时,再经过1秒,分钟进位(增加1分钟),秒变为0,这就是60进制;再如,每年有12个月,当到达12月时,下一个月,年进位(增加1年),月变为1,这就是12进制。类似的例子还有很多,同学们可以结合生活实际想一想。

明白了进制的概念后,再看到数字100时,我们首先要判断它是采用了哪种进制,如果是数学中常用的10进制,那么这个数字就是整数一百。但如果是其他进制呢?例如,对于12进制而言,这个数字可以记为100_{12}(下标12表示12进制),转化为我们熟悉的10进制时,它等于$1\times12^2+0\times12^1+0\times12^0=144_{10}$(下标10表示10进制)。

接下来,我们继续分析进制的一些特性。以我们熟悉的十进制为例。

例如,对于三位的十进制数101,可发现该数具有以下特点:

(1) 每一位都介于0~9之间,有10种变化;

(2) 该数$101_{10}=1\times10^2+0\times10^1+1\times10^0$。

同理,其他进制也存在类似特性。例如,对于三位的二进制数 101 而言:

(1) 每一位都介于 0~1 之间,有 2 种变化;

(2) 这个数可以分解成为 $101_2 = 1 \times 2^2 + 0 \times 2^1 + 1 \times 2^0$。

由于二进制中每位只有两种变化,技术实现简单,因此计算机中采用了二进制。在计算机中,每一位由 0 和 1 组成,二进制一位称为 1 个比特(1 bit),连续的 8 个比特称为 1 个字节(1 Byte)。

但是二进制每位只有两种变化,如果要表示较大的数时,需要较多位,不利于用户的书写和阅读。例如,十进制 170 只需要三位就可以表示,如果采用二进制表示为 10101010_2,需要 8 位。如果直接使用十进制,又存在十进制和二进制之间转换不便的问题。为了兼顾可读性和进制转换的便利,计算机的表示中也常常使用十六进制和八进制。其中,八进制的一位用 0~7 表示;十六进制的一位用 0~9,A~F 表示(对应于十进制的 0~15)。

总的来说,如果一位中可以采用 R 个基本符号表示,则称它为基 R 进制,R 为"基数"。例如:二进制的基数是 2,八进制的基数是 8,十进制的基数是 10。进制中每一位的单位值称为"位权"。对于整数部分,最低位的位权是 R^0,第 i 位的位权是 R^i;对于小数部分,小数点向右第 j 位的位权是 R^{-j}。

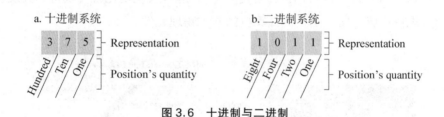

图 3.6 十进制与二进制

以十进制为例,个位的位权是 10^0,十位的位权是 10^1,百位的位权是 10^2;十分位(小数点后第一位)位权是 $0.1 = 10^{-1}$,百分位(小数点后第二位)的位权是 $0.01 = 10^{-2}$。例如,十进制 123.45 可分解为 $1 \times 10^2 + 2 \times 10^1 + 3 \times 10^0 + 4 \times 10^{-1} + 5 \times 10^{-2}$。

对于二进制,小数点前最低位的位权是 2^0,次低位的位权是 2^1,小数点后一位的位权是 $2^{-1} = 0.5$,小数点后二位的位权是 $2^{-2} = 0.25$,小数点后三位的位权是 $2^{-3} = 0.125$,依此类推,可以得到小数点后任何位数的位权。$(11.101)_2$ 的十进制值 $= 2 + 1 + 0.5 + 0 + 0.125 = 3.625$。

3.2.2 二进制在计算机中的应用

二进制系统是如何实现的呢?计算机又是如何用二进制来实现数据的存取和处理的呢?前面说过,二进制是可以通过真、假来表示的,这里的真假指的是逻辑真和逻辑假,而逻辑操作又可以通过逻辑门来实现,所以说计算机实际上是通过逻辑门来存储和处理数据,如图 3.7 所示。图 3.7 左图所示是通过一个异或门和一个与门来实现二进制移位加法的功能。例如,当 A 和 B 的输入都为 1 时,加法结果等于二进制 10,即和 S 为 0,进位 C 为 1。这就是一个典型的"数据处理"的功能。

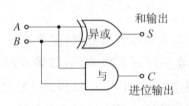

A	B	S	C
0	0	0	0
0	1	1	0
1	0	1	0
1	1	0	1

图 3.7　用异或门和与门实现二进制移位加法

门运算最简单的方式就是使用开关实现,但是开关往往是比较低效的,需要用更加高效的方式来实现开关这样的功能。1884 年爱迪生发明了世界上第一个电子管,但是电子管本身存在着速度慢、体积大、价格昂贵而且还很容易损坏的特点。为了弥补电子管的缺陷人们于是又发明了晶体管,如图 3.8 所示,晶体管与电子管相比速度更快、体积更小并且更加可靠,将很多这样的晶体管集成在一起就构成了今天的集成电路(Integrated Circuit,IC),也可称其为芯片。把 IC 进行大规模化就可以得到大规模集成电路,而大规模集成电路正是构成计算机的基本物理元件。

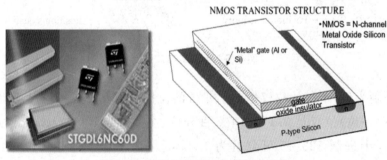

图 3.8　计算机物理元件的发展历程

接下来再看一下如何用二进制来表述各种各样的数据。首先是文本数据,用二进制来表示文本数据有一个非常常用的编码——ASCII 编码。ASCII(American Standard Code for Information Interchange,美国信息交换标准代码)是基于拉丁字母的一套计算机编码系统,主要用于现代英语和其他西欧语言字母在计算机中的编码。它是现今最通用的单字节编码系统。比如"Hello."的 ASCII 编码如图 3.9 所示。

01001000	01100101	01101100	01101100	01101111	00101110
H	e	l	l	o	.

图 3.9 "Hello."的 ASCII 编码

但是仅仅能够表示英文单词还不够,世界上还有很多其他语言,比如说汉字的字符要远远超出英文字母的数量。对汉字可以使用 GB2312 编码。GB2312 编码适用于汉字处理、汉字通信等系统之间的信息交换,中国大陆、新加坡等地也采用此编码。中国大陆几乎所有的中文系统和国际化的软件都支持 GB2312。GB2312 编码中规定:每个汉字及符号以两个字节来表示。第一个字节称为"高位字节"(也称"区字节"),第二个字节称为"低位字节"(也称"位字节")。图 3.10 所示是"我爱中华!"的 GB2312 编码表示。

我	爱	中	华	！
CED2	B0AE	D6D0	BBAA	A3A1

图 3.10 "我爱中华!"的 GB2312 编码

然而世界上除了英语、汉语之外,还有阿拉伯语、印第安语等。有没有一种好的方式把这些语言都统一起来用一种编码来表示呢?答案是肯定的,这就是 Unicode 编码。Unicode(也译作统一码、万国码、单一码)是计算机科学领域里的一项业界标准,包括字符集、编码方案等。Unicode 是为了解决传统的字符编码方案的局限而产生的,它为每种语言中的每个字符设定了统一并且唯一的二进制编码,以满足跨语言、跨平台进行文本转换、处理的要求。Unicode 通常用两个字节表示一个字符,原有的英文编码从单字节变成双字节,只需要把高位字节全部填为 0 即可。图 3.11 列出了几种不同国家的语言的 Unicode 编码表示。

图 3.11 不同文字的 Unicode 编码

说完了文字的表达,再来看一下图像(image)。图像转化成二进制语言是通过像素化(pixel)来实现的,即把一幅图像分成很多小方格,而每个小方格上的一个点可以用 R、G、B 三个值对它进行表示,通过这种方式就可以把图像进行二进制化,如图 3.12 所示。

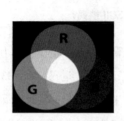
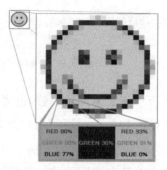

图 3.12　图像的二进制化

声音是一个连续的变量,有波峰、波谷、频率等参数。对声音进行二进制编码实际上就是对它进行采样,也即离散化,如图 3.13 所示。离散化的程度越高,声音表达得就越细致,采样率越高,质量也就越好。位深是指在记录数字音频的波形时,采用"位"(bit)来记录所表示声音波形的音量变化(动态范围),位深越高,质量也越好。采样率和位深是决定音乐质量的主要参数。

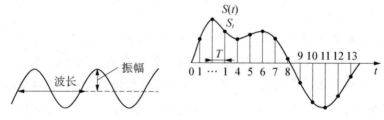

图 3.13　对声音的采样参数

视频的二进制化和图片类似,因为视频是由一系列连续变化的图像组成。当连续的图像变化超过每秒 24 帧(frame)画面时,根据视觉暂留原理,人眼无法辨别单幅的静态画面,看上去就是平滑连续的视觉效果。

3.3　数据的编码与存储

计算机使用二进制数的组合来表示需要保存的信息,约定的组合方式就是编码,这些二进制数组合按照规则存放在计算机中就是数据。

不同的物理介质具有不同的特点,可利用物理材料的电信号、磁信号等状态代表 0 或 1。记录这些状态的载体被称为存储介质,计算机中使用这些存储介质来存放电、磁等信息。将存储介质与必要电路和设备组合起来,就构成了我们生活中常见的这些存储设备,如:内存、磁盘、光盘等。

在计算机中,信息是以二进制的形式进行编码和存储的,通过指定不同数量的 0 或

1 组合表示不同的含义。比如 01001000_2,它既可以用来表示一个二进制整数(对应十进制整数 72),也可以用来表示一个英文字母"H"。下面我们将学习几种常用的二进制编码规则。

1. 二进制编码的基本概念

计算机中的存储空间可以看作是一个一个的小格子,一个 1 或 0 占用一个格子,称为一位(bit),连续的八位叫作一个字节(Byte)。对于内存,存储数据的最小单元是一个字节。

下面我们以十进制整数 1234 为例学习如何在计算机中存储数字。1234_{10} = 10011010010_2,二进制 11 位,但由于存储的最小单位为 1 个字节(8 位),因此对于该数,需要 2 个字节存储,如图 3.14 所示。

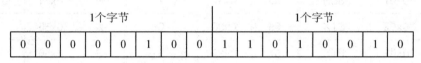

图 3.14　1234 在计算机内存中的存储

通过前面的学习已经了解到,8 个二进制位(位,比特,bit)组成了 1 个字节(Byte)。字节是计算机中常用的存储单位,存储设备通常使用字节来表示它的容量,常用的单位有:KB(KiloByte),1 KB = 1 × 2^{10} B = 1024 B;MB(MegaByte),1 MB = 1024 KB;GB(GigaByte),1 GB = 1024 MB;TB(TeraByte),1 TB = 1024 GB;1 PB(PetaByte) = 1024 TB,1 EB(ExaByte) = 1024 PB。K 代表 2^{10},M 代表 2^{20},G 代表 2^{30},T 代表 2^{40},P 代表 2^{50},E 代表 2^{60}。更大的单位还有待规范和普及。

实际上,K、M、G 这些符号表示的大小并不是完全统一的。例如在十进制的表示中,$k=10^3$,$M=10^6$,$G=10^9$,$T=10^{12}$,$P=10^{15}$,$E=10^{18}$。这些数值与二进制表示中的数值存在着一定的差别。在生活中,我们要注意区分。例如,标称 128 GB 的优盘(按十进制标称),在计算机中显示的容量都会小于 128 GB(按二进制计算)。

此外,还有一个重要的单位:字(Word)。字由若干字节构成,例如对于 32 位计算机来说,字是 4 个字节(32 位),对于 64 位计算机而言,字就是 8 个字节(64 位)。CPU 每次可以读写一个字,不需要逐个字节地传输数据。不难想见,位数越高代表了处理能力越强。目前几乎所有的笔记本电脑和越来越多的手机都采用了 64 位 CPU。

2. 字符

ASCII 码(American Standard Code for Information Interchange,美国信息交换标准码)是当前应用最广泛的一种字符编码标准。它使用 1 个字节中的 7 位来表示一个字符,最多可以表示 $2^7 = 128$ 个字符,包括了 10 个数字字符、26×2 个大小写英文字母等 95 个可打印字符,以及 33 个控制字符。

表3.3列出了部分ASCII码,表中"缩写/字符"一栏表示要用到的符号,"Dec"和"Hex"栏分别表示该符号对应ASCII码的十进制和十六进制表示,其中人们常用"0x"开头表示其后的数据为十六进制数。例如:查表可知,小写字母a在计算机中的ASCII码十进制为97,十六进制为61。注意,对于整数字符0~9,与整数0~9是不同的。例如,整数9在计算机中直接转化为二进制存储,即1001;而字符9在计算机中按ASCII码存储为00111001。

表3.3 部分ASCII码表

Dec	Hex	缩写/字符	Dec	Hex	缩写/字符	Dec	Hex	缩写/字符
0	0x00	NUL	54	0x36	6	83	0x53	S
1	0x01	SOH	55	0x37	7	84	0x54	T
2	0x02	STX	56	0x38	8	85	0x55	U
3	0x03	ETX	57	0x39	9	86	0x56	V
4	0x04	EOT	65	0x41	A	87	0x57	W
5	0x05	ENQ	66	0x42	B	88	0x58	X
6	0x06	ACK	67	0x43	C	89	0x59	Y
7	0x07	BEL	68	0x44	D	90	0x5A	Z
8	0x08	BS	69	0x45	E	97	0x61	a
9	0x09	HT	70	0x46	F	98	0x62	b
10	0x0A	LF	71	0x47	G	99	0x63	c
11	0x0B	VT	72	0x48	H	100	0x64	d
12	0x0C	FF	73	0x49	I	101	0x65	e
13	0x0D	CR	74	0x4A	J	102	0x66	f
14	0x0E	SO	75	0x4B	K	103	0x67	g
15	0x0F	SI	76	0x4C	L	104	0x68	h
48	0x30	0	77	0x4D	M	105	0x69	i
49	0x31	1	78	0x4E	N	106	0x6A	j
50	0x32	2	79	0x4F	O	107	0x6B	k
51	0x33	3	80	0x50	P	108	0x6C	l
52	0x34	4	81	0x51	Q	109	0x6D	m
53	0x35	5	82	0x52	R	110	0x6E	n

续表

Dec	Hex	缩写/字符	Dec	Hex	缩写/字符	Dec	Hex	缩写/字符
111	0x6F	o	115	0x73	s	119	0x77	w
112	0x70	p	116	0x74	t	120	0x78	x
113	0x71	q	117	0x75	u	121	0x79	y
114	0x72	r	118	0x76	v	122	0x7A	z

为了进行字符和对应的 ASCII 码数值之间的转换，Python 语言提供了两个内置函数 ord()和 chr()。ord()函数主要用来返回对应字符的 ASCII 码；chr()主要用来表示 ASCII 码对应的字符。以下展示了使用 ord()和 chr()将字符"0"与其对应的 ASCII 码进行转化：

```
>>> print(ord('0'))
48
>>> print(chr(48))
0
```

3. 汉字及其他字符的编码

汉字与数值、英文字母一样，在计算机中也需要采用二进制编码，但 ASIIC 码仅能表示 128 个字符，数量有限，不适合于汉字。

对于汉字而言，常用的编码标准是 GBK 字符集，即国家标准扩展字符集，它采用了两个字节代表一个汉字，最多能表示 $2^{16}=65\,536$ 个汉字。例如，"导论课程"四个字分别对应于十六进制数：B5BC、C2DB、BFCE、B3CC。

相对于 GBK 字符集，标准汉字字符集 GB18030 支持汉字更多，是我国当前最新的内码集，它支持单字节、双字节和四字节的多种字节汉字编码方式，共收录汉字 70 244 个。

为了支持全世界范围更多的文字符号，保证每个符号在计算机内是唯一的，科学家们制定了国际统一的字符编码集 Unicode。Unicode 只有一个字符集，目前普遍采用的是 UCS-2，采用两个字节来编码一个字符。UCS-2 最多能编码 $2^{16}=65\,536$ 个字符。Unicode 对字符的编码是确定的，但是有着不同的实现方式，也就是通常所说的 Unicode 转换格式(Unicode Transformation Format，UTF)，例如 UTF-8，UTF-16 LE 等。例如，汉字的 Unicode 值范围是 0x4E00 到 0x9FA5，但使用 UTF-8 具体来实现时需要用到三个字节。Unicode 只是给出一个字符的范围，定义了这个字的码值是多少，具体的实现可以有多种方式。

3.4 数据的模型

3.4.1 数据模型中的基本概念

数据科学虽然是个新领域，但它几乎已经涉及了人类工作的方方面面。数字化设备、信息管理系统、文本编辑器、电子表格、大数据平台、数据可视化、深度学习技术等的普及，都显示出数据科学对社会的影响。

从根本上讲，数据科学与计算机科学一样，也是一门抽象的科学，它为人们以数据为中心来思考问题，以及找到适当的数据化与机械化技术解决问题而建立模型。

其他科学是顺其自然地研究宇宙。例如，物理学家的工作就是理解世界是如何运转的，而不是去创造一个用物理定律能更好地理解的世界。而数据科学家和计算机科学家则必须抽象现实世界中的问题，数据化现实世界中的现象（包括自然界现象和人类社会现象），使其既可以为数据用户所理解，又可以在计算设备内加以表示和操作。

进行抽象的过程表面上看很简单。例如，计算机工程师能熟练地用"命题逻辑"这种抽象方式，为制造计算机所使用的电子电路的行为建模。通过逻辑表达式进行的电路建模是不准确的，它简化了或者说是抽象掉了很多细节，比如电子流经电路和门所花的时间。然而，命题逻辑模型已经足以帮助我们顺利设计出计算机电路了。

通常情况下，找到好的抽象方式是相当困难的，因为计算设备能执行的任务有限，执行速度也有限。好在科学家和工程师们已经在探索与求解真实世界的问题中，总结出了很多有效的抽象模型。首先来看一下几个关键的概念：

（1）数据模型：数据特征的抽象，用来描述问题。

（2）数据结构：用来表示数据模型的编程语言结构。高级语言一般都提供了内置的抽象，比如结构和指针，方便构建数据结构，表示像图这类的复杂抽象。

（3）算法：操作用数据模型抽象、数据结构等形式表示的数据，从而获取解决方案的技术。

3.4.2 数据模型概述

任何数学概念都可称为数据模型，而在编程语言设计的领域，数据模型通常包含以下两个方面。

（1）对象可以采用的值。例如：很多数据模型包含具有整数值的对象。数据模型的这个方面是静态的，它告诉我们对象能接受哪些值。编程语言数据模型的这一静态部分通常被称为类型系统。

（2）数据的运算。例如：常常会对整数执行加法这样的运算。模型的这一方面是动态的，它告诉我们改变值和创建新值的方式。

数据模型也包括不同的类型，例如：编程语言的数据模型、系统软件的数据模型、电路的数据模型等。

1. 电路的数据模型

计算机电路使用的数据模型就是命题逻辑,在计算机设计中是最实用的。计算机是由称为门的基本元件组成的。每个门都有着一个或多个输入以及一个输出,输入或输出的值只能是 0 或 1。门具有一个简单的功能,比如 AND 运算(与运算),就是如果所有输入为 1,那么输出就是 1;而如果至少有一个输入为 0,那么输出就是 0。从某个抽象层次来讲,计算机设计就是选择如何连接门来执行计算机基本运算的过程。当然也存在其他很多与计算机设计相关的抽象层次。

图 3.15 展示了常见的与门符号以及对应的真值表,该表指明了每对输入值搭配经过该门产生的输出值,即真值表。

x	y	z
0	0	0
0	1	0
1	0	0
1	1	1

图 3.15 与门及其真值表

2. 系统软件的数据模型

数据模型不仅存在于编程语言中,而且存在于操作系统和应用程序中,例如著名的 UNIX/Linux 或 MS-DOS 这样的操作系统。操作系统的功能是管理和调度计算机的资源。像 UNIX/Linux 这样的操作系统,其数据模型具有文件、目录和进程这样的概念。

(1) 文件:数据本身存储在文件中,在 UNIX/Linux 系统中,文件都是字符串和字符。

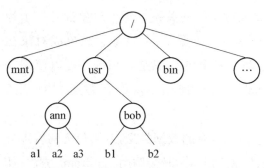

图 3.16 具有代表性的 UNIX/Linux 目录/文件结构

(2) 目录:文件被组织成目录,目录就是文件和其他目录的集合。目录和文件形成了树形结构,而文件处在树叶的位置。树可以表示 UNIX/Linux 操作系统的目录结构。目录是用圆圈表示的。根目录/包含名为 mnt、usr、bin 等的目录。目录/usr 含有目录 ann 和 bob,而目录 ann 下含有 3 个文件:a1、a2 和 a3,如图 3.16 所示。

(3) 进程:进程是指程序的独立执行。进程接受流作为输入,并产生流作为输出。在 UNIX/Linux 系统中,进程可以通过管道连接,让一个进程的输出作为下一个进程的输入。这种进程组合可看作有着自己输入输出的独立进程,就像数据工作流(data workflow)一样。

3. 编程语言的数据模型

每种编程语言都有自己的数据模型,这些数据模型互不相同,而且通常有相当大的差异。多数编程语言处理数据所遵循的基本原则是:每个程序都可以访问用于表示存储区域的"框"。每个框都具有一个类型,比如 int 或 char。框中可以存储类型对应的值,通常将可以存储到这些框中的值称为数据对象。

还要为这些框命名。一般来说,框的名称可以是任何指示该框的表述性词语。通常会将框的名称视作该程序的变量,不过情况并非完全如此。例如,如果 x 是递归函数 F 的局部变量,那么就可能会有很多名为 x 的框,每个 x 都与对 F 的不同调用相关联。这样的话,这种框的真实名称就是 x 与对 F 的某次调用的组合。

C 语言中的多数数据类型都是我们熟悉的:整数、浮点数、字符、数组、结构和指针。这些都是静态的概念。可以对数据进行的操作包括对整数和浮点数的常规算术运算、对数组或结构元素的存取操作,以及指针的解引用(也就是找到指针所指向的元素)。这些运算都只是 C 语言数据模型动态部分的一部分。

3.4.3 编程语言中的基本数据模型

数据模型常用于在解决现实问题的过程中形成问题解决方案的抽象。它与程序设计语言密切相关。比如,C 语言的数据模型就包含诸如字符、多种长度的整数以及浮点数这类的抽象。C 语言中的整数和浮点数只是数学意义上整数和实数的近似值,因为计算机所能提供的算术精度是有限的。C 语言数据模型还包括结构、指针和函数这样的类型。这就是所谓的数据模型的符号程序表示,每一个具体的程序设计语言的背后都有着丰富的数据模型,因为代码的一个主要任务就是用来处理数据。

同样,Python 编程语言的背后也有类似的数据模型,只不过 Python 的核心是对象,因此所有 Python 中的数据都表示为对象或对象间的关系。每个对象都有一个标识、类型和值。一旦对象被创建,对象的标识就不会改变了,可以把它想象成对象在内存中的地址。可以使用 is 运算符来比较两个对象的标识是否相等。可以使用 id()函数来得到一个整数,它表示对象的标识。可以使用 type()函数得到对象的类型。

简单来说,Python 中的数据模型就是 Python 自有的数据类型,及其包含的特殊方法。例如:使用 len()时会调用_len_特殊方法;使用 list[]时会调用_getitem_方法;使用各类运算符也会调用其相对应的方法。从根本上而言,list[]、+、-、*、/、for i in x 这些写法只是为了更简洁和更具有可读性,但内部跟其他操作一样,也是通过方法实现的,是一些特殊方法。具体细节我们这里打住,有兴趣的同学可以在网上深入挖掘相关内容。

下面简单概括一下 Python 内置的数据类型:

- 数值类型:包括整型、浮点型和复数,整型又包括整数和布尔值。
- 序列类型:分为不可修改序列和可修改序列。不可修改序列包括字符串、元组和字节。可修改序列包括列表和字节数组。

- 集合类型:包括普通集合和不可修改集合。
- 映射类型:字典。
- 可调用类型:包括用户自定义函数、实例方法、生成器函数、协程函数、异步生成器函数、内置函数、内置方法、类和类实例。
- 模块类型:模块是 Python 组织代码的基本单元。当使用 import 语句时会创建一个模块对象。
- I/O 对象类型:就是文件对象,提供了对文件的操作。
- 用户自定义类型。

因此可以看到,基本的数据模型在各种程序设计语言中还是非常丰富的,只是谁更加丰富的区别。像 Python 这种诞生时间比较晚的语言,抽象层度更高,因此语言内置的数据模型比起更加传统的 C 语言来说就更加丰富,这也是大家为什么喜欢 Python 语言的原因之一,因为在处理不同数据类型的时候实在是非常方便与简洁。

3.4.4 编程语言中的高级数据模型

简单来说,当手头问题的数据模型不能直接用编程语言内置的数据模型表示时,就必须使用该语言所支持的抽象来表示所需的数据模型,这就是数据结构,它可将编程语言中没有显式包含的抽象,以该语言的数据模型表示出来。不同的编程语言可能有着大不相同的数据模型。例如,与 C 语言不同,Lisp 语言直接支持树,而 Prolog 语言则内置了逻辑数据模型。

数据模型中的概念很容易和数据结构中的概念相混淆。一方面数据结构是将数据模型作为基础的,另一方面也有语言上表达的模糊性。例如,"表"(list)和"链表"(linked list)就是两个非常不同的概念。表是一种数学抽象,或者说是数据模型。而链表则是一种数据结构,是通常用于 C 语言及相似语言中的数据结构,用来表示程序中的抽象表。而有些编程语言则不需要用数据结构来表示抽象表。例如,List(a1,a2,…,an)在 Lisp 语言中可以直接表示为[a1,a2,…,an],而在 Prolog 语言中也可以表示为类似形式。

编程语言中的高级数据模型一般包括:树、表、集合、关系、图、模式、有限自动机、正则表达式等,而与之对应的数据结构举例如下:

- 树(Tree):指针数组。
- 列表(List):数组、链表。
- 集合(Set):链表、特征向量、散列表。
- 关系(Relation):数据库、模式、健、索引。
- 图(Graph):邻接表、邻接矩阵。

这里说的是大致上的,因为不同的编程语言对数据模型的支持不一样,而同一种数据模型,即便是在同一个编程语言下,也有不同的实现方式,在学习的过程中尤其需要注意。再总结一下,数据模型是数学抽象,数据结构是程序表达。

下面我们简单介绍一些常见的高级数据模型。

1. 列表(List)数据模型

表是由0个或多个元素组成的有限序列。如果这些元素全是T类型的,那么就说该类型的表是"T 表",如整数表、实数表、结构体表等。

一般可以预期列表的元素都是某一类型的,也可以是多种类型的联合。表通常表示为用逗号分隔表中各元素,并用一对圆括号将这些元素括起来:(a1,a2,…,an)。在某些情况下,也可以不把逗号和括号写出来。例如字符串,就是由字符组成的表。

2. 图(Graph)数据模型

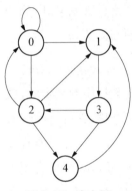

图 3.17 有向图

从某种意义上讲,图就是二元关系。不过,它利用一系列由线(称为边)或箭头(称为弧)连接的点(称为节点)提供了极好的视觉效果。

图有多种形式:有向图/无向图,以及标号图/无标号图等。在无向图中,顶点的边的数目称为该顶点的度。在有向图中,顶点的出边条数称为该顶点的出度,顶点的入边条数称为该顶点的入度。例如:有向图(如图 3.17 所示),是由节点集合 N 以及 N 上的二元关系 A 组成的。我们将 A 称为有向图弧的集合,因此弧是节点的有序对。

3. 模式(Patterns)

模式是具有某个可识别属性的对象组成的集合。字符串集合就是一类模式。比如C语言合法标识符的集合,其中每个标识符是个字符串,由字母、数字和下划线组成,开头为字母或下划线。

另一个例子是由只含0和1的给定大小数组构成的集合,读字符的函数可以将其解释为表示相同的符号。图 3.18 展示了可以解释为字母"A"的 3 个 7×7 数组。所有这样的数组就可以构成模式"A"。

```
0001000    0000000    0001000
0011100    0010000    0010100
0010100    0011000    0110100
0110110    0101000    0111110
0111110    0111000    1100011
1100011    1001100    1000001
1000001    1000100    0000000
```

图 3.18 字母 A 的组成

4. 正则表达式(Regular Expressions)

正则表达式是对字符串操作的一种逻辑公式,就是用事先定义好的一些特定字符以及这些特定字符的组合,组成一个"规则字符串",这个"规则字符串"用来表达对字符串的一种过滤逻辑。例如:表 3.4 展示了一些常用的数据处理功能及其对应的正则表

表 3.4　常用的正则表达式

功能	正则表达式
匹配身份证号	(^\d{15}$)|(^\d{17}([0-9]|x)$)
匹配电子邮箱	w+([-+.]w+)@w+([-.]w+).w+([-.]w+)*
匹配手机号	\d{3}-\d{8}|\d{4}-\d{7}
中国邮政编码	d{6}
中国电话号码	((d{3,4})|d{3,4}-)?d{7,8}(-d{3})*
将一个 URL 解析为协议、域、端口及相对路径	/(\w+):\/\/([^/:]+)(:\d*)?([^#]*)/
匹配 HTML 标记	/<\s*(\S+)(\s[^>]*)?>[\s\S]*<\s*\/\1\s*>/

达式。

随着大数据时代新的数据形态越来越多,更多的新型数据模型开始出现并流行起来,如流数据模型、DAG 图数据模型、张量数据模型、自然语言模型、轨迹数据模型等。

3.4.5　数据模型的应用

数据模型在数据科学中的地位是非常核心的,就像算法在计算机科学中的地位那样,对很多相关学科主题有着重要而深刻的影响。这里简单举几个数据模型的应用场景。

首先是对程序语言设计的指导。随着信息技术的飞速发展,各个行业都在被计算技术所改变甚至颠覆。新的程序设计语言也层出不穷,有的是面向互联网的,有的是面向物联网的,有的是面向科学计算的,还有的甚至是面向幼儿教育的。不管是哪种场景,都要和数据打交道,因此数据在程序中的地位越来越重要,更加丰富的内置数据模型的支持已经成为语言设计专家的共识。Python 直接支持集合、队列、字典等结构,R 语言中的 DataFrame 结构,Scala 语言支持模式匹配等等。这些都是非常根本,能够反映世界观的特征。

第二个就是对算法设计的影响,不同的数据模型能够支持不同特性的算法。以排序算法为例,常见的算法都是在一个列表模型上进行的,但也有基于树模型的算法:二分搜索树算法。图 3.19 所示是一个二分查找树算法的过程展示,在第一步中,我们根据图中的无序数组构建二分搜索树,二分搜索树每个节点的左子树的值都小于该节点的值,每个节点右子树的值都大于该节点的值,基于这一建树规则,我们将无序列表以树形结构表示出来。第二步中,我们基于中序遍历的规则,依次访问左子树→根节点→右子树,遍历输出该树上的节点,竟然能够神奇地输出已经排列好的序列。本书的 4.3.3 小节会有详细介绍。

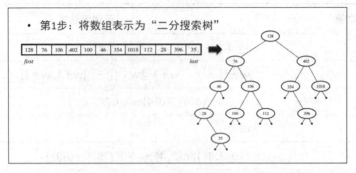

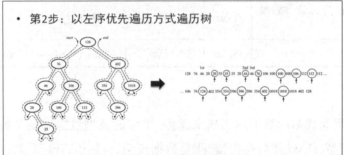

图 3.19 二分搜索树

第三个就是对问题的构造与求解。以搜索引擎为例,复杂的 Web 数据可以表示成一个图数据模型,既可以是有向的也可以是无向的,然后根据不同的问题需求,用不同的数据结构进行程序表示。例如:对于图的搜索问题,如图 3.20 所示,可以将图数据模型表示成邻接表数据结构,而对于图的节点 Ranking 问题,则可以用邻接矩阵进行表

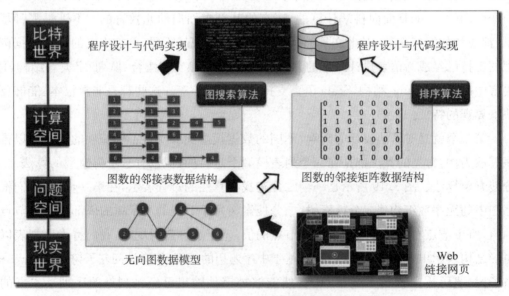

图 3.20 图搜索算法

示,目的是为后面可以设计高效的基于矩阵运算的 PageRank 算法。因此可以看出,同一个数据模型,为了不同的求解目的,可以通过不同的程序表达进行实现。这就是数据模型之美。

数据模型、数据结构和程序表达,这些都是数据科学和计算机科学中至关重要的内容,数据科学的发展使得数据和算法一样,需要在代码实现的过程中显示被开发者所关注,而且在这个越来越数据化的世界中,这种关注会越来越深入。

3.5 数据的结构

在数据科学中,数据结构(data structure)是计算机中存储、组织数据的方式。数据结构意味着接口或封装:一个数据结构可被视为两个函数之间的接口,或者是由数据类型联合组成的存储内容的访问方法封装。

数据结构具体指同一类数据元素中,各元素之间的相互关系,包括三个组成成分:数据的逻辑结构、数据的存储结构和数据的运算结构。

3.5.1 研究对象

1. 逻辑结构

数据的逻辑结构是指反映数据元素之间的逻辑关系的数据结构,其中的逻辑关系是指元素之间的前后间关系,而与它们在计算机中的存储位置无关。逻辑结构包括:集合、线性结构、树形结构、图形结构。每一种逻辑结构中元素之间的相互关系各不相同。

例如,在集合中,元素之间除了"同属一个集合"的相互关系外,别无其他关系,如图 3.21 所示;在线性结构中,元素之间存在一对一的相互关系,如图 3.22 所示,主要的线性结构包括:线性表、链表、堆、栈等;在树形结构中,元素之间存在一对多的相互关系,如图 3.23 所示;在图结构中,元素之间存在多对多的相互关系,如图 3.24 所示。

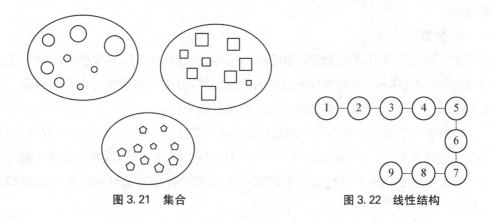

图 3.21 集合 　　　　　　　　　图 3.22 线性结构

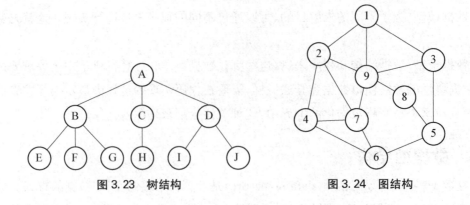

图 3.23　树结构　　　　　　　图 3.24　图结构

2. 物理结构

数据的物理结构是数据结构在计算机中的表示(又称映像),它包括数据元素的机内表示和关系的机内表示。由于具体实现的方法有顺序、链接、索引、散列等多种,所以,一种数据结构可表示成一种或多种存储结构。

数据元素的机内表示(映像方法):用二进制位(bit)的位串表示数据元素。通常称这种位串为节点(node)。当数据元素由若干个数据项组成时,位串中与数据项对应的子位串称为数据域(data field)。因此,节点是数据元素的机内表示(或机内映像)。

关系的机内表示(映像方法):数据元素之间的关系的机内表示可以分为顺序映像和非顺序映像,常用两种存储结构:顺序存储结构和链式存储结构。顺序映像借助元素在存储器中的相对位置来表示数据元素之间的逻辑关系。非顺序映像借助指示元素存储位置的指针(pointer)来表示数据元素之间的逻辑关系。

3.5.2　常见的数据结构

介绍完数据结构的基本定义、逻辑结构与物理结构,接下来详细介绍一些常见的数据结构。

1. 数组

在计算机科学中,数组数据结构(array data structure),简称数组(Array),是由相同类型的元素(element)的集合所组成的数据结构,分配一块连续的内存来存储。利用元素的索引(index)可以计算出该元素对应的存储地址。

最简单的数据结构类型是一维数组。例如,索引为 0 到 9 的 32 位整数数组,可作为在存储器地址 2000,2004,2008,…2036 中,存储 10 个变量,因此索引为 i 的元素即在存储器中的 2000+4×i 地址。数组第一个元素的存储器地址称为第一地址或基础地址。

2. 链表

链表(Linked list)是一种常见的基础数据结构,是一种线性表,但是并不会按线性的顺序存储数据,而是在每一个节点里存放到下一个节点的指针(Pointer)。由于不是必须按顺序存储,链表在插入的时候可以达到 $O(1)$ 的复杂度,比另一种线性表顺序表快得多,但是查找一个节点或者访问特定编号的节点则需要 $O(n)$ 的时间,而顺序表相应的时间复杂度分别是 $O(\log n)$ 和 $O(1)$。时间复杂度常用 O 符号表示,其中数值越大表示算法越复杂,具体定义见 4.2 节。

使用链表结构可以克服数组链表需要预先知道数据大小的缺点,链表结构可以充分利用计算机内存空间,实现灵活的内存动态管理。但是链表失去了数组随机读取的优点,同时链表由于增加了结点的指针域,空间开销比较大。

在计算机科学中,链表作为一种基础的数据结构可以用来生成其他类型的数据结构。链表通常由一连串节点组成,每个节点包含任意的实例数据(data fields)和一或两个用来指向上一个或下一个节点的位置的链接(links)。

链表最明显的好处就是,常规数组排列关联项目的方式可能不同于这些数据项目在存储器上的顺序,数据的访问往往要在不同的排列顺序中转换。而链表是一种自我指示数据类型,因为它包含指向另一个相同类型的数据的指针(链接)。链表允许插入和移除表上任意位置上的节点,但是不允许随机存取。

链表有很多种不同的类型:单向链表,双向链表以及循环链表。

3. 堆栈

堆栈(Stack)又称为栈或堆叠,是计算机科学中的一种抽象数据类型,只允许在有序的线性数据集合的一端(称为堆栈顶端:top)进行加入数据(push)和移除数据(pop)的运算,如图 3.25 所示。因而按照后进先出(LIFO,Last In First Out)的原理运作。

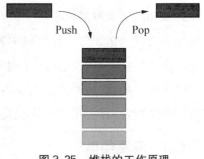

图 3.25 堆栈的工作原理

堆栈常用一维数组或链表来实现。

4. 树

在计算机科学中,树(Tree)是一种抽象数据类型(ADT)或是实现这种抽象数据类型的数据结构,用来模拟具有树状结构性质的数据集合。它是由 $n(n>0)$ 个有限节点组成一个具有层次关系的集合。把它叫做"树"是因为它看起来像一棵倒挂的树,也就是说它是根朝上,而叶朝下的。它具有以下的特点:

- 每个节点都只有有限个子节点或无子节点;
- 没有父节点的节点称为根节点;
- 每一个非根节点有且只有一个父节点;

- 除了根节点外,每个子节点可以分为多个不相交的子树;
- 树里面没有环路(cycle)。

根据树中任意节点的子节点之间是否有顺序关系,可以将树分为无序树和有序树。在有序树中,又可以根据一些特性将其分为完全二叉树、平和二叉树、排序二叉树、霍夫曼树、B树等。树形结构在数据科学中有着非常广泛的应用,大家在学习过程中,对其会有更加深入的了解。

5. 图

3.4.4节将图定义为二元关系。在数学的分支图论中,图(Graph)用于表示物件与物件之间的关系,是图论的基本研究对象。

图是由点和边组成的,如果给图的每条边规定一个方向,那么得到的图称为有向图。在有向图中,与一个节点相关联的边有出边和入边之分。相反,没有方向的图称为无向图。

一般情况下,用十字链表存储有向图,用邻接多重表存储无向图。

正确的数据结构选择可以提高算法的效率。在计算机程序设计的过程中,选择适当的数据结构是一项重要工作。许多大型系统的编写经验显示,程序设计的困难程度与最终成果的质量与表现,取决于是否选择了最适合的数据结构。

3.6 实践:Python 数据结构

通过本章的学习,可以知道,数据模型与数据结构是程序设计语言中的关键,是数据思维和问题求解的核心之一。在学习了数据的表示、数据的模型和数据结构之后,应该动手去试一试如何在计算机中表示数据,如何使用数据模型和数据结构。

本小节将重点实践如何使用 Python 的数据类型,并学习自定义数据类型以实现数据结构中的栈、队列和树。主要内容有:如何用顺序表实现栈、用线性表实现传统队列和双端队列,并且使用嵌套列表实现树。

3.6.1 变量类型

变量来源于数学,是计算机语言中能储存计算结果并能表示值的抽象概念。这就意味着在创建变量时会在内存中开辟一个空间。基于变量的数据类型,解释器会分配指定内存,并决定什么数据可以被存储在内存中。因此,变量可以指定不同的数据类型,这些变量可以存储整数、小数或字符。

Python 中的变量赋值不需要类型声明。每个变量在内存中创建,都包括变量的标识、名称和数据这些信息。每个变量在使用前都必须赋值,变量赋值以后该变量才会被创建,等号(=)用来给变量赋值。等号(=)运算符左边是一个变量名,等号(=)运算符右边是存储在变量中的值。例如:

```
#<程序3.1: 变量的赋值>
    counter=100  #赋值整形变量
    miles =1000.0 #浮点型
    name ="John"  #字符串
    print (counter)
    print (miles)
    print (name)
```

以上实例中,100,1000.0 和"John"分别赋值给 counter,miles,name 变量。执行以上程序会输出如下结果:

100

100.0

John

3.6.2 栈的实现

栈是一种运算受限的线性表。其限制是仅允许在表的一端进行插入和删除运算。这一端被称为栈顶,相对地,把另一端称为栈底。向一个栈插入新元素又称作进栈、入栈或压栈,它是把新元素放到栈顶元素的上面,使之成为新的栈顶元素;从一个栈删除元素又称作出栈或退栈,它是把栈顶元素删除掉,使其相邻的元素成为新的栈顶元素。

栈可以用顺序表实现,也可以用链表实现,这里为了方便就用顺序表实现。

新建一个栈的实现类,并定义 push、pop、peek、empty、size 5 种方法完成队列的相应操作。

```
#<程序3.2: 栈的实现>
class Stack(object):
def __init__(self):
    self.__items = []
#栈的操作
# push(item) 添加一个新的元素 item 到栈顶
def push(self, item):
    self.__items.append(item)
# pop() 弹出栈顶元素
def pop(self):
```

```python
        return self.__items.pop()
# peek() 返回栈顶元素
def peek(self):
    return self.__items[self.size() - 1]
# is_empty() 判断栈是否为空
def is_empty(self):
    return self.__items == []
# size() 返回栈的元素个数
def size(self):
    return len(self.__items)
#主函数
if __name__ == '__main__':
    stack = Stack()
    stack.push(2)
    stack.push(3)
    stack.push(4)
    stack.push(5)
    tmp = stack.pop()
    print(tmp)
    print(stack.peek())
    print(stack.size())
    print(stack.is_empty())
```

3.6.3 树的实现

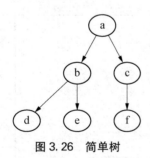

图 3.26 简单树

树是一种特殊的数据结构,它是由 $n(n \geqslant 0)$ 个有限结点组成一个具有层次的集合。为了方便,这里选择用嵌套列表实现一棵简单的树。在用嵌套列表表示树时,使用 Python 的列表来编写这些函数。虽然把界面写成列表的一系列方法与已实现的其他抽象数据类型有些不同,但这样做比较有意思,因为它提供一个简单、可以直接查看的递归数据结构。在列表实现树时,将存储根节点作为列表的第一个元素的值,列表的第二个元素的本身是一个表示左子树的列表,这个列表的第三个元素表示在右子树的另一个列表。为了说明这个存储结构,图 3.26 展示出一个简单的树。

上述简单树的实现代码可以表示如下:

```
#<程序3.3：简单树的实现>
myTree = ['a',      #root
         ['b',      #left subtree
         ['d' [], []],
         ['e'[], []] ],
         ['c',      #right subtree
         ['f'[], []],
         [] ]
            ]
```

请注意，可以使用索引来访问列表的子树。树的根是 myTree[0]，根的左子树是 myTree[1]，右子树是 myTree[2]。下面的代码说明了如何用列表创建简单树。一旦树被构建，就可以访问根和左、右子树。嵌套列表法一个非常好的特性就是子树的结构与树相同，本身是递归的。子树具有根节点和两个表示叶节点的空列表。列表的另一个优点是它容易扩展到多叉树。在树不仅仅是一个二叉树的情况下，另一个子树只是另一个列表。

```
#<程序3.4：用列表创建简单树>
myTree= ['a', ['b', ['d',[],[]],['e',[],[]] ],['c',['f',[],[]],[]] ]
print(myTree)
print('left subtree = ', myTree[1])
print('root=' , myTree[0])
print('right subtree=', my Tree[2])
```

通过定义一些函数，可以很容易像使用列表一样操作树。请注意，不需要去定义一个二叉树类。所编写的函数将只是用于操作列表，使之类似于树。

```
#<程序3.5：二叉树类的定义>
def BinaryTree(r):
    return [r, [] , [ ]]
```

该二叉树只是构建一个根节点和两个空子节点的列表。左子树添加到树的根，需要插入一个新的列表到根列表的第二个位置。必须注意，如果列表中已经有值在第二个位置，就需要跟踪它，将新节点插入树中作为其直接的左子节点。下面的代码显示了插入左子节点。

```
#<程序3.6：二叉树中插入左子节点>
def insertLeft(root,newBranch):
    t=root.pop(1)
    if len(t)>1:
        root.insert(1,[newBranch,t,[]])
    else:
        root.insert(1,[newBranch,[],[]])
    return root
```

请注意，要插入一个左子节点，首先获取对应于当前左子节点的列表（可能是空的）。然后，添加新的左子节点，将原来的左子节点作为新节点的左子节点。这样能够将新节点插入到树中的任何位置。对于 insertRight 的代码类似于 insertLeft，如下所示。

```
#<程序3.7：二叉树中插入右子节点>
def insertRight(root,newBranch):
    t=root.pop(2)
    if len(t)>1:
        root.insert(2,[newBranch,[],t])
    else:
        root.insert(2,[newBranch,[],[]])
        return root
```

为了完善树的实现，下面再写几个用于获取和设置根值的函数，以及获得左边或右边子树的函数。

```
#<程序3.8：获取和设置根值以及获得左右子树>
def getRootVal(root):
    return root[0]
def setRootVal(root,newVal):
    root[0]=newVal
def getLeftChild(root):
    return root[1]
def getRightChild(root):
    return root[2]
```

以上就基本实现了一棵简单的树,读者可以尝试合成以上代码,做一做相应的实验。

3.7 本章小结

数据在计算机中以比特的形式存储,抽象成为不同的模型;数据的结构也多种多样,不同的数据结构,用于解决不同的问题,提高算法的效率。本章介绍了比特与数据、进制与进制间的相互转换、数据的存储、数据的模型、数据的结构等知识,并通过Python语言验证和实践了部分理论知识。

3.8 习题与实践

复习题

1. 离散化是什么含义?为什么要进行离散化?
2. 什么是数字化?什么是数据化?两者区别与联系是什么?
3. 二进制是如何来表示文本、图象、声音和视频的?
4. 简要说明信号、数据、信息和知识之间有着什么样的关系。
5. 简要阐明什么是数据模型,在 Python 中,其内置的数据模型有哪些?
6. 数据模型在数据科学领域有着哪些应用?通过举例的方式说明。
7. 如何用 Unicode 和 ASCII 码表示"hello,world"?
8. 列举几个常见的数据结构,简单说明不同的数据结构适用于什么样的场景。

践习题

1. 编写 Python 程序,完成十到二进制小数的转换。
2. 编写 Python 程序,产生 10—20 的随机浮点数。
3. 编写一个函数,使其能够用正则表达式的方式简单验证身份证号是否合法。
4. 动手实现一个链表,使其能够完成增删改查的操作。
5. 编写 Python 程序,通过 for 循环,用 print 语句输出 1 到 100 之间的所有偶数。
6. 用 if 语句实现百分制转等级制(考试成绩,60 分以下为不合格,60—74 分为合格,75—89 分为良好,90 分以上为优秀)。
7. 编写 Python 程序,求两个正整数的最大公约数。
8. 使用 Python 随机生成多组长度递增的随机数列,使用不同的排序算法(如选择排序和归并排序)对这些数列的数据排序,请分析不同排序算法在不同长度数列下的运行效果。
9. 对于数组 $A[0,1,\cdots,n-1]$,请构建一个数组 $B[0,1,\cdots,n-1]$,其中 B 中的元素 $B[i]=A[0]\times A[1]\times\cdots\times A[i-1]\times A[i+1]\times\cdots\times A[n-1]$。不能使用除法。
10. 用 Python 实现函数,将两个有序链表合并为一个新的有序链表并返回,新链表是通过拼接给定的两个链表的所有节点组成的。如输入：1→2→4,1→3→4,输出 1→1→2→3→4→4。

11. 请使用 Python 的列表类型，编写代码模拟完成堆栈的功能。

12. 对于两个二叉树，如果它们具有相同的结构，且节点有相同的值，那么我们认为两个二叉树相同，请编写函数检查两个树是否相同。

13. 请使用 Python 编程实现图的广度优先搜索(BFS)算法。

研习题

1. 阅读《计算机科学的基础》(文献阅读[7])的概要内容(可以考虑深入阅读)，思考并说明计算机科学对构建数据科学与工程基础的启发。

2. 文献阅读[8]为著名的机器学习开放数据集网站，提供了很多开放数据源，请从 UCI 网站或者文中提到的开放数据源选择一个自己感兴趣的开放数据，思考自己能够用这些数据做些什么，并动手实践一下。

3. 从某顶点出发，沿图的边到达另一顶点所经过的路径中，各边上权值之和最小的一条路径叫做**最短路径**。寻找最短路径的算法具有广泛应用，解决最短路径求解的算法有 Dijkstra 算法、Bellman-Ford 算法、Floyd 算法等，尝试查询资料了解这些算法的基本实现原理，编程实现这些算法，并通过实验对比这些算法各有何优缺点。

4. **正则表达式**(Regular Expressions)，又称规则表达式。是计算机科学的一个重要概念，正则表达式通常被用来检索、替换那些符合某个模式(规则)的文本。尝试使用 Python 编程实现基于下列规则的文本过滤：(1)必须是 5—15 位数字，(2)0 不能开头，(3)必须都是数字。

第 4 章　数据的计算与程序表达

CHAPTER FOUR

　　编程之所以吸引人,不仅因为它能带来经济与科学上的回报,也因为它是一种类似于创作诗歌或音乐的审美体验。

——唐纳德·克努特(Donald Knuth)

　　几乎所有的计算都能采用各种方法完成,选择可以最大限度减少计算所需时间的方法至关重要。

——爱达·勒芙蕾丝(Ada Lovelace)

DATA IS NEW POWER

开篇实例

　　1948 年,一位供职于电话公司的科学家发表了一篇论文,开创了信息理论领域。这位科学家的工作让计算机能以完美的精确度传输信息,即便大部分数据都因为干扰而被破坏。

　　1956 年,一群学者在达特茅斯举行了一个会议。这次会议的目标很清晰,也很大胆,那就是开创人工智能领域。在取得了许多重大成功以及经历了无数失望之后,人们仍期待出现一个真正的智能计算机程序。

　　1969 年,IBM 公司的一名研究人员发明了一种能将信息有效地组织到一起的先进方法。目前,绝大多数在线交易都使用该方法存储及检索信息。1974 年,英国政府下面一个通信实验室的研究人员发明了一种能让计算机安全通信的方法,随后三名美国的研究人员独立开发并拓展了这项重大发明,为今天互联网上所有的安全通信打下了坚实的基础。

　　1996 年,两名斯坦福大学博士生决定联手搭建一个互联网搜索引擎。几年后,他们联合创办了一家搜索引擎的公司,互联网时代的一个数字巨头由此诞生。

开篇实例

2006年,刚加入雅虎的一个工程师带领着一个团队,开发出一个分布式信息处理系统,为日后大规模数据的存储与计算开辟出一条光明大道。

2017年,一个叫做马斯特的神秘棋手把围棋界搅得天翻地覆,有人惊叹潘多拉的盒子已经被打开,人类的前途未卜。

2002年有一部著名的电影《少数派报告》(Minority Report),讲的是随着科技的发展,人类发明了能侦察人的脑电波的"聪明"的机器人"先知"。"先知"依靠数据分析和算法,能侦察出人的犯罪企图,所以在罪犯犯罪之前,就已经被犯罪预防组织的警察逮捕并获刑。

15年后,以色列的尤瓦尔·赫拉利在一本名为《未来简史》的书籍中果断指出:人类即是一种自然界算法。而且不光是人类,生物就是算法,整个生物界也都是算法。

今天算法已经开始定义、掌控一切了,而《少数派报告》中的场景也开始进入现实,同时又遭到了许多质疑。数据与算法的使用,结合着人工智能,如何往符合道义与人性的方向发展,还需要我们进一步探索与学习。

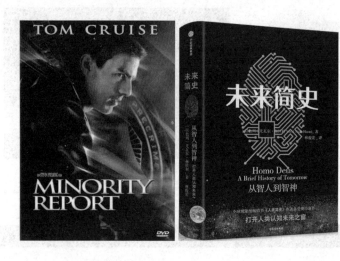

本章内容将围绕算法和数据结构,介绍在数据科学中如何利用程序设计方法,将数据与计算统一在一起。同样的问题和数据,可以采用不同的数据结构,进而引出不同数据结构上的算法。以排序算法为例,通过列表和树这两种不同的数据结构,插入排序、选择排序以及二分搜索树排序,完美地阐释了这一重要论点,体现出计算与结构之美。

4.1 数据的计算

4.1.1 什么是算法?

算法是对可机械执行的一系列步骤精准而明确的规范。用来表示算法的可以是任何一种可被常人理解的语言。例如,食谱就是一种算法,再比如像图 4.1 所示的折纸艺术也是一种算法。

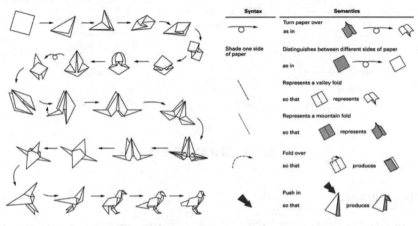

图 4.1 折纸艺术(来源见参考文献[25])

因此,一个算法就是解决一个问题的进程。自人类历史开端以来,人们就一直在发明、使用和传播各种各样的"算法",用来烹饪、雕琢石器、钓鱼、种植农作物等等。

有些算法与食谱不同,它们能解决书写符号的问题,例如数字、字母等。例如在字典中搜索某个词的二分查找,这一算法解决涉及到"字母"这类书写符号的问题;还有一些算法可以实现加法、减法等,解决涉及到另一种"数字"书写符号的问题。把上述这类算法统称为"符号算法"。计算机科学中所研究的算法就是这类符号算法,而且符号算法多用编程语言正式地表现为计算机程序,或用编程语言混合英语语句的非正式风格来表示。

美国著名计算机专家克努特(D. E. Knuth)认为,算法就是一个有穷规则的集合,它规定了一个解决某一特定类型问题的运算序列。可以把算法理解为若干基本操作及其规则作为元素的集合。在计算机科学中,为保证计算机有序执行指令,算法应具有指定输入、指定输出、确定性、有效性和有限性五个基本属性。从程序结构来看,通过顺序执行、条件分支和循环三种结构方式可基本完成算法的流程,实现复杂问题的条理化和简单化处理。

算法模型就是对算法特征的抽象,和数据模型类似,也是用来描述问题的。食谱算法模型、折纸算法模型以及符号算法模型均是算法模型的实例。

而算法结构则是用符号结构来表达算法的流程与结构,即编程结构。顺序结构、分支结构和循环结构就是三个最常见的基本算法结构。

最后是算法的程序表达,即在一个特定程序设计语言中对算法的表示,例如 C/C++、Java、Python 语言等。包括伪代码,实际上也可以认为是一种算法的(非正式)程序表达,如图 4.2 所示。

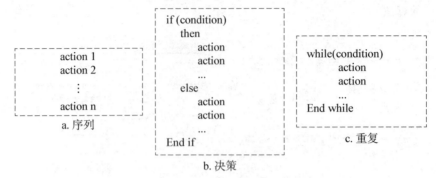

图 4.2 算法的程序表达

4.1.2 算法的作用

绝大多数计算机和互联网用户每天都会重复运用由这些创新想法所带来的新奇技术,却从来没有意识到背后的这些伟大思想!

这些伟大的"思想"到底是什么?计算机科学家认为,算法就是用来表达这些伟大的思想的。

在这里,首先抛砖引玉地给大家介绍一个简单的薪水求和算法,这个算法在本章后续小节中,会继续用到。

假设给定一张个人记录表,每位雇员在该表中有 1 条记录,每条记录中包含了雇员的名字和薪水等个人信息。为求解所有雇员的薪水总和,设计了如下算法:

(1) 制作 1 张面值为 0 的纸币;
(2) 通过查表把每个雇员的薪水加到纸币上;
(3) 如果到达表尾,则输出纸币上的数。

可以把"纸币上的"数写在 1 张纸上,从 0 开始。完成(2)中第 1 个雇员的加法之后,这个数实际上是那个雇员的薪水,加上第 2 个雇员之后,它的值就是前两个雇员的薪水。最后,完成(3)时,它的值显然就是所有人薪水总和(如图 4.3 所示)。

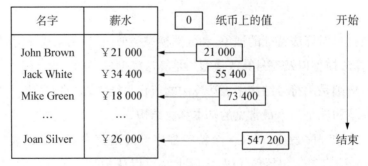

图 4.3 薪水求和

这个算法并不复杂，但是它所描述和控制的过程（process）随着雇员表的长度变化，可能很长。例如，两个公司，1个有1个雇员，另1个有100万个雇员。如果把它们的雇员表送入上述算法中，都能很好地解决薪水求和问题。当然，对于第一个公司，处理过程不是很长，而对于第二个公司，过程却相当长，然而算法的代码是不变的。

通过这个例子，是想让读者知道，算法能够为人们解决生活中的问题，是一门学问。在编写算法时，需要考虑算法的长度、输出的唯一性等问题。针对不同问题，需要对算法做调整。

4.1.3 算法的控制结构

控制流结构（control-flow structure）或简称为控制结构（control structure），可控制算法中指令的各种组合。以巧克力甜点食谱为例进行说明：

（1）顺序结构。形如"执行 A 后执行 B"，或"执行 A，然后执行 B"（食谱中的每个分号或句号间接蕴含着"然后"词语，例如，"轻微调入巧克力；[然后]稍微重新加热"）。

（2）选择结构。形如"如果 Q，那么执行 A，否则执行 B"，或"如果 Q，然后执行 A"，Q 是某个条件（例如，在食谱中，"如果需要，稍微重新加热，使巧克力熔化"，或"如果想要，加入生奶油"）。

（3）循环结构。对于仅包含顺序结构和选择结构的算法，只能描述有限长度的执行过程，即算法中没有一个地方的执行次数多于一次。除了上述两种控制结构外，还有一种处理重复过程的控制结构，一般称为迭代（iteration）或循环结构（looping structure）。这种结构具有多种形式，如：

- 有界限迭代（bounded iteration），一般形式为"对于语句块 A，执行 N 次"，其中 N 是一个数。

- 条件迭代（conditional iteration），有时称为无界限迭代（unbounded iteration），形如"重复 A 直到 Q"，或"当 Q 为真，执行 A"，其中 Q 是条件。（例如，在食谱中，"打蛋清直至成为泡沫状"。）

在通常组合中，算法可以包含许多控制流结构。顺序、选择和循环可以交叉进行，也可以相互嵌套。

4.1.4 算法的流程图

可视图技术是呈现算法控制流的一种方法，可使算法清晰易读。与书写算法相对应，也有多种"画"算法的方法。这些方法中最著名的就是流程图（flowchart）在矩形框中写基本指令，用菱形框表示测试，利用箭头描述处理器如何执行这个算法。图 4.4 显示完整薪水求和算法的流程图，图 4.5 显示了这个算法的一个复杂版本，它只统计薪水比其主管经理高的那些雇员的薪水。

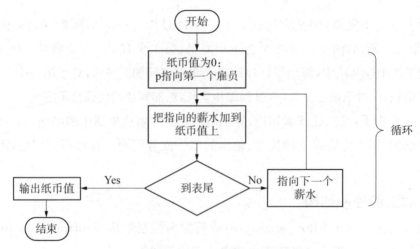

图 4.4　薪水求和流程图

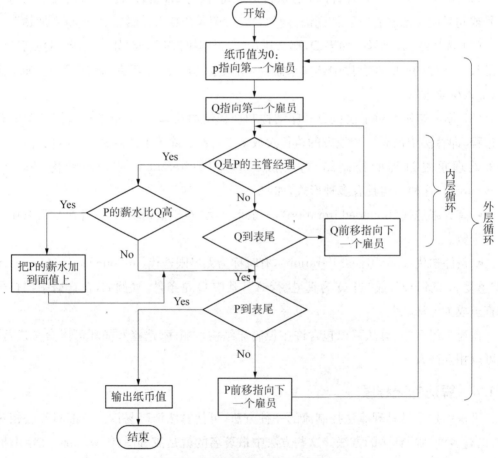

图 4.5　复杂薪水求和流程图

4.1.5　算法中的变量、向量与数组

本节重点介绍算法所操纵的对象。根据前面的例子,可以把面粉、糖、蛋糕、巧克力、

甜点等都看作算法的对象。这些对象不仅组成算法的输入和输出,而且在它的生命期内会使用和创建出中间附件,如计数器("纸币数")和指针。所有这一切,用数据(data)来表示。

数据元素以各种形式或者各种类型呈现。算法中出现的最常见数据类型(data type)主要有:各种数值(整数、十进制数、二进制数等)、各种字符组成的词(word)。把这些类型加以区分是有益的,这是因为每种类型可能有着自己独特的操作或行为。因此,需要告诉算法它能够操作哪些对象,以及精确地告知允许哪些操作。

1. 变量的含义

第一个有趣的对象是变量(variable)。在薪水求和问题中,利用初始化为 0 的纸币值,对雇员薪水进行累加。实际上是利用了一个变量。变量不是固定的一个数、一个词或是其他某个数据项,而是被看作可以保存某个数据项的小盒子或单元。可以给变量起名字,如 X,然后对变量 X,使用"把 0 放进 X 中"或者"把 X 的内容增 1"等指令改变其内容。同样可以问一些关于 X 内容的问题,如"X 包含偶数吗?"。变量就像宾馆的房间,不同的人可在不同时间占据同一房间。可通过词组"房间 326 的居住者"引用房间中的人。"326"是房间的名字,对应于变量名 X;"居住者"是房间里的人,对应于数据存放的值。

算法一般使用许多具有不同名字的变量,这些变量的作用各不相同。在算法中,变量具有记忆(memory)或存储(storage)作用。

2. 二维数组或表格

在许多情况下,相对于排列成一维表的形式,把数据排列成表格(table)更方便。相应的算法上的数据结构称为矩阵(matrix)或二维数组(two-dimensional array),或简称数组。这种数据结构的应用极为丰富。例如,标准二维乘法表是 10×10 数组,其中每一点上的数据项是行列下标的乘积;1 列学生表与 1 列课程表的图可看作 1 个数组,其中数据项是学生课程的分数。

一般情况下,可以通过行(row)和列(column)两个下标引用数组元素。A[5,3]表示位于第 5 行和第 3 列的元素。因而,如果 A 是乘法表,那么 A[5,3]的值为 15。

如果变量是一个宾馆房间,向量就是宾馆的长廊或层,那么矩阵或数组就是整个宾馆。它的"行"是各层,"列"表示沿某层的位置。如果作为数据结构的向量对应作为控制结构的循环,那么数组对应嵌套循环(如图 4.6 所示)。例如,通过外层循环处理所有学生,内层循环处理某个学生的所有分数,这样就可处理学生分数的整个数组了。

但并不是总能把数据恰好排列成矩形形式。以学生和课程为例:不同学生可能关联不同课程,而且关联的课程数可能也不同。尽管仍然可以利用数组(大到足够包含所有可能的课程),但剩下部分为空。对于这种情况可以利用一种新的数据结构,它由向量组成,它的元素自身又指向一个变长向量。这两种数据结构如图 4.7 所示。

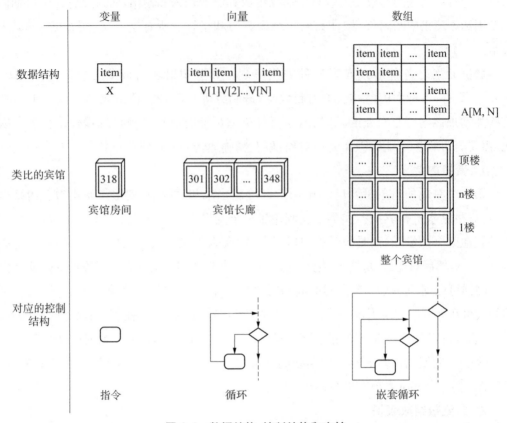

图 4.6　数据结构、控制结构和宾馆

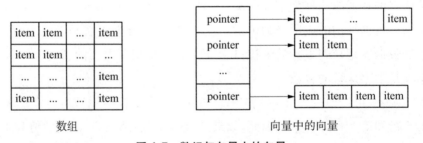

图 4.7　数组与向量中的向量

算法还可以利用更复杂的数组,如高维数组。三维数组就像一个立方体,需要三个下标指向一个元素。

4.1.6　算法中的函数

函数这个名词并不陌生,相信大家在中学数学中已经接触过了。例如,对于函数 $y=f(x)=2x^2+3x+4$,通过给自变量 x 不同的值,可以计算得到不同的返回值 y。可以看到,数学的函数具有输入(x)、输出(y),且需要先定义好($y=f(x)$),然后调用计算。这些特点与程序设计中的函数是非常相似的。下面,我们将通过实例进行学习。

假设已知一个很长的文本,通过计算包含单词"money"的句子数量,找出它的作者是多么的"贪财"。该例子不是对单词"money"出现的次数感兴趣,而是对它所在句子的个数感兴趣。可以设计一个扫描文本的算法,查找"money"。一旦找到,就继续运行查找句子的末尾,所谓句子末尾就是一个句号后跟一个空格,即". "组合的情况。当找到句子末尾时,算法使计数器 counter 的值增 1。这个计数器 counter 的初始值为 0。然后从下一个句子开始继续查找"money",即从". "组合后的字符开始。最终,算法查找到文本的末尾,输出 counter 计数器的值。

算法的外层循环内有两次查找,一次查找"money",一次查找". "组合。每个查找自身构成一个循环(参见图 4.8 中的流程图)。仔细分析可以看出,这两个内循环非常

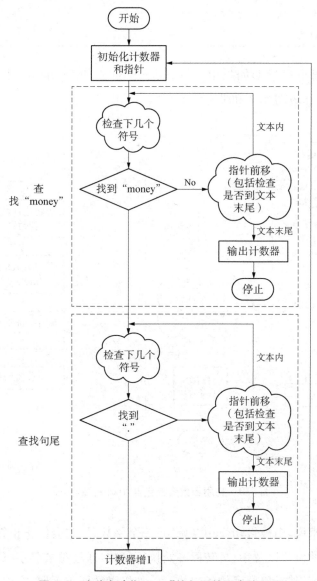

图 4.8　查找包含"money"的句子的示意流程图

相似。事实上,它们做的事情几乎完全一样。将这两个内循环都直接写在算法中,固然可以工作,但借助函数可以做得更好。

这里的思想是只写一次查找循环算法段,它带有一个参数,并假设这个参数包含所查找符号的特定组合。这个算法段称为函数(function)或过程(procedure),在主算法中被激活(或调用)两次,一次用"money"作为参数,一次用"."组合作为参数。并且定义子例程中参数的名字,通过名字,如 X 引用参数。函数的简单描述如下所示:

#<算法4.1:函数 search for X >

(1) 执行以下操作,直到指向组合 X,或到达文本的末尾:

   (1.1) 使指针在文本中前进一个符号。

(2) 如果到达文本末尾,输出计数器的值并停止。

(3) 否则返回主算法。

算法的主要部分通过形如"call search-for money"和"call search-for."的语句,两次调用查找函数,比较图 4.8 和带有函数程版本的图 4.9。

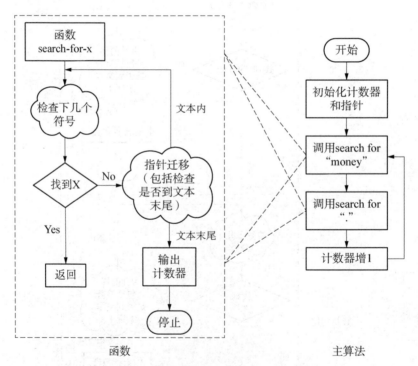

图 4.9 利用函数查找包含"money"的句子

对于处理器来说,当被告知"call"(调用)一个函数时,它会停止正在执行的事情,并记录下当前所在的位置以及参数,转而开始执行函数,通过参数名字(这个例子中为 X)读取参数的当前值,然后按照函数代码执行。如果函数要求返回,它将返回到上一次引导执行函数的"call"之后的位置,并将从此处继续执行。

对于控制算法规模来说,函数是非常有效的。上述的简单例子中,查找循环只写了一次,但被使用了两次。对于在算法中调用许多函数的复杂算法来说,代码的复用变得很重要。同样,函数可以调用其他函数。这样,不仅循环可以嵌套,而且函数也可以嵌套调用。此外,顺序、选择、循环结构、goto 语句和现在的函数都可以交叉进行,从而产生结构越来越复杂的算法。

然而,简便不是函数的唯一优点。可以把函数看作为算法素材的"块",就像积木块一样,一旦形成,可以通过简单指令用作其他算法中的"块"。这就好像扩展了基本指令的指令表。函数是用来创建自身抽象的一种方法,它适合于求解特定的问题。这是一种强有力的思想,不仅使算法简短,而且使它们具有清晰、良好的结构。清晰和结构化,是算法最重要的特性。

一个计算机程序的用户不需要知道他所用的算法,可以把程序看作"黑盒",不需知道它是如何实现的;而所有函数的用户只需要知道函数是做什么的,但是不必知道它是如何做的。通过简化这些细节,极大地简化了问题。

利用函数可以逐步研究复杂的算法。典型算法学问题倡导只利用允许的基本行为给出完整详细的问题解。设计者可以逐步求精,首先利用"指令"设计一个高级算法,而这些所谓的"指令"实际上是设计者大脑中的一些函数,随后再补充这些函数的定义。这些函数还可以继续调用其他函数,直到所有指令都足够低级,属于最基本的语句或指令。然后,结束开发过程。这就是"自顶向下"的设计思路。除此之外,还有一种"自底向上"的设计思路,在这种方法中,首先准备好所需的函数,然后设计调用它们的上一级函数。这两种方法在算法设计中哪一个更好,目前还没有一致的结论。一般来说,在某种程度上可以对它们进行混合使用。

4.1.7 数据科学中的算法

数据是描述事物的符号记录,是信息的载体,是计算工具识别、存储、加工的对象。数据经过处理并被赋予一定的意义后便成为信息。在计算机科学中,数据是能输入计算机并被计算机程序处理的符号的总称。在计算机发明前及初期,数据更多的是指用于科学计算的数值型数据。

20 世纪 80 年代,随着计算机技术的发展,人们利用计算机处理数据的类型得以丰富,包括文本、声音、图形、图像、视频等非数值型数据。近年来,移动通信和云计算等技术的革新潜在地生成了"大数据",数据不再只是计算工具所处理的对象或信息的载体,更成为人们获得信息、推动信息社会发展的一项动力来源。

吉姆·格雷提出的第四范式可以给予一些启示,所谓"第四范式",就是以数据为中心的科学方法。

算法当然是其中重要方法之一，但除此之外还应该有其他的，比如更进一步抽象的数据科学工作流(data science workflow,DSW)，简称工作流，以及基于工作流的数据科学过程(data science process)。虽然数据的每一步具体操作是通过算法来实现的，但数据的整个工作运转周期也是可以通过一个类似的算法模型来进行刻画的，进而形成一类数据流处理语言。实际上，这类数据流处理语言一直都有研究人员关注，只是目前还没有一个统一的标准和广为接受的实例。但不可否认，关于计算工作流、科学工作流等相关研究已经得到了很多关注。

以数据为中心的工作流也是一种算法，和计算机程序算法的路程图类似，数据工作流主要以图形化的形式表示，并且整个流程的设计过程也是通过图形化的形式进行交互的。如果说程序员面前的主要工作对象是代码的话，数据科学家应该同时也需要这种以数据为中心的工作流的设计。随着数据科学的普及，以工作流为对象的各种理论方法、工程工具等都会慢慢普及。实际上，类似 SAS、SPSS moduler 等这样的工具本身就已经有很广泛的应用。

数据科学工作流可以像算法一样，培养大家的数据思维。随着数据科学的发展，这类工作流的细节和规范也将慢慢完善。如果说传统符号算法是面向 CPU 的控制逻辑为主的话，那么数据科学工作流则是以数据处理逻辑为中心，且面向分布式计算的。图 4.10 所示是一个数据科学工作流的 switch 控制示例。

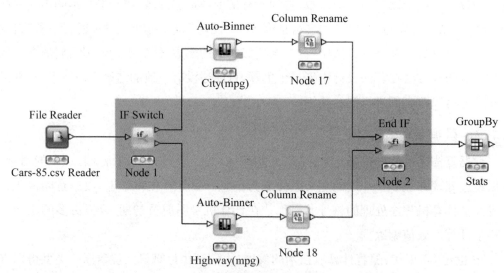

图 4.10 数据科学工作流中的 switch 控制

数据科学工作流是数据科学所特有的学科方法，应用这种学科方法可以培养解决问题的能力。是前面所提到过的"以数据为中心的问题求解"能力的一个有力的思维训练工具。具体内容本书第 9 章会详细介绍。

4.2 算法分析

通过前面的论述可知，算法是解题方案的准确而完整的描述，是一系列解决问题的清晰指令，算法代表着用系统的方法描述问题的策略机制。算法的好坏直接影响着整个程序、系统的运行效率。

算法的效率一般用时间复杂度和空间复杂度来表示。对于同一个问题可以构造不同的算法，算法选择涉及如何评价一个算法好坏的问题。

评价一个算法，前提是这个算法是正确的，并具有算法的五个特性：有穷性、确定性、可行性、有0个或多个输入、有一个或多个输出。此外，还需要考虑以下几点：

- 执行算法所耗费的时间，即效率问题；
- 执行算法所耗费的存储空间，主要考虑辅助的存储空间；
- 算法应易于理解，具有可读性，易于编码、易于调试等；
- 健壮性，主要表现在算法对非法输入及其他异常情况的处理和反应上。

显然，算法的目标是运行时间短、占用空间小、功能性强。然而，这样完美的算法实际上很难找到，因为若想节约算法的执行时间，往往要以牺牲存储空间为代价，而为了节省存储空间，就要以耗费更多的计算时间来补偿。因此，应该根据具体的情况来选取合适的算法。一般来说，对于经常使用的程序，应该选取时间短的算法；而机器的存储空间较小时，对于涉及数据量极大的程序，则应该选用节约存储空间的算法。在讨论一个算法的效率时，通常是指算法的时间特性和空间特性。

算法的时间特性可以用时间复杂度来表示。通常将每个程序所需要的执行次数称为该程序的时间复杂度。一个算法的耗费时间是该算法所有语句的执行时间之和，而每条语句的执行时间是该语句的执行次数和执行一次所需时间的乘积。算法分析是学习数据结构与算法的重要基本功，下面将详细讨论算法的复杂度。

分析一个算法的复杂度，也是在分析一个算法的好坏优劣，简单高效的算法才是应该追求的，而复杂低效的算法则是需要改进的。算法的复杂度包括时间复杂度和空间复杂度，下面将用尽量少的概念来介绍这两个"度"。

1. 时间复杂度

讨论算法的时间复杂度，也是在讨论程序使用该算法运行的时间。在日常生活中，有时会出现打开某个软件要花费很长时间的情况。这从算法的角度看，只能说电脑硬件比较差，不一定是程序写得不好，同样的程序可能在配置高的电脑上打开就很快。所以单纯从程序运行需要的时间长短上，并不能反映算法的优劣，因为这和运行的设备也有很大关系（计算机计算主要用到的是CPU和GPU）。

算法的时间复杂度并不能以具体的时间数值为单位（如1秒钟、1分钟等）。那算法复杂度中的时间单位是什么呢？这个时间单位其实更像是程序中执行的次数或者步骤数。

举个例子,当忘记东西放哪里了,可能会把所有的抽屉都找一遍,假如有 n 个抽屉,那么找完 n 个抽屉就可以找到东西了,每个抽屉都找了一遍,就找了 n 遍。算法的时间复杂度(运行时间)用 O 表示,把找东西的这个过程写成程序,算法的时间复杂度就是 $O(n)$。

在上面这个例子中,最好的情况是,当找完第一个抽屉,就找到东西了,这当然是最好的了,用 O 表示法表示就是 $O(1)$。但是这样的情况存在偶然性,并不能代表算法的复杂度;最坏的情况是,直到找完最后一个抽屉,才找到东西,用 O 表示法表示就是 $O(n)$。位于最坏和最好之间的情况是,当找到中间一个抽屉时,找到东西了,用 O 表示法表示就是 $O(n/2)$。

那么这三种情况,哪一种应该代表算法的时间复杂度呢?最好的情况毕竟是小概率事件,不具有普适性,不能代表算法真实的时间复杂度。平均的情况,确实在一定程度上可以反映出算法的时间复杂度,但是平均值容易受到极端值的影响(在评委打分时也经常是去掉最高分和最低分),所以平均情况也不是很合适。而最坏的情况却可以说明该算法在最差的情况下表现如何(就像做事也常常考虑最坏的情况一样),所以通常用最坏情况下的时间复杂度来衡量算法的时间复杂度。

对于 O 括号内的参数(或者称为操作数)的系数,如一个计算出所需次数为 $n/2$ 的算法,用 O 表示法表示是 $O(n)$,而对于计算次数是个常数(如 1、5、9 等)的算法,用 O 表示法表示都是 $O(1)$,这点是需要注意一下的。为什么这样做呢?因为对于计算次数是 $n/2+5$ 这样的算法,起决定作用的是 n,而不是 n 前面的系数,当 n 为无穷大时,n 前面系数的影响就微不足道了,最终这个算法的时间复杂度用 O 表示法表示为 $O(n)$。

2. 空间复杂度

程序运行时肯定是要消耗空间资源的,如寄存器、内存和磁盘等。输入和输出这两部分占用空间是必需的,所以程序处理的空间指的是程序运行算法时所需的那部分空间。

先来看个例子,交换两个数的值,如图 4.11 所示,相信大家都做过,一般的方法是找一个中间变量存储其中一个数的值,再让一个数等于另一个数的值,另外一个数等于中间变量的值,就像下面的伪代码这样:

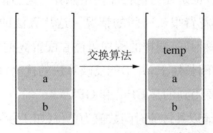

图 4.11 交换算法

```
#<程序4.2：交换变量a和b的值>
temp=a
a=b
b=temp
```

因为这个值交换算法用到了中间变量,而中间变量又要占用一个格子,所以这个算法的空间复杂度用大 O 表示法表示就是 $O(1)$。

目前,更多的是讨论算法的执行时间效率问题,这是因为随着计算机硬件的迅速发展,存储空间的费用越来越低,探讨节约算法的执行时间意义更大。

总之,算法的复杂度和需要的时间、空间都有关系,本书更多谈论的是算法的时间复杂度。算法的时间复杂度不是以秒为单位,算法运行的速度是从其增速的角度度量的,也即输入越多,算法运行的时间改变的快慢。一个好的算法应该是时间复杂度和空间复杂度都比较低,通俗地说就是花最少的时间和精力达到最好的效果,但是这两样往往是很难同时做到的,这就需要牺牲其中之一来做得尽可能更好。

4.3 算法的实例

4.3.1 冒泡排序

排序(sorting)是算法学中最有趣的问题之一,许多重要研究或多或少都与此有关。排序问题的输入是元素的无序表,任务是按照递增次序产生有序表。通过代换元素可以把问题表述成一般形式,比如,用单词表替换数表,并按照字典顺序排列这些单词。得到这些元素大小信息的唯一方式是比较两个元素,并按照比较结果进一步处理。

冒泡排序(bubble sort)是著名的排序算法之一。实际上,冒泡排序被认为是一种较差的排序算法,其原因将在后续章节中解释。

冒泡排序算法基于以下观察。如果顺序遍历无序表,每次访问一个元素,只要两个相邻元素顺序不对(即前一个元素大于后一个元素),就进行交换,完成一次遍历后,最大元素被移动到它的正确位置,即表尾。

图 4.12 说明了对 5 个元素组成的一个表的遍历过程。表自底向上画出,第一个元素在图中最底部,箭头显示被交换的元素。显然,一次遍历除了把最大元素放在它的最终位置,还可能修改其他不正确的次序。图 4.12(a)显示了一次遍历过程,结束时最大元素"typical"已放到正确位置,即表中最上面一个位置。图 4.12(b)显示了第二次遍历,结束时第二大元素"sun"也放到它的正确位置,即表中倒数第二位置。这样,算法执行 $N-1$ 次这样的遍历(为什么不是 N 次?),就可以产生有序表了。"冒泡排序"的命名也是与这个过程有关,当算法执行时,相邻的较大元素与较小元素交换,较大元素向

表的上面"冒泡",较小元素被推向下面。

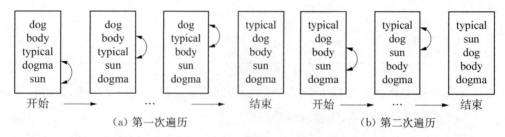

图 4.12 对五个元素的两次冒泡排序遍历

在详细描述算法之前,需要指出,第二次遍历不需要扩展到最后一个元素,因为到第二次遍历开始时,表中的最后位置已经包含它的正确元素——表中最大元素。类似地,第三次遍历只需遍历到第 $N-2$ 个元素。这意味着更有效的算法在第一次只遍历前 N 个元素,第二次只遍历前 $N-1$ 个元素,第三次只遍历前 $N-2$ 个元素,依次类推。算法如下:

```
#<算法4.3:冒泡排序>
执行以下 N-1 次:
1.指向第一个元素。
2.执行以下 N-1 次。
    2.1 把指向的元素与上一个元素进行比较。
    2.2 如果被比较的元素顺序不对,则执行交换。
    2.3 指向下一个元素。
```

注意,这里使用了两层缩进形式。算法第一行的"执行以下 $N-1$ 次"中所述的"以下"包括:外层循环从"1."开始的所有行,以及内存循环从"2."开始的那些行。循环结构的嵌套本质显而易见。

图 4.13 中用 8 个元素说明了算法中的主要步骤,图中描绘的是算法步骤 2 执行之前的情况。折线之上出现的元素表示已到它们的最终位置。注意,在这个特殊例子中,最后两次遍历,图中并未画出,这是因为遍历 5 次之后,表已经有序,所以不需要 7 次遍历。然而,如果最小元素出现在原始表的最后(即图中的最上面),那么 $N-1$ 次遍历是需要的。

4.3.2 汉诺塔问题

1. 递归的思想

函数还有一种容易让人感觉困惑的使用方法,就是递归(recursion)。所谓递归,简单来说就是指子例程调用自身。

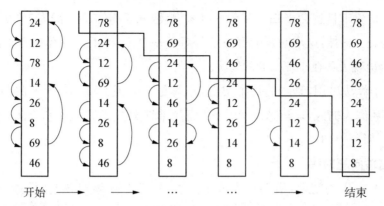

图 4.13 8 个元素冒泡排序中的两个阶段（每列第一个元素位于底部；箭头指示元素变化的位置）

图 4.14 是一个经典的递归问题：汉诺塔之谜。

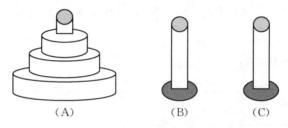

图 4.14 三个环的汉诺塔

"汉诺塔之谜"是一个相当古老的游戏，它起源于贝拿勒斯大教堂里的印度牧师。假设给定三个塔，或者说三个柱子 A、B 和 C，第一个柱子 A 上堆有三个从大到小排列的环，而其他柱子是空的（如图 4.14 所示）。要把环从 A 移到 B，在移动环的过程中允许利用 C。按照游戏规则，一次只能移动一个环，大环不能在小环的上面。这个简单游戏可按如下方法求解：

move A to B;
move A to C;
move B to C;
move A to B:
move C to A;
move C to B;
move A to B。

对于这个游戏，当在 A 柱上放四个环（柱子数不变）时，只需要做一些尝试就可以找到 15 条"move X to Y"的序列，解决这个四环移动的问题。

这个游戏具有一定的智力挑战。在原始的印度版本中，这个游戏也有三个柱子，但在柱子 A 上的环数总共达 64 个。该难题的发明者预言，当把 64 个环从 A 柱正确移到

B柱上之后,世界末日就会来临。对于算法来说,输入正整数 N,希望的输出是"move X to Y"的行为表。显然,这个问题的解一定是对于每个 N 都工作的算法。而且按照这个行为表,不会出现大环在小环上面的情况。

一旦一个算法可用,难题的每个实例,不管是 3、4 或是 3 078 个环的版本,都可通过想要的环数作为输入,运行这个算法,从而简单地解决难题。那它是怎样做到的呢?答案很简单:通过递归。

2. 汉诺塔问题的解

算法需要解决的问题:借助 C 完成了把 N 个环从 A 移到 B 上的任务。递归算法过程如下:首先检查 N 是否是 1,如果为 1,只需简单把被要求处理的一个环移到目的地上,然后直接返回;如果 N 大于 1,它首先利用同样的递归过程把 A 上的 $N-1$ 个环移到"辅助"柱 C 上,然后取 A 上剩下的一个环(必定是最大的一个环),把它直接移动到最终目标 B 上,然后再次递归,把先前存储在 C 上的 $N-1$ 个环移到最终目标 B 上。

下面是用递归例程来写的这个算法:

```
#<算法4.4:汉诺塔问题的解>
subroutine move N from X to Y using Z:
(1)if N is 1,then output "move X to Y".
(2)otherwise(i.e.if N is greater than 1)do the following:
   (2.1)call move N-1 from X to Z using Y;
   (2.2)output "move X to Y";
   (2.3)call move N-I from Z to Y using X;
(3)return.
```

初看起来这个例程有些荒谬,为了说明这个例程的工作过程,模拟运行当 N 为 3 时算法的工作过程,可以通过执行以下"主算法"完成这个工作:

call move 3 from A to B using C

这个模拟过程中,要注意区分变量 X、Y 和 Z 的当前值。变量 X、Y 和 Z 开始为 A、B 和 C,但当处理器递归调用进入函数时发生了改变。更容易混淆的是,当"call"完成返回到其调用处时,变量又恢复了原来的值。图 4.15 有助于说明上述递归调用的行为序列。注意,处理器现在不仅必须记住它来自什么地方,以便返回到正确位置,而且必须记住新调用之前变量的值,以便返回后继续正确工作。图 4.15 所示结构反映了递归的深度(depth of recursion)以及变量值改变的相应方式。箭头表示处理器的路径,向下箭头对应调用,向上箭头对应返回,水平箭头对应简单序列。

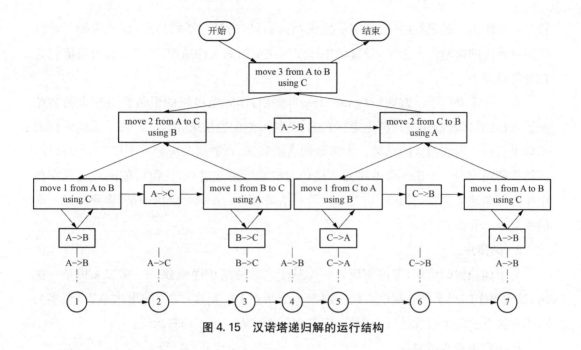

图 4.15 汉诺塔递归解的运行结构

4.3.3 树排序

1. 树的概念

树(Tree)是现有最重要和最出色的数据结构之一。这不是植物学意义上的树,而是具有更抽象本质的树,例如可以使用这样的树描述家族关系。

树在本质上按照层次排列数据,位于一个特殊位置的数据项称为根(root),其他数据项称为根的后代。在计算机科学中,通常颠倒过来描述树,"根"在顶端,树的其余部分向下展开。所用术语是来自数学、植物学,例如,根、树中的结点(node)、后代(直接后代)、叶子结点(位于树底部的结点,没有后代)、路径(path)或分支(branch),以及双亲结点、祖先结点和后代结点、兄弟结点(如果两个结点有共同的双亲,则称它们是兄弟)等。

图 4.16 显示了一棵树。单词"blink"是它的根,是树的第一层的一个结点。人物

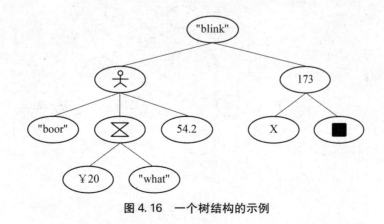

图 4.16 一个树结构的示例

符号和号码173是根的后代,或等价地说,它们是树的第二层的结点,以此类推。计算机用户熟悉的树的一个例子,是目录中按照层次组织的文件结构,而目录自身可能包含在其他目录中。

另一个重要例子是游戏树(game tree),例如:国际象棋树的根包含对棋盘的初始配置,根的后代表示如果白棋先走棋盘的20种可能配置结果,而这20种结果的后代表示对黑棋所有可能响应的结果。大多数两人游戏树,奇数层对应第一个棋手所做移动,而偶数层对应另一个棋手所做移动。路径对应实际游戏过程,任何可能游戏过程在树中作为一条路径出现,最后叶结点表示游戏结束(例如:在国际象棋中是"将死",或三次的重复表示和棋)。

2. 树排序

为了体验树的应用,考虑实现另一种基于二叉树的排序函数。一棵二叉树是一棵树,其中每个结点至多有两个后代。因为每个结点上的出度(结点的出边条数)至多为2,因此区分这两个后代是很方便的,把它们分别称为左孩子和右孩子。

树排序由两步组成:

(1) 把输入表转换为一棵二叉查找树 T;

(2) 以左优先的方式遍历树 T,并输出第二次访问的每个元素。

对一行元素排序,算法首先把元素组织成为一棵特殊的二叉树,称这棵特殊的二叉树为二叉查找树(binary search tree),这棵树中的每个结点有如下性质:该结点的所有左后代的值小于结点自身的值,所有右后代的值大于结点自身的值。图 4.17 显示了这样一棵二叉树,这棵树的构造如下:取表中的第一个元素为二叉树的根,然后依次考查每个元素,并作为新的叶结点放在这棵增长的树中。在这个过程中,可能使之前插入的叶结点成为"非叶结点"。为了找出新元素在树中作为叶结点的合适位置,要不断把它

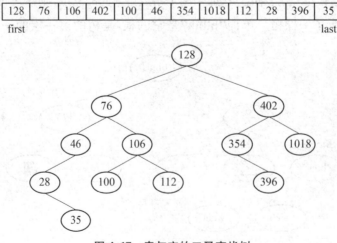

图 4.17　表与它的二叉查找树

与所到达的结点进行比较,并按照比较结果,确定是向左还是向右。如果新元素比找到结点处的元素还小,则向左(因为它属于那个结点的左边),否则向右。

现在来到有趣的第二阶段部分。构造二叉查找树之后,第二阶段的树排序要求按照以下方法对它进行遍历。处理器从根开始,并向下移动,总是保持向左,无论什么时候都试图移到左边,但当不能移动时(例如,不存在左边后代),它才会向右移动。在把左边和右边穷尽之后,不论是由于找不到后代,或者由于已经访问过了那些后代,它都进行回溯(backtrack),即它向上移到当前结点的父结点。如果这个向上移动完成了从父结点到它的左后代的旅程,则处理器向右,再次向下;但如果它刚从向右的旅途返回,实际上它已经穷尽了父结点的两种可能性,因而向上移动到它的父结点。继续这个过程,直到穷尽树根的两个向下方向;这就遍历了整棵树。图 4.18 显示了对图 4.17 中的树的左优先遍历。

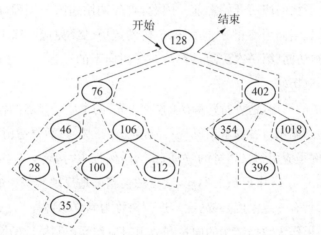

图 4.18　二叉查找树的左优先遍历

如果以这种方式遍历这棵树,始终输出恰好第二次访问结点时找到的数据元素,最终就可以按照完整、递增次序输出这个表。如图 4.19 所示为遍历记录得到的有序表的过程。

128	76	46	28	**28**	35	**35**	35	28	46	**46**	76	106	100	**100**	100	**106**	112	**112**	112
…	106	76	**128**	402	354	**354**	396	396	**396**	354	**402**	1018	**1018**	1018	402	128			

图 4.19　对图 4.18 进行左优先遍历(深色底纹表示第 2 次访问的结点)

可以把树排序算法的两个阶段描述为相当简单的递归子例程。这里是第二阶段的例程,其中,利用"left(T)"表示 T 的左子树,利用"right(T)"表示 T 的右子树。当后代不存在时,约定认为出现难题,对于没有左子树的树,"left(T)"将会是特殊的空树

（empty tree），即什么也没有的树，甚至没有根。

```
#<算法4.5：树排序>
subroutine second-visit-traversal-of T;
(1) if T is empty then return;
(2) otherwise (i,e.if T is not empty ) do the following:
    (2.1)调用 second-visit-traversal-of left(7);
    (2.2)输出在 T 的根所找到的数据元素;
    (2.3)调用 second-visit-traversal-of right(7);
(3) return.
```

在构造这个例程的过程中，对结点的第二次访问，总是在对整个左子树的遍历完成之后，且在它的右子树的遍历开始之前。因此，首先调用递归子例程，以便完成对整个左子树的遍历，并且当调用终止时（即那棵子树的遍历已经完成），输出根结点的元素，它现在是第二次被访问（第一次访问是在沿左子树向下的过程中），然后向下递归到右边，实现右子树的遍历。

根据递归公式的结构，这种特殊遍历的"左优先"的本质是显然的，因为对于每棵子树（即对于每次递归调用），容易看出例程首先遍历左子树，然后再遍历右子树。

如果把这个例程应用到汉诺塔的移动（move）例程中，构建一个实例树，画出处理器的工作过程，如图 4.15 中所做的那样，这个图会精确地反映实例树的形状。图 4.15 自身形成一棵树，具有一致深度（或高度），这棵树称为满（full）树。

由此可得，如果作为数据结构的向量和数组对应作为控制结构的循环和嵌套循环，那么树对应递归例程。树本质上是一个递归对象，像早先解释的那样，可由一棵空树组成，或由根（递归）粘在某些树上组成。如刚才那样，这就解释了为什么树的遍历很容易用递归描述。

把灵活性引入现有数据结构中有一些有趣方法。一个好的例子是自适应（self-adjustment）的概念。这意味着每次从数据结构中插入或删除元素时，就调整一次例程，做一些简单变化，目的是保持某一"好的"性质。例如，在树的许多应用中，可能由于某些插入/删除序列，树变成又细又长。而由于效率的原因，可能希望树又胖又矮。因此，对它进行一些小的局部改变，从而保证树的矮胖性质。

4.4 计算机编程语言

算法是程序的灵魂和思想，需要使用计算机编程语言来实现，告诉计算机如何处理。软件从业者们对编程语言进行了不断改进和演化，出现了编程语言百花齐放的状况。无数种新式的编程语言、编程模型、编程范式被发明了出来,大数据和人工智能的新篇章开始呼唤新一轮的革命技术,MapReduce 模型、Scala 语言、Julia 语言、Tensor flow 模式,以及 SQL 语言的重生,都在预示着这种深刻变革的到来。

4.4.1 计算机编程语言

计算机解决问题的过程实质上是机械地执行人们为它编制的指令序列的过程。为了告诉计算机应当执行什么指令,需要使用某种计算机语言。这种计算机语言能够精确地描述计算过程,称为程序设计语言或编程语言(programming language)。

与计算机打交道的理想语言当然是人类用自然语言与计算机(如人机对话)进行对话。遗憾的是,由于自然语言的词语和句子往往有歧义,既不精确也不简练,至少目前的计算机还不能很好地理解自然语言。所以计算机科学家设计了人造语言来与计算机进行交流。

编程语言是人工设计的形式语言,具有严格的语法和语义,因此没有歧义的问题。编程语言可以分为机器语言、汇编语言、高级编程语言。

1. 机器语言

CPU 制造商在设计某种 CPU 硬件结构的同时,也为其设计了一种"母语"——指令集,这种语言称为机器语言(machine language)。机器语言在形式上是二进制的,即所有指令都是由 0 和 1 组成的二进制序列。利用机器语言写的程序就是二进制指令的序列。为了使编程更容易,人们发明了汇编语言(assembly language)。

2. 汇编语言

汇编语言本质上是将机器指令用更加容易为人们所理解和记忆的"助忆符"形式表现出来。为了克服低级语言的缺点,科学家设计出了更加易用的高级编程语言(high-level programming language)。高级语言吸收了人们熟悉的自然语言和数学语言的某些成分,因此非常易学、易用、易读;高级语言在构造形式和意义方面具有严格定义,从而避免了语言的歧义性;高级语言与计算机硬件没有关系,用高级语言写的程序可以移植到各种计算机上执行。

图 4.20 展示了计算机编程语言的整个演化图,可以看出,编程语言从最早的 LISP、FORTRAN 这些面向科学计算的语言到今天的 Python、Java 这类高级语言经历了相当长的一段时间。

在 FORTRAN 语言出现之前,程序员还是通过打孔的方式利用二进制和我们的机器进行交互。FORTRAN 语言出现以后,很多程序设计语言的特征也显现出来了。早期的编程语言具有类型检查(type checking)、递归(recursion)、动态数据结构(dynamic data structures)的特点。

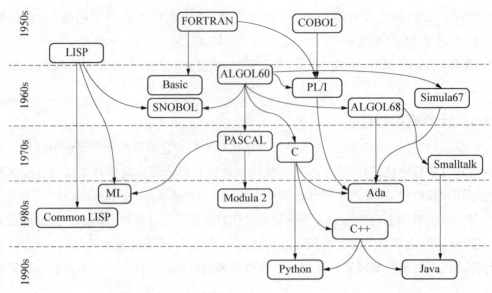

图 4.20　编程语言的演化图（来源见参考文献[26]）

3. 高级编程语言

现在使用的编程语言面向对象，封装、继承、多态是面向对象的三大基本特征，C++就是一门典型面向对象的语言。

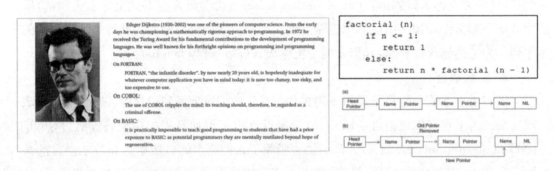

图 4.21　对编程语言做出突出贡献的艾兹格·迪科斯彻（Edsger Dijkstra）和他的观点

今天，在计算机中使用的大部分软件都是用 C 或 C++编写的。写作本书所用的 Mac，其中安装的大多数软件都是用 C 和 Objective-C（C 的一种方式）写的。本书的初稿是用 Word 写的，Word 是 C 和 C++的程序，可用于编辑、排版、打印；本书备份则放在 Unix 和 Linux 操作系统上（都是 C 的程序），也都是由 C 和 C++写的。

20 世纪 90 年代末，随着因特网和万维网的发展，更多语言被开发出来。计算机处理的速度继续加快，内存容量继续增大，而编程是否高效、是否便捷变得比机器效率更重要，诸如 Java 和 JavaScript 这样的语言有意做了这种处理。

20 世纪 90 年代初，詹姆斯·高斯林在太阳计算机系统（Sun Microsystems）公司开发了 Java。Java 最初的目标是开发小型嵌入式系统，例如家用电器和电子设备中的系统，因此更注重灵活性而非速度。Java 的目标后来变成了在网页中运行，虽然没有成功，但它在 Web 服务中的应用却非常广泛：打开 eBay 之类的网站，虽然计算机在运行 C++ 和 JavaScript 程序，但 eBay 可能正在用 Java 来生成网页，然后发给你的浏览器。安卓应用也是用 Java 编写的。Java 比 C++ 简单，虽然其复杂度有越来越近的趋势，但它比 C 语言更复杂。另外，由于去掉了一些危险的特性，并且内建内存管理等避免出错的机制，Java 也比 C 语言安全。由于这个原因，Java 普遍成为编程课上要学习的第一门语言。

奥利-约翰·达尔（Ole-Johan Dahl，1931—2002）（左）与克利斯登·奈加特（Kristen Nygaard，1926—2002）共同创造了 Simula，被认为是面向对象之父

戴维·帕纳斯（David Parnars）是一位加拿大计算机科学家，他创造性地提出了"信息隐藏"这个概念，现在这个概念已经是面向对象编程中数据抽象的一部分

本贾尼·斯特劳斯特卢普（Bjarne Stroustrup）设计并实现了 C++ 程序语言，在过去的 20 年里，C++ 已经成为最广泛使用的面向对象的编程语言

图 4.22　计算机编程语言世界中的名人们与他们的事迹

JavaScript 同样是 C 衍生语言大家族的一员，但它与 C 的差别也非常大。它是布兰登·艾奇 1995 年在网景公司开发的。除了共享部分名字之外，JavaScript 和 Java 这两种语言毫无关联。JavaScript 最初就是为了浏览器中实现网页的动态效果而设计的。今天，几乎每个网页里或多或少都会包含一些 JavaScript 代码。

4.4.2　面向数据科学的编程语言

大数据处理的不同阶段都有不同的语言做支撑，图 4.23 描绘了大数据不同处理阶段使用的语言。从图中可以看出，Hadoop、关系数据库管理系统（RDBMS）、SQL 语言非常适合用在大数据准备阶段，Excel、R 语言往往用于数据分析，Python、R 语言更能够胜任交互展示。总的来说，面向数据科学的语言，主要有 SQL、R 和 Python 三种，随着分布式技术发展，这三种语言功能不断增强，与分布式技术等结合（可写做 SQL+、R+、Python+），也能够支撑在大数据上进行分析了。

SQL 的功能非常强大，它是一种适用于数据分析的自然语言，它基于关系代数，面向集合。它是一种声明式语言，直接表述想要的结果，而非获得方式。同时它可以进行很好的优化处理，它将结果与方式脱钩，这有助于持续优化 SQL 引擎。标准 SQL 是由

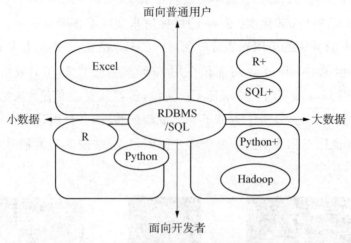

图 4.23 针对不同数据情景所使用的编程语言

ANSI 标准委员会制定的,称为 ANSI SQL。而 SQL on Hadoop 中的 SQL 也是按照 ANSI SQL 来制定的,今天在绝大多数场合看到的 SQL,其实都是基于 ANSI SQL 的。

R 语言是一个开源的语言,它的环境、很多模块、函数库等都是开放的,因此吸引了大量的数学家、统计学家、计算机科学家为之做贡献。图 4.24 中的左图是在 Kaggle 平台上各种语言使用的分布图,从图中可以看出,R 语言是目前 Kaggle 平台上使用最多的语言之一。右图解答了为什么要学习 R 语言,从图中可以看出除了 R 语言是开源语言外,它还具备运行简单、兼容性好的特点,因此获得了很多厂商的支持。

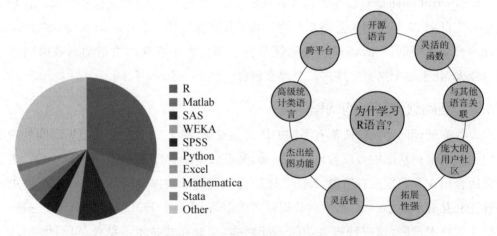

图 4.24 左:Kaggle 平台使用语言分布 右:学习 R 语言的原因

Python 语言是数据科学里的一个后起之秀,但是它的发展速度却是最为迅速的。今天无论是数据的获取、数据的迁徙、数据的分析、数据的建模还是数据的可视化,都可以用 Python 程序完成。Python 简洁易用、功能强大,而且 Python 的库也是特别地多,全世界热爱 Python 的开发人员都可以为它积极地贡献库,这使得 Python 越来越强大,越来越适合于数据科学与大数据的开发。

下面这张表对三种语言进行了比较,可以看出三种语言各有优势,都是非常高效的语言。

表 4.1　R、Python、SQL 语言的特点与适用场景

名称	特点	适用场景	招聘技能要求出现频数
R 语言	兼容性强,语言程序化也强,在编程语言方面需要投入的精力比 Python 大,但适用面较广	最常用数据分析工具之一,兼容性强	高频工具之一
Python	Life is too short, I use Python 以语言简单,注重数据分析的高效著称,尤其是在文本处理等数据结构化方面有很好优势	编程类数据分析,如文本字符等非结构化数据的处理	高频工具之一
SQL	数据库处理和分析的必备技能,属于数据库方面的基本工具	侧重数据库方面,如数据仓库等,作为 Oracle 等数据库方面的基础知识不可或缺	高频工具之一

除了上述经典的编程语言之外,近年来,Julia 语言也逐渐流行起来。Julia 是一种开源的、动态的、面向科学计算的高性能高级编程语言,语法与其他科学计算语言相似。在许多情况下,Julia 语言拥有与静态语言相媲美的性能,支持参数多态的类型系统、完全动态语言的类型,支持并发、并行和分布式计算,可以直接调用 C 和 Fortran 库,拥有垃圾回收机制,包含了丰富的高效库。

4.5　实践:Python 算法

本节主要介绍了算法的表达,知道了如何设计计算法、分析算法。因此,本章的实践将动手实现冒泡排序、选择排序和插入排序,并详细介绍快速排序的实现。

4.5.1　冒泡排序

在之前的章节中,已经学习了冒泡排序的原理,本节将详细地介绍该算法并用代码将其实现。

冒泡排序也是一种简单直观的排序算法。它重复地走访要排序的数列,一次比较两个元素,如果它们的顺序错误就把它们交换过来。走访数列的过程重复地进行直到没有再需要交换的,也就是说该数列已经排序完成。这个算法的名字由来是因为越小的元素会经由交换慢慢"浮"到数列的顶端。

作为最简单的排序算法之一,冒泡排序就像 Abandon 在单词书里出现的感觉一

样,每次都在第一页第一位,所以最熟悉。冒泡排序还有一种优化算法,就是设立一个标志位,当在一趟序列遍历中元素没有发生交换,则证明该序列已经有序。但这种改进对于提升性能来说并没有什么太大作用。冒泡排序的过程示例如图 4.25 所示。

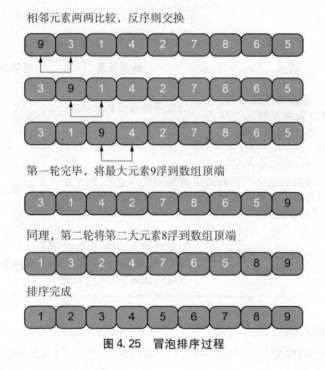

图 4.25 冒泡排序过程

算法步骤如下:
- 比较相邻的元素。如果第一个比第二个大,就交换它们两个。
- 对每一对相邻元素做同样的工作,从开始第一对到结尾的最后一对。这步做完后,最后的元素会是最大的数。
- 针对所有的元素重复以上的步骤,除了最后一个。
- 持续每次对越来越少的元素重复上面的步骤,直到没有任何一对数字需要比较。

Python 代码实现:

```
#<程序4.6:冒泡排序>
def bubbleSort(arr):
    for i in range(1,len(arr)):
        for j in range(0,len(arr)-1):
            if arr[j]>arr[j+1]:
                arr[j],arr[j+1]=arr[j+1],arr[j]
    return arr
```

4.5.2 选择排序

选择排序是一种简单直观的排序算法,无论什么数据进去都是 $O(n^2)$ 的时间复杂度。所以用到它的时候,数据规模越小越好,唯一的好处可能就是不占用额外的内存空间。

一个简单的选择排序过程示例如图 4.26 所示。

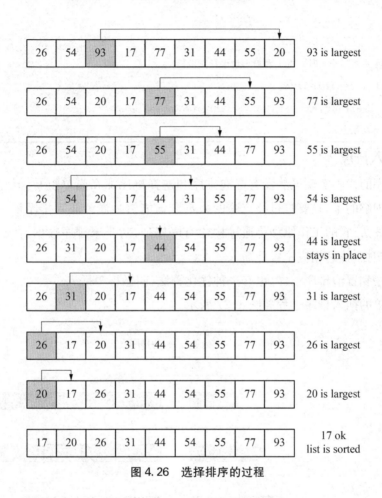

图 4.26 选择排序的过程

算法步骤:
- 首先在未排序序列中找到最小(大)元素,存放到排序序列的起始位置。
- 再从剩余未排序元素中继续寻找最小(大)元素,然后放到已排序序列的末尾。
- 重复第二步,直到所有元素均排序完毕。

Python 代码实现:

```
#<程序4.7:选择排序>
for selectionSort(arr):
    for i in range(len(arr)-1):
        #记录最小数的索引
        minIndex=i
        for j in range(i+1,len(arr)):
            if arr[j]<arr[minIndex]:
                minIndex=j
        #i 不是最小数时,将 i 和最小数进行交换
        If i !=minIndex:
            arr[i],arr[minIndex]=arr[minIndex],arr[i]
    return arr
```

4.5.3 插入排序

插入排序的代码实现虽然没有冒泡排序和选择排序那么简单粗暴,但它的原理应该是最容易理解的了,只要打过扑克牌的人都应该能够秒懂。插入排序是一种最简单直观的排序算法,它的工作原理是通过构建有序序列,对于未排序数据,在已排序序列中从后向前扫描,找到相应位置并插入。

插入排序和冒泡排序一样,也有一种优化算法,叫做拆半插入。

一个简单的插入排序过程如图 4.27 所示。

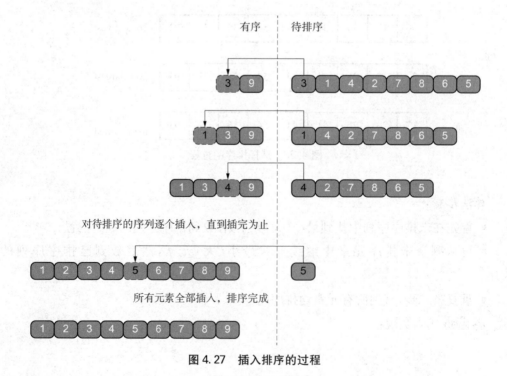

图 4.27 插入排序的过程

实现步骤：

• 将第一待排序序列第一个元素看做一个有序序列，把第二个元素到最后一个元素当成是未排序序列。

• 从头到尾依次扫描未排序序列，将扫描到的每个元素插入有序序列的适当位置。（如果待插入的元素与有序序列中的某个元素相等，则将待插入元素插入到相等元素的后面。）

Python 代码实现：

```
#<程序4.8：插入排序>
def insertionSort(arr):
    for i in range(len(arr)):
        preIndex=i-1
        current=arr[i]
        while preIndex>=0 and arr[preIndex]>current:
            arr[preIndex+1]=arr[preIndex]
            preIndex-=1
        arr[preIndex+1]=current
    return arr
```

4.5.4 快速排序

用 Python 实现快速排序有多种方式，例如可用匿名函数 lambda 和双重循环实现，也可用栈实现非递归的排序。本节介绍基于分治思想的迭代方法实现序列的快速排序。

一个简单的快速排序示例如图 4.28 所示。

分治策略是对于一个规模为 n 的问题，若该问题可以容易地解决（比如说规模 n 较小）则直接解决，否则将其分解为 k 个规模较小的子问题，这些子问题互相独立且与原问题形式相同，递归地解这些子问题，然后将各子问题的解合并得到原问题的解。

即分解、解决、合并。

• 分解：将数组 $list[p,r]$ 分解为两个可能为空的子数组 $list[p,q-1]$, $list[q+1,r]$，使得子数组 1 中所有元素均小于 $list[q]$，子数组 2 中的所有元素均大于 $list[q]$，而计算下标 q 是划分过程的一部分。

• 解决：通过递归调用快速排序，对子数组进行排序，递归至子数组为 1 个元素或为空，即递归结束。

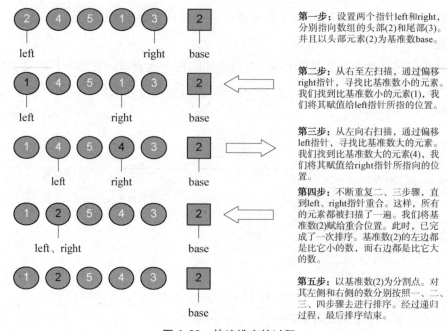

图 4.28 快速排序的过程

- 合并：因为子数列都是原址排序，故不需要合并。

故利用分治策略解决快速排序的问题就是分解和解决的问题，最核心的步骤则是在于分解。分解又可以由三个步骤组成，即初始化、维护和终止。

- 初始化：这里可以根据需求定义四个子空间 $[p,i]$、$[i+1,j]$、$[j+1,r-1]$、$[r]$，依次为小于 $list[r]$ 的空间，大于等于 $list[r]$ 的空间，待排序的空间以及基准空间（只有一个基准元素 $list[r]$）。
- 维护：构建一个维护过程，即给定一个任意序列，通过交换顺序来维护快速排序的性质，将序列的元素放入四个空间内。
- 终止：也就是当 j＝r 时，此时序列已经有序了。

这里需要对序列进行划分，而划分边界 q 很明显可以知道是 $i+1$，$q=i+1$，把基准元素和下标 $i+1$ 对应的元素进行替换，可以得到新序列。而新序列中下标 q 对应的位置即为正确位置。左边迭代可以获取左边所有元素的正确位置，右边迭代可以获取右边所有元素的正确位置。当所有迭代完成后，该序列即完成了排序。其算法平均性能特别好，对应的期望时间复杂度近于 $n\lg n$，而且还是原址排序，所以该算法应用的范围特别广。

下面使用 Python 实现的代码：

```
#<程序4.9：快速排序>
def quicksort(list,p,r):
    if p<r:
        q=partion(list,p,r)
        quicksort(list,p,q)
        quicksort(list,q+1,r)
def partion(list,p,r):
    i=p-1
    for j in range(p,r):
        if list[j]<=list[r]:
            i+=1
            list[i],list[j]=list[j],list[i]
    list[i+1],list[r]=list[r],list[i+1]
    return i
list1=[2,8,7,1,3,5,6,4]
quicksort(list1,0,len(list1)-1)
print(list1)
```

来分析一下上面的算法过程，最重要的还是划分过程。在 Partion 函数里面，初始化 $i=1, p=0, r=7, j$ 从 0 至 7，这里有一个循环过程，就是拿序列里面的八个元素与第八个元素（基准元素）进行比较，如果元素小于基准元素，$i+=1$，置换 list[i] 和 list[j] 的顺序，当 $j=0$ 时，就是 list[0] 与 list[0] 置换，这里不变，但是第一个子空间已经增大了一个元素，list[0]$<=$list[r]；当 $j=1$ 时，list[1]$>=$list[r]，此时不交换任何位置，但第二个子空间会随着 j 的增大而增加一个元素，而此时的第三个子空间已经减少了两个元素了。依次，当 $j=6$ 时，list[6]$>=$list[r]，不交换任何位置，而第三个子空间已经没有任何元素了。当 $j=7$ 时，list[7]$>=$list[r]，不交换任何位置。此时循环结束，调换 list[r] 与 list[i+1]，使得 list[r] 可以获取正确的位置，并返回 $i+=1$ 为划分边界 q。

假定输入的数列为 [2,8,7,1,3,5,6,4]，如果对每一次排序后的结果进行输出，我们可以看到一个完整的快速排序过程。

+ [2,8,7,1,3,5,6,4]+
+ [2,8,7,1,3,5,6,4]+
+ [2,8,7,1,3,5,6,4]+
+ [2,1,7,8,3,5,6,4]+
+ [2,1,3,8,7,5,6,4]+

+ [2,1,3,8,7,5,6,4]+
+ [2,1,3,8,7,5,6,4]+
+ [2,1,3,4,7,5,6,8]+
+ [2,1,3,4,7,5,6,8]+
+ [2,1,3,4,7,5,6,8]+
+ [1,2,3,4,7,5,6,8]+
+ [1,2,3,4,7,5,6,8]+
+ [1,2,3,4,7,5,6,8]+
+ [1,2,3,4,7,5,6,8]+
+ [1,2,3,4,5,7,6,8]+

4.6 本章小结

在大数据时代,计算无处不在、数据无处不在、软件无处不在,算法在其中发挥了巨大的作用。本章介绍了算法的概念、算法的分析与评价、算法的组成、控制结构等知识,并注重实践进行实例分析。结合汉诺塔问题介绍了递归概念,结合树排序算法介绍了树的数据结构。通过本章的学习,可以为学习数据科学与工程打下良好的基础。

4.7 习题与实践

复习题

1. 算法模型、算法结构,以及算法的程序表达分别指什么?
2. 算法的流程图是什么?数据科学工作流是什么?分析它们之间的异同。
3. 算法的时间复杂度和空间复杂度分别是什么?
4. 算法是什么,有什么作用?
5. 算法分析的方法是多种多样的,常用的评判算法效率的方法有哪些?请举例说明。
6. 如何去评判一个算法的复杂度?
7. 算法在一般情况下被认为有五个基本属性,它们分别是什么?请简要说明。
8. 算法分析常用的理论方法有哪些?

践习题

1. 编写 Python 程序,判断输入 a 是否为质数。
2. 思考如何利用 Python 获取程序执行时间并实现。
3. 试分析直接插入排序算法的流程画出流程图,并用 Python 实现该算法。
4. 以下给出了希尔排序算法的 Python 实现,求出其时间复杂度与空间复杂度。

```
#<程序4.10：希尔排序>
def select_sort(array):
    for i in range(len(array)):
        x=i# min index
        for j in range(i,len(array)):
         if array[j]<array[x]:
            x=j
        array[il, array[x]=array[x],array[i]
    return array
```

5. 利用开源代码性能分析工具 vprof，对希尔排序算法执行过程进行可视化分析。
6. 用 Python 实现选择排序，并尝试对不同长度的随机数组排序，并计算出程序执行时间。
7. 4.3.2 小节详细介绍了汉诺塔问题的函数方式的实现，用 Python 实现能够运行的代码。该算法有没有可以改进的地方？
8. 4.3.3 小节详细介绍了树排序的实现方法，用 Python 实现能够运行的代码。

研习题

1. Master theorem（主定理）是算法复杂度分析的重要理论，阅读"文献阅读"[9]，试用该理论分析常见的排序算法的时间复杂度。
2. 交互式计算在数据科学与工程中有着广泛的应用，数据科学从业者通常为非常具体的目的来探索数据、模型和算法，甚至可能在单个数据集上花费巨大的努力，但会提出复杂的问题并找到可以共享、发表和扩展的见解，这与传统的软件工程的工作流完全不同。那么交互式计算有哪些优点，常见适用场景有哪些？目前的交互式计算框架是怎么设计的，与数据科学工作流又有怎样的联系呢？请以 Jupyter Notebook 为例，查阅相关资料（例如阅读"文献阅读"[10]），思考和讨论这些问题。

第 5 章 计算基础设施

CHAPTER FIVE

计算机科学并非一门研究机器的学科,如同天文学并非研究望远镜一样。从本质上讲,数学与计算机科学具有统一性。

我们所使用的工具影响着我们的思维方式和思维习惯,从而也深刻地影响着我们的思维能力。

——艾兹格·迪科斯彻(Edsger Dijkstra)

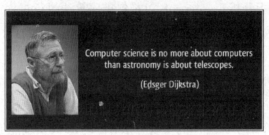

DATA IS NEW POWER

开篇实例

经常有人引用比尔·盖茨(Bill Gates)在 1981 年说的一句话:"640K 的电脑存储应该够所有人用了。"

如果这确实是他说的,那么现在看来实在是非常愚蠢。我们知道现在电脑至少都要有上 T 的存储容量。不过盖茨在 1996 年接受彭博社商业新闻采访时澄清自己的说法:"我说过挺多愚蠢的话和错误的话,但是绝不包括那句!任何对电脑稍有了解的人都永远不会说某一具体容量的存储是够用的。"

> **开篇实例**
>
> 同样,IBM(国际商用机器公司)的创始人托马斯·约翰·沃森(Thomas J. Watson)在1943年也曾经做过"我觉得全世界可能只能卖出五台计算机吧"这样的错误预测。
>
> 之所以这些伟大的先辈们(可能)犯错,其背后的原因都只有一个:计算机技术的飞速发展远远超出了当初所有人的预料。自从第一台计算机发明以来,由摩尔定律所主导的计算基础设施像光速一样向前发展,仅仅几十年的时间,我们曾经所熟悉的硬件和软件通通成为历史,并且这种趋势一直延续到今天。

无论在现实世界还是数字世界,基础设施都处于非常重要的地位。数据处理的基础设施在大数据时代更是如此,从传统的个人电脑到大型的数据中心,数字化对数据处理基础设施的需求无处不在。本章主要内容如下:5.1节介绍通用机器的思想,5.2节介绍程序是如何执行的,5.3节介绍计算机系统结构,5.4节介绍基础设施软件,5.5节介绍云计算与数据中心,5.6节通过Python编程来实践基础设施数据采集与分析工作。

5.1 数据处理的通用机器

5.1.1 冯·诺依曼模型

人们常把今天的计算机称为冯·诺依曼计算机,这是因为他最先提出"程序存储"的光辉思想,即把计算程序也用数字方式存储在计算机中,使得一台计算机能做各种不同的事,包括数据处理。因此,数据处理的通用机器就是冯·诺依曼计算机。

冯·诺依曼体系结构的特点:采用二进制,硬件由五个部分组成(运算器、控制器、存储器、输入设备和输出设备),提出了"存储程序"原理,使用同一个存储器,经由同一个总线传输,程序和数据统一存储,同时在程序控制下自动工作。特别要指出,它的程序指令存储器和数据存储器是合并在一起的,程序指令存储地址和数据存储地址指向同一个存储器的不同物理位置。因为程序指令和数据都是用二进制编码表示,且程序指令和被操作数据的地址又密切相关,所以早先选择这样的结构是合理的。

但是,随着对计算机处理速度要求的提高和对需要处理数据的种类、量级的增大,特别是大数据时代的到来,这种指令和数据共用一个总线的结构,使得信息流的传输成为限制计算机性能的一个瓶颈,制约了数据处理速度的提高。

因此,科学家们一直在努力突破传统的冯·诺依曼体系结构框架,对计算机进行改良,主要体现在:

(1) 将传统计算机只有一个处理器串行执行改成多个处理器并行执行,依靠时间上的重叠来提高处理效率,形成支持多指令流、多数据流的并行算法结构。

(2) 改变传统计算机控制流驱动的工作方式,设计数据流驱动的工作方式,只要数据准备好,就可以并行执行相关指令。

（3）跳出采用电信号二进制范畴，选取其他物质作为执行部件和信息载体，如光子、量子或生物分子等。

在计算机科学的发展历史中，一直围绕着对存储器、处理器和 I/O 设备的抽象，使得生产效率得到更大的提高。

冯·诺依曼体系结构的特点又决定了数据、逻辑和显示是注定要分离的，并且分离得越彻底，健壮性和可扩展性就越高。因为无论采用何种编程语言和方法，只要冯·诺依曼体系结构不发生变化，那么数据就注定要加载到存储器中、逻辑就注定要由处理器来控制、显示也必须让 I/O 中断来触发。

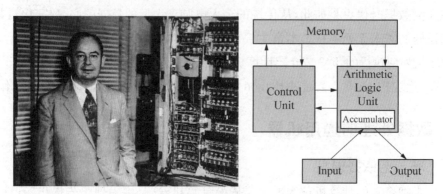

图 5.1 冯·诺依曼与冯·诺依曼体系结构

5.1.2 摩尔定律的革命

前面提到过的著名的摩尔定律，说的就是同样成本每隔 18 个月晶体管数量会翻倍，反过来同样数量晶体管成本会减半，这个规律已经很好地吻合了最近 50 年的发展，并且可以衍生到很多类似的领域：存储、功耗、带宽、像素。

1. 摩尔定律的崛起：CPU

大家最熟悉的中央处理器(Central Processing Unit，简称 CPU)，主要包括运算器(ALU)和控制器(CU)两大部件。此外，它还包括若干个寄存器和高速缓冲存储器及实现它们之间数据、控制及状态的联系的总线。ALU 主要执行算术运算、移位等操作、地址运算和转换；寄存器件主要用于保存运算中产生的数据以及指令等；CU 则是负责对指令译码，并且发出为完成每条指令所要执行的各个操作的控制信号。

CPU 的运行严格遵循着冯·诺依曼结构，其核心原理是：存储程序，顺序执行。整个执行过程大致如下：CPU 根据程序计数器(PC)从内存中取到指令，然后通过指令总线将指令送至译码器，将转译后的指令交给时序发生器与操作控制器，再从内存中取到数据并由运算器对数据进行计算，最后通过数据总线将数据存至数据缓存寄存器以及内存。

CPU 就像一个有条不紊的管家,对我们吩咐的事情总是一步一步来做。但是随着摩尔定律的失效,以及人们对更大规模与更快处理速度的需求的增加,CPU 越来越难以应对现实需要了。

摩尔定律不是一个科学定律,而是产业发展的一个预言,一定有时效性。集成度增加以后,漏电流增加,散热问题大,时钟频率增长减慢,无法提高。线宽到 2020—2030 年约为 5 纳米,相当于 10 个硅原子的空间。不管怎么样,总会有物理极限。晶体管数是翻倍了,但应用并没有翻倍。

于是人们就想,可不可以把好多个处理器放在同一块芯片上,让它们一起来并行做事,这样效率就会提高很多,于是多核和 GPU 技术就诞生了。

2. 摩尔定律的延续:GPU

GPU 英文全称 Graphic Processing Unit,中文翻译为"图形处理器"。GPU 是相对于 CPU 的一个概念,由于在现代的计算机中(特别是家用系统,游戏的发烧友)图形的处理变得越来越重要,需要一个专门处理图形的核心处理器。因为对于处理图像数据来说,图像上的每一个像素点都有被处理的需要,这是一个相当大的数据,所以对于运算加速的需求图像处理领域最为强烈,GPU 也就应运而生。

图 5.2　CPU 与 GPU 结构对比示意图

CPU 功能模块很多,能适应复杂运算环境;而 GPU 构成则相对简单,大部分晶体管主要用于构建控制电路(比如分支预测等)和 Cache,只有少部分的晶体管来完成实际的运算工作。因此,GPU 的控制相对简单,且对 Cache 的需求小,所以大部分晶体管可以组成各类专用电路、多条流水线,使得 GPU 的计算速度有了突破性的飞跃,拥有了更强大的处理浮点运算的能力。

因此,虽然 GPU 是为了图像处理而生的,但它在结构上并没有专门为图像服务的部件,只是对 CPU 的结构进行了优化与调整,所以现在 GPU 不仅可以在图像处理领域大显身手,它还被用于科学计算、密码破解、数值分析、海量数据处理、金融分析等需要大规模并行计算的领域。所以 GPU 也可以认为是一种较通用的芯片,又叫做

GPGPU,这里 GP 就是通用(general purpose)的意思。

普通人知道 GPU 的概念往往通过三个渠道:游戏、比特币和深度学习。

特别是近几年大热的深度学习,让包括英伟达(NVIDIA)在内的硬件提供商股价飞涨。虽然深度学习背后的理论早已有之,但它的崛起跟现代 GPU 的问世密切相关。NVIDIA 的联合创始人兼首席执行官黄仁勋(Jen-Hsun Huang)一直反复强调了这一事实:"五年前,人工智能世界的大爆炸发生了,神奇的人工智能计算机科学家们找到了新的算法,让我们有可能利用这种名为深度学习的技术,取得无人敢想的成果和认知。"

随着大数据与人工智能时代的到来,GPU 的一个竞争对手也开始出现,它就是 FPGA。

3. 摩尔定律的专业化:FPGA

FPGA 是 Field Programmable Gate Array 的简称,中文全称为现场可编程门阵列,它是作为专用集成电路领域中的一种半定制电路而出现的,既解决了全定制电路的不足,又克服了原有可编程逻辑器件门电路数有限的缺点。

FPGA 运用硬件描述语言(Verilog 或 VHDL)描述逻辑电路,可以利用逻辑综合和布局、布线工具软件,快速地烧录至 FPGA 上进行测试。人们可以根据需要,通过可编辑的连接,把 FPGA 内部的逻辑块连接起来。这就好像一个电路试验板被放在了一个芯片里。一个出厂后的成品 FPGA 的逻辑块和连接可以按照设计者的需要而改变,所以 FPGA 可以完成所需要的逻辑功能。

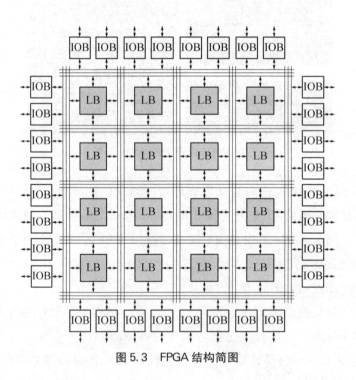

图 5.3　FPGA 结构简图

FPGA 这种硬件可编程的特点使得其一经推出就受到了很大的欢迎,许多 ASIC

(专用集成电路)就被 FPGA 所取代。ASIC 是指依据产品需求不同而定制化的特殊规格集成电路,根据特定使用者要求和特定电子系统的需要而设计、制造。包括最近谷歌隆重推出的 TPU 也算是一种 ASIC。

目前在海量数据处理领域,主流方法是通过易编程多核 CPU+GPU 来实现海量数据处理应用开发(如密钥加速、图像识别、语音转录、加密和文本搜索等)。设计开发人员既希望 GPU 易于编程,同时也希望硬件具有低功耗、高吞吐量和低时延等特点。但是依靠半导体制程技术升级带来的单位功耗性能在边际递减,CPU+GPU 架构设计遇到了瓶颈。而 CPU+FPGA 可以提供更好的单位功耗性能,同时易于修改和编程,是一种替代方案。

随着人工智能的持续火爆,英特尔的首席 FPGA 架构师兰迪·黄(Randy Huang)博士也认为:"深度学习是人工智能方面最激动人心的领域,因为我们已经看到深度学习带来了最大的进步和最广泛的应用。虽然人工智能和 DNN 研究倾向于使用 GPU,但我们发现应用领域与英特尔的下一代 FPGA 架构之间是完美契合的。"

但 FPGA 也不是没有缺点。FPGA 相对于它的先辈 ASIC 芯片来说速度要慢,而且无法完成更复杂的设计,并且会消耗更多的电能;而 ASIC 的生产成本很高,如果出货量较小,则采用 ASIC 在经济上不太实惠。但是如果某一种需求开始增大之后,ASIC 的出货量开始增加,那么某一种专用集成电路的诞生也就是一种历史趋势了。例如,谷歌的张量处理单元 Tensor Processing Unit(TPU)就是当下大数据和人工智能的产物。至此,TPU 便登上了舞台。

4. 摩尔定律的未来:TPU

历史就是这么的有趣,对计算通用性的追求造就了硬件从 ASIC 到 FPGA 到 GPU 到 CPU 的演变路线,而对领域性能的追求使得这一路线彻底掉了个头,只不过这一次,似乎所有的方案都在变成通用化。

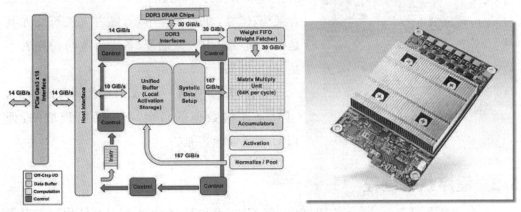

图 5.4　TPU 架构图

从名字上可以看出，TPU 的灵感来源于谷歌开源深度学习框架 TensorFlow，并且开始从谷歌内部走向全世界。

简单来说，CPU 是基于完全通用的诉求实现的通用处理架构，GPU 则主要基于图像处理的诉求，降低了一部分通用性，并针对核心逻辑做了一定的优化，是一款准通用的处理架构，以牺牲通用性为代价，在特定场合拥有比 CPU 快得多的处理效率。而 TPU，则针对更明确的目标和处理逻辑，进行更直接的硬件优化，以彻底牺牲通用性为代价，获得在特定场合的极端效率。

TPU 的高性能来源于三个方面：对发热量的控制、对于低运算精度的容忍以及数据的本地化。特别是针对大数据的处理，相对于 GPU，从存储器中取指令与数据将耗费大量的时间，但是机器学习大部分时间并不需要从全局缓存中取数据，所以在结构上设计的更加本地化也加速了 TPU 的运行速度。

在谷歌数据中心的 TPU 其实已经干了很多事情了，例如机器学习人工智能系统 RankBrain，它是用来帮助谷歌处理搜索结果并为用户提供更加相关搜索结果的；还有街景 Street View，是用来提高地图与导航的准确性的；当然还有下围棋的计算机程序阿尔法狗。

图 5.5　装有 TPUs 的谷歌服务器机架

在召开的 ISCA 2017（计算机体系结构顶级会议）上面，谷歌终于揭示了 TPU 的细节。在论文中，谷歌将 TPU 的性能和效率与 Haswell CPU 和英伟达 Tesla K80 GPU 做了详尽的比较，从中可以了解 TPU 性能卓越的原因。

随着大数据时代的到来，深度学习应用的大量涌现，使得超级计算机的架构逐渐向深度学习应用优化，从传统 CPU 为主 GPU 为辅的英特尔处理器变为 GPU 为主 CPU 为辅的结构。虽然当前计算机系统仍将保持着"CPU＋协处理器"的混合架构，但是，在协处理市场，随着人工智能尤其是机器学习应用大量涌现，各大巨头纷纷完善产品、推出新品。

最后，可以总结一下，CPU 是面向计算的，GPU 是面向数据的，FPGA 是面向领域的，而 TPU 则是面向智能的。

5.2　程序执行过程

一个计算系统至少包含了 CPU 和主存，CPU 是做计算的，主存是存储程序和变量的。程序员编写的程序（如 Python、C、C++等）并不是计算机硬件可以直接识别的形式，计算机只能识别二进制的机器语言,本节就来探索一条程序语句在计算机中的执行过程。

5.2.1　a＝a＋1的执行过程基础

现在以一个简单的程序为例,在这个程序中只有一条语句a＝a＋1。意思是将等号右边的a＋1算出来赋值给左边变量a,等号右边的a是指访问变量a所存储的数值,而等号左边的a是指数据的存储位置。

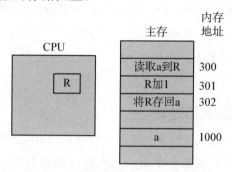

图5.6　分解a＝a＋1执行步骤

CPU读取变量的值后,先存到寄存器R中。寄存器是CPU内的存储单元,是有限存储容量的高速存储部件。很多CPU不能直接对内存的数据做运算,必须要先读到寄存器里,然后在寄存器上做运算,运算完之后再把结果存回内存里。接下来分析它是如何执行的。

（1）CPU从地址300处读取第一条语句,CPU执行"读取a到R",就会从地址1000处读取变量a的值到寄存器R中;

（2）CPU会从地址301处读取第二条语句,执行"R加1",CPU会对R执行加1操作;

（3）CPU再从地址302处读取第三条语句,执行"将R存回a",就把寄存器R中变量a的值存回到主存地址1000处。

相关指令解释:

1. "读取a到R"操作——load指令

程序语句中的"读取a到R",表示CPU将变量a读取到寄存器R中。设计指令load表示"读取a到R",那么load指令中需要有两个"操作数",一个操作数是变量a的地址,另一个操作数是存储a的寄存器。

格式:load R1,(address)

2. "R赋值"操作——mov指令

程序语句中的"R赋值"表示给寄存器R赋一个值。设计指令mov来完成"R赋值"操作。那么mov指令需要两个操作数,一个操作数是赋给的值;另一个是寄存器。

格式:mov R1,constant

3. "R 加 1"操作——add 指令

程序语句中的"R 加 1",表示将寄存器 R 的值加 1。设计指令 add 来完成"R 加 1"操作,需要三个操作数,一个操作数是与变量 R 相加的值,一个操作数是存储变量 R 的寄存器,还有一个操作数是存储运算结果的寄存器。

格式:add R2,R1,constant

4. "将 R 存回主存"操作——store 指令

程序语句中的"存回",表示 CPU 将寄存器 R 中的值存回到主存中。设计指令 store 表示"存回 R"操作,那么 store 指令中需要两个操作数,一个操作数是寄存器 R;另一个操作数是要存回 a 的地址。

格式:store(address),R1

5.2.2 a=a+1 的完整执行过程

为了更清晰地说明计算机执行 a=10,a=a+1 程序语句过程,先把 a=10,a=a+1 这两条程序语句用相应的汇编指令来表示。程序开始执行时,变量 a 存储在主存地址 1000 处。a=10,a=a+1 程序语句对应着 5 条汇编指令,从地址 301 处开始顺序存储每条指令。程序开始执行时,PC(Program Counter,程序计数器)指向汇编程序的首地址 301 处,执行步骤如下:

(1) CPU 从地址 301 处开始执行,PC 值为 301,CPU 从地址 301 处读取 move 指令到 IR,解读并执行 move 指令,给寄存器 R1 赋初值 10(即图中以 16 进制表示的 0A),然后 PC 加 1,指向下一条汇编指令。

(2) PC 值为 302,CPU 从地址 302 处读取 store 指令到 IR,解读并执行 store 指令,将寄存器 R1 中的值存回主存地址 1000 处(变量 a),然后 PC 加 1,指向下一条汇编指令。

(3) PC 值为 303,CPU 从地址 303 处读取 load 指令到 IR,解读并执行 load 指令,将主存地址 1000 处(变量 a)的值加载至寄存器 R1 中,然后 PC 加 1,指向下一条汇编指令。

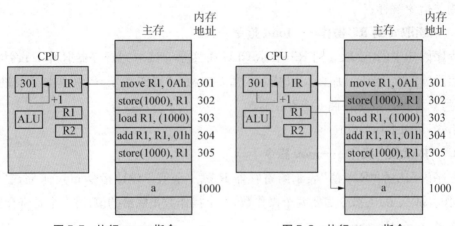

图 5.7 执行 move 指令　　图 5.8 执行 store 指令

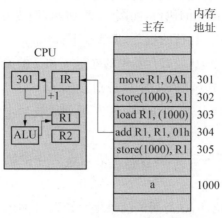

图 5.9　执行 add 指令

（4）PC 值为 304，PC 指向 add 指令，CPU 从地址 304 处读取 add 指令到 IR，解读并执行 add 指令，将寄存器 R1 中的值加 1，并将结果再存回寄存器 R1，然后 PC 加 1，指向下一条汇编指令。

（5）PC 值为 305，执行 store 指令，该指令把寄存器 R1 中的值存回主存地址 1000 处（变量 a）。

5.2.3　控制结构的执行

要解决一个问题，一定会用到控制语句，会用到一些分支判断程序语句，如 if-else 语句、for 语句、while 循环等。那么这些语句的执行逻辑是怎样的呢？以 while 语句为例说明。

while 语句：

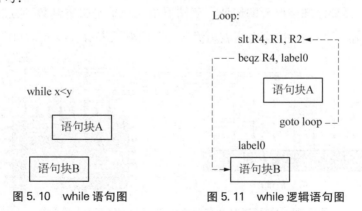

图 5.10　while 语句图　　　　图 5.11　while 逻辑语句图

图 5.10 所示是一个 while 循环的例子，首先比较变量 x 和 y 的大小，如果 x 小于 y，则执行语句块 A 并回到变量 x 和 y 的比较处，开始下一次循环判断。重复判断变量 x 是否小于 y，如果为真，则重复执行语句块 A。直到变量 x 不再小于 y，此时不执行语句块 A，而是结束 while 循环，执行语句块 B。

汇编指令描述 while 语句的执行,如图 5.11 所示,假定变量 x 和 y 已经分别读取到寄存器 R1 和 R2 中,CPU 执行的指令,步骤如下:

(1) CPU 执行 slt 指令,比较寄存器中的变量 x 和 y 的大小,并将比较结果保存到寄存器 R4 中。如果 x 小于 y,则 R4 置 1,否则置 0。

(2) CPU 执行 beqz 指令,如果 R4 中值为 0,就跳转到步骤(5)。否则,R4 中值为 0,顺序执行步骤(3)。

(3) CPU 顺序执行下一条语句,也就是语句块 A 中的第一条语句,并顺序执行完语句块 A 中所有语句。

(4) CPU 执行 goto 语句,执行后的结果是跳转到 slt 指令,即跳转到第(1)步。

(5) 结束 while 循环结构,跳转到 label0 处,执行语句块 B。

5.3 计算机系统结构

5.3.1 系统结构详解

计算机根据指令操作数据,主要由处理器与存储器完成。注意,为了便于描述,本节所述的存储器特指主存储器(主存),而不是外部存储器(如,硬盘、光盘等)。存储器又称 RAM,用于存储指令及需要操作的数据。CPU 从存储器获取指令与数据,并按指令执行相应的操作。本节将以 8 位地址总线和 8 位数据总线为例,讨论相关工作原理。

1. 存储器

存储器可以被细分为许多单元,每个单元存储一定数据,以地址(一个数值)加以标识。从存储器读取数据或向存储器中写入数据时,每次对一个单元进行操作。为读写特定的存储单元,需要已知该单元的地址。存储器单元地址是二进制数,通过信号线传输。每条信号线传输一个比特,以高电压表示信号"1",低电压表示信号"0",如图 5.12 所示。

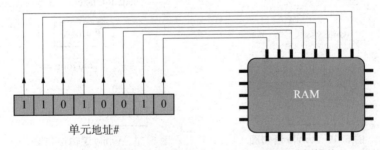

图 5.12 RAM 对某个存储单元 210(11010010)进行操作

存储器可以对已知的单元地址进行读取和写入两种操作,如图 5.13 所示。存储器内具有一条设置操作读写模式的信号线。

每个存储单元存储一个字节(8 位二进制数)。当模式为"读"时,存储器根据单元

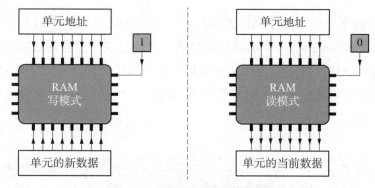

图 5.13 存储器包括读写两种模式

地址检索保存在单元中的字节,并通过 8 条数据传输线输出,如图 5.14 所示。

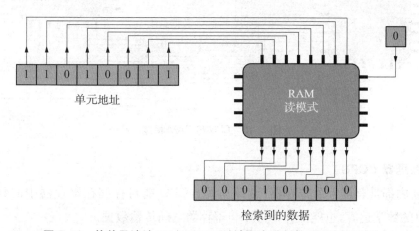

图 5.14 从单元地址 211(11010011)读取十进制数 16(00010000)

当模式为"写"时,存储器从数据传输线获取一个字节,并根据单元地址将其写入相应的单元,如图 5.15 所示。

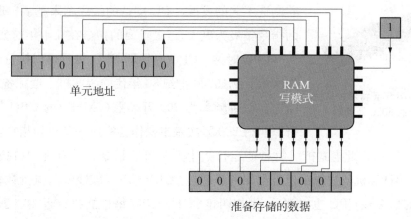

图 5.15 将十进制数 17(00010001)写入单元地址 212(11010100)

传输相同数据的一组信号线称为总线。用于传输地址的 8 条信号线构成地址总线;用于传输数据的 8 条信号线构成数据总线。地址总线是单向的,仅用于接收数据;而数据总线是双向的,用于发送和接收数据。在计算机内部,CPU 与 RAM 之间在不断地交换数据:CPU 不断从 RAM 获取指令与数据,也会将输出与部分计算结果存储在 RAM 中,如图 5.16 所示。

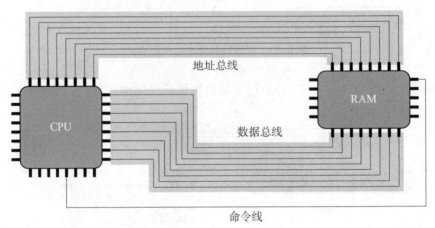

图 5.16 CPU 与 RAM 相连

2. 处理器(CPU)

CPU 内部具有若干个寄存器(存储单元),CPU 能对存储在寄存器中的数字直接执行简单的数学运算,也能操作 RAM 与寄存器之间传输数据。

CPU 可以执行的操作称为指令,每项指令具有一个独立的数字序列,所有指令的集合称为指令集。计算机代码本质上是表示 CPU 操作的数字序列,这些操作以数字的形式存储在 RAM 中。

图 5.17 1978 年英特尔公司生产的 8086 处理器

英特尔 4004 于 1971 年面世,是全球第一代 CPU。随着制造工艺的发展,CPU 支持的指令越来越多。现代 CPU 的指令集极为庞大,但最重要的指令在几十年前就已存在。

CPU 时钟 CPU 时钟即 CPU 每秒可以执行的基本操作次数。例如,20 世纪 80 年代的游戏机一般配备了 2MHz CPU。时钟频率为 200 万赫兹(2MHz)的 CPU 每秒大约可以执行 200 万次基本操作。完成一条机器指令需要 5 到 10 次基本操作,因此老式街机每秒能运行数十万条机器指令。随着现代科技的进步,普通的家用计算机与智能手机等都配备了超过 2GHz CPU,每秒可以执行数亿条机器指令。而且,多核 CPU 也很常见,例如四核 2GHz CPU 每秒能执行近 10 亿条机器指令。受限于人类制造工艺水平,CPU 的核心数量应该会越来越多。

CPU 体系结构　不同的 CPU 体系结构意味着不同的 CPU 指令集，也意味着将指令编码为数字的方式各不相同。例如，PlayStation 的游戏无法在台式计算机中运行。当前，主流的体系结构有 ARM、X86、MIPS、PowerPC 等。其中，英特尔的 X86 体系结构如今已成为行业标准，因此相同的代码可以在大部分个人计算机中执行。但考虑到能耗开销等问题，手机等移动终端一般不采用 X86 架构，而往往采用 ARM 等架构。英特尔公司推出的第一款 CPU 是英特尔 4004，它采用 4 位体系架构。这种 CPU 在一条机器指令中可以对最多 4 位二进制数执行求和、比较与移动操作。不久之后，8 位 CPU 开始广为流行，这种 CPU 用于运行 DOS 的早期个人计算机。20 世纪八九十年代，著名的便携式游戏机 Game Boy 就采用 8 位处理器。这种 CPU 可以在一条指令中对 8 位二进制数进行操作。技术的快速发展使 16 位以及之后的 32 位体系结构成为主导。CPU 寄存器随之增大，以容纳 32 位数字。更大的寄存器自然催生出更大的数据总线与地址总线：具有 32 条信号线的地址总线可以对 2^{32} 字节（4GB）的内存进行寻址。人们对计算能力的渴求从未停止。计算机程序越来越复杂，消耗的内存越来越多，4GB 内存已无法满足需要，如使用适合 32 位寄存器的数字地址不适合访问超过 4GB 内存。很快进入了 64 位体系结构的时代，这种体系结构如今占据主导地位。64 位 CPU 可以在一条指令中对 64 位数字进行操作，而 64 位寄存器将地址存储在海量的存储空间中：2^{64} 字节相当于超过 170 亿吉字节（GB）。

5.3.2　存储器层次结构

从本质上来说，计算机的操作最终还是 CPU 执行简单的指令，且这些指令只能直接操作 CPU 寄存器中的数据。但寄存器的存储空间通常被限制在 1 000 字节以内，这意味着 CPU 寄存器与 RAM 之间必须不断进行数据传输。

当 RAM 的读写速度过慢时，CPU 将被迫等待，处于空闲状态。CPU 读写存储器中数据所需的时间与计算机性能直接相关。提高存储器速度有助于加快计算机运行，也可以提高 CPU 访问数据的速度。

1. 处理器与存储器之间的瓶颈

近年来，CPU 运行速度飞速增长。虽然存储器读写速度同样有所提高，但却慢得多。CPU 与 RAM 之间存在严重的性能差距。我们可以执行大量 CPU 指令，因此它们很"廉价"；而从 RAM 获取数据所需的时间较长，因此它们很"昂贵"。随着两者之间的差距逐渐增大，提高存储器访问效率的重要性愈发明显，如图 5.18 所示。

现代计算机需要大约 1 000 个 CPU 周期（1 微秒左右）从 RAM 获取数据。这种速度已很惊人，但与访问 CPU 寄存器的时间相比仍然较慢。减少计算所需的 RAM 操作次数，是计算机科学家追求的目标。

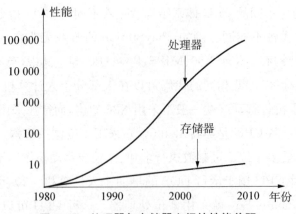

图 5.18　处理器与存储器之间的性能差距

2. 时间局部性与空间局部性

在尝试尽量减少对 RAM 的访问时，计算机科学家开始注意到两个事实。
- 时间局部性：访问某个存储地址时，可能很快会再次访问该地址。
- 空间局部性：访问某个存储地址时，可能很快会访问与之相邻的地址。

鉴于上述事实，如果能将这些存储地址都保存在 CPU 寄存器中，将避免大部分对 RAM 的"昂贵"操作。但 CPU 芯片内部的寄存器数量也很难增加。下面将讨论如何有效地利用时间局部性与空间局部性。

3. 一级缓存

集成在 CPU 内部且速度极快的辅助存储器，就是一级缓存（L1 Cache）。将数据从一级缓存读入寄存器，仅比直接从寄存器获取数据稍慢。

利用一级缓存，我们将可能访问的存储地址中的内容复制到 CPU 寄存器附近，借此以极快的速度将数据载入 CPU 寄存器。将数据从一级缓存读入寄存器仅需大约 10 个 CPU 周期，速度是从 RAM 获取数据的近百倍。

借由 10 KB 左右的一级缓存，并合理利用时间局部性与空间局部性，超过一半的 RAM 访问调用仅通过缓存就能实现。这一创新使计算技术发生了翻天覆地的变化。一级缓存可以极大缩短 CPU 的等待时间，使 CPU 将更多时间用于实际计算而非处于空闲状态。

4. 二级缓存

提高一级缓存的容量有助于减少从 RAM 获取数据的操作，进而缩短 CPU 的等待时间。但是，在一级缓存达到 50 KB 左右时，继续增加其容量就要付出极高的成本。鉴于这种考虑，提出了二级缓存的概念。与一级缓存相比，二级缓存的速度稍慢，但容量大得多。现代 CPU 配备的二级缓存约为 200 KB，将数据从二级缓存读入 CPU 寄存器需要大约 100 个 CPU 周期。

将最有可能访问的地址复制到一级缓存，较有可能访问的地址复制到二级缓存。

如果 CPU 没有在一级缓存中找到某个存储地址，仍然可以尝试在二级缓存中搜索。仅当该地址既不在一级缓存也不在二级缓存中时，CPU 才需要访问 RAM。

目前，不少制造商推出了配备三级缓存的处理器。三级缓存的容量比二级缓存大，虽然速度不及二级缓存，但仍然比 RAM 快得多。

使用一级/二级/三级缓存能显著提高计算机的性能。在配备 200 KB 的二级缓存后，CPU 发出的存储请求中仅有不到 10% 必须直接从 RAM 获取。

读者今后购买计算机时，对于所挑选的 CPU，请记住比较一级/二级/三级缓存的容量。CPU 越好，缓存越大。一般来说，建议选择一款时钟频率稍低但缓存容量较大的 CPU。

5. 第一级存储器与第二级存储器

如图 5.19 所示，计算机配有不同类型的存储器，它们按层次结构排列。性能最好的存储器容量有限且成本极高。沿层次结构向下，可用的存储空间越来越多，但访问速度越来越慢。

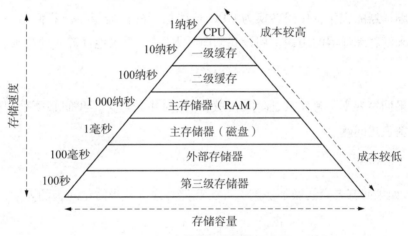

图 5.19　存储器层次结构示意图

在存储器层次结构中，位于 CPU 寄存器与缓存之下的是 RAM，它负责存储当前运行的所有进程的数据与代码。截至 2017 年，计算机配备的 RAM 容量通常为 1GB 到 10GB。但在许多情况下，RAM 可能无法满足操作系统以及所有运行程序的需要。

因此，我们必须深入探究存储器层次结构，使用位于 RAM 之下的硬盘。截至 2017 年，计算机配备的硬盘容量通常为数百吉字节，足以容纳当前运行的所有程序数据。如果 RAM 已满，当前的空闲数据将被移至硬盘以释放部分内存空间。

问题在于，硬盘的速度非常慢，它一般需要 100 万个 CPU 周期(1 毫秒)在磁盘与 RAM 之间传输数据。从磁盘访问数据看似很快，但不要忘记，访问 RAM 仅需 1 000

个周期,而访问磁盘需要 100 万个周期。RAM 通常称为第一级存储器,而存储程序与数据的磁盘称为第二级存储器。

5.4 基础设施软件

计算机的发展史同时也是一部软件史,因为没有软件的机器就犹如一堆废铜烂铁。基础设施软件是计算机的灵魂,赋予计算机生命。

5.4.1 编译器

1. 编译器的作用

通过对计算机进行编程,可以完成天气预报、语音识别、航天飞行等复杂的任务。值得注意的是,无论程序有多么复杂,计算机执行的所有操作最终都要通过基本的 CPU 指令完成,即归结为对数字的求和与比较。

但人们很少会直接使用 CPU 指令来编写程序,更不会采用这种方式开发一个复杂庞大的系统。为了便于编程,人们创造了编程语言,使用这些语言编写代码,然后通过一种称为编译器的程序将代码转换为 CPU 可以执行的机器指令。我们用一个简单的数学类比来解释编译器的用途。假设我们向某人提问,要求他计算 4 的阶乘。

$$4!=?$$

但如果回答者不了解什么是阶乘,则这样提问并无意义。我们必须采用更简单的操作来重新表述问题。

$$4 \times 3 \times 2 \times 1 = ?$$

不过,如果回答者只会做加法怎么办? 我们必须进一步简化问题的表述。

$$4+4+4+4+4+4=?$$

可以看到,表达计算的形式越简单,所需的操作数量越多。计算机代码同样如此。编译器将编程语言中的复杂指令转换为等效的 CPU 指令。结合功能强大的外部库,就能通过相对较少的几行代码表示包含数十亿条 CPU 指令的复杂程序,而这些代码易于理解和修改。计算机之父艾伦·图灵发现,简单的机器有能力计算任何可计算的事物。如果机器具有通用的计算能力,那么它必须能遵循包含指令的程序:

- 对存储器中的数据进行读写;
- 执行条件分支。

这种具有通用计算能力的机器是图灵完备的。无论计算的复杂性或难度如何,都可以采用简单的读取/写入/分支指令来表达。只要分配足够的时间与存储空间,这些指令就能计算任何事物。

2. 编译器与操作系统

从本质上讲，编译后的计算机程序是 CPU 指令的序列。如前所述，为台式计算机编译的代码无法在智能手机中运行，因为二者采用不同的 CPU 体系结构。那么，同一份程序一定能够在具有相同 CPU 体系结构的计算机上运行吗？未必！因为程序必须与计算机的操作系统通信才能运行，编译后的程序也可能无法在共享相同 CPU 架构的两台计算机中使用。

为实现与外界的通信，程序必须进行输入与输出操作，如打开文件、在屏幕上显示消息、打开网络连接等。但不同的计算机采用不同的硬件，因此程序不可能直接支持所有不同类型的屏幕、声卡或网卡。

这就是程序依赖于操作系统执行的原因所在。借助操作系统的帮助，程序可以毫不费力地使用不同的硬件。程序创建特殊的系统调用，请求操作系统执行所需的输入/输出操作。编译器负责将输入/输出命令转换为合适的系统调用。

然而，不同的操作系统往往使用互不兼容的系统调用。例如，与 MacOS 或 Linux 相比，Windows 在屏幕上打印信息所用的系统调用有所不同。

因此，在使用 X86 处理器的 Windows 中编译的程序，无法在使用 X86 处理器的 Mac 中运行。除针对特定的 CPU 体系结构外，编译后的代码还会针对特定的操作系统。

3. 编译优化

优秀的编译器还会尝试优化它们生成的机器码。在生成二进制码输出之前，编译器可能尝试应用数百条优化规则。因此，应使代码易于阅读以利于进行微优化。编译器最终将完成所有细微的优化。现代编译器将自动重写简单的递归函数，举例如下。

```
i ← x+y+1
j ← x+y
```

为避免进行两次 x+y 计算，编译器将上述代码重写为：

```
t1 ← x + y
i ← t1 + 1
j ← t1
```

注意，相对于**编译器**提前转译代码的方式，**解释器**实时转译并执行代码，因此其运行速度通常比编译后的代码慢得多。但另一方面，程序员随时都能立即运行代码而无须等待编译过程全部完成。对于规模极大的项目，编译可能耗时数小时之久。编译与解释的差异如图 5.20 所示。

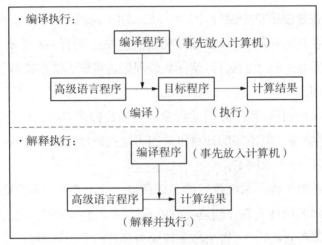

图 5.20 编译与解释的差异

4. 反汇编与逆向工程

对于一个已编译好的计算机程序，无法恢复其源代码。但我们可以对二进制程序解码，将用于编码 CPU 指令的数字转换回人类可读的指令序列，这个过程称为反汇编。

接下来，可以查看这些 CPU 指令，并尝试分析它们的用途，这就是所谓的逆向工程。某些反汇编程序对这一过程大有裨益，它们能自动检测并注释系统调用与常用函数。

借由反汇编工具，黑客对二进制代码的各个环节了如指掌。黑客常常会分析授权程序中的二进制代码，找出负责验证软件许可证的代码段，并将二进制代码修改，在其中加入一条指令，直接跳转到验证许可证后执行的代码部分，从而实现在没有付费的情况下非法运行盗版软件。

5.4.2 软件生态

在摩尔定律的驱动下，我们经历了从面向计算的 CPU 到面向智能的 TPU 的伟大变革。实际上，无论是谷歌的 TPU 还是国内寒武纪 DianNao 系列的智能芯片，更重要的还是这些芯片上的软件生态，例如 TPU+TensorFlow。

软件的生态直接决定着上层应用的开发的难易程度，而这才是市场和用户的终极关注。不断提高性能和降低整体运行成本的同时，开发者的体验和用户的体验更为核心，想想微软的 Windows 生态能够雄霸桌面几十年，就是这个道理。而软件生态的集大成者就是操作系统。

操作系统（Operating System）通常是指管理和控制计算机硬件与软件资源的计算机程序，是直接运行在"裸机"上的最基本的系统软件；任何其他软件都必须在操作系统的支持下才能运行,它的核心是在人与硬件交互过程中加入了一个中间层,将人类的自然语言和业务语言转化为机器能识别和执行的机器语言。

操作系统是管理硬件资源、控制程序运行、改善人机界面和为应用软件提供支持的一种系统软件。操作系统运行在计算机上,向下管理计算机系统中的资源(包括存储、外设和计算等资源),向上为用户和应用程序提供公共服务。

图 5.21 操作系统演变图

5.4.3 硬件的操作系统

1985 年,比尔·盖茨推出了几乎是改变人类历史进程的 Windows 操作系统,造就了屹立数十年不倒的微软,也让自己成为世界首富榜上的常客。

其实,比 Windows 操作系统更早一年的是 Mac OS,当然在 1984 年第一代的苹果操作系统名为:System 1.0。是的,直到第八代苹果操作系统,才真正成为了今天的 Mac OS,同时 Mac OS 8.0 也代表着乔布斯的回归,终成一代传奇。

最近的一次操作系统的颠覆,则是 2003 年诞生的安卓。在经历了两年的探索,濒临倒闭之前,才被谷歌收购。卧薪尝胆之后,终于在 2012 年第一次超越苹果,目前已经成为智能手机搭载最多的操作系统。

图 5.22 安卓演变图

操作系统发展的初期主要是单机操作系统,面向计算机硬件的发展提供更好的资源管理功能,同时面向新的用户需求提供更好的易用性和交互方式。随着网络技术的发展,计算机不再是孤立的计算单元,而是要经常通过网络同其他计算机进行交互和协作。因此,对网络提供更好的支持成为操作系统发展的一个重要目标。在操作系统中逐渐集成了专门提供网络功能的模块,并出现了最早的网络操作系统(networking operating system)的概念。

传统上,操作系统内涵即是在这个层次,称之为狭义的操作系统,或经典的操作系统。

每一次经典操作系统出现,并走向成熟,都代表着一种技术体系的成熟,或是一种应用架构的普及,这就是操作系统的魅力。然而,每一次技术架构发生变化的时候,都会产生很多"新"的操作系统,我们可以把这些"新"的操作系统视为更加宽泛的广义上的操作系统。

5.4.4 数据的操作系统

简单来说,数据库(Database,DB)是长期存储在计算机内、有组织的、可共享的大量数据的集合。而数据库管理系统(Database Management System,DBMS)则是一种操纵和管理数据库的大型软件,用于建立、使用和维护数据库。数据库管理系统是数据库系统的核心,是管理数据库的软件。数据库管理系统就是实现把用户意义下抽象的逻辑数据处理、转换成为计算机中具体的物理数据处理的软件。有了数据库管理系统,用户就可以在抽象意义下处理数据,而不必顾及这些数据在计算机中的布局和物理位置。

DBMS 也是一种系统级软件,并且通常是构建在一个更加通用的操作系统之上。例如,Linux 上的 MySQL,Windows 上的 SQL Server 等。

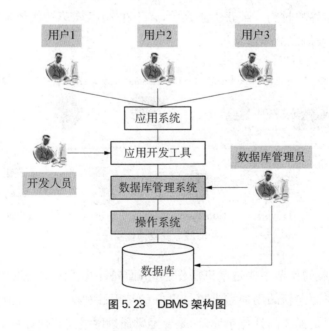

图 5.23 DBMS 架构图

因此,从用户的角度来看,DBMS 就是关于数据的操作系统。

DBMS 的主要功能包括：数据定义、数据操作、数据库的运行管理、数据的组织存储与管理等。DBMS 不仅可以屏蔽硬件物理特性和操作细节，连底层的操作系统也都可以屏蔽，对上层的用户来说就是那些结构化了的数据。人和数据之间的交互语言就是结构化查询语言(Structured Query Language，SQL)。

DBMS 作为面向数据的操作系统一直在发展和变革，试图来管理数据的整个生命周期。刚开始是解决数据的存储；然后是对数据的增、删、改、查功能；随着支撑数据库的数学理论慢慢成熟，SQL 作为标准的数据操作语言一统江湖；随着对数据分析的需求越来越大，数据仓库、数据挖掘、商务智能等特性也都一股脑地装进了 DBMS。数据库迎来了它的鼎盛时期。

5.4.5 大数据的操作系统

步入大数据时代后，人们开始从大数据的角度，重新思考数据管理的范畴，并试图打造大数据时代的新型操作系统，传统的关系型 DBMS 已经无法满足。

于是乎，正对大数据的四大特征(数量大、类型复杂、速度快和价值高)，各种各样的大数据处理软件都在试图证明着自己。分布式存储系统 HDFS、流处理引擎 Spark、NoSQL、Hive、R 等，纷纷来赶集，并呈现出一幅围绕着 Hadoop 和 Spark 的"清明上河图"。

如果我们从操作系统这个视角来看，会看到一些什么内容呢？

首先从底层的角度看，大数据操作系统总体解决人与复杂大数据技术组件之间的交互问题，使更多的人可以轻松、平滑地使用大数据技术，而感知不到后面复杂技术的存在。这一点应该是最为重要的。那么，应该可以通过一个大数据操作系统将这些底层技术进行统一的管理，并且通过可视化的界面进行交互。

其次，在大数据操作系统的上层，可以快速低成本地搭建许多大数据应用，比如大数据营销工具、大数据分析等。这等于是屏蔽了底层技术细节，为用户使用大数据应用提供了便利。如果说 Windows 实现的是人机交互的话。那么大数据操作系统实现的就是人与数据之间的对话。

大数据操作系统的最终目的，就是能够让每一个普通用户都能拥有使用大数据的能力。

当下，大数据的生态基本可以分为四个层，从下至上分别是大数据平台基础软件层、分析工具层、应用层和专业服务层。大数据领域的基础软件层提供了存储、计算、分析和挖掘等功能。因此，大数据时代的操作系统不仅仅是分布式数据库软件，还包括了实时流处理引擎、NoSQL 数据库、机器学习、搜索引擎、图计算等，是一个更为复杂的系统软件。

因此，可以看到这样一条从人类语言到数据的人数交互链：人类语言→业务语言→

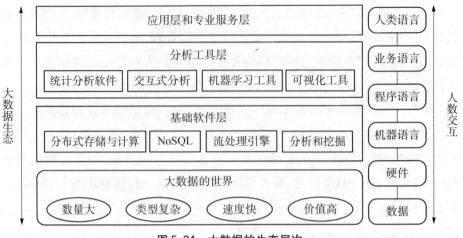

图 5.24 大数据的生态层次

程序语言→机器语言→硬件→数据。

5.4.6 云上的操作系统

俗话说,人算不如天算,天算不如云算。计算已经上了云,数据上云大势已定。

数据上云是目前大数据和云计算结合的一个重要趋势,特别是随着轻量级容器技术的发展。

规模巨大的数据数量、众多的用户,迫使越来越多的服务必须由处理节点分布在不同机器上的数据中心提供。想想在笔记本电脑上执行程序的时候,我们需要为每个程序指定执行 CPU,指定可用的内存或缓存,幸好有操作系统在底层帮助进行这些复杂的资源管理。同样,数据中心在提供服务时,也会涉及到资源分配与管理问题。因此,为数据开发出高效可靠的云端操作系统必定是未来趋势。

近年来,云计算的不断发展带动着云端 OS 的逐渐成型。Container 概念的出现解决了在虚拟机中运行 Hadoop 集群的 I/O 瓶颈;Docker 技术简化了 Container 的应用部署;而 Kubernetes 更是方便了分布式集群应用在 Container 上的部署,并提供基础分布式服务;而同期诞生的 Mesosphere 则可以同时满足传统应用和大数据应用的快速部署和基础服务需求;最近火热的 Rancher 则像 OpenStack 之于虚拟机一样,成为一个能管理 Container 的全才,并将 Hadoop/Spark 这样的大数据组件纳入自己的怀抱。

借助这些技术的帮助,目前涌现了很多面向大数据处理的云端 OS 的实现方案,例如 Hadoop+Mesosphere,Kubernetes+Docker,Rancher+Hadoop/Spark 等。

5.5 云计算与数据中心

"云计算"一词出现在 2006 年左右。当时谷歌公司的 CEO 施密特(Eric Schmidt)在一次会议上提出了"云计算"这个概念。如果说是谷歌为云计算命名,那么亚马逊

(Amazon)公司则为云计算明确了商业模式。亚马逊在谷歌提出云计算的概念后不久，就正式推出了 EC2 云计算服务模式。从此以后各种有关云计算的概念层出不穷，"云计算"开始流行。

5.5.1 云计算的定义

云计算是以"软件即服务"为起步，进而将所有的 IT 资源都转化为服务来提供给用户。这种思路正是美国国家标准技术学院(NIST)给云计算提供的定义："云计算是一种模型，这个模型可以方便地通过网络访问一个可配置的计算资源(例如网络、服务器、存储设备、应用程序以及服务等)的公共集。这些资源可以被快速提供并发布，同时最小化管理成本以及服务供应商的干预。"该定义应该算是比较清晰和恰当的，进一步的阐述，我们可以从计算发生的地方和资源供应的形式两个角度来看待云计算。

从资源供应的形式来看，云计算是一种服务计算，即所有的 IT 资源，包括硬件、软件、架构都被当作一种服务来销售并收取费用。对于云计算来说，其提供的主要服务是三种：基础设施即服务(IaaS)，提供硬件资源，类似于传统模式下的 CPU、存储器和 I/O；平台即服务(PaaS)，提供软件运行的环境，类似于传统编程模式下的操作系统和编程框架；软件即服务(SaaS)，提供应用软件功能，类似于传统模式下的应用软件。在云计算模式下，用户不再购买或者买断某种硬件、系统软件或应用软件而成为这些资源的拥有者，而是购买资源的使用时间，按照使用时长付费的计费模式进行消费。

由此可以看出，云计算将一切资源作为服务，按照所用即所付的方式进行消费正是主机时代的特征。在主机时代，所有用户通过显示终端和网线与主机连接，按照消费的 CPU 时间和存储容量进行计费。所不同的是，在主机模式下，计算发生在一台主机上；在云计算下，计算发生在服务器集群或者数据中心。

云计算既是一种新的计算范式，又是一种新的商业模式。说它是新的计算范式，因为所有的计算都作为服务来组织；说它是新的商业模式，因为用户付费的方式与以往非常不同，按照"所用即所付"的方式缴纳费用，从而大幅降低资源使用者的运行成本。不难看出，云计算的这两个方面互为依托，缺一不可。因为将资源作为服务，才能支持随用随付的付费模式；因为要按照用多少付多少来计费，资源只能作为服务来提供(而无法作为打包的软件或硬件来兜售)。事实上，可以说云计算"是一种计算范式，但这里的计算边界不是由技术限制来决定，而是由经济因素所决定"。

概括来说，云计算是各种虚拟化、效用计算、服务计算、网格计算、自动计算等概念的混合演进并集大成之结果。它从主机计算开始、历经小型机计算、客户机/服务器计算、分布式计算、网格计算、效用计算进化而来，它既是技术上的突破(技术上的集大成),也是商业模式上的飞跃(用多少付多少,没有浪费)。对于用户来说,云计算屏蔽了IT的所有细节,用户无须对云端所提供服务的技术基础设施有任何了解或任何控制,甚至根本不用知道提供服务的系统配置和地理位置,只需要"打开开关"(接上网络),坐享其成即可。

5.5.2 云计算的三元认识论

随着云计算整个生态的不断成熟,今天的云计算应该包含两方面的内容:商业服务和计算范式与实现方式,即云计算既是一种商业模式,也是一种计算范式。

1. 云计算作为一种商业模式

首先,云计算服务代表一种新的商业模式,SaaS(软件即服务)、PaaS(平台即服务)和IaaS(基础设施即服务)是这种商业模式的代表表现形式。对于任何一种商业模式而言,除了理论上可行之外,还要保证实践上可用。因此,伴随着云计算服务理念的发展,云计算也形成了一整套的软件架构与技术实现机制,而我们常常听到的云计算平台就是这套机制的具体体现。

亚马逊公司销售包括图书、DVD、计算机、软件、电视游戏、电子产品、衣服、家具、计算资源等一切适合电子商务的"商品"。在推出EC2的时候,亚马逊也面临不少"这个零售商为什么想做这些"的质疑,但公司的CEO贝索斯对商业的概念理解明显要宽泛很多。贝索斯无疑认为不管是"PC+软件",还是这种从"云"里取得服务的方式,不仅关乎技术的问题,还都是一种"商业模式"。

2. 云计算作为一种计算范式

从计算范式的角度而言,云计算最早的出身,应该是超大规模分布式计算。但随着技术不断地发展和完善,云计算在解决具体问题时,借鉴了不少其他技术和思想,包括虚拟化技术、SOA(面向服务架构)理念等。云计算与这些技术有根本的差别,不仅体现在商业应用上,还体现在实现细节上。

云计算作为一种计算范式,其计算边界既由上层的经济因素所决定,也由下层的技术因素所决定。经济因素自上而下决定这种计算范式的商业形态,实现技术自下而上决定这种计算范式的技术形态。

作为云计算服务的计算范式又可以从两个角度来进一步理解:横向云体逻辑结构和纵向云栈逻辑结构。

(1) 横向云体逻辑结构。

横向云体逻辑结构如图5.25所示。从横向云体的角度看,云计算分为两个部分:云运行时环境(cloud runtime environment)和云应用(cloud application)。

而云运行时环境的组成则包括:处理(processing)、存储(storage)和通信(communication),它们共同支撑起上层应用的各个方面。

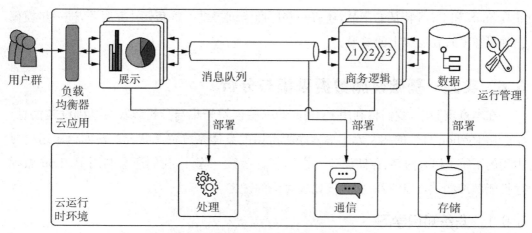

图 5.25　云计算的横向云体逻辑结构

(2) 纵向云栈逻辑结构。

纵向云栈逻辑结构和前面的商业服务模式类似，也是由 SaaS、PaaS 和 IaaS 三部分构成，只不过这里将会从技术的角度去看。

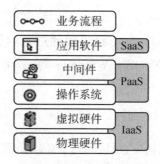

图 5.26　云计算的纵向云栈逻辑结构

SaaS、PaaS 和 IaaS 已经成为人们认知云计算的"识记卡片"，很多人会以一种层次化的方式来看待这三种技术层的关系，例如 SaaS 运行于 PaaS 之上，PaaS 运行于 IaaS 之上。进一步还可以看到，IaaS 层还包括了物理硬件（physical hardware）和虚拟硬件（virtual hardware）；而 PaaS 层还包括了操作系统（operating system）和中间件（middle）；而在 SaaS 层的应用软件（application software）之上还有业务流程（business process）。

从技术的角度来看，SaaS 面向的服务对象与普通单机应用程序的客户并无明显区别，PaaS 提供的是平台服务，因此用户对象是开发人员，需要了解平台提供环境下应用的开发和部署，而 IaaS 提供的是最底层的基础设施服务，因此它面对的用户是 IT 管理人员，即先由 IT 管理人员来进行配置和管理，然后才能在上面进行应用程序的部署等工作。

虽然人们习惯上会根据服务商所提供的内容对服务进行划分，但这三种服务模式之间并没有绝对清晰的界限。一些实力比较雄厚的云计算服务提供商可能会提供一些兼具 SaaS 和 PaaS 特征的产品，还有一些厂商尝试提供一整套云计算服务，进一步模糊三种服务模式在层级上的差异。

5.6 实践：基础设施数据采集与分析

在本章实验中，我们将利用 Python 的一些模块采集与分析计算机基础设施信息，学会用 Python 自带的相关库了解程序所占用的具体系统资源状况。比如程序运行时占用的系统 CPU、内存、存储设备等详细信息参数。此外，我们还会利用 Python 做程序性能基准测试，从运行时间角度比较算法的优劣。

5.6.1 准备知识学习

用 Python 来编写脚本简化日常的运维工作是 Python 的一个重要用途。在 Linux 下，有许多系统命令可以让我们时刻监控系统运行的状态，比如 ps，top，free 等等。要获取这些系统信息，Python 可以通过 subprecess 模块调用并获取结果。但这样做显得很麻烦，尤其是要写很多解析代码。

在 Python 中获取系统信息的另一个好办法是使用 psutil 这个第三方模块。顾名思义，psutil 即 process and system utilities，用于检索有关运行中的进程和系统利用率（CPU、内存、磁盘、网络、传感器），它不仅可以通过一两行代码实现系统监控，还可以跨平台使用，支持 Linux/UNIX/OSX/Windows 等，是系统管理员和运维人员不可或缺的必备模块。

5.6.2 环境安装

在安装好 Python 环境的机器中，可以通过 pip 包管理工具安装 psutil 包，命令如下：

```
pip install psutil
```

如果遇到 Permission denied 安装失败，请加上 sudo 重试。

5.6.3 基础设施数据采集

要利用 psutil 模块采集基础设施数据，首先需要导入 psutil 包，直接通过 import 导入即可。其后的采集过程主要步骤为：

- 采集 CPU 信息

```
psutil.cpu_times(percpu=False)
```

```
In [1]:  1  import psutil
         2  psutil.cpu_times(percpu=False)
Out[1]:  scputimes(user=14473.46, nice=0.0, system=10254.78, idle=144671.49)
```

【函数解释】

在特定模式下,将会返回 CPU 所花费的时间(单位为秒)

【结果解释】

user:执行用户进程花费的时间

system:执行内核进程的时间

idle:CPU 处于空闲的时间

```
psutil.cpu_stats()
```

```
In [2]:  1  import psutil
         2  psutil.cpu_stats()
Out[2]:  scpustats(ctx_switches=15244, interrupts=568440, soft_interrupts=93584602, syscalls=488478)
```

【函数解释】

将各种 CPU 统计的信息作为元组返回

【结果解释】

ctx_switches:自启动以来的上下文切换次数

interruptes:自启动以来的中断次数

soft_interrupts:自启动以来的软中断个数

syscalls:自启动以来的系统调用次数

- 采集内存信息

```
psutil.virtual_memory()
```

```
In [3]:  1  import psutil
         2  psutil.virtual_memory()
Out[3]:  svmem(total=8589934592, available=1995075584, percent=76.8, used=6471700480, free=33550336, active=2041425920, inacti
         ve=1961525248, wired=2468749312)
```

【函数解释】

返回系统内存使用量的统计信息

【结果解释】

total:总的物理内存

available:可用内存

percent:使用量占总量的百分比

used:使用的内存

free:空闲内存数

active:UNIX 中当前在使用中的内存或者最近经常使用的内存

inactive：被标记未被使用的内存

wired：被标记长期在 RAM 中的内存

- 采集磁盘信息

```
psutil.disk_io_counters()
```

```
In [4]: 1  import psutil
        2  psutil.disk_io_counters()
Out[4]: sdiskio(read_count=3714740, write_count=3548106, read_bytes=64002954240, write_bytes=68872974336, read_time=5698269, write_time=2135319)
```

【函数解释】

以命名元组的形式返回系统磁盘 I/O 统计信息

【结果解释】

read_count：读取次数

write_count：写入次数

read_bytes：读取的字节数

write_bytes：写入的字节数

read_time：读取的时间

write_time：写入时间

- 采集网络信息

```
psutil.net_io_counters()
```

```
In [5]: 1  import psutil
        2  psutil.net_io_counters()
Out[5]: snetio(bytes_sent=2238101504, bytes_recv=4407833600, packets_sent=4594229, packets_recv=5202845, errin=0, errout=0, dropin=0, dropout=0)
```

【函数解释】

以命名元组的形式返回网络 I/O 统计信息

【结果解释】

bytes_sent：发送的字节数

bytes_recv：收到的字节数

packets_sent：发送的数据包数量

packets_recv：收到的数据包 shul

errin：接收时的错误数

errout：发送时的错误数

dropin：丢弃的传入数据包总数

dropout：丢弃的传出数据包总数

5.6.4　程序性能测试

我们将通过实现四种替换函数，将一段文本中的空格替换成"－"，运用 Python 的 time 模块去记录每个函数的运行时间。以此来比较四种替换策略的时间性能，从时间角度测试程序的好坏。

替换函数 1：通过 for 循环遍历原始文本，将遇到的空格用"－"替换，将每次的结果重新放到列表中保存。

```python
#<程序5.1：替换函数1>
def slowest_replace():
    replace_list = []
    for i, char in enumerate(orignal_str):
        c = char if char != " " else "-"
        replace_list.append(c)
    return "".join(replace_list)
```

替换函数 2：通过 for 循环遍历原始文本，将遇到的空格用"－"替换，将每次的结果放到字符串中保存。

```python
#<程序5.2：替换函数2>
def slow_replace():
    replace_str = ""
    for i, char in enumerate(orignal_str):
        c = char if char != " " else "-"
        replace_str += c
    return replace_str
```

替换函数 3：直接通过 split 函数划分。

```python
#<程序5.3：替换函数3>
def fast_replace():
    return "-".join(orignal_str.split())
```

替换函数 4：使用自带 replace 函数实现。

```python
#<程序5.4：替换函数4>
def fastest_replace():
    return orignal_str.replace(" ", "-")
```

函数执行计时,使用 time 模块实现。

```
#<程序 5.5:程序性能测试>
orignal_str="……"  #任意字符串
import time

print('Simple time analyze')

time_start=time.time()
print(slowest_replace())
time_end=time.time()
print('slowest_replace:',time_end-time_start,'s')

time_start=time.time()
print(slow_replace())
time_end=time.time()
print('slow_replace:',time_end-time_start,'s')

time_start=time.time()
print(fast_replace())
time_end=time.time()
print('fast_replace:',time_end-time_start,'s')

time_start=time.time()
print(fastest_replace())
time_end=time.time()
print('fastest_replace:',time_end-time_start,'s')
```

执行结果形如下:

```
******************************
Simple time analyze
slowest_replace : 1.5494550000000018 s
slow_replace : 1.2513919999999992 s
fast_replace : 0.14179299999999984 s
fastest_replace : 0.030080999999999136 s
```

5.7 本章小结

基础设施是一切建设的基础,具有非常重要的地位。在大数据时代,计算与数据处理的基础设施更是如此。本章介绍了通用机器的思想,并从硬件视角描述了程序的执行过程,介绍了计算机系统结构和软件生态,介绍了随着计算和数据规模的不断增长而愈发流行的云计算技术和数据中心,最后通过 Python 编程实践了基础设施数据采集与分析工作。大数据时代,以云作为计算的基础设施是目前数据科学与人工智能发展的趋势,为每位研究者带来了新的机遇与挑战。

5.8 习题与实践

复习题

1. 冯·诺依曼模型的核心思想是什么?
2. 摩尔定律经历了哪些阶段?在每个阶段各有什么特点?
3. 简析 DB、DBS 和 DBMS 的关系和区别?
4. 什么是操作系统?它有哪些基本功能?
5. 简述系统调用的实现过程。
6. 云计算有哪几个核心特点?
7. 云计算的三元认识论包括哪三个具体的内容?

践习题

1. 熟悉 Python 标准库的 platform 模块,尝试用 Python 程序获取 Linux 系统的系统类型、主机名、版本等信息。
2. 尝试使用 subprecess 工具,获取系统的 CPU 和内存使用信息。
3. 熟悉 Linux 的/proc/net/dev 文件,获得系统的网络接口,以及当系统重启之后通过它们发送数据和接收数据的信息。
4. 熟悉 Linux 的/proc 目录,用 Python 获得所有现在正在运行的进程列表。
5. 熟悉开源性能分析工具 vprof,尝试将 5.6.4 中的代码绘制出可视化火焰图。
6. 熟悉 Python 的并行计算,实现使用多线程从网络下载数据的程序。
7. 编写程序实现三个工作线程,用以获取三种汇率值的数据,并将名字和数值存储到输出队列。
8. 实现常用排序算法(冒泡排序、选择排序、插入排序、归并排序),并比较其时间性能。

    提示:

    (1) Python 中可以引入 time 模块,使用 time.time()获取当前计算机时间。

    (2) 比较排序算法需要使用较长的无序数组,尝试使用 100,1 000,10 000 三种不同长度的无序数组进行测试,输出每次测试不同排序算法的运行时间。

研习题

1. 对于分时系统,怎样理解"从宏观上看,多个用户同时工作,共享系统的资源;从微观上看,各终端程序是轮流运行一个时间片"?
2. 阅读"文献阅读"部分的论文[11],深入了解加州大学伯克利分校当年对云计算的一些观点,并和今天云计算的发展现状进行比较。
3. 阅读"文献阅读"部分的书籍[12],理解"数据中心即计算机"背后的技术趋势。

第 6 章 数据的全生命周期管理

CHAPTER SIX

  我最喜欢水循环模型的一点就是,尽管水以不同形态、不同状态和不同速度在运动,但最终都汇到了海洋重新开始循环,这与资本流动极为相似。最初货币资本购买商品,然后经过生产过程变成新的商品并在市场中售出(货币化),并以不同形式分配给不同的参与者(以工资、利息、租金、税收和利润等形式),然后再度变成货币资本。

——大卫·哈维《马克思、资本与经济理性的疯狂》

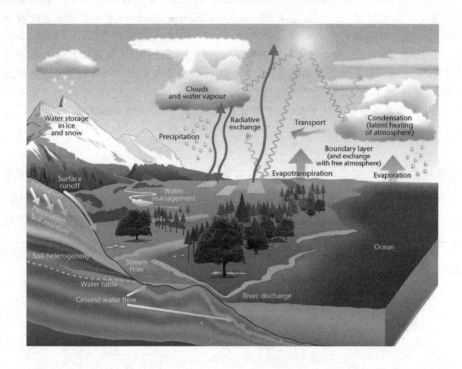

DATA IS NEW POWER

开篇实例

  众所周知,技术对我们今天企业的发展影响越来越大,下面这张图中列举了很多影响企业发展的要素,可以看到,技术因素的影响越来越大,成为定义企业核心竞争力的关键要素。

开篇实例

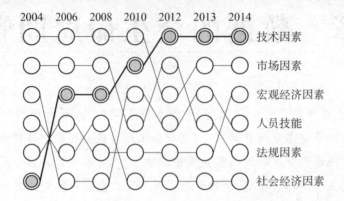

1970年，IBM工程师考特(Codd)发表了著名的论文《大型共享数据库的数据关系模型》(*A Relational Model of Data for Large Shared Data Banks*)，开启了数据管理技术的新纪元——关系数据库时代。30年后的新世纪，谷歌陆续发表了关于GFS、MapReduce和BigTable三驾马车论文，开启了大数据的分布式处理时代。今天，数据技术越来越成为驱动各行各业进行创新与发展的原动力，大家都在关心与谈论着数据的全生命周期，希望在各个阶段都能将"数据"这个信息时代的新能源充分地发掘与利用。在近几年的大数据版图中，几乎所有的企业都是技术型的，可以说大数据领域就是由技术来驱动的。

本章从数据的全生命周期管理角度，分别介绍每个数据处理阶段的关键技术。本章主要内容如下：6.1节介绍数据采集的关键技术，6.2节介绍数据存储的关键技术，6.3节介绍数据管理的关键技术，6.4节介绍数据计算的关键技术，6.5节介绍数据分析的关键技术，6.6节介绍数据展示的关键技术，6.7节介绍以Python网络爬虫为例实践数据的全生命周期管理。一个完整的数据全生命周期管理如图6.1所示。

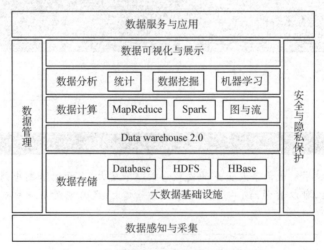

图6.1 从系统的角度看数据的生命周期

6.1 数据采集

6.1.1 数据采集的概念

数据采集是指从真实世界对象中获得原始数据的过程。不准确的数据采集将影响后续的数据处理并最终得到无效的结果。数据采集方法的选择不但要依赖于数据源的物理性质，还要考虑数据分析的目标。目前，最常用的三种数据采集方法是：传感器、日志文件和 Web 爬虫。

1. 传感器

传感器常用于测量物理环境变量并将其转化为可读的数字信号以待处理。传感器包括声音、振动、化学、电流、天气、压力、温度和距离等类型。通过有线或无线网络，信息被传送到数据采集点。

有线传感器网络通过网线收集传感器的信息，这种方式适用于传感器易于部署和管理的场景。例如视频监控系统通常使用非屏蔽双绞线连接摄像头，摄像头部署在公众场合监控人们的行为，如偷盗和其他犯罪行为。而这仅仅是光学监控领域一个很小的应用示例，在更广义的光学信息获取和处理系统中（例如对地观测、深空探测等），情况往往更复杂。

另一方面，无线传感器网络利用无线网络作为信息传输的载体，适合于没有能量或通信的基础设施的场合。近年来，无线传感器网络得到了广泛的研究，并应用在多种场合，如环境、水质监控、土木工程、野生动物监控等。WSNs 通常由大量微小传感器节点构成，微小传感器由电池供电，被部署在应用指定的地点收集感知数据。当节点部署完成后，基站将发布网络配置/管理或收集命令，来自不同节点的感知数据将被汇集并转发到基站以待处理。

基于传感器的数据采集系统被认为是一个信息物理系统（cyber-physical system）。实际上，在科学实验中许多用于收集实验数据的专用仪器（如磁分光计、射电望远镜等），可以看作特殊的传感器。从这个角度看，实验数据采集系统同样是一个信息物理系统。

2. 日志文件

日志是广泛使用的数据采集方法之一，由数据源系统产生，以特殊的文件格式记录系统的活动。几乎所有在数字设备上运行的应用都使用日志文件，例如 Web 服务器通常要在访问日志文件中记录网站用户的点击、键盘输入、访问行为以及其他属性。有三种类型的 Web 服务器日志文件格式用于捕获用户在网站上的活动：通用日志文件格式（NCSA）、扩展日志文件格式（W3C）和 IIS 日志文件格式（Microsoft）。所有日志文件格式都是 ASCII 文本格式。数据库也可以用来替代文本文件存储日志信息，以提高海量日志仓库的查询效率。其他基于日志文件的数据采集包括金融应用的股票记账和网络监控的性能测量及流量管理。和物理传感器相比,日志文件可以看作是"软件传感器",许多用户实现数据采集的软件都属于此类。

3. Web 爬虫

爬虫是指为搜索引擎下载并存储网页的程序。爬虫顺序地访问初始队列中的一组统一资源定位器(URLs),并为所有 URLs 分配一个优先级。爬虫从队列中获得具有一定优先级的 URL,下载该网页,随后解析网页中包含的所有 URLs 并添加这些新的 URLs 到队列中。这个过程一直重复,直到爬虫程序停止为止。如图 6.2 所示。

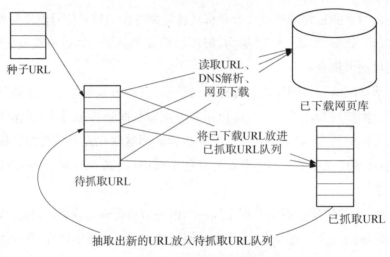

图 6.2　爬虫简单架构图

Web 爬虫是网站应用如搜索引擎和 Web 缓存的主要数据采集方式。数据采集过程由选择策略、重访策略、礼貌策略以及并行策略决定。选择策略决定哪个网页将被访问;重访策略决定何时检查网页是否更新;礼貌策略防止过度访问网站;并行策略则用于协调分布的爬虫程序。传统的 Web 爬虫应用已较为成熟,提出了不少有效的方案。随着更丰富更先进的 Web 应用的出现,一些新的爬虫机制已被用于爬取富互联网应用的数据。

6.1.2　数据传输

原始数据采集后必须将其传送到数据存储基础设施等待进一步处理。数据传输过程可以分为两个阶段:IP 骨干网传输和数据中心传输。

1. IP 骨干网传输

IP 骨干网提供的高容量主干线路将大数据从数据源传递到数据中心。传输速率和容量取决于物理媒体和链路管理方法。

物理媒体:通常由许多光缆合并在一起增加容量,并需要存在多条路径以确保路径失效时能进行重路由。

链路管理：决定信号如何在物理媒体上传输。过去20年间光因特网（IP over WDM）技术得到了深入的研究。波分复用技术（WDM）是在单根光纤上复用多个不同波长的光载波信号。为了解决电信号带宽的瓶颈问题，正交频分复用（OFDM）被认为是未来的高速光传输技术的候选者。OFDM允许单个子载波的频谱重叠，能够构建具有更灵活的数据率、资源有效使用的光纤网络。

2. 数据中心传输

数据传递到数据中心后，将在数据中心内部进行存储位置的调整和其他处理，这个过程称为数据中心传输，涉及到数据中心体系架构和传输协议。

数据中心体系架构：数据中心由多个装备了若干服务器的机架构成，服务器通过数据中心内部网络连接。许多数据中心基于权威的2层或3层fat-tree结构的商用交换机构建。一些其他的拓扑也用于构建更加高效的数据中心网络。由于电子交换机的固有缺陷，在增加通信带宽的同时减少能量消耗非常困难。数据中心网络中的光互联技术能够提供高吞吐量、低延迟的传输并减少能量消耗，被认为是有前途的解决方案。

传输协议：传输控制协议（TCP）和用户数据报协议（UDP）是数据传输最重要的两种协议，但是它们的性能在传输大量的数据时并不令人满意。许多研究致力于提高这两种协议的性能。一些增强TCP功能的方法目标是提高链路吞吐率并对长短不一的混合TCP流提供可预测的小延迟。UDP协议适用于传输大量数据，但是缺乏拥塞控制。因此高带宽的UDP应用必须自己实现拥塞控制机制，很多商业公司和研究机构都在这方面开展研究。

6.1.3 数据预处理

6.1.3.1 数据清洗

数据清洗是对数据集中错误的、不精确的、不完整的、格式错误的以及重复的数据进行修正、移除的过程。

数据分析过程获取结果不仅仅只依赖算法，同时还依赖数据质量。这就是为什么在获取数据之后的第一步是数据清洗。为了避免数据中存在脏数据，需要对数据进行特征检查，包括：正确性、完整性、精确性、一致性以及统一性。

1. 统计方法

应用统计方法首先需要了解问题的相关背景，进而找到异常值或者错误值。有些数据虽然类型是符合的，但是值却超过了正常的范围，这时可以通过设置平均值或者绝对平均值来替代原有值，从而解决问题。统计学检验可以用于解决缺失值的问题，通过内插法或者抽取的方式复制数据集，从而获得一个或多个可能的值来补全缺失值。

- 平均数（mean）：平均数是将所有的值相加，然后除以所有值的个数总和的计算结果。
- 中位数(median):将所有的数值进行排序后所获得的中间值即为中位数。
- 范围约束(range constraint):数值或者日期值应该在每一个确定的区间范围内,因此,它们应该有最大值和最小值。

2. 数据转化

数据的转换通常与数据库及数据仓库有关,通过抽取、转化及加载(Extract, Transform and Load,ETL)是从数据源获取数据,依赖数据模型执行一些转化功能,然后将结果数据加载到目标库中。
- 数据抽取可以从多数据源获取数据,例如关系数据库、数据流、文本文件(JSON、CSV、XML)以及 NOSQL 数据库。
- 数据转化可以清洗、转化、汇合、归并、替代、验证、格式化以及拆分数据。
- 数据加载可以将数据加载为目标格式,例如关系数据库、文本文件以及 NOSQL 数据库。

6.1.3.2 数据规约

许多数据科学家使用海量的数据来做分析,这不仅会花费很长时间且有时很难分析数据。在数据分析的应用中,如果你使用海量的数据,可能会造成重复性的结果。为了克服这样的难点,可以利用数据规约的方式。

数据规约是指通过经验或理论将数字或者字符转化成正确、有序及简单的形式。与原始数据相比,规约后的数据体量非常小。因此可以提高存储效率,同时最小化数据处理成本并减少分析的时间。数据规约有多种方式,常用的有三种:过滤及抽样、分箱算法、维度简约。

1. 过滤及抽样

在数据规约的方式中,过滤扮演了很重要的角色。过滤解释了由原始数据检定及除错的过程。在取得过滤的数据之后,可以在随后的分析中将其作为输入值。过滤器看起来类似于数学公式,有多种过滤的方式可用于从原始数据抽取错误及无噪数据,比如移动平均过滤法、高相关性过滤法、贝叶斯过滤法等。大多数过滤法被应用在原始数据的样本上,例如贝叶斯过滤法能用在由蒙特卡罗顺序抽样方法产生的样本数据上。

利用过滤法来做数据规约时,抽样的技术扮演了很重要的角色。抽样的重要性在于所抽取的样本能推论代表群体。海量数据在数据库中通常被称为"群体数据"。在数据规约的过程中,所抽取的子数据能最好地代表群体。

2. 分箱算法

分箱(binning)是一种从连续性的变量中,抽取小规模数据群或区块的分类过程。分箱算法广泛用于多个领域,在特定领域早期挑选变量的阶段,分箱算法更是被频繁使用。为了强化预测能力,独立变量中相似属性数据被分类在同一区块。

普遍使用的分箱算法有：
- 等宽度分箱（equal-width binning）：将数据划分到预先定义数目的等宽度分箱中。
- 等体积分箱（equal-size binning）：先按数据的性质分类，然后划分到预先定义数目的等体积分箱。
- 最优分箱（optima binning）：将数据分为多个初始的等宽度分箱，这些分箱被视为名义变量的种类，并在树形结构中分组为特定数量的分段。
- 多区间离散分箱（multi-interval discretization binning）：分箱过程是熵的极小化，将连续变量的范围二进制离散化为多区间并递归定义最佳的分箱。

下面介绍等宽度分箱和等体积分箱。假设数据集$\{50,42,63,4,104,87\}$要分成3份：

等宽度分箱：先把数据排序，变成$4,42,50,63,87,104$。然后求区间$w=(104-4)/3=33.3333$，大致每隔33就是一个箱。于是4是第一个。42,50,63是第二个。87,104是第三个箱。三个箱子的编号为0,1,2，最终数据集$\{50,42,63,4,104,87\}$就变成$\{1,1,1,0,2,2\}$。

等体积分箱：保证每个箱子里的数据个数相同，也是先排序，变成$4,42,50,63,87,104$。4,42是第一个箱。50,63是第二个。87,104是第三个。按箱子的编号，最终数据集变成：$\{1,0,1,0,2,2\}$。

3. 降维

降维是指将高维的数据转换为更低维的数据，这样每个较低维度的数据会传达更多的信息。如图6.3所示。

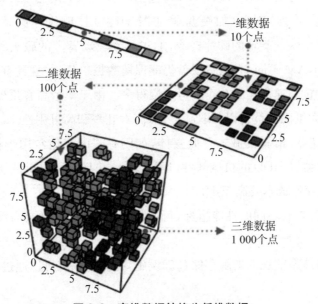

图6.3　高维数据转换为低维数据

降维过程是一种统计或数学的技术。在统计学中，降维的过程可以降低随机变量的维度。降维有两种方式：特征选择、特征抽取。

(1) 特征抽取：把高维空间的数据映射到低维空间。主成分分析(Principle Component Analysis，PCA)及线性判别分析(Linear Discriminant Analysis，LDA)是最常用的特征抽取的技术。

(2) 特征选择：

• 过滤式(filters)：过滤，指的是通过某个阈值进行过滤。比如经常会看到但可能并不会去用的，根据方差、信息增益、互信息、相关系数、卡方检验来选择特征。

• 包裹式(wrappers)：使用一个搜索算法来搜索所有可能的特征空间子集，对于每一个特征空间子集运行模型并评估。

• 嵌入式：先通过机器学习模型训练来对每个特征得到一个权值。接下来和过滤式相似，通过设定某个阈值来筛选特征。区别在于，嵌入式使用机器学习训练；过滤式采用统计特征。

6.2 数据存储

6.2.1 数据存储设备

数据存储是指数据以某种格式记录在计算机内部或外部存储介质上。硬件基础设施实现信息的物理存储，可以从不同的角度理解存储基础设施。首先，存储设备可以根据存储技术分类。典型的存储技术有如下三种：

• 随机存取存储器(Random Access Memory，RAM)：是计算机数据的一种存储形式，在断电时将丢失存储信息。现代 RAM 包括静态 RAM、动态 RAM 和相变 RAM。

• 磁盘和磁盘阵列：磁盘(如硬盘驱动器 HDD)是现代存储系统的主要部件。HDD 由一个或多个快速旋转的碟片构成，通过移动驱动臂上的磁头，在碟片表面完成数据的读写。与 RAM 不同，断电后硬盘仍能保留数据信息，并且具有更低的单位容量成本，但是硬盘的读写速度比 RAM 读写要慢得多。由于单个高容量磁盘的成本较高，因此磁盘阵列将大量磁盘整合以获取高容量、高吞吐率和高可用性。

• 存储级存储器：指非机械式存储媒体，如闪存。闪存通常用于构建固态驱动器(SSD)，SSD 没有类似 HDD 的机械部件，运行安静，并且具有更少的访问时间和延迟。但是 SSD 的单位存储成本要高于 HDD。

这些存储设备具有不同的性能指标，可以用来构建可扩展的、高性能、大容量的数据存储系统。

其次，从网络体系的观点理解存储基础设施，存储子系统可以通过不同的方式组织构建。

- 直接附加存储（Direct Attached Storage，DAS）：存储设备通过主机总线直接连接到计算机，设备和计算机之间没有存储网络。DAS 是对已有服务器存储的最简单的扩展。
- 网络附件存储（Network Attached Storage，NAS）：NAS 是文件级别的存储技术，包含许多硬盘驱动器，这些硬盘驱动器组织为逻辑的冗余的存储容器。和 SAN 相比，NAS 可以同时提供存储和文件系统，并能作为一个文件服务器。
- 存储区域网络（Storage Area Network，SAN）：SAN 通过专用的存储网络在一组计算机中提供文件块级别的数据存储。SAN 能够合并多个存储设备，例如磁盘和磁盘阵列，使得它们能够通过计算机直接访问，就好像它们直接连接在计算机上一样。

6.2.2 数据库存储系统

单机存储系统的理论来源于关系数据库。单机存储引擎就是哈希表、B 树等数据结构在机械磁盘、固态驱动器（SSD）等持久化介质上的实现，如图 6.4 所示。单机存储系统是单机存储引擎的一种封装，对外提供文件、键值、表格或者关系模型。多个事务并发执行时，数据库的并发控制管理器必须能够保证多个事务的执行结果不能破坏某种约定，如不能出现事务执行到一半的情况，不能读取到未提交的事务，等等。为了保证持久性，对于数据库的每一个变化都要在磁盘上记录日志，当数据库系统突然发生故障，重启后能够恢复到之前一致的状态。

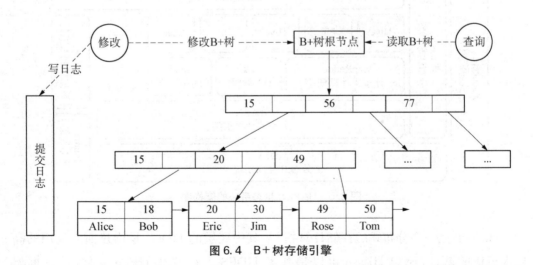

图 6.4　B+树存储引擎

分布式存储系统具有可扩展、低成本、高性能、易用等特性。典型的系统包括 MySQL 数据库分片（MySQL Sharding）集群，亚马逊 RDS 以及微软 SQL Azure。分布式数据库支持的功能最为丰富，符合用户使用习惯，但可扩展性往往受到限制。当然，这一点并不是绝对的。谷歌 Spanner 系统是一个支持多数据中心的分布式数据库，它不仅支持丰富的关系数据库功能,还能扩展到多个数据中心的成千上万台机器。除此之外,阿里巴巴 OceanBase 系统也是一个支持自动扩展的分布式关系数据库。

6.2.3 大数据存储系统

为了适应大数据系统的特性,存储基础设施应该能够向上和向外扩展,以动态配置适应不同的应用。传统数据存储解决方案(DAS、NAS、SAN 等)最大的问题是计算与存储相分离,导致数据是围绕计算来展开的;而随着大数据时代的到来,海量数据成为了主要矛盾,必须让计算围绕数据来展开。

总体上,按数据类型与存储方式的不同,面向大数据的存储与管理系统大致可以分为三类:MPP(Massive Parallel Processing)并行数据库和内存数据库、基于 Hadoop 开源体系的大数据系统和 MPP 并行数据库与 Hadoop 的混合集群。

"Hadoop"这个单词最早只代表了两个组件——HDFS 和 MapReduce。而现在这个单词代表的是"核心"(即 Core Hadoop 项目)以及与之相关的一个不断成长的生态系统。这个和 Linux 非常类似,都是由一个核心和一个生态系统组成。如图 6.5 所示。

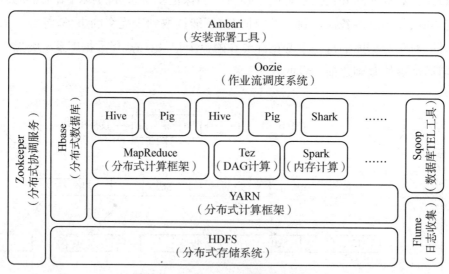

图 6.5　Hadoop 生态系统的架构图

Hadoop 是一个分布式的存储计算框架,其中底层的 HDFS 是构建面向应用的高层次模块的基础,比如 HBase 可以是基于 HDFS 来存储其 HFile 文件,计算框架 MapReduce 可以使用 HDFS 中存储的数据。HDFS 包括三个角色,client,NameNode 和 DataNode。

DataNode 是存储节点,HDFS 中的文件的内容存储在 DataNode 节点上。HDFS 之所以是个分布式系统,是因为 DataNode 节点是个集群。DataNode 一方面连接了本地文件系统,另一方面对 HDFS 提供了 block 的逻辑。存储在 HDFS 中的文件是被分割成 block,一个文件的 block 是存储在多个 DataNode 中。同时根据配置,某一个指定的 block,可以在多个 DataNode 节点中存在副本。DataNode 将一个 block 存储成本地文件系统中的一个文件。

NameNode 是个单节点,主要有两个作用:第一,管理 HDFS 文件系统命名空间,即文件名及其包含哪些 block;第二,管理每个 block 所在的 DataNode 节点。可以把这些看成是 HDFS 的中的元数据,NameNode 将这些元数据存储在本机文件系统上。NameNode 节点启动时会尝试装载该元数据文件(如果存在)内容到内存中以加速访问。

6.3 数据管理

6.3.1 数据管理历程

数据管理是利用计算机硬件和软件技术对数据进行有效的收集、存储、处理和应用的过程。其目的在于充分有效地发挥数据的作用。随着计算机技术的发展,数据管理经历了人工管理、文件系统、数据库系统,以及今天的大数据管理四个发展阶段。

1. 人工管理阶段

20 世纪 50 年代中期以前,计算机主要用于科学计算,这一阶段数据管理的主要特征是:

- 数据不保存。由于当时计算机主要用于科学计算,一般不需要将数据长期保存,只是在计算某一课题时将数据输入,用完就撤走。不仅对用户数据如此处置,对系统软件有时也是这样。
- 应用程序管理数据。数据需要由应用程序自己设计、说明和管理,没有相应的软件系统负责数据的管理工作。
- 数据不共享。数据是面向应用程序的,一组数据只能对应一个程序,因此程序与程序之间有大量的冗余。
- 数据不具有独立性。数据的逻辑结构或物理结构发生变化后,必须对应用程序做相应的修改,这就加重了程序员的负担。

2. 文件系统阶段

20 世纪 50 年代后期到 60 年代中期,这时硬件方面已经有了磁盘、磁鼓等直接存取存储设备;软件方面,操作系统中已经有了专门的数据管理软件,一般称为文件系统;处理方式上不仅有了批处理,而且能够联机实时处理。用文件系统管理数据具有如下特点:

- 数据可以长期保存。由于大量用于数据处理,数据需要长期保留在外存上反复进行查询、修改、插入和删除等操作。

- 由文件系统管理数据。

同时文件系统也存在着一些缺点，其中主要的是数据共享性差、冗余度大。在文件系统中，一个文件基本上对应一个应用程序，即文件仍然是面向应用的。当不同的应用程序具有部分相同的数据时，也必须建立各自的文件，而不能共享相同的数据，因此数据冗余度大，浪费存储空间。同时，由于相同数据的重复存储、各自管理，容易造成数据的不一致性，给数据的修改和维护带来了困难。

3. 数据库系统阶段

20世纪60年代后期以来，计算机管理的对象规模越来越大，应用范围越来越广泛，数据量急剧增长；同时多种应用、多种语言互相覆盖地共享数据集合的要求越来越强烈，数据库技术便应运而生，出现了统一管理数据的专门软件系统——数据库管理系统。

用数据库系统来管理数据比文件系统具有明显的优点，从文件系统到数据库系统，标志着数据管理技术的一次飞跃。

4. 大数据管理阶段

随着大数据时代的来临，数据管理面临着新一轮的挑战。针对大数据的复杂特征，如体量大、结构类型多、来源广、多维度、关联强、及时性、积累久、价值密度低、最终价值大等，如何开展大数据的管理工作成为学术界和工业界共同关注的话题。从技术上来看，Hadoop生态和Spark生态已经成为构建大数据管理系统的主流方案。

而从管理角度看，大数据管理的本质是在大数据基础设施层之上向用户提供更加方便、高效、友好的人数交互界面。随着大数据处理技术的发展，大数据的终端用户将越来越不用关心底层的基础设施（计算、存储、网络）细节，只用关心数据本身，以及如何来开展大数据应用的创新与服务。

6.3.2 数据仓库

关系数据库系统最初主要用于事务处理领域，因此有时候也称作联机事务处理（Online Transaction Processing，OLTP）。随着数据的不断积累，人们需要对数据进行分析，包括简单汇总、联机分析处理（Online Analytical Processing，简称OLAP，主要是多维分析）、统计分析、数据挖掘等。在关系模型上支持这些分析操作成为一个自然的选择，比如建立于关系数据库管理系统（RDBMS）上的联机分析处理技术OLAP。面向分析型应用的技术集大成者就是数据仓库。典型的数据仓库架构如图6.6所示。

数据仓库是企业统一的数据管理的方式，将不同的应用中的数据汇聚，然后对这些数据做加工和多维度分析，并最终展现给用户。它帮助企业将纷繁浩杂的数据整合加工，并最终转换为关键流程上的关键绩效指标（KPI），从而为决策、管理等提供最准确的支持，并帮助预测发展趋势。因此，数据仓库是企业IT系统中非常核心的系统。

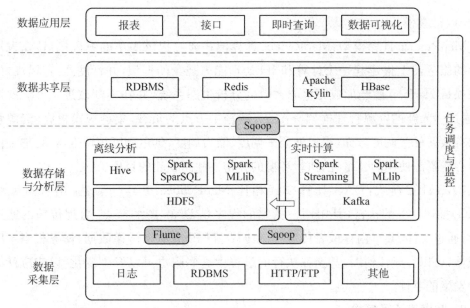

图 6.6 数据仓库架构

6.4 数据计算

6.4.1 什么是计算

广义上讲,一个函数变化如把 x 变成了 $f(x)$ 就是一个计算。如果我们把一切都看作是信息,那么更精确地讲,计算就是对信息的变换。如果把一个小球扔到地上,小球又弹起来了,那么大地就完成了一次对小球的计算。你可以把整个大地看作是一个系统,而扔下去的小球是对这个系统的输入,那么弹回来的小球就是该系统的输出,因而也可以说,计算就是某个系统完成了一次从输入到输出的变换。

而狭义地讲,计算的本质是一个黑箱,把数据放入黑箱,黑箱按照人们规定的过程一步一步(即元运算)执行下去,然后得出结果。

6.4.2 数据计算模式

所谓数据计算模式,即根据数据的不同数据特征和计算特征,从多样性的数据计算问题和需求中提炼并建立的各种高层抽象(abstraction)或模型(model)。

数据的计算模式大致分为批量计算模式、流式计算模式、交互式计算模式和图计算模式四类。

1. 数据批量计算模式

数据的批量计算模式应用于静态数据的离线计算和处理,模式设计初衷是为了解决大规模、非实时数据计算,更加关注整个计算的吞吐量。批量计算系统的设计目标一般包括数据的吞吐量、系统灵活水平扩展、能处理极大规模数据、系统具有极强的容错性、应用表达的便捷性和灵活性等。批量计算模式又包括两种:MapReduce 计算模式和 DAG 计算模式。

MapReduce 计算模型：MapReduce 计算模式通过提供简单的编程接口，在大规模廉价的服务器上搭建起一个计算和 IO 处理能力强大的框架，并行度高，容错性好，其开源项目 Hadoop 已经形成完整的大数据分析生态系统，并在不断改进。可扩展性方面，通过引入新的资源管理框架 YARN，减轻主节点的负载，集群规模提高，资源管理更加有效。任务调度方面，提出如公平调度、能力调度、延迟调度等调度器，更加关注数据中心内资源使用的公平性、执行环境的异构性和高吞吐的目标。

DAG 计算模式：DAG 计算模式相比 MapReduce 更具一般性，用有向无环图 (DAG)描述任务的执行，其中用户指定的程序是 DAG 图的节点，数据传输的通道是边，可通过文件、共享内存或者传输控制协议(TCP)通道来传递数据，任务相当于图的生成器，可以合成任何图，甚至在执行的过程中这些图也可以发生变化，以响应计算过程中发生的事件。

2. 数据流计算模式

数据批量计算模式关注数据处理的吞吐量，而数据流计算模式则更关注数据处理的实时性，能够更加快速地为决策提供支持。数据的流计算是由复杂事件处理(CEP)发展而来的，流计算模式也包括两种：连续查询处理模式、可扩展数据流模式。

连续查询处理模式：连续查询处理模式是一个数据流管理系统(DBMS)的必须功能，一般用户数据 SQL 查询语句，数据流被按照时间模式切割成数据窗口，DBMS 在连续流动的数据窗口中执行用户提交的 SQL，并实时返回结果。比较著名的系统包括：STREAM、StreamBase、Aurora、Telegraph 等。

可扩展数据流计算模式：可扩展数据流计算模式与此不同，其设计初衷都是模仿 MapReduce 计算框架的思路，即在对处理时效性有高要求的计算场景下，如何提供一个完善的计算框架，并暴露给用户少量的编程接口，使得用户能够集中精力处理应用逻辑。至于系统性能、低延迟、数据不丢失以及容错等问题，则由计算框架来负责，这样能够大大增加应用开发的生产力。现在流计算的典型框架包括雅虎的 S4，推特的 Storm 系统、领英的 Samza 以及 Spark Streaming 等。

3. 数据交互式计算模式

与非交互式数据计算相比，交互式数据计算灵活、直观、便于控制。系统与操作人员以人机对话的方式一问一答——操作人员提出请求，数据以对话的方式输入，系统便提供相应的数据或提示信息，引导操作人员逐步完成所需的操作，直至获得最后处理结果。采用这种方式，存储在系统中的数据文件能够被及时处理修改，同时处理结果可以立刻被使用。交互式数据计算具备的这些特征能够保证输入的信息得到及时处理，使交互方式继续进行下去。上述这样的计算模式称之为交互式计算模式，又可以分为人机交互计算模式和人际交互计算模式。

人机交互计算模式：在信息处理系统领域中，主要体现了人机间的交互。传统的交互式数据处理系统主要以关系型数据库管理系统(DBMS)为主，面向两类应用，即联机事务处理(OLTP)和联机分析处理(OLAP)。OLTP基于关系型数据库管理系统，广泛用于政府、医疗以及对操作序列有严格要求的工业控制领域；OLAP基于数据仓库系统(data warehouse)，广泛用于数据分析、商业智能等。

人际交互计算模式：在互联网领域中，主要体现了人与人之间的交互。随着互联网技术的发展，传统的简单按需响应的人机互动已不能满足用户的需求，用户之间也需要交互，这种需求诞生了互联网中交互式数据处理的各种平台。人与人之间的交互产生的大数据往往都需要及时高效的计算。

4. 数据图计算模式

社交网络分析和资源描述框架(RDF)等能够表示为实体间的相互联系，因此可以用图模型来描述。图能很好地表示各实体之间的关系，因此，在各个领域得到了广泛的应用，如计算机领域、自然科学领域以及交通领域。

和流计算模型相比，图处理的迭代是固有的，相同的数据集将不断被重访。由于自身的结构特征，图可以很好地表示事物之间的关系，近几年来已成为各学科研究的热点。图中点和边的强关联性，需要图数据处理系统对图数据进行一系列的操作，包括图数据的存储、图查询、最短路径查询、关键字查询、图模式挖掘以及图数据的分类、聚类等。随着图中节点和边数的增多(达到几千万甚至上亿)，图数据处理的复杂性也在增加，这给图数据处理系统带来了严峻的挑战。

6.5 数据分析

6.5.1 什么是数据分析

数据分析处理来自对某一兴趣现象的观察、测量或者实验的信息。数据分析目的是从和主题相关的数据中提取尽可能多的信息。主要目标包括：①推测或解释数据并确定如何使用数据；②检查数据是否合法；③给决策提供合理建议；④诊断或推断错误原因；⑤预测未来将要发生的事情。

由于统计数据的多样性，数据分析的方法大不相同。可以将根据观察和测量得到的定性或定量数据，或根据参数数量得到的一元或多元数据进行分类。根据数据分析深度将数据分析分为三个层次：描述性(descriptive)分析，预测性分析和规则性(prescriptive)分析。

- 描述性分析：基于历史数据描述发生了什么。例如，利用回归技术从数据集中发现简单的趋势，可视化技术用于更有意义地表示数据，数据建模则以更有效的方式收集、存储和删减数据。描述性分析通常应用在商业智能和可见性系统。

- 预测性分析:用于预测未来发展的概率和趋势。例如,预测性模型使用线性和对数回归等统计技术发现数据变化趋势,预测未来的输出结果,并使用数据挖掘技术提取数据模式(pattern)给出预见。
- 规则性分析:解决决策制定和提高分析效率。例如,仿真用于分析复杂系统以了解系统行为并发现问题,而优化技术则在给定约束条件下给出最优解决方案。

6.5.2 数据分析技术

1. 分析技术简介

数据的分析技术主要依靠四个方面:统计分析、数据挖掘、机器学习和可视化分析。

统计分析:统计分析是基于统计理论,是应用数学的一个分支。在统计理论中,随机性和不确定性由概率理论建模。统计分析技术可以分为描述性统计和推断性统计。描述性统计技术对数据集进行摘要(summarization)或描述,而推断性统计则能够对过程进行推断。更多的多元统计分析包括回归、因子分析、聚类和判别分析等。

数据挖掘:数据挖掘可以认为是发现数据集中数据模式的一种计算过程。许多数据挖掘算法已经在人工智能、机器学习、模式识别、统计和数据库领域得到了应用,2006年 ICDM 国际会议上总结了影响力最高的 10 种数据挖掘算法,包括 C4.5、k-means、SVM、Apriori、EM、PageRank、AdaBoost、KNN、朴素贝叶斯和 CART,覆盖了分类、聚类、回归和统计学习等方向。

机器学习:机器学习是一门研究机器获取新知识和新技能,并识别现有知识的学问,其理论主要是设计和分析一些让计算机可以自动"学习"的算法。机器学习算法从数据中自动分析获得规律,并利用规律对未知数据进行预测。和人的思维逻辑有着很大密切相关性,如图 6.7 所示。在大数据时代,人们迫切希望在由普通机器组成的大规模集群上实现高性能的以机器学习算法为核心的数据分析,为实际业务提供服务和指导,进而实现数据的最终变现。与传统的在线联机分析处理(OLAP)不同,对大数据的深度分析主要基于大规模的机器学习技术。因而与传统的 OLAP 相比较,基于机器学

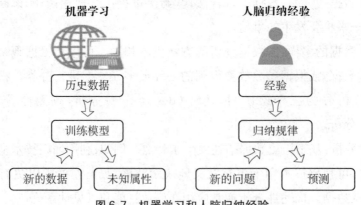

图 6.7 机器学习和人脑归纳经验

习的大数据分析具有自己独特的特点,包括迭代性、容错性、参数收敛的非均匀性等。这些特点决定了理想的大数据分析系统的设计和其他计算系统的设计有很大不同,直接将传统的分布式计算系统应用于大数据分析,很大比例的资源都浪费在通信、等待、协调等非有效的计算上。

2. 数据挖掘

数据挖掘旨在从数据中挖掘出未知且有用的知识。只有通过挖掘,数据的价值才得以体现,挖掘对数据的利用有着举足轻重的意义。

数据挖掘有两个基本问题,即"挖什么"(what to mine)与"怎么挖"(how to mine)。前者决定从数据中抽取什么样的信息、统计什么样的规律,是在数据的收集、处理和挖掘的全过程中要考虑的问题;后者决定怎样具体进行抽取与统计,仅限于挖掘本身。"怎么挖"是数据挖掘研究的核心,而"挖什么"在数据挖掘的应用中往往更为重要,因为它决定了挖掘结果的价值。

6.6 数据展示

数据已经改变了我们生活工作的方式,也对我们的思维模式带来影响。随着体量大、类型复杂的大数据更加接近我们,传统的数据处理方法显然无法适应。数据可视化,是利用计算机图形学和图像处理技术,将数据转换为图形或者图像在屏幕上显示出来进行交互处理的理论方法和技术。

6.6.1 什么是数据可视化?

数据可视化是一种能很好展示数据、处理数据的方法,作为一种表达数据的方式,它是对现实世界的抽象表达。它像文字一样,为我们讲述各种各样的故事。

1. 威廉·普莱费尔(William Playfair, 1759-1823)

普莱费尔是苏格兰的工程师、政治经济学家。他生于1759年9月22日,当时欧洲正处于启蒙运动时期,是艺术、科学、工业与商业发展的黄金时代。他是家里的第四个儿子,哥哥分别是苏格兰著名建筑家、数学家。师从安德鲁·米克尔(Andrew Meikle),脱粒机的发明者。普莱费尔曾当过造水车木匠、工程师、绘图员、会计、发明家、银匠、商人、投资经纪人、经济学家、统计学家、小册子作者、翻译家、出版人、投机者、罪犯、银行家、热心的保皇党人、编辑、敲诈者、记者。但是他最著名的身份,是统计制图法的创始人。

他创造了世界上第一张有意义的线图、柱图、饼图与面积图,这四种图表类型是直到现在都被频繁使用的图表类型。

2. 弗罗伦斯·南丁格尔(Florence Nightingale, 1820-1910)

在克里米亚战争期间,南丁格尔通过搜集数据,发现很多死亡原因并非是"战死沙场",而是因为在战场外感染了疾病,或是在战场上受伤,却没有得到适当的护理而致死。为了解释这个原因,并降低英国士兵的死亡率,她创造了南丁格尔图,并于1858年递到了维多利亚女王手中。

3. 查尔斯·约瑟夫·米纳德(Charles Joseph Minard,1781-1870)

米纳德创造的这张拿破仑东征图被爱德华·塔夫特认为是史上最杰出的统计图。它的名字叫做《1812—1813对俄战争中法国人力持续损失示意图》,也被简称为《拿破仑行军图》或《米纳德的图》,这张图表描绘了拿破仑的军队自离开波兰—俄罗斯边界后军力损失的状况,在一张图中,通过两个维度,呈现了六种资料:拿破仑军队的人数、行军距离、温度、经纬度、移动方向以及时间—地域关系。现在,大家更熟悉的带状图表的名字叫做"桑基图",然而,它比米纳德的图晚了30年。

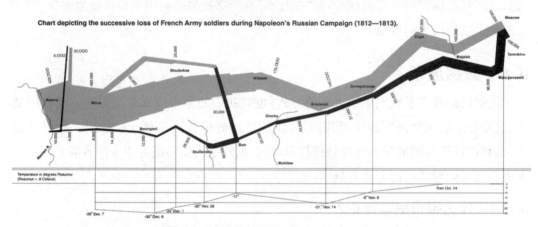

图6.8 拿破仑行军图(来源见维基百科)

在可视化图表工具的表现形式方面,图表类型表现得更加多样化、丰富化。除了传统的饼图、柱状图、折线图等常见图形,还有气泡图、面积图、省份地图、词云、瀑布图、漏斗图等酷炫图表,甚至还有地理信息系统(GIS)地图。这些种类繁多的图形能满足不同的展示和分析需求。

6.6.2 为什么要数据可视化?

数据可视化的应用价值,其多样性和表现力吸引了许多使用者。无论是动态还是静态的可视化图形,都为我们搭建了新的桥梁,让我们能洞察世界的究竟,发现形形色色的关系,感受每时每刻围绕在我们身边的信息变化,还能让我们理解其他形式下不易发掘的事物。

可视化技术把数据变为图形展示给大众,注重技术的实现及其算法的优化,通过开发可视化工具变抽象为具象,便于理解的同时加深印象。总结起来,数据可视化的原因有下面几点:

1. 我们利用视觉获取的信息量，远远比别的感官要多得多

如图 6.9 所示，视觉器官是人和动物利用光的作用感知外界事物的感受器官，光作用于视觉器官，使其感受细胞兴奋，其信息经过视觉神经系统加工后产生视觉。通过视觉，人和动物感知到画面的大小、明暗、颜色、变化趋势，人的知识中至少百分之八十以上的信息经过视觉获得，所以，数据可视化可以帮助我们更好地传递信息，毕竟人通过视觉获取信息比较容易。

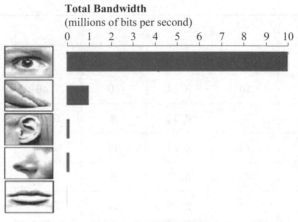

图 6.9　视觉器官带宽

2. 数据可视化能够在小空间中展示大规模数据

如图 6.10 所示，每一个数据变成一个点，数据间关系通过线段连接，大量的数据能映射到非常小的一张图片上。

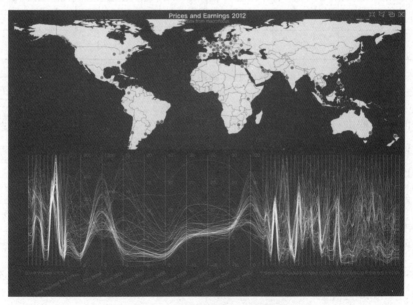

图 6.10　大数据的小空间展示

3. 数据可视化能够帮助我们对数据有更加全面的认识

对该解释有一个经典的例子,弗朗西斯·安斯科姆(F. J. Anscombe)于 1973 年在论文《统计分析中的图形》(*Graphs in Statistical Analysis*)中分析散点图和线性回归的关系时提到图像表示对数据分析的重要性。他用了下面这个例子,如图 6.11 有四组数据。

Ⅰ		Ⅱ		Ⅲ		Ⅳ	
x	y	x	y	x	y	x	y
10	8.04	10	9.14	10	7.46	8	6.58
8	6.95	8	8.14	8	6.77	8	5.76
13	7.58	13	8.74	13	12.74	8	7.71
9	8.81	9	8.77	9	7.11	8	8.84
11	8.33	11	9.26	11	7.81	8	8.47
14	9.96	14	8.10	14	8.84	8	7.04
6	7.24	6	6.13	6	6.08	8	5.25
4	4.26	4	3.10	4	5.39	19	12.5
12	10.84	12	9.13	12	8.12	8	5.56
7	4.82	7	7.26	7	6.42	8	7.91
5	5.68	5	4.74	5	5.73	8	6.89

图 6.11 四组实例数据

对这四组数据进行简单的数据分析,每组数据有变量 x 和 y,使用常用的统计算法去分析这四组数据,会发现这四组数据拥有相同的统计值:

- 平均值(Mean):$x=9$ $y=7.5$;
- 方差(Variance):$x=11$ $y=4.122$;
- 相关性(Correlation):$x-y$:0.816;
- 线性回归(Linear regression):$y=3.0+0.5x$。

显然,按照传统的统计分析方法,无法找出这四组数据的区别,但是如果采用可视化的方法:

首先导入 Python 常用的绘图工具 Matplotlib,然后利用绘图工具自带的散点图接

口,直接导入数据绘制散点图来可视化数据。代码如下所示:

```
#<程序6.1：散点图>
import matplotlib.pyplot as plt
plt.scatter(x, y, marker = 'x', color = 'red', s = 40 ,label = 'First')
#       记号形状颜色点的大小设置标签
```

用了简单的图表对比以后,就会发现实际上这些数据在用图像表示出来后,有完全不一样的故事,如图6.12所示。

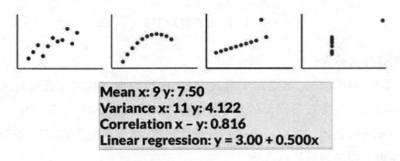

图6.12 数据图表对比

- 第一组数据图告诉我们:x 和 y 有弱线性关系(weak linear relation)。
- 第二组数据图告诉我们:x 和 y 有曲线回归关系(curve regression relation)。
- 第三组数据图告诉我们:x 和 y 有强线性关系(strong linear relation),而且还有一个异常点。
- 第四组数据图可以看出数据点的横坐标集中在一起,而且也有一个异常值。

4. 受人类大脑记忆能力的限制

人类的记忆能力是有限的,我们不可能记住所有的数据,单纯地记忆数据特征对我们来说也是不小的挑战。俗话说得好,百闻不如一见。如果能够将数据总结到一张图表中,我们通过图像,能更好地帮助我们记忆。

6.6.3 数据可视化的过程

在分析中所采取的具体步骤会随着数据集合项目的不同而不同,但在探索数据可视化时,总体而言应该考虑以下四点:

迭代的数据探索过程

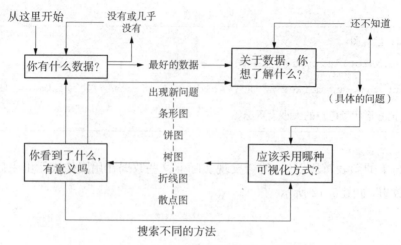

图 6.13　数据探索过程

1. 你拥有什么数据？

这一步常见的错误是先形成视觉形式，然后再找数据。其实应该反过来，先有数据，再进行可视化。通常获得需要的数据是最困难、耗时最多的一步。为了之后可视化，需要对数据进行整理。数据可视化是基于数据的，所以首先我们需要明确自己拥有的数据，并掌握必要的数据处理方法。

2. 关于数据，你想了解什么？

数据可视化主要有两个用途：一个是用于讲故事，一个是用于探索。往往当有一个包含数以千计甚至数百万个观察结果的数据集时，容易"淹没在信息海洋中"，不知道从哪里开始才好。为了避免这种情况的发生，你得学会提出与数据有关的问题，针对问题，回答得越具体，方向就越明确。

3. 应该采用哪种可视化方式？

有很多图表和视觉暗示的组合可以选择。为数据选择正确的表格的时候，要从不同的角度观察数据，并深入到对项目更重要的事情上。

制作多个图表时，要比较所有的变量，看看有没有值得进一步研究的东西。

先从总体上观察数据，然后放大到具体的分类和独立的特点。这里给出基本图表的选择方法：

- 柱状图：适用于二维数据集，但只有一个维度需要比较。柱状图利用柱子的高度，反应数据的差异。肉眼对高度差异很敏感，便是效果比较好。柱状图的局限在于只适用于中小规模的数据集。
- 折线图：折线图适用于二维的大数据集，尤其是那些趋势比单个数据点更重要的场合。它还适用于多个二维数据集的比较。

- 饼图:饼图应该是一种避免使用的图表,因为肉眼对面积的大小不敏感。一般情况下,总是应该用柱状图替代饼图,但是有一个例外,就是反映某个部分占整体的比重。
- 散点图:散点图适用于三维数据集,但其中只有两维需要比较。有时候为了识别第三维,可以为每个点加上文字标识,或者不同的颜色。
- 气泡图:气泡图是散点图的一种变形,通过每个点的面积大小,反映第三维。如果为气泡图加上不同颜色(或者文字标签),气泡图就可以用来表示四维数据。
- 雷达图:雷达图适用于多维数据(四维以上),且每个维度必须可以排序。但是,它有一个局限,就是数据点最多 6 个,否则无法辨别,因此适用场合有限。

4. 你看到了什么,有意义吗?

可视化数据之后,需要寻找一些东西。包括增长、减少、离群值,或者一些组合,当然,确保不要在模式中混入干扰信息。同时也要注意有多少变化,以及模式有多明显。数据中的差异与随机性相比是怎样的? 因为估值的不确定性、人为的或技术的错误或者因为人和事物与众不同,从而使得你的观察结果与众不同。人们常常认为数据就是事实,因为数字是不可能变动的。但是数据具有不确定性,因为每个数据点都是对某一瞬间所发生的事情的快速捕捉,其他的内容都是你推断的。

6.6.4 可视化主要实现技术和工具

可视化技术并不是一个新概念,随着 20 世纪计算机的诞生,数据可视化依托计算机科学与技术拥有了新的生命力,传统的编程语言都提供了绘图功能。例如 Windows GDI 函数。但是这些可视化能力特别是优美动态的可视化展现需要依赖繁琐的编程,因此并没能在大数据时代绽放异彩。

Python 编程语言中通过第三方绘图库的引入,提供了快速作图的能力。

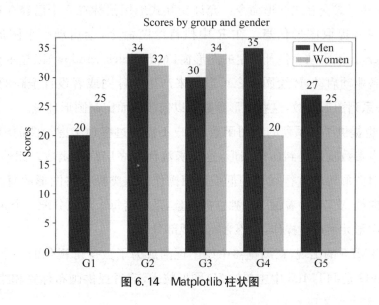

图 6.14 Matplotlib 柱状图

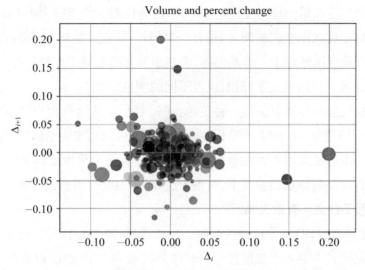

图 6.15　Matplotlib 散点图

Matplotlib 是 Python 最著名的绘图库。Matplotlib 实际上是一套面向对象的绘图库，它所绘制的图表中的每个绘图元素，例如线条 Line2D、文字 Text、刻度等在内存中都有一个对象与之对应。为了方便快速绘图，Matplotlib 通过 pyplot 模块提供了一套和 Matlab 类似的绘图应用程序接口（API），将众多绘图对象所构成的复杂结构隐藏在这套 API 内部。只需要调用 pyplot 模块所提供的函数就可以实现快速绘图以及设置图表的各种细节。pyplot 模块虽然用法简单，但不适合在较大的应用程序中使用。

数据分析工具中也提供了强大的绘图功能。如 R 提供了多种与绘图相关的命令，分成三类：①高级绘图命令。在图形设备上产生一个新的图区，它可能包括坐标轴、标签、标题等等。②低级绘图命令。在一个已经存在的图上加上更多的图形元素，如额外的点、线和标签。③交互式图形命令。允许交互式地用鼠标在一个已经存在的图上添加图形信息或者提取图形信息。在 R 中执行绘图命令，会启动一个图形设备驱动（device driver）。该驱动会打开特定的图形窗口（graphics window）以显示交互式的图片。一旦设备驱动启动，R 绘图命令可以用来产生统计图或者设计全新的图形显示。此外，R 有一系列图形参数，这些图形参数可以修改从而定制图形环境。

Matlab 也提供了一系列的绘图函数，用户不需要过多地考虑绘图的细节，只需要给出一些基本参数就能得到所需图形，这类函数称为高层绘图函数。此外，Matlab 还提供了直接对图形句柄进行操作的低层绘图操作。这类操作将图形的每个图形元素（如坐标轴、曲线、文字等）看做一个独立的对象，系统给每个对象分配一个句柄，可以通过句柄对该图形元素进行操作，而不影响其他部分。

随着 HTML5 的出现，在浏览器中绘图逐渐成为了数据可视化的一个重要方向。Canvas 和 SVG 是 HTML5 中主要的 2D 图形技术，前者提供画布标签和绘制 API，后者是一整套独立的矢量图形语言,成为 W3C 标准已经有十多年。总的来说,Canvas 技术较新,从很小众发展到广泛接受,注重栅格图像处理;SVG 则历史悠久,功能更完善,适合静态图片展示、高保真文档查看和打印等应用场景。

　　HTML5 Canvas 提供了非常多的 JS 库。知名的有:flot,基于 jquery,支持有限的视觉形式(折线、条形、面积、点)和缩放等动画效果,简单易用。RGraph,有优秀的动画效果,特点是有大量的传统统计图的例子,并且很容易对这些例子做定制。ChartJS,该库将很多基本统计图的实现方法封装起来,只要通过简单调用即可以实现。KineticJS 库的优点是在处理大量对象的时候很快,因为使用了多 Canvas 技术。在它的官网上甚至能找到很多类似于 flash 动画的例子。ProcessingJS 是著名的 Processing 语言的一个接口,用 Processing 的语法以 Canvas 进行绘图。优点是自由度大,缺点是没有预定义模板。Echarts 是一个由百度前端发起的 Canvas 国产类库。Echarts 其实是在 Canvas 类库 zrender 的基础上做的主题图库,优点是有数据驱动,图例丰富,功能强大,支持数据拖拽重计算,数据区域漫游,全中文文档。

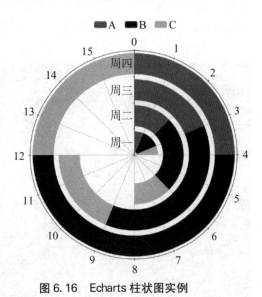

图 6.16　Echarts 柱状图实例

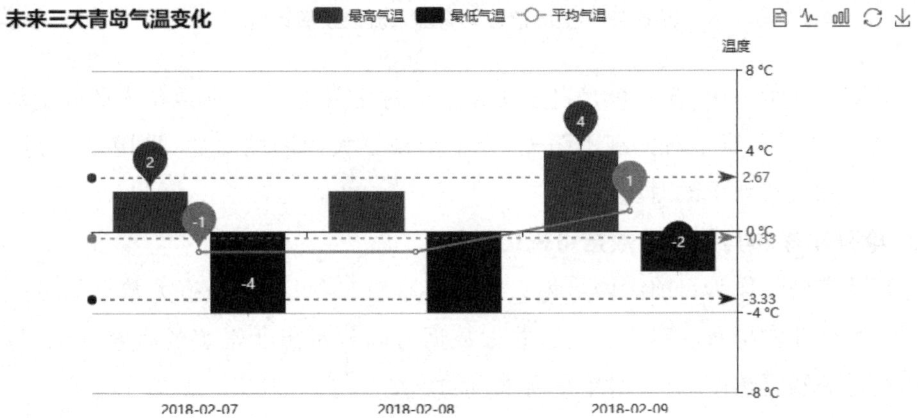

图 6.17　Echarts 天气图实例

　　SVG 最大的优点就是绘制和控制简单。直接在 html 页面里加入 xml 语句就可以编辑绘制。使用 SVG 时我们通常也是使用类库来提升效率。这里的类库主要有:highcharts.JS,在现代浏览器中使用 SVG 绘图,在 IE6,7,8 中用 VML 绘图。包含一堆预定义的图表和样式。Raphael.js,以著名画家拉斐尔之名命名的绘图 JS 库,跟

highcharts 类似，也是 SVG＋VML 兼容性方案。但它是开源的，应用也比较广泛。d3.js 是应用在 Web 开发上的开源 JS 组件库，应用最为广泛。

6.6.5 数据可视化案例

1. 上海市各大商圈人流量预警系统

上海市各大商圈人流量预警系统展示了一张地图，该地图基于百度地图开发，显示范围固定为上海市区域。这张图以热力图的方式反映了各商圈的人流信息，人数越多的地方越是热门。当鼠标悬浮到某个信息点的时候，会显示该商圈具体人流情况。系统界面中包含时间信息、天气预报、事故预警、人流信息列表、地图容器，以及两个数据分析图表。

图 6.18　上海市各大商圈人流量预警系统

在商圈人流走势中，横坐标是自定义算法中的商圈拥挤度，所以各大商圈走势几乎一致，在拥挤度的差别上对比却不明显，为了体现三大商圈的对比，采用 d3.js 库动态地展示了商圈人流数上的对比。

2. 摩拜单车和其他参考数据可视化作品

摩拜单车曾经作为目前国内最为火爆的共享单车项目，在骑行大数据的可视化上面做了一系列非常精彩的案例。由这些大数据可以分析出非常多的有趣信息，包括一个城市街道的骑行热度、城市对单车需求点的热度等等。如图 6.19 所示：

6.7　实践：Python 网络爬虫

本节我们将学习网络爬虫，利用 Python 的 lxml、request、csv 等模块采集与存储网页数据，以爬取豆瓣电影 Top250 为例进行解释，采集豆瓣电影前 250 名信息，将采集的信息存储在 csv 文件中。此外，我们还将学习数据可视化，学会将一些数据用合适的

图 6.19 摩拜单车骑行数据分布图

图表直观地展现出来,以便于更好地分析数据。

6.7.1 爬虫模块

计算机一次 request 请求和服务器的 response 回应,即实现了网络连接。爬虫机制简单来讲主要可以分为两步:

(1) 模拟计算机对服务器发起 request 请求;

(2) 接收服务器的 response 内容并解析,提取所需的信息。

1. 主要思路分析

(1) 爬取的内容为豆瓣电影 Top250 的信息,如图 6.20 所示:

图 6.20 爬取的内容

(2) 爬取豆瓣电影 Top250 信息,通过手动浏览,以下为前 4 页的网址:

https://movie.douban.com/top250?start=0&filter=

https://movie.douban.com/top250?start=25&filter=

https://movie.douban.com/top250?start=50&filter=

https://movie.douban.com/top250?start=75&filter=

只需要改动 start 后面的数字就可以构造出 10 页的网址。

（3）需要爬取的信息有：电影名称，导演及主演，电影信息，星级，评价数量，如图 6.21 所示：

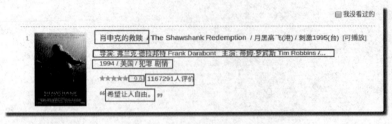

图 6.21　爬取的内容具体信息

（4）运用 Python 中的 csv 库，把爬取的信息保存在本地。

2. 爬虫模块介绍

lxml 库是基于 libxml2 的 XML 解析库的 Python 封装，用 C 语言编写，是一个 HTML/XML 的解析器，该库使用 Xpath 语法解析定位网页数据，主要的功能是如何解析和提取 HTML/XML 数据。

request 是用 Python 语言编写的第三方库，基于 urllib，采用 Apache2 Licensed 开源协议的 HTTP 库。它比 urllib 更加方便，完全满足 HTTP 测试需求，多用于接口测试，库用于向网页服务器发送请求，从而获得网页的数据。

3. 环境安装

确保安装爬虫需要的库，包括 lxml，requests，如果没有安装，只需要执行如下命令即可安装：

```
pip install lxml
pip install requests
```

4. 参考代码

```
#<程序6.2：网络爬虫>
writer = csv.writer(fp)
#1.先定义要爬取的字段
writer.writerow(('name','actor','infomation','date','star','evaluate','introduction'))
#2.定义要爬取的链接及设置header相关参数
urls = ['https://movie.douban.com/top250?start={}&filter='.format(str(i)) for i in range(0,250,25)]
headers = {
```

```
    'User-Agent':'Mozilla/5.0 (X11; Linux x86_64) AppleWebKit/537.36 (KHTML,
like Gecko) Ubuntu Chromium/69.0.3497.81 Chrome/69.0.3497.81 Safari/537.36'
}
#3.通过 request 请求访问网页并且获取网页内容
for url in urls:
    html = requests.get(url,headers=headers)
    selector = etree.HTML(html.text)   #catch html text
    infos = selector.xpath("//ol[@class='grid_view']/li")
    #visit all the urls and get information
#4.解析网页内容
    for info in infos:
        name                                                                    =
info.xpath(".//div[@class='item']//div[@class='info']//div[@class='hd']//a/s
pan[1]/text()")
    names = ''.join(name)
```

5. 执行结果

肖申克的救赎　导演：弗兰克·德拉邦特 Frank Darabont 主演：蒂姆·罗宾斯 Tim Robbins /...
1994/美国/犯罪　剧情 9.6 1167291 人评价

霸王别姬　导演：陈凯歌 Kaige Chen 主演：张国荣 Leslie Cheung / 张丰毅 Fengyi Zha... 1993/
中国大陆　香港/爱情　同性　剧情 9.6 853722 人评价

这个杀手不太冷　导演：吕克·贝松 Luc Besson 主演：让·雷诺 Jean Reno / 娜塔莉·波特曼...
1994/法国/ 动作　犯罪　剧情 9.4 1076861 人评价

6.7.2 可视化模块

通过 Matplotlib，开发者可以生成绘图、直方图、功率谱、条形图、错误图、散点图等。

（1）或者使用 pip 进行安装：

```
pip install Matplotlib
```

（2）安装之后，导入 Matplotlib 模块就可以使用，下面是一些简单的例子：

① 绘制散点图：

```
#<程序6.3：绘制散点图>
import matplotlib.pyplot as plt
import numpy as np
n = 1024
X = np.random.normal(0,1,n)
Y = np.random.normal(0,1,n)
plt.scatter(X,Y)       #绘制散点图
plt.show()             #显示图像
```

运行结果：

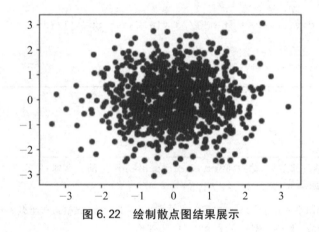

图 6.22 绘制散点图结果展示

② 绘制正弦、余弦曲线：

```
#<程序6.4：绘制正弦、余弦曲线>
import matplotlib.pyplot as plt
import numpy as np
X = np.linspace(-np.pi, np.pi, 256,endpoint=True)  #生成等差数列
C,S = np.cos(X), np.sin(X)   #绘制正弦、余弦图像
plt.plot(X,C)  #绘制图像
plt.plot(X,S)
plt.show()   #显示图像
```

运行结果：

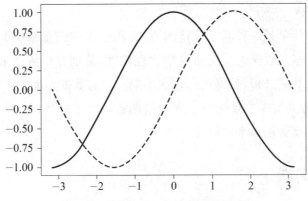

图 6.23　绘制正弦、余弦曲线结果展示

③ 绘制等高线图：

```
#<程序6.5：绘制等高线图>
import matplotlib.pyplot as plt
import numpy as np
def f(x,y): return (1-x/2+x**5+y**3)*np.exp(-x**2-y**2)
n = 256
x = np.linspace(-3,3,n) #生成等差数列
y = np.linspace(-3,3,n)
X,Y = np.meshgrid(x,y)         #生成网格点坐标矩阵
plt.contourf(X, Y, f(X,Y), 8, alpha=.75, cmap='jet')    #绘制等高线
C = plt.contour(X, Y, f(X,Y), 8, colors='black', linewidth=.5)
plt.show()
```

运行结果：

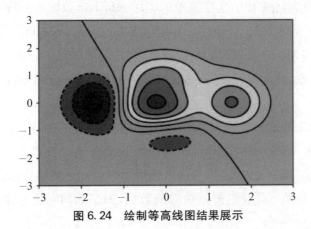

图 6.24　绘制等高线图结果展示

6.8 本章小结

数据生命周期管理是一种基于策略的方法，用于管理信息系统的数据在整个生命周期内的流动。本章从数据的全生命周期管理角度，分别介绍数据采集、数据存储、数据管理、数据计算、数据分析、数据展示这些不同阶段的数据处理工作的关键技术，并以 Python 网络爬虫为例实践了数据的全生命周期管理。这些关键技术的发展共同推动了数据的全生命周期管理水平的提高。

6.9 习题与实践

复习题

1. 数据的全生命周期管理包括哪些阶段？
2. 数据采集的概念是什么？都有哪些方法？
3. 什么是数据管理？比较传统的数据管理和大数据管理技术有什么异同？
4. 大数据的计算模式可以分为哪几类？
5. 什么是数据分析？有哪些数据分析的方法或者模型？
6. 数据可视化的原因有哪些？

践习题

1. 修改 6.7.1 实验代码，实现将爬取数据保存到数据库当中。
2. 熟悉爬虫的 scrapy 框架，并且自己动手安装。了解该框架的优缺点。
3. 用 scrapy 框架初始化一个简单的爬虫项目，并且熟悉项目各个架构代码。
4. 用 scrapy 框架爬取当当网计算机类书籍信息的首页。
5. 在习题 4 的基础上，自动爬取该类书籍的所有信息页面。
6. 实现 scrapy 和 mysql 数据库的连接操作，将爬取到的信息存储到数据库当中。
7. 熟悉可视化包 Matplotlib，绘制任一数据集的三种常见图形。
8. 熟悉可视化包 Seaborne，绘制任一数据集的三种常见图形。
9. 使用 pandas 和 Matplotlib，实现简单的程序分析 Iris 数据集的特征间的关系，数据集可以在 UCI 网站下载。（UCI：https://archive.ics.uci.edu）
10. 使用 pandas 和 Matplotlib 以及 Seaborne，实现简单的程序分析泰坦尼克号数据集的特征间的关系，数据集可在 Kaggle 网站上下载。（kaggle:kaggle.com）

研习题

1. 是否存在一种文件系统能够应对所有类型的文件存储？为什么？
2. 阅读"文献阅读"部分的论文[13]，深入理解谷歌的 GFS 技术。
3. 阅读"文献阅读"部分的论文[14]，深入理解 Key-Value 存储技术。
4. 爬虫可以很方便地下载我们想要获取的数据，但是如何写出稳定可靠的爬虫代码是很有技术含量的，我们必须明白爬虫的原理机制是什么，请查阅相关资料阐明其原理，并说说如何能写出稳定的爬虫工具。

5. 数据清洗和预处理是非常重要的数据科学工作流环节，因为我们获取的数据往往非常"脏"，无法直接使用。能否对数据进行很好的清洗和预处理对最终的建模结果影响很大，请探究常用的数据清洗和预处理方法有哪些，这些方法又对应着什么样的应用场景。

第 7 章　数据库系统

CHAPTER SEVEN

尽管我因为在数据库方面的贡献而为人所熟知，但架构师的工作才是我所擅长的：分析需求并构建简单但优雅的解决方案。

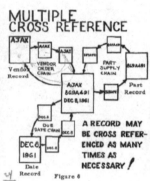

——查尔斯·巴克曼（Charles Bachman）

DATA IS NEW POWER

开篇实例

数据库系统的研究和开发从 20 世纪 60 年代中期开始到现在，几十年过去了，经历三代演变，取得了十分辉煌的成就：造就了巴克曼（C. W. Bachman）、考特（E. F. Codd）和格雷（J. Gray）三位图灵奖得主；发展了以数据建模和数据库管理系统（DBMS）为核心技术、内容丰富的一门学科；带动了一个巨大的、数百亿美元的软件产业。

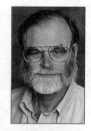

巴克曼（1973）：关系数据库之父
考特（1981）：关系模型研究功臣
格雷（1998）：开创性的数据库事务处理技术

> **开篇实例**
>
> 今天,随着计算机系统硬件技术的进步以及互联网技术的发展,数据库系统所管理的数据以及应用环境发生了很大的变化。其表现为数据种类越来越多、越来越复杂,数据量剧增,应用领域越来越广泛,可以说数据管理无处不需、无处不在,数据库技术和系统已经成为信息基础设施的核心技术和重要基础。
>
> 数据库技术从诞生到现在,在不到半个世纪的时间里,形成了坚实的理论基础、成熟的商业产品和广泛的应用领域,吸引了越来越多的研究者加入。数据库的诞生和发展给计算机信息管理带来了一场巨大的革命。几十年来,国内外已经开发建设了成千上万个数据库,它已成为企业、部门乃至个人日常工作、生产和生活的基础设施。同时,随着应用的扩展与深入,数据库的数量和规模越来越大,数据库的研究领域也已经大大地拓广和深化了。40 年间,数据库领域获得了三次计算机图灵奖(巴克曼、考特和格雷),更加充分地说明了数据库是一个充满活力和创新精神的领域。

数据库是当前数字化社会数据管理的基石,从其诞生开始就有着严谨数据理论的支持。在经历了几十年的发展后,已经成为一个相对成熟的领域。本章主要内容如下:7.1 节介绍数据库的起源与发展,7.2 节介绍关系数据库,7.3 节介绍数据仓库与 OLAP,7.4 节介绍 SQL 语言,7.5 节介绍 SQL 数据处理与分析的实践。

7.1 数据库的起源与发展

数据库技术是 20 世纪 60 年代开始兴起的一门信息管理自动化的新兴学科,是计算机科学中的一个重要分支。随着计算机应用的不断发展,在计算机应用领域中,数据处理越来越占主导地位,数据库技术的应用也越来越广泛。数据库是数据管理的产物。数据管理是数据库的核心任务,本节将沿着历史发展的轨迹,追溯数据库的发展历程。

7.1.1 数据管理

数据库的历史可以追溯到 50 多年前,那时的数据管理非常简单。通过大量的分类、比较和表格绘制的机器运行数百万穿孔卡片来进行数据的处理,其运行结果在纸上打印出来或者制成新的穿孔卡片。而数据管理就是对所有这些穿孔卡片进行物理的储存和处理。

20 世纪 50 年代中期以前,计算机主要用于科学计算,该阶段数据管理的主要特征是:数据保存不可靠;应用程序管理数据;数据不共享;数据不具有独立性。

20 世纪 50 年代后期到 60 年代中期,这时硬件方面已经有了磁盘、磁鼓等直接存取存储设备;软件方面,操作系统中也有了专门的数据管理软件,即文件系统。该阶段数据的存储具有如下特点:数据可以长期保存,由文件系统管理所有的数据。但也存在

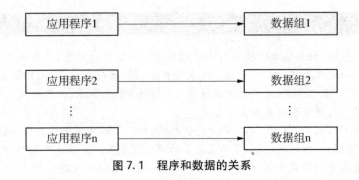

图 7.1　程序和数据的关系

着数据共享性差、冗余度大、文件仅面向应用的缺陷。

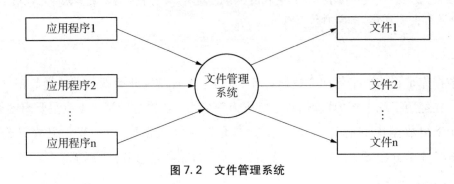

图 7.2　文件管理系统

到了 20 世纪 60 年代后期,数据库技术应运而生,出现了统一管理数据的专门软件系统——数据库管理系统,它的优点就是能够减少数据的冗余度,同时实现数据的充分共享。

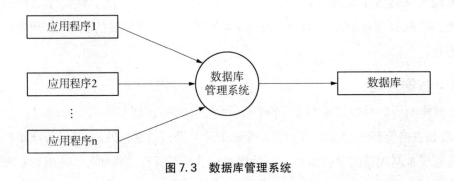

图 7.3　数据库管理系统

数据库管理系统由数据库存储的硬件基础设施和软件部分组成,硬件基础设施主要就是我们的数据库服务器,也即我们说的通用服务器。而数据库管理的软件部分就是我们称之为 DBMS 的软件系统。数据库的逻辑数据模型先后经历了层次数据模型、网状数据模型和关系数据模型,其中关系数据模型是当今用得最多的数据库模型。

7.1.2 关系数据库的由来

数据库系统的萌芽出现于 20 世纪 60 年代。当时计算机开始广泛地应用于数据管理，对数据的共享提出了越来越高的要求。传统的文件系统已经不能满足人们的需要。能够统一管理和共享数据的数据库管理系统（DBMS）应运而生。数据模型是数据库系统的核心和基础，各种 DBMS 软件都是基于某种数据模型的。所以通常也按照数据模型的特点将传统数据库系统分成网状数据库（network database）、层次数据库（hierarchical database）和关系数据库（relational database）三类。

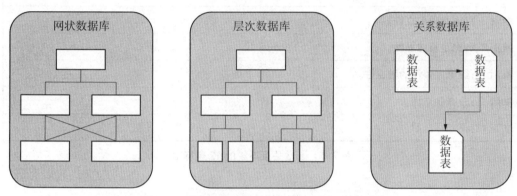

图 7.4　网状数据库、层次数据库和关系数据库

最早出现的是网状 DBMS，1961 年通用电气公司的查尔斯·巴克曼成功地开发出世界上第一个网状 DBMS，也是第一个数据库管理系统——集成数据存储（Integrated Data Store，IDS），奠定了网状数据库的基础，并在当时得到了广泛的流行和应用。

层次型 DBMS 是紧随网络型数据库出现的。最著名最典型的层次数据库系统是 IBM 公司在 1968 年开发的 IMS（Information Management System），一种适合其主机的层次数据库。这是 IBM 公司研制的最早的大型数据库系统程序产品。

1970 年，IBM 的研究员考特博士在刊物《美国计算机协会通讯》上发表了一篇名为《大型共享数据库的关系模型》的论文，提出了关系模型的概念，奠定了关系模型的理论基础。这篇论文被普遍认为是数据库系统发展历史上具有划时代意义的里程碑。考特的心愿是为数据库建立一个优美的数据模型。后来考特又陆续发表多篇文章，论述了范式理论和衡量关系系统的 12 条标准，用数学理论奠定了关系数据库的基础。

基础(准则0):一个关系型的DBMS必须能完全通过它的关系能力来管理数据库。
准则1:信息准则。
准则2:保证访问准则。
准则3:空值的系统化处理。
准则4:基于关系模型的动态的联机数据字典。
准则5:统一的数据子语言准则。
准则6:视图更新准则。
准则7:高级的插入、修改和删除操作。
准则8:数据物理独立性。
准则9:数据逻辑独立性。
准则10:数据完整性的独立性。
准则11:分布独立性。
准则12:无破坏准则。

图7.5 衡量关系系统的12条标准

关系模型建立之后,IBM公司在圣何塞(San Jose)实验室增加了更多的研究人员研究这个项目,这个项目就是著名的System R。其目标是论证一个全功能关系DBMS的可行性。该项目结束于1979年,完成了第一个实现SQL的DBMS。

关系型数据库系统以关系代数为坚实的理论基础,经过几十年的发展和实际应用,技术越来越成熟和完善。其代表产品有Oracle、IBM公司的DB2、微软公司的MS SQLServer以及Informix、ADABASD等。

7.2 关系数据库

7.2.1 关系数据库基础

考特提出的关系数据模型基于表格(关系)、行、列、属性等基本概念,把现实世界中的各类实体(entity)及其关系(relationship)映射到表格上。这些概念易于理解。考特还为关系模型建立了严格的关系代数运算。

关系模型在首次提出来的时候曾经受到严重的质疑。一些专家学者认为,关系数据库需要进行表格的连接操作,不可能获得和层次、网状数据库一样的高性能。但是历史的潮流不可阻挡,世界各地的研究人员致力于关系数据模型及相关技术(特别是查询处理技术)的研究和开发。研究人员对包括存储、索引、并发控制、查询优化、执行优化（包括各种连接算法）等关键技术进行了研究，并且针对数据库的 ACID（Atomicity 原子性、Consistency 一致性、Isolation 隔离性、Durability 持久性）保证提出了日志、检查点和恢复等技术。这些技术解决了数据的一致性、系统的可靠性等关键问题，为关系数据库技术的成熟以及在不同领域的大规模应用创造了必要的条件。

1974 年，交互式查询语言 SEQUEL（Structured English Query Language）作为 System R 项目的一部分，被 IBM 的工程师开发出来。这是 SQL 语言的前身。现在，SQL 语言已经成为国际标准，成为各个厂家数据库产品的标准的数据定义语言、查询语言和控制语言。SQL 语言非常容易理解，普通用户经过简单培训就可以掌握和使用。使用 SQL 语言，用户只需要告诉系统查询目的是什么（需要查询什么数据），即"What"，并不需要告诉系统怎么样去做，即"How"，包括数据在磁盘上是怎么存储的、可以使用什么索引结构来加快数据访问以及使用什么算法对数据进行处理等，都无需用户关心。关系数据库系统的查询优化器根据用户的查询特点和数据的特点，自行选择合适的查询执行计划，通过过滤、连接、聚集等操作完成用户的查询，达到执行速度快、消耗资源少、尽快获得部分结果等目标。查询优化器经历了从简单到复杂、基于规则到基于代价模型的发展阶段，是关系数据库系统最重要的和最复杂的模块之一。

容易理解的模型、容易掌握的查询语言、高效的优化器、成熟的技术和产品，使得关系数据库成为数据管理的首要选择。虽然 1970 年至 2000 年间并非所有的数据库系统都是基于关系模型的，针对特定应用出现了包括面向 XML 文档管理和查询（XQuery）的 XML 数据库、面向多媒体数据管理的多媒体数据库、面向高维时空数据处理的时空数据库、RDF 数据库、面向对象的数据库等，但是关系数据库技术和产品占据了绝对的统治地位（包括技术和市场）。关系数据库管理系统厂商还通过扩展关系模型，支持半结构化和非结构化数据的管理，包括 XML 数据、多媒体数据等，并且通过用户自定义类型（User Defined Type，UDT）和用户自定义函数（User Defined Function，UDF）提供面向对象的处理能力，进而巩固了关系数据库技术的王者地位。关系数据库还可以通过裁剪适应特定的应用场合，比如流数据的处理（stream processing，一般基于内存数据库实现），用户可以在源源不断涌来的序列数据上运行 SQL 查询，获得时间窗口上的结果，实现对数据的及时（on the fly）分析和监控。

围绕 RDBMS，形成了一个完整的生态系统（厂家、技术、产品、服务等），提供了包括数据采集、数据清洗和集成、数据管理、数据查询和分析、数据展现（可视化）等技术和产品，创造了巨大的数据库产业。

> **背景材料：数据库著名人物**
>
> - 埃德加·考特(Edgar F. Codd)
>
> 埃德加·弗兰克·考特(1923-2003)是密歇根大学哲学博士，IBM公司研究员，被誉为"关系数据库之父"，并因为在数据库管理系统的理论和实践方面的杰出贡献于1981年获图灵奖。1970年，考特发表题为"大型共享数据库的关系模型"的论文，首次提出了数据库的关系模型。因为关系模型简单明了以及具有坚实的数学理论基础，所以一经推出就受到了学术界和产业界的高度重视和广泛响应，并很快成为数据库市场的主流。20世纪80年代以来，计算机厂商推出的数据库管理系统几乎都支持关系模型，数据库领域当前的研究工作大都以关系模型为基础。
>
> - 戴特(C. J. Date)
>
> 戴特是最早认识到考特在关系模型方面所做的开创性贡献的学者之一，他是关系数据库技术领域中非常著名的独立撰稿人、学者和顾问，他使得关系模型的概念普及化。他参与了IBM公司的SQL/DS和DB2两大产品的技术规划和设计。30多年来，戴特一直活跃在数据库领域中，其著作有《数据库系统导论》《对象关系数据库基础：第三次宣言》(1998)等。
>
> - 吉姆·格雷(Jim Gray)
>
> 吉姆·格雷毕业于加州大学伯克利分校，先后供职于IBM公司、微软旧金山研究所。格雷曾参与主持过IMS、System R、SQL/DS、DB2等项目的开发。他在事务处理技术方面作出了突出的贡献，使他成为该技术领域公认的权威，他的研究成果反映在他发表的一系列论文和研究报告之中，最后结晶为一部厚厚的专著《事物处理：概念与技术》。格雷"开创性的数据库研究"为数据库系统的应用奠定了坚实基础，并在1998年获得了计算机科学领域的最高奖项——图灵奖。

数据库的事务处理是关系数据库中一个非常重要的部分，事务具有原子性、一致性、隔离性、持久性四种属性，这四种属性我们可以简称为ACID，即这四个单词的首字母。

- 原子性是指事务必须是原子工作单元，对于其数据修改，要么全都执行，要么全都不执行。
- 一致性是指数据库在使用前后应该是一致的。
- 隔离性是指由并发事务所作的修改必须与任何其他并发事务所作的修改隔离，即事务查看数据时数据所处的状态，要么是另一并发事务修改它之前的状态，要么是另一事务修改它之后的状态，事务不会查看中间状态的数据。
- 持久性是指事务完成之后，它对于系统的影响是永久性的。该修改即使出现致命的系统故障也将一直保持。

7.2.2 关系

设想一个包含在单张表中的发票数据库，每张发票必须保存订单与客户信息。如果需要为同一个客户存储多张发票,信息将出现重复。

重复的信息很难管理和更新,为解决这个问题,关系模型将相关信息分解到不同的表中。例如,我们将发票数据分为"订单"与"客户"两张表,并使"订单"表中每一行引用"客户"表中某一行。

日期	客户姓名	客户电话	订单总额
2017-02-17	张三	997-1009	¥93.37
2017-02-18	李四	101-9973	¥77.57
2017-02-20	张三	997-1009	¥99.73
2017-02-22	张三	997-1009	¥12.01

图 7.6　存储在单张表中的发票数据

订单

ID	日期	客户	金额
1	2017-02-17	37	¥93.37
2	2017-02-18	73	¥77.57
3	2017-02-20	37	¥99.73
4	2017-02-22	37	¥12.01

客户

ID	姓名	电话
37	张三	997-1009
73	李四	101-9973

图 7.7　行之间的关系可以避免数据重复

通过将不同表中的数据关联起来,同一个客户可以出现在许多订单中而不会造成数据复用。为支持关系的使用,每张表都有一个特殊的标识字段(或 ID),它用于引用表中特定的行。ID 值必须唯一,即两行不能共享同一个 ID。表的 ID 字段也称为主键,记录对其他行 ID 的引用的字段称为外键。

借用主键和外键,就能在不同的数据集之间创建复杂的关系。

7.2.3　结构化查询语言

1974 年,IBM 的雷·博伊斯(Ray Boyce)和唐·钱伯林(Don Chamberlin)将考特关系数据库的 12 条准则的数学定义以简单的关键字语法表现出来,里程碑式地提出了 SQL(Structured Query Language)语言。SQL 语言的功能包括查询、操纵、定义和控制,是一个综合的、通用的关系数据库语言,同时又是一种高度非过程化的语言,只要求用户指出做什么而不需要指出怎么做。SQL 集成实现了数据库生命周期中的全部操作,提供了与关系数据库进行交互的方法。SQL 可以与标准的编程语言一起工作。自产生之日起,SQL 语言便成了检验关系数据库的试金石,而 SQL 语言标准的每一次变更都指导着关系数据库产品的发展方向。1986年,美国国家标准协会(ANSI)把SQL作为关系数据库语言的美国标准,同年公布了标准SQL文本。

1976年IBM的考特发表了一篇里程碑式的论文《R系统:数据库关系理论》,介绍了关系数据库理论和查询语言SQL。随后,甲骨文公司(Oracle)的创始人拉里·埃里森(Larry Ellison)非常仔细地阅读了这篇文章,敏锐意识到在这个研究基础上可以开发商用软件系统,而当时大多数人认为关系数据库不会有商业价值。几个月后,埃里森他们就开发了Oracle 1.0。今天,Oracle数据库的最新版本为11g,包括几乎所有的世界500强企业都在使用Oracle的数据库。

下面所示代码是一个查询客户总消费额的示例代码,该查询基于如图7.7所示的数据表。

程序7.1 查询客户总消费额

```
1  SELECT 姓名,SUM(金额)
2  FROM 订单,客户
3  WHERE 订单.客户 = 客户.ID
4  GROUP BY 姓名
```

7.2.4 索引

通常情况下,DBMS为数据库中的每个主键都建立一个索引。如果经常需要通过搜索其他字段来查找寄存器(如根据姓名搜索客户),可以指示DBMS为这些字段建立额外的索引。

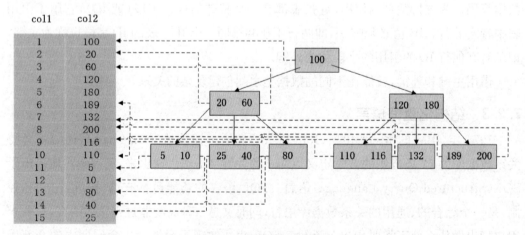

图7.8 数据库索引示例

具有唯一性约束的字段通常会自动建立索引。当插入新的行时,DBMS必须对整个表进行搜索以确保没有违反唯一性约束。在没有索引的字段中查找某个值时,需要检索表中的所有行；而对于建立了索引的字段，我们很快就能找到准备插入的值是否已经存在。为具有唯一性约束的字段建立索引，对实现元素的快速插入至关重要。

在建立索引的字段中，索引有助于排序顺序获取行。例如，如果"姓名"字段包括索引，那么无须额外的计算就能按照姓名对行排序。而在没有索引的字段中使用 ORDER BY 时，DBMS 必须在处理查询请求前先对内存中的数据排序。当查询涉及的行数过多时，对于那些请求按照非索引字段排序的查询，不少 DBMS 甚至可能拒绝执行。

索引的功能强大，可以实现极快的查询以及对排序数据的即时访问。那么为何不为每张表的所有字段都建立索引呢？这是因为在表中插入或删除一个寄存器时，必须更新表的全部索引以反映这种变化。如果索引数量很多，更新、插入或删除行的计算开销可能会变得很大。此外，索引会占用磁盘空间，而这并非是无限的资源。

7.2.5 事务

想象一家神秘的瑞士银行没有任何转账记录，银行的数据库仅存储账户余额。假设有人希望将资金从自己的账户转移到朋友在同一家银行开设的账户，那么银行的数据库必须执行两项操作：从一个账户扣除金额，并向另一个账户添加金额。

数据库服务器通常允许多个客户同时读写数据，因为采用顺序方式执行操作会导致 DBMS 的速度过慢。问题在于，如果有人在扣除金额之后、添加金额之前查询所有账户的总余额，就会发现资金丢失。更糟糕的是，如果系统在两项操作之间断电会发生什么情况？当系统恢复连接后，很难找出数据不一致的原因。

因此，数据库系统要么执行某项多部分操作的所有更改，要么保持数据不变。为此，数据库系统提供了一种称为事务的功能，它是必须以原子方式执行的数据库操作的列表。事务有助于简化程序员的工作：数据库系统负责保持数据库的一致性，程序员只需要将相关操作包装在一起即可。

程序7.2：数据库事务

```
1  START TRANSACTION;
2  UPDATE vault SET balance = balance + 50 WHERE id=2;
3  UPDATE vault SET balance = balance - 50 WHERE id=1;
4  COMMMIT;
```

在没有事务的情况下执行多步更新，最终会导致数据出现无法控制、难以预料且不易发现的不一致问题。

7.2.6 非关系数据库

关系数据库功能强大，但也存在一定的局限性。随着应用程序越来越复杂，其关系数据库将包括越来越多的表。查询变得越来越庞大,越来越难以理解。此外,JOIN 操作逐渐增多,不仅会增加计算成本,还可能造成严重的瓶颈。非关系模型抛弃了表格关系,它几乎不需要合并来自多个数据条目的信息。由于非关系数据库系统使用不同于 SQL 的查询语言,也被称为 NoSQL(Not Only SQL)数据库。

最为人所熟知的 NoSQL 数据库类型是文档存储。在文档存储中,数据条目完全按照应用程序需要的方式保存。以存储博客文章为例,下图比较了表格方式与文档方式的区别。

评论			文章			作者		
内容	文章		ID	标题	文章		ID	标题	头像
内容X	1		1	标题1	10		10	作者A	URL 1
内容Y	1		2	标题2	11		11	作者B	URL 2
内容Z	2		3	标题3	11				

文章

ID : 1	ID : 2	ID : 3
标题1 作者A、URL 1 内容 X 内容 Y	标题 2 作者 B URL 2 内容 Z	标题 3 作者 B、URL 2

图 7.9 采用关系模型(上)与非关系模型(下)存储数据

在有组织且持久的数据存储方式中,键值对存储是最简单的形式,主要在缓存中使用。例如,用户向服务器请求特定网页时,服务器必须从数据库获取网页的数据,并使用这些数据渲染准备发送给用户的 HTML。对需要处理数千次并发访问的高流量网站而言,这种操作并不可行。

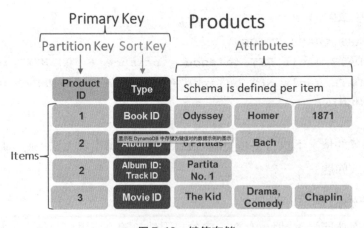

图 7.10 键值存储

为解决这个问题,使用键值对存储作为缓存机制。其中键是所请求的 URL,值是相应网页的最终 HTML 用户。用户下一次请求相同的 URL 时,只需要使用 URL 作为键,从键值对存储中检索已生成的 HTML 即可。

图数据将数据存储为节点,关系存储为边。结点不依赖于固定的模式,可以灵活地存储数据。图结构能根据数据条目之间的关系有效地处理数据条目。

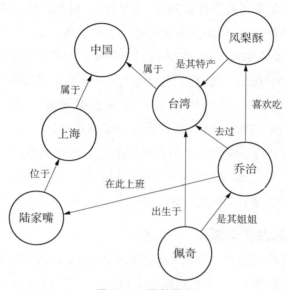

图 7.11 图数据库

7.2.7 面向对象数据库

随着信息技术和市场的发展,人们发现关系型数据库系统虽然技术很成熟,但其局限性也是显而易见的:它能很好地处理所谓的"表格型数据",却对技术界出现的越来越多的复杂类型的数据无能为力。20 世纪 90 年代以后,技术界一直在研究和寻求新型数据库系统。但在什么是新型数据库系统的发展方向的问题上,产业界一度是相当困惑的。受当时技术风潮的影响,在相当一段时间内,人们把大量的精力花在研究"面向对象的数据库系统"(Object Oriented Database)或简称"OO 数据库系统"。

然而,数年的发展表明,面向对象的关系型数据库系统产品的市场发展的情况并不理想。理论上的完美性并没有带来市场的热烈反应。其不成功的主要原因在于,这种数据库产品的主要设计思想是企图用新型数据库系统来取代现有的数据库系统。这对许多已经运用数据库系统多年并积累了大量工作数据的客户,尤其是对大客户来说,是无法承受新旧数据间的转换而带来的巨大工作量及巨额开支的。另外,面向对象的关系型数据库系统使查询语言变得极其复杂,从而使得无论是数据库的开发商还是应用客户都视其复杂的应用技术为畏途。

7.2.8 决策支持系统

20世纪60年代后期出现了一种新型数据库软件：决策支持系统（Decision Support System,DSS），其目的是让管理者在决策过程中更有效地利用数据信息。

决策支持系统是辅助决策者通过数据、模型和知识，以人机交互方式进行半结构化或非结构化决策的计算机应用系统。它是信息管理系统向更高一级发展而产生的先进信息管理系统。它为决策者提供分析问题、建立模型、模拟决策过程和方案的环境，调用各种信息资源和分析工具，帮助决策者提高决策水平和质量。

1988年，为解决企业集成问题，IBM公司的研究员巴里·德夫林（Barry Devlin）和保罗·墨菲（Paul Murphy）创造性地提出了一个新的术语——数据仓库（data warehouse）。之后，IT厂商开始构建实验性的数据仓库。1991年，恩门（W. H. Inmon）出版了《如何构建数据仓库》，使得数据仓库真正开始应用。

数据仓库是决策支持系统和联机分析应用数据源的结构化数据环境，是一个面向主题的（subject oriented）、集成的（integrated）、相对稳定的（non-volatile）、反映历史变化（time variant）的数据集合，用于支持管理决策（Decision Making Support）。

7.2.9 数据挖掘和商务智能

数据仓库和数据挖掘是随后迅速发展起来的数据库方面的新技术和新应用。其目的是充分利用已有的数据资源，把数据转换为信息，从中挖掘出知识，提炼成智慧，最终创造出效益。数据仓库和数据分析、数据挖掘的研究和应用，需要把数据库技术、统计分析技术、人工智能、模式识别、高性能计算、神经网络和数据可视化等技术相结合。

随着数据仓库、联机分析技术的发展和成熟，商务智能的框架基本形成，但真正给商务智能赋予"智能"生命的是它的下一个产业链——数据挖掘。

数据挖掘是指通过分析大量的数据来揭示数据之间隐藏的关系、模式和趋势，从而为决策者提供新的知识。之所以称之为"挖掘"，是比喻在海量数据中寻找知识，就像从沙里淘金一样困难。

数据挖掘是数据量快速增长的直接产物。20世纪80年代，它曾一度被专业人士称之为"基于数据库的知识发现"（Knowledge Discovery in Database,KDD）。数据仓库产生以后，如"巧妇"走进了"米仓"，数据挖掘如虎添翼，在实业界不断产生化腐朽为神奇的故事，其中，最为脍炙人口的当属啤酒和尿布。

话说沃尔玛（Wal-Mart）拥有世界上最大的数据仓库，在一次购物篮分析之后，研究人员发现跟尿布一起搭配购买最多的商品竟是风马牛不相及的啤酒！这是对历史数据进行"挖掘"和深层次分析的结果，反映了数据层面的规律。但这是一个有用的知识吗？沃尔玛的分析人员也不敢妄下结论。经过大量的跟踪调查，终于发现事出有因：在美国，一些年轻的父亲经常要被妻子"派"到超市去购买婴儿尿布，有30%到40%的新生儿爸爸会顺便买点啤酒犒劳自己。沃尔玛随后对啤酒和尿布进行了捆绑销售,不出意料,销售量双双增加。这种点"数"成金的能力,是商务智能真正的"灵魂"和魅力所在。

1989年,可谓数据挖掘技术兴起的元年。这一年,图灵奖的主办单位计算机协会下属的知识发现和数据挖掘小组(SIGKDD)举办了第一届学术年会,出版了专门期刊。此后,数据挖掘被一直追捧,成为炙手可热的话题,并如火如荼地发展。

也正是在1989年,著名的高德纳IT咨询公司(GartnerGroup)为业界提出了商务智能的概念和定义。商务智能(Business Intelligent,BI)指的是一系列以数据为支持、辅助商业决策的技术和方法。商务智能在这个时候破茧而出,不是历史的巧合,因为正是数据挖掘这种新技术的出现,商务智能才真正有了"智能"内涵,这也标志着其完整产业链的形成。

商务智能指利用数据仓库、数据挖掘技术对客户数据进行系统的储存和管理,并通过各种数据统计分析工具对客户数据进行分析,提供各种分析报告,如客户价值评价、客户满意度评价、服务质量评价、营销效果评价、未来市场需求等,为企业的各种经营活动提供决策信息。商务智能也是企业利用现代信息技术收集、管理和分析结构化和非结构化的商务数据和信息,创造和累积商务知识和见解,改善商务决策水平,采取有效的商务行动,完善各种商务流程,提升各方面商务绩效,增强综合竞争力的智慧和能力。

7.3 数据仓库与OLAP

7.3.1 数据仓库基础

关系数据库系统最初主要用于事务处理领域,因此有时候也称作联机事务处理(Online Transaction Processing,OLTP)。随着数据的不断积累,人们需要对数据进行分析,包括简单汇总、联机分析处理(Online Analytical Processing,简称OLAP,主要是多维分析)、统计分析、数据挖掘等。在关系模型上支持这些分析操作成为一个自然的选择,比如建立于RDBMS上的联机分析处理技术OLAP。面向分析型应用的技术集大成者就是数据仓库,如图7.12所示是数据仓库架构图。

数据仓库是企业统一的数据管理的方式,将不同的应用中的数据汇聚,然后对这些数据加工和多维度分析,并最终展现给用户。它帮助企业将纷繁浩杂的数据整合加工,并最终转换为关键流程上的KPI,从而为决策/管理等提供最准确的支持,并帮助预测发展趋势。因此,数据仓库是企业IT系统中非常核心的系统。

根据企业构建数据仓库的主要应用场景不同,我们可以将数据仓库分为以下四种类型,每一种类型的数据仓库系统都有不同的技术指标与要求。

1. 传统数据仓库

企业会把数据分成内部数据和外部数据,内部数据通常分为两类,OLTP交易系统

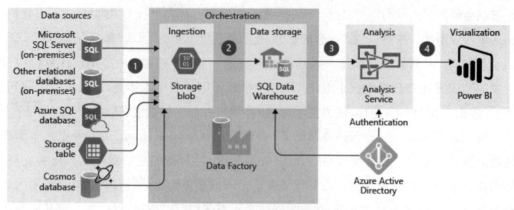

图 7.12 数据仓库架构

数据以及 OLAP 分析系统数据,他们会把这些数据全部集中起来,经过转换放到数据库当中,这些数据库通常是 Teradata、Oracle、DB2 数据库等。然后在这上面对数据进行加工,建立各种主题模型,再提供报表分析服务。一般来说,数据的处理和加工是通过离线的批处理来完成的,通过各种应用模型实现具体的报表加工。

2. 实时处理数据仓库

随着业务的发展,一些企业客户需要对一些实时的数据做一些商业分析,譬如零售行业需要根据实时的销售数据来调整库存和生产计划,风电企业需要处理实时的传感器数据来排查故障以保障电力的生产等。这类行业用户对数据的实时性要求很高,传统的离线批处理的方式不能满足需求,因此他们需要构建实时处理的数据仓库。数据可以通过各种方式完成采集,然后数据仓库可以在指定的时间窗口内对数据进行处理、事件触发和统计分析等工作,再将数据存入数据仓库以满足其他一些业务的需求。因此,实时数据仓库增强了对实时性数据的处理能力要求,也要求系统的架构在技术层面上需要做革命性的调整。

3. 关联发现数据仓库

在一些场景下,企业可能不知道数据的内联规则,而是需要通过数据挖掘的方式找出数据之间的关联关系、隐藏的联系和模式等,从而挖掘出数据的价值。很多行业的新业务都有这方面的需求,如金融行业的风险控制、反欺诈等业务。上下文无关联的数据仓库一般需要在架构设计上支持数据挖掘能力,并提供通用的算法接口来操作数据。

4. 数据集市

数据集市一般是用于某一类功能需求的数据仓库的简单模式,往往是由一些业务部门构建,也可以构建在企业数据仓库上。一般来说这些部门数据源比较少,但往往对数据分析的时延有很高的要求,并需要和各种报表工具有很好的对接。

7.3.2 数据管理技术新格局

基于上述对数据库和数据仓库的分析,我们可以从两个维度入手展现当前大数据管理技术的新格局,即应用维度(操作型应用/分析型应用)和数据模型维度(关系模型/NoSQL 数据模型)。

分析型应用和操作型应用(主要是事务处理)具有不同的特点。操作型应用的数据处理任务主要包括对数据进行增加、删除、修改和查询以及简单的汇总操作,涉及的数据量一般比较少,事务执行时间一般比较短。而分析型应用(包括联机分析处理和数据挖掘等)则需要扫描大量的数据,进行分析、聚集操作,最后获得数据量相对小得多的聚集结果和分析结果。有些分析处理需要对数据进行多遍扫描(比如数据挖掘的 K-Means 算法),分析查询执行的时间以分钟计或者小时计。

1. 面向操作型应用的关系数据库技术

首先,传统的基于行存储的关系数据库系统,比如 IBM 的 DB2、Oracle、微软的 SQL Server 等,提供了高度的一致性、高度的精确度、系统的可恢复性等关键的特性,仍然是事务处理系统的核心引擎,无可替代;其次,面向实时计算的内存数据库系统,比如 Altibase、Timesten、Hana 等,通过把数据全部存储在内存里,并且针对内存存储进行了并发控制、查询处理和恢复技术的优化,获得了极高的性能,在电信、证券交易、军工、网络管理等特定领域获得了广泛应用,提供比磁盘数据库快 1 个数量级(10 倍、20 倍,甚至 30 倍)的性能。此外,以 VoltDB 为代表的新的面向 OLTP 应用的数据库系统(New SQL)采用了若干颠覆性的实现手段,包括串行执行事务(避免加锁开销)、全内存日志处理等(加速持久化过程),获得了超过磁盘数据库 50~60 倍的事务处理性能。其他宣称保持了 ACID 特性,同时具有 NoSQL 扩展性的 NewSQL 技术还有 Clustrix 和 NuoDB 等。

2. 面向分析型应用的关系数据库技术

TeraData 是数据仓库领域的领头羊。TeraData 数据库采用了 Shared Nothing 的体系结构,支持较高的扩展性。面向分析型应用,列存储数据库的研究形成了一个重要的潮流。列存储数据库以其高效的压缩、更高的 I/O 效率等特点,在分析型应用领域获得了比行存储数据库高得多的性能。MonetDB 是一个典型的列存储数据库系统,此外还有 InforBright、InfiniDB、LucidDB、Vertica、SybaseIQ 等。MonetDB 和 Vertica 是基于列存储技术的内存数据库系统,主要面向分析型应用。

3. 面向操作型应用的 NoSQL 技术

NoSQL 数据库系统相对于关系数据库系统具有两个明显的优势。一个是数据模型灵活、支持多样的数据类型(包括图数据),使用关系数据库系统对图数据进行建模、存储和分析,其性能、扩展性等很难与专门的图数据库相媲美。另一个优势是高度的扩展性。从来没有一个关系数据库系统部署到超过 1 000 个节点的集群上,而 NoSQL 技术通过灵活的数据模型、新的一致性约束机制,在大规模集群上获得了极高的性能。比如,HBase 一天的吞吐量超过 200 亿个写操作,这个结果是在完全保证持久性的情况下获得的,也就是说,数据已经到达硬盘,真正实现了大数据的有效处理。基于关系模型的内存数据库系统也能获得极高的性能,但是在持久性完全保证的情况下,这个性能(写入性能)是要打折扣的。同时,其扩展性目前无法与 NoSQL 匹敌,尚无法应付大数据的实时处理挑战。

操作型应用是一个比事务处理具有更广泛外延的概念,某些操作型应用并不需要 ACID 这样高强度的一致性约束,但是需要处理的数据量极大,对性能的要求也很高,必须依赖大规模集群的并行处理能力来实现数据处理,弱一致性或者最终一致性是足够的。在这些应用场合,操作型 NoSQL 技术大有用武之地。Facebook 从使用 RDBMS(MySQL)到弃用 RDBMS 转向 HBase,最后持续改进 HBase,作为其操作型应用数据处理架构的基础技术,具有标杆意义。

4. 面向分析型应用的 NoSQL 技术

这一方面的典型技术代表是 MapReduce 和 Spark。

MapReduce 技术以其创新的设计理念、高度的扩展性和容错性,获得了学术界和工业界的青睐,围绕 MapReduce 的数据分析生态系统已经在几年前形成。同时,为了进一步提升计算性能和数据的实时分析能力,Hadoop 与内存计算模式进行混合,目前已经成为实现高实时性的大数据查询和计算分析新的趋势。这种混合计算模式之集大成者当属 UC Berkeley AMP Lab 开发的 Spark 生态系统。

Spark 是开源的类似 Hadoop 的通用的数据分析集群计算框架,用于构建大规模、低延时的数据分析应用,建立于分布式文件系统(HDFS)之上。Spark 提供强大的内存计算引擎,几乎涵盖了所有典型的大数据计算模式,包括迭代计算、批处理计算、内存计算、流式计算(Spark Streaming)、数据查询分析计算(Shark)以及图计算(GraphX)。Spark 使用 Scala 作为应用框架,采用基于内存的分布式数据集,优化了迭代式的工作负载以及交互式查询。Spark 支持分布式数据集上的迭代式任务,实际上可以在 Hadoop 文件系统上与 Hadoop 一起运行(通过 YARN、Mesos 等实现)。另外,基于性能、兼容性、数据类型的研究,还有 Shark、Phoenix、Apache Accumulo、Apache Drill、Apache Giraph、Apache Hama、Apache Tez、Apache Ambari 等其他开源解决方案。未来相当长一段时间内,主流的 Hadoop 平台改进后将与各种新的计算模式和系统共存,并相互融合,形成新一代的大数据处理系统和平台。同时,由于有 Spark SQL 的支持,Spark 是既可以处理非结构化数据,也可以处理结构化数据的,为统一这两类数据处理平台提供了非常好的技术方案,成为目前的一个新的趋势。

7.4 SQL 语言

前文中我们也简单提到过一些 SQL 语言的相关知识,这一小节我们将详细介绍这一块内容。SQL 是为操作数据库而开发的语言,国际标准化组织(ISO)为 SQL 制定了相应的标准,以此为基础的 SQL 称为标准 SQL。当然,与之相对应的也存在特定的 SQL。因为 SQL 标准并不强制要求"每种 RDBMS 必须使用 SQL 标准",所以在某些数据库中会存在标准 SQL 语言无法执行的情况。

过去,完全基于标准 SQL 的 RDBMS 很少,通常需要根据不同的数据库编写特定的 SQL,这样就会造成可以在 Oracle 中执行的 SQL 语句在 SQL Server 却无法执行的情况,反之亦然。近年来,对标准 SQL 的支持取得了一些进展,很多常用的数据库都支持标准 SQL 语言,因此在学习 SQL 的时候,建议从标准的 SQL 语言书写方式开始。

7.4.1 SQL 的语句以及种类

SQL 的一条语句一般由关键字、表名、列名等组合而成。关键字是一系列已经定义好的代表数据库操作的英语单词。根据对 RDBMS 赋予的不同指令,SQL 语句可以分为以下几类:

1. DDL

DDL 是数据定义语言(Data Definition Language)。它用于操作对象和对象的属性,这种对象包括数据库本身,以及数据库对象,例如表、视图等。DDL 对这些对象和属性的管理和定义具体表现在 Create、Drop 和 Alter 上。DDL 包含以下指令:

- CREATE:创建数据库和表等对象。
- DROP:删除数据库和表等对象。
- ALTER:修改数据库和表等对象的结构。

特别注意 DDL 操作的"对象"的概念。"对象"包括对象及对象的属性,而且对象最小也比记录高个层次。以表举例:Create 创建数据表,Alter 可以更改该表的字段,Drop 可以删除这个表,从这里我们可以看到,DDL 所站的高度,它不会对具体的数据进行操作。

2. DML

DML 是数据操控语言(Data Manipulation Language),用于查询或者变更数据库对象中包含的数据,也就是说操作的单位是记录。DML 包含以下指令:

- SELECT:查找表中的记录。
- INSERT:向表中插入一条或者多条记录。
- DELETE:删除数据表中的一条或多条记录。
- UPDATE:更新表中的记录。

3. DCL

DCL 是数据控制语言(Data Control Language),用来提交或者取消对数据库中数据的变更操作。它也包含对用户赋予权限的操作,该权限包括用户对数据库对象(例如

数据表、数据项)的增、删、改、查等操作。DCL 包含以下指令:
- COMMIT:提交对数据库中数据的变更。
- ROLLBACK:取消对数据库中数据的变更。
- GRANT:赋予用户操作权限。
- REVOKE:取消用户操作权限。

7.4.2 关系代数与 SQL

关系代数(relation algebra)是关系数据库中一个非常重要的数学理论基础。关系代数是一种抽象的查询语言,用对关系的运算来表达查询,作为研究关系数据语言的数学工具。关系代数的运算对象是关系,运算结果亦为关系。关系代数用到的运算符包括四类:
- 集合运算符。
- 专门的关系运算符。
- 算术比较符。
- 逻辑运算符。

比较运算符和逻辑运算符是用来辅助专门的关系运算符进行操作的,所以按照运算符的不同,主要将关系代数分为传统的集合运算和专门的关系运算两类。集合运算有并、交、差、广义笛卡尔积等运算。关系运算包括选择、投影、连接、除等。集合运算和关系运算的示意图如图 7.13 所示。

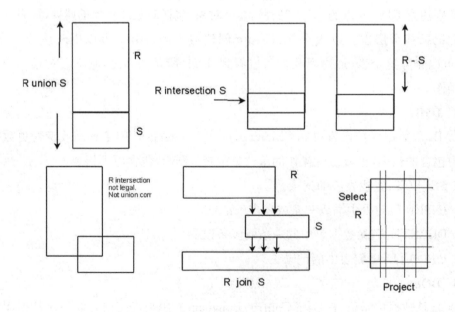

图 7.13 关系运算

SQL 的强大功能主要包括以下几个方面：
- 第一它是适用于数据分析的自然语言，SQL 基于关系代数，面向集合。
- 第二它是一种高效的语言，它直接表述想要的结果，而非获取方式。
- 第三它经过不断优化的处理，SQL 可以将结果与方式脱钩，这有助于持续优化 SQL 引擎。
- 第四它可以持续创新。SQL 的内部处理、语言结构和数据访问一直在增强，这使其能够支持越来越多的新功能。

当今很多的大型的互联网公司都广泛地采用了 SQL 这样一种数据库查询语言，比如谷歌在数据库领域著名国际会议 VLDB 2013 会议上曾下过这样的一个著名的论断：对于我们业务逻辑的任一部分来说，处理非 ACID 数据存储都非常复杂，如果不用 SQL 查询，我们的业务根本没法开展。同样脸书（Facebook）在数据仓库研究所 TDWI 2013 会议上也这样说过：Facebook 开始是用 Hadoop，现在我们在引入关系型数据库系统来增强 Hadoop，我们意识到使用错误的技术来解决某些问题可能比较困难。

图 7.14　谷歌和脸书公司对 SQL 的依赖

无论是传统的数据库提供商例如 Oracle、SQL Server、DB2、MySQL 等，还是大数据生态系统里面的不同的项目如 Hive、Shark 等都提供了对 SQL 的强大的支持。

SQL 实际上也是一个不断演化的语言，下图描绘了 Oracle SQL 30 年里的创新发展历程。从图中我们可以观察到 Oracle SQL 30 年的创新之路使得 SQL 日益强大，Oracle 从最初的 8i、9i 一直发展到现在的 12c，这其间 SQL 的每个版本都扩充了大量的增强工具及语法，使得 SQL 可以应对更加复杂场景里面的数据问题。

7.4.3　SQL 与 NoSQL

随着互联网的飞速发展，数据规模越来越大，并发量越来越高，传统的关系数据库有时显得力不从心，非关系型数据库应运而生。NoSQL 系统带来了很多新的理念，比如良好的可扩展性，弱化数据库的设计范式，弱化一致性要求，在一定程度上解决了海量数据和高并发的问题，以至于很多人对"NoSQL 是否会取代 SQL"存在疑虑。然而，

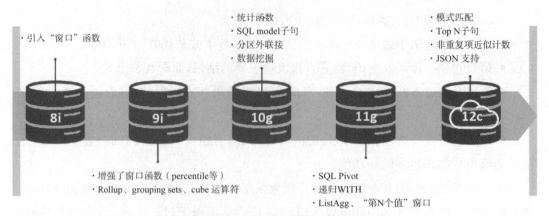

图 7.15 Oracle SQL 创新发展历程

NoSQL 只是对 SQL 特性的一种取舍和升华，使得 SQL 更加适应海量数据的应用场景，二者的优势将不断融合，不存在谁取代谁的问题。

1. 关系模型与 SQL

每个关系是一个表格，由多个元组(行)构成，而每个元组又包含多个属性(列)。关系名、属性名以及属性类型称作该关系的模式(schema)。例如，Movie 关系的模式为 Movie(title、year、length)，其中，title、year、length 是属性，假设它们的类型分别为字符串、整数、整数。

数据库语言 SQL 用于描述查询以及修改操作。数据库修改包含三条命令：INSERT、DELETE 以及 UPDATE，查询通常通过 select-from-where 语句来表达。

SQL 查询还有一个强大的特性是允许在 WHERE、FROM 和 HAVING 子句中使用子查询，子查询又是一个完整的 select-from-where 语句。

另外，SQL 还包括两个重要的特性：索引以及事务。其中，数据库索引用于减少 SQL 执行时扫描的数据量，提高读取性能；数据库事务则规定了各个数据库操作的语义，保证了多个操作并发执行时的 ACID 特性。

2. 键值模型与 NoSQL

大量的 NoSQL 系统采用了键值模型(也称为 Key-Value 模型)，每行记录由主键和值两个部分组成，支持基于主键的如下操作：

- Put：保存一个 Key-Value 对。
- Get：读取一个 Key-Value 对。
- Delete：删除一个 Key-Value 对。

键值模型过于简单，支持的应用场景有限，NoSQL 系统中使用比较广泛的模型是表格模型。表格模型弱化了关系模型中的多表关联，支持基于单表的简单操作，典型的系统是谷歌 Bigtable 以及其开源 Java 实现 HBase。表格模型除了支持简单的基于主键的操作，还支持范围扫描，另外，也支持基于列的操作。主要操作如下：

- Insert：插入一行数据，每行包括若干列。
- Delete：删除一行数据。
- Update：更新整行或者其中的某些列的数据。
- Get：读取整行或者其中某些列数据。
- Scan：扫描一段范围的数据，根据主键确定扫描的范围，支持扫描部分列，支持按列过滤、排序、分组等。

与关系模型不同的是，表格模型一般不支持多表关联操作，Bigtable这样的系统也不支持二级索引，事务操作支持也比较弱，各个系统支持的功能差异较大，没有统一的标准。另外，表格模型往往还支持无模式（schema-less）特性，也就是说，不需要预先定义每行包括哪些列以及每个列的类型，多行之间允许包含不同列。

除了键值模型，NoSQL常见的数据类型还有：列式、文档、图形。列式数据，按列存储数据。它最大的特点是方便存储结构化和半结构化数据，方便做数据压缩，对针对某一列或者某几列的查询有非常大的IO优势。文档数据，将半结构化数据存储为文档，通常采用JSON或XML格式。与传统关系数据库不同的是，每个NoSQL文档的架构都是不同的，可以更加灵活地整理和存储应用程序数据并减少可选值所需的存储。图形数据，可存储顶点以及称为边缘的直接链路。图形数据库可以在SQL和NoSQL数据库上构建。顶点和边缘可以拥有各自的相关属性。

3. 分布式数据库

分布式数据库一般是从单机关系数据库扩展而来，用于存储结构化数据。分布式数据库采用二维表格组织数据，提供SQL关系查询语句，支持多表关联、嵌套子查询等复杂操作，并提供数据库事务以及并发控制。

典型的系统包括MySQL数据库分片（MySQL Sharding）集群，亚马逊RDS以及微软SQL Azure。分布式数据库支持的功能最为丰富，符合用户使用习惯，但可扩展性往往受到限制。当然，这一点并不是绝对的。谷歌Spanner系统是一个支持多数据中心的分布式数据库，它不仅支持丰富的关系数据库功能，还能扩展到多个数据中心的成千上万台机器。除此之外，阿里巴巴OceanBase系统也是一个支持自动扩展的分布式关系数据库。

4. 海量数据场景下的挑战

在海量数据场景下，关系模型要求多个SQL操作满足ACID特性，所有的SQL操作要么全部成功，要么全部失败。在分布式系统中，如果多个操作属于不同的服务器，保证它们的原子性需要用到两阶段提交协议，而这个协议的性能很低，且不能容忍服务器故障，很难应用在海量数据场景。

传统的数据库设计时需要满足范式要求，例如，第三范式要求在一个关系中不能出现在其他关系中已包含的非主键信息。假设存在一个部门信息表，其中每个部门有部门编号、部门名称、部门简介等信息，那么在员工信息表中列出部门编号后就不能加入部门名称、部门简介等部门有关的信息，否则就会有大量的数据冗余。而在海量数据的场景，为了避免数据库多表关联操作，往往会使用数据冗余等违反数据库范式的手段。实践表明，这些手段带来的收益远高于成本。

性能上，关系数据库采用 B 树存储引擎，更新操作性能不如 LSM 树这样的存储引擎。另外，如果只有基于主键的增、删、查、改操作，关系数据库的性能也不如专门定制的 Key-Value 存储系统。

随着数据规模越来越大，可扩展性以及性能提升可以带来越来越明显的收益，而 NoSQL 系统要么可扩展性好，要么在特定的应用场景性能很高，广泛应用于互联网业务中。然而，NoSQL 系统也面临如下问题：

- 缺少统一标准。经过几十年的发展，关系数据库已经形成了 SQL 语言这样的业界标准，并拥有完整的生态链。然而，各个 NoSQL 系统使用方法不同，切换成本高，很难通用。

- 使用以及运维复杂。NoSQL 系统无论是选型，还是使用方式，都有很大的学问，往往需要理解系统的实现，另外，缺乏专业的运维工具和运维人员。而关系数据库具有完整的生态链和丰富的运维工具，也有大量经验丰富的运维人员。

总而言之，关系数据库很通用，是业界标准，但是在一些特定的应用场景存在可扩展性和性能的问题，NoSQL 系统也有一定的用武之地。从技术学习的角度看，不必纠结 SQL 与 NoSQL 的区别，而是借鉴二者各自不同的优势，着重理解关系数据库的原理以及 NoSQL 系统的高可扩展性。

7.5 实践：SQL 数据处理与分析

7.5.1 数据表

本节实践课程将通过 MySQL 数据库来动手实践 SQL 的基本操作，本书提供在线 MySQL 数据库虚拟环境，同学们可以通过查阅本书附录了解访问和使用方式，也可以自行在本地安装配置 MySQL 数据库环境。本节实验将编写 SQL 语句对 Student、Course、Grade 三张表执行操作，表结构如下：

(1) Student 表。

id	name	sex	age
1	李梅	0	20
2	张三	1	21
3	陈宁	0	22
4	刘燕	0	20
5	王四	1	21

(2) Course 表。

```
+----+------------------------+---------+----------+
| id | cname                  | ccredit | cteacher |
+----+------------------------+---------+----------+
|  1 | Data Structure         |       4 | LiuYi    |
|  2 | Operation Systems      |       3 | YangYi   |
|  3 | Database System        |       4 | WangWu   |
|  4 | Data Science Essentials |      4 | WangWei  |
+----+------------------------+---------+----------+
```

(3) Grade 表。

```
+----+-------+-----+-------+
| id | stuid | cid | score |
+----+-------+-----+-------+
|  1 |     2 |   1 |    86 |
|  2 |     2 |   2 |    80 |
|  3 |     2 |   3 |    90 |
|  4 |     2 |   4 |    86 |
|  5 |     3 |   1 |    90 |
|  6 |     3 |   2 |    88 |
|  7 |     3 |   3 |    70 |
|  8 |     4 |   1 |    88 |
|  9 |     4 |   2 |    85 |
| 10 |     4 |   3 |    80 |
| 11 |     4 |   4 |    79 |
| 12 |     5 |   1 |    78 |
| 13 |     5 |   2 |    90 |
| 14 |     1 |   2 |    85 |
| 15 |     1 |   4 |    80 |
| 16 |     1 |   3 |  NULL |
+----+-------+-----+-------+
```

7.5.2 前置操作

(1) 登录数据库。

通过用户名"root"登录到数据库服务,默认密码为空。

```
mysql -u root -p
```

(2) 创建实验数据库,并切换到该数据库。

```
create database test
use test
```

(3) 创建三张测试表并插入数据。

这里提供"student"表的创建和插入数据操作示例,其他测试表的创建和数据插入可参考"student"表。

程序7.3　创建表
创建"student"表并插入5条数据。该表包含4个属性id、name、sex、age
```
CREATE TABLE `student` (
  `id` int(11) NOT NULL AUTO_INCREMENT, #id不能为空，自增值
  `name` varchar(20) NOT NULL, #name不能为空
  `sex` int(11) DEFAULT NULL, #sex默认空值
  `age` int(11) DEFAULT NULL, #age默认空值
  PRIMARY KEY (`id`) #设置id为主键
);
#向表"student"插入5条数据
INSERT INTO `student` VALUES (1, '李梅', 0, 20);
INSERT INTO `student` VALUES (2, '张三', 1, 21);
INSERT INTO `student` VALUES (3, '陈宁', 0, 22);
INSERT INTO `student` VALUES (4, '刘燕', 0, 20);
INSERT INTO `student` VALUES (5, '王四', 1, 21);
```

7.5.3　SQL语句基本操作

（1）查询年龄大于20的所有学生，仅输出学生姓名。

［结果］

```
+----------+
| name     |
+----------+
| ZhangSan |
| ChenNing |
| WangSi   |
+----------+
```

［参考操作］

程序7.4　SQL查询1
```
select name from student where age>20;
```

（2）查询LiuYan同学的各科成绩，输出name，cname，score。

［结果］

```
+--------+-------------------------+-------+
| name   | cname                   | score |
+--------+-------------------------+-------+
| LiuYan | Data Structure          |    88 |
| LiuYan | Operation Systems       |    85 |
| LiuYan | Database System         |    80 |
| LiuYan | Data Science Essentials |    79 |
+--------+-------------------------+-------+
```

[参考操作]

```
程序7.5  SQL查询2
select name,cname,score
from student st join grade g on st.id=g.stuid join course cs on cs.id=g.cid where name='LiuYan';
```

（3）查询课程'Data Structure'成绩>=80,<=90 的学生,输出学生 id(stuid)和成绩(score)。

[结果]

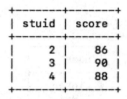

[参考操作]

```
程序7.6  SQL查询3
select stuid,score
from grade g join course cs on cs.id=g.cid
where cname='Data Structure' and score between 80 and 90;
```

（4）统计每个同学成绩为(70<=score<=85)的课程数,输出学生名字(name),课程数(num)。

[结果]

```
+----------+-----+
| name     | num |
+----------+-----+
| ZhangSan |   1 |
| ChenNing |   1 |
| LiuYan   |   3 |
| WangSi   |   1 |
| LiMei    |   2 |
+----------+-----+
```

[参考操作]

程序7.7　SQL查询4
```
select name,count(cid) num
from student st join grade g on st.id=g.stuid join course cs on cs.id=g.cid
where score between 70 and 85
group by name;
```

（5）查询选修"Data Science Essentials"课程的学生,并按照成绩从低到高输出学生姓名(name)。

［结果］

［参考操作］

程序7.8　SQL查询5
```
select name
from student st join grade g on st.id=g.stuid join course cs on cs.id=g.cid
where cname='Data Science Essentials'
order by score;
```

（6）统计各个课程的平均分,输出课程 id,cname,avgscore。注意:计算平均分时,grade 表中的 score 为 null 的默认为 0。

提示:可使用 ifnull 将 score 为 null 的返回值,设为 0。

［结果］

```
+----+-------------------------+----------+
| id | cname                   | avgscore |
+----+-------------------------+----------+
|  1 | Data Structure          |  85.5000 |
|  2 | Operation Systems       |  85.6000 |
|  3 | Database System         |  60.0000 |
|  4 | Data Science Essentials |  81.6667 |
+----+-------------------------+----------+
```

［参考操作］

程序7.9　SQL查询6
```
select cs.id,cname,avg(ifnull(score,0)) as avgscore
from course cs,grade g
where cs.id=g.cid
group by cs.id;
```

7.5.4　SQL 数据分析

（1）使用 substring（）函数，从文本"4321A Main Street Franklin, MA 02038-2531"中提取邮编"02038-2531"。

［结果］

［参考操作］

程序7.10　SQL分析1
```
SELECT SUBSTRING('4321A Main Street Franklin, MA 02038-2531'
FROM '[0-9]{5}-[0-9]{4}')
```

（2）使用正则表达式，查询 student 表中学生名字不符合规则的记录（包含数字和特殊符号'！,＠,＃,＄,％,＆,﹡'）。

① 先插入一条不符合规则的记录，例如：

程序7.11　SQL分析2
```
INSERT INTO public.student(id, name, sex, age)VALUES (6, '0liuyan#', 0, 20);
```

② 通过 SQL 语句找出不符合规则的记录；

［结果］

id integer	name character varying (20)	sex integer	age integer
1	6	0liuyan#	0	20

[参考操作]

程序7.12　SQL分析3
```
SELECT id, name, sex, age
FROM public.student
WHERE name ~ '^[0-9]|[!,@,#,$,%,&,*]'
```

（3）使用 array_agg() 函数计算课程"Data Structure"的成绩中位数。

[结果]

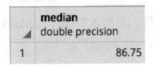

[参考操作]

程序7.13　SQL分析4
```
SELECT (d.ord_grade [d.n/2 + 1] + d.ord_grade [(d.n +1)/2]) /2.0 as median
FROM (SELECT ARRAY_AGG(g.score ORDER BY g.score) AS ord_grade,COUNT(*) AS n
    FROM grade g, course c
    WHERE g.cid = c.id AND c.cname ='Data Structure') d
```

（4）基于上一题，使用 string_agg() 函数将"Data Structure"课程的所有学生成绩以文本字符串的形式输出。

[结果]

ord_grade double precision[]	n bigint
{77.5,86,87.5,90}	4

[参考操作]

程序7.14　SQL分析5
```
SELECT string_agg(g.score, ',' ORDER BY g.score) AS ord_grade,COUNT(*) AS n
FROM grade g, course c
WHERE g.cid = c.id AND c.cname ='Data Structure'
```

7.6 本章小结

数据库系统是存储和管理数据的重要媒介,是当前数字化社会数据管理的基石。本章介绍了数据库的起源与发展、关系数据库、数据仓库与 OLAP、SQL 语言等知识,并实践了 SQL 数据处理与分析。在大数据时代,学习数据库系统的相关知识对于踏入数据科学领域是很有必要的。

7.7 习题与实践

复习题

1. 在数据库方面获得图灵奖的人有哪些?他们的成就分别是什么?
2. 什么是关系代数?请简单解释其含义。
3. 传统的关系运算有哪些?专门的关系运算有哪些?
4. ACID 代表事务的哪四种性质?请分别解释它们的含义。
5. 请解释 NoSQL 和 NewSQL 的含义。
6. 衡量关系数据库的 12 条准则分别是什么?
7. SQL 语句分为哪几类?它们分别包含哪些指令?

践习题

1. 下载安装并配置一个数据库,例如 MySQL、PostgreSQL。
2. 新建一个用户,再新建一个数据库,赋予新用户可操作该数据库的所有权限。
3. 在新数据库中新建一张 user 表,插入几条数据,属性包含:唯一标识(id),姓名(name),性别(sex),年龄(age),联系方式(phone)。
4. 写出 SQL 语句,查询 user 表中所有年龄在 20—30 范围内的用户。
5. 写出 SQL 语句,删除 user 表中名字包含"张"的用户。
6. 写出 SQL 语句,计算 user 表中所有用户的平均年龄。
7. 写出 SQL 语句,查询 user 表中年龄在 20—30 范围内,名字包含"张"的用户,并按照年龄从大到小排序输出。
8. 新建两张表,team 表(id,teamName),score 表(id,teamid,userid,score)。其中,score 表中的 teamid 为指向 team 表 id 的外键,userid 为指向 user 表 id 的外键。
9. 写出 SQL 语句,查询 teamName 为"ECNU"的队伍中,年龄小于 20 的用户们。
10. 写出 SQL 语句,计算 teamName 为"ECNU"的总分(假设 score 存在 null 值,null 值默认为 0 加入计算)。

研习题

1. 随着各类新型计算技术和新兴应用领域的浮现,传统数据库技术面临新的挑战,正在从适用常规应用的单一处理方法逐步转为面向各类特殊应用的多种数据处理方式。阅读"文献阅读"[15],论述当前热门新型数据库管理系统特点,以及未来的发展趋势。

2. SQL 作为主要的数据存储方式已经超过 40 年,在 SQL 的发展过程中,产生了许多迭代产品,其中最重要的是 SQL、NoSQL 和 NewSQL。那么在你看来,这三者有什么特点和区别?阅读"文献阅读"[16],简述你的理解。

第 8 章 大数据系统

CHAPTER EIGHT

> 技术将会逼近人类历史上的某种本质的奇点,在那之后全部人类行为都不可能以我们熟悉的面貌继续存在。
>
> ——约翰·冯·诺依曼(John von Neumann)

DATA IS NEW POWER

开篇实例

2016年12月,位于加州大学伯克利分校(UC Berkeley)的世界著名实验室AMPLab正式结束并关闭,这个曾经孵化了Spark、Alluxio、Mesos等诸多光彩耀眼成果的实验室,身兼实验室和孵化器的双重身份,成了学术界与工业界的一段佳话,更是一个典范。从当年的大数据到今天的人工智能,如今,这艘拥有辉煌战果的巨无霸战舰即将开启新的航程。

回到2011年1月,在加州大学伯克利分校的校园,还是一片冰天雪地的景象。然而,浓浓的大数据场景已经开始扑面而来。脸书、谷歌、大型强子对撞机等机构所产生的海量大数据吸引着伯克利校园内的一群科学家。他们认为,在大数据的背景下,人们对这个世界的理解越来越变成对数据的理解,即将数据转化成有用的信息,大数据相关的技术帮助人

开篇实例

们看到了原本看不到的世界。然而，伯克利校园中的这帮聪明的科学家们并不满足于此，他们希望组建跨学科的专业队伍来迎接新出现的挑战。

于是，AMPLab 诞生了，代表着"算法、机器与人"（Algorithms, Machines and People）。AMPLab 是加州大学伯克利分校一个为期五年的计算机研究计划，其初衷是为了理解机器和人如何合作处理和解决数据中的问题：使用数据去训练更加丰富的模型，有效的数据清理，以及进行可衡量的数据扩展。

2011 年 2 月，AMPLab 正式诞生，并在随后的五年多的时间中，虽然身为实验室，却又实际上兼顾着"孵化器"的功能。并交出了一份令人无比赞叹的答卷：开源软件栈 BDAS (the Berkeley Data Analytics Stack)，承载了实验室最重要的成果。

虽然不像斯坦福那样处在硅谷的腹地，AMPLab 同样也是在湾区周边，周围充满了那些明星公司的诱惑。作为高校的博士生，想要拿到博士学位，一般来说，至少需要有三篇顶级文章，所以研究方向归根结底还是要可以出 paper 的，这就导致了研究内容和企业所需要的产品有所偏差，高校和企业毕竟还是有很大差别的。

然而，AMPLab 竟然有半数左右的人曾经加入创业或正在创业中，包括一些"不安分"的教授。因此，你竟然会发现 AMPLab 常常会出现如下的景观：有的人博士读着读着就跑出去创业了，有的人创业着创业着又回来开始读博士了。这些奇怪景观背后的辉煌成就，是你所无法想象的：Spark、Shark、Alluxio、Mesos 等这些明星项目都是出自 AMPLab，并且影响了工业界。今天，你很难再找到第二个能够如此影响工业界的学术机构。

在取得了辉煌的战果之后，AMPLab 于 2016 年 12 月正式结束关闭。同时，令人感到兴奋的是，新的实验室也将同时开启，这就是：RISELab。

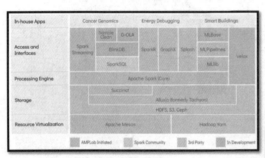

同样，RISELab 作为另一个五年期项目，将聚焦于提供安全执行的实时人工智能系统，同时有着强力的财政支持。借助 AMPLab 经验，RISELab 的团队将研究任务前瞻性地锁定在：推动大数据分析到一个更加深入的世界，在那个世界，AI 是真实的，世界是可编程的。

> **开篇实例**
>
> 这个项目的名称就是：实时智能安全执行（Real-time Intelligent Secure Execution），口号就是：In the RISELAB, we develop technologies that enable applications to make low-latency decisions on live data with strong security.

大数据系统是对大量结构化和非结构化数据进行组织、管理和治理的系统，它的目标是确保业务智能和大数据分析应用程序具有高水平的数据质量和可访问性。本章主要内容如下：8.1 节介绍大数据的基本概念，8.2 节介绍 Hadoop 和 Spark 生态，8.3 节介绍 SQL on Hadoop，8.4 节介绍大数据系统实例，8.5 节介绍 Hadoop 与 Spark 大数据处理的实践。

8.1 大数据的基本概念

8.1.1 大数据的发展背景

半个世纪以来，随着计算机技术全面融入社会生活，信息爆炸已经积累到了一个开始引发变革的程度。它不仅使世界充斥着比以往更多的信息，而且其增长速度也在加快。互联网（社交、搜索、电商）、移动互联网（微博）、物联网（传感器、智慧地球）、车联网、GPS、医学影像、安全监控、金融（银行、股市、保险）、电信（通话、短信）等都在不断地产生着新数据。

根据计算，2006 年，个人用户才刚刚迈进 TB 时代，全球一共新产生了约 180 EB 的数据；到 2011 年，这个数字就达到了 1.8 ZB；而预计到 2020 年，整个世界的数据总量将会增长到 35.2 ZB（1 ZB＝10 亿 TB）。最近两年产生的信息量是之前 30 年的总和，最近 10 年则远超人类之前所有累计信息量之和！

数据不眠（Data Never Sleeps）项目已经发布了第 5 个版本，它揭示了这个世界上的诸多信息服务每分钟能够产生多大的数据量，如图 8.1 所示。

从 2008 年开始，*Nature* 和 *Science* 等国际顶级学术刊物相继出版专刊来探讨对大数据的研究。2008 年 *Nature* 出版专刊"Big Data"，从互联网技术、网络经济学、超级计算、环境科学、生物医药等多个方面介绍了海量数据带来的挑战。2011 年它还推出关于数据处理的专刊"Dealing with Data"，讨论了数据洪流（data deluge）所带来的挑战，其中特别指出，倘若能够更有效地组织和利用这些数据，人们将能更好地发挥科学技术对社会发展的巨大推动作用。2012 年 4 月，欧洲信息学与数学研究协会会刊 *ERCIM News* 出版了专刊"Big Data"，讨论了大数据时代的数据管理、数据密集型研究的创新技术等问题，并介绍了欧洲科研机构开展的研究活动和取得的创新性进展。2012 年 3 月，美国公布了"大数据研发计划"。该计划旨在提高和改进研究人员从海量和复杂的

图 8.1　Data Never Sleeps 项目

数据中获取知识的能力,进而加速美国在科学与工程领域前进的步伐。该计划还强调,大数据技术事关美国国家安全、科学和研究的进步,将引发新一轮教育和学习的变革。

在这样的大背景下,我国于 2012 年 5 月在香山科学会议上组织了以"大数据科学与工程——一门新兴的交叉学科?"为主题的学术讨论会,来自国内外横跨 IT、经济、管理、社会、生物等多个不同学科领域的专家代表参会,并就大数据的理论与工程技术研究、应用方向以及大数据研究的组织方式与资源支持形式等重要问题进行了深入讨论。同年,国家重点基础研究发展计划(973 计划)专家顾问组在前期项目部署的基础上,将大数据基础研究列为信息科学领域四个战略研究主题之一。2014 年,科技部基础研究司在北京组织召开"大数据科学问题"研讨会,围绕 973 计划对大数据研究布局,中国大数据发展战略,国外大数据研究框架与重点,大数据研究关键科学问题、重要研究内容和组织实施路线图等重大议题展开研讨。

2015 年 8 月,国务院发布《促进大数据发展行动纲要》(以下简称《纲要》),这是指导中国大数据发展的国家顶层设计和总体部署。《纲要》明确指出了大数据的重要意义,大数据要成为推动经济转型发展的新动力、重塑国家竞争优势的新机遇,以及提升政府治理能力的新途径。《纲要》的出台,进一步凸显大数据在提升政府治理能力、推动经济转型升级中的关键作用。"数据兴国"和"数据治国"已上升为国家战略,将成为我国今后相当长时期的国策。未来,大数据将在稳增长、促改革、调结构、惠民生中发挥越来越重要的作用。

2016 年,我国正式发布《关于组织实施促进大数据发展重大工程的通知》(以下简称《通知》)。《通知》称,将重点支持大数据示范应用、共享开放、基础设施统筹发展,以及数据要素流通。《通知》提到的关键词还包括:大数据开放计划、大数据全民创新竞赛、公共数据共享开放平台体系、绿色数据中心和大数据交易等。

8.1.2 大数据的定义

与很多新鲜事物一样,目前,业界对大数据还没有一个公认的完整定义。典型的代表性定义如下:

麦肯锡研究院将大数据定义为:所涉及的数据集规模已经超过了传统数据库软件获取、存储、管理和分析的能力。

维基百科给出的大数据定义为:数据量规模巨大到无法通过人工在合理时间内达到截取、管理、处理并整理成为人类所能解读的信息。

IBM 则用 4 个特征相结合来定义大数据:数量(Volume)、种类多样(Variety)、速度(Velocity)和真实(Veracity)。

国际数据公司(International Data Corporation,IDC)也提出了 4 个特征来定义大数据,但与 IBM 的定义不同的是,它将第 4 个特征由真实(Veracity)替换为价值(Value)。

上述定义都有一定的道理,特别是 4V 定义,非常方便记忆,目前已经被越来越多的人们接受。图 8.2 所示就是一种大数据的 4V 定义。但很多时候它也会带来一些误解。例如,大数据最明显的特征是体量大,但仅仅是大量的数据并不一定是大数据。

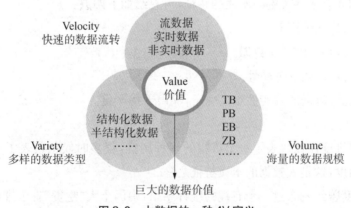

图 8.2 大数据的一种 4V 定义

大数据中的"大"究竟指什么?

其实,可以通过分析它的英文名称来帮助理解。英语中常见的表示大的单词有两个:large 和 big,它们都是大的意思。那为什么大数据使用"big data"而不是"large data"呢?而且,在大数据的概念被提出之前,有很多关于大量数据方面的研究,如果你去看,会发现这些研究领域里面的很多文献中,往往采用 large 或者 vast(海量)这样的英文单词,而不是 big。例如,数据库领域著名的国际会议 VLDB(Very Large Data Bases),用的就是 large。

那么,big、large 和 vast 这三者之间到底有些什么差别呢？large 和 vast 比较容易理解,主要体现为程度上的差别,后者可以看成是 very large 的意思。而 big 和它们的区别在于,big 更强调的是相对大小的大,是抽象意义上的大；而 large 和 vast 常常用于形容体量的大小。比如,large table 常常表示一张尺寸非常大的桌子；而 big table 则表示这不是一张小的桌子,至于尺寸是否真的很大倒不一定,这种说法就是要强调相对很大了,是一种抽象的说法。

因此,如果仔细推敲 big data 的说法,就会发现这种提法还是非常准确的,它传递出来的最重要信息就是大数据是一种抽象的大。这是一种思维方式上的转变。现在的数据量比过去"大"了很多,量变带来质变,思维方式、方法论都应该与以往不同。

所以,前面关于大数据的一个常见定义就显得很有道理了：大数据之庞大、复杂动态,对于传统数据工具无法捕获、存储、管理与分析(Big Data is data that is too large, complex and dynamic for any conventional data tools to capture, store, manage and analyze)。从这个定义可以看出,这里的"大"就是一个相对概念,相对于传统数据处理工具无法捕获、存储、管理和分析的数据。再例如,在有大数据之前,计算机并不能很好地解决人工智能中的诸多问题,但如果我们换个思路,利用大数据,某些领域的难题(例如围棋)就可以得到突破性的解决了,其核心问题最终都变成了数据问题。

大数据到底有哪些关键与本质的特征,可总结如下四点：

- 多维度：特征维度多。
- 完备性：全面性,全局数据。
- 关联性：数据间的关联性。
- 不确定性：数据的真实性难以确定,噪声干扰严重。

(1) 多维度。

数据的多维度往往代表了一个事物的多种属性,很多时候也代表了人们看待一个事物的不同角度,这是大数据的本质特征之一。

例如,百度曾经发布过一个有趣的统计结果：中国十大"吃货"省市排行榜。百度在没有做任何问卷调查和深入研究的情况下,只是从"百度知道"的 7 700 万条与吃有关的问题中,挖掘出一些结论,反而比很多的学术研究更能反映问题。百度了解的数据维度很多,不仅涉及食物的做法、吃法、成分、营养价值、价格、问题来源地、时间等显性维度,而且还藏着很多别人不太注意的隐含信息,例如,提问或回答者的终端设备、浏览器类型等。虽然这些信息看上去"杂乱无章",但实际上正是这些杂乱无章的数据将原本看似无关的维度联系起来了。经过对这些信息的挖掘、加工和整理,就能得到很有意义的统计规律。而且,从这些信息中能够挖掘出的信息,远比想象中的要多。

(2) 完备性。

大数据的完备性,或者说全面性,代表了大数据的另外一个本质特征,而且在很多问题场景下是非常有效的。例如,谷歌的机器翻译系统就是利用了大数据的完备性。它通过数据学到了不同语言之间长句子成分的对应,然后直接把一种语言翻译成另一种语言。前提条件就是使用的数据必须比较全面地覆盖中文、英文,以及其他各种语言的所有句子,然后通过机器学习,获得两种语言之间各种说法的翻译方法,也就是说具备两种语言之间翻译的完备性。目前,谷歌是互联网数据的最大拥有者,随着人类活动与互联网的密不可分,谷歌所能积累的大数据将会越来越完备,它的机器翻译系统也会越来越准确。

通常,数据的完备性往往难以获得,但是在大数据时代,至少在获得局部数据的完备性上,还是越来越有可能的。利用局部完备性,也可以有效地解决不少问题。

(3) 关联性。

大数据研究不同于传统的逻辑推理研究,它是对数量巨大的数据做统计性的搜索、比较、聚类、分类等分析归纳,因此继承了统计科学的一些特点。统计学关注数据的关联性或相关性,"关联性"是指两个或两个以上变量的取值之间存在某种规律性。"相关分析"的目的则是找出数据集里隐藏的相互关系网,一般用支持度、可信度、兴趣度等参数反映相关性。两个数据 A 和 B 有相关性,只能反映 A 和 B 在取值时相互有影响,并不是一定存在有 A 就一定有 B,或者反过来有 B 就一定有 A 的情况。严格地讲,统计学无法检验逻辑上的因果关系。例如,根据统计结果:可以说"吸烟的人群肺癌发病率会比不吸烟的人群高几倍",但统计结果无法得出"吸烟致癌"的逻辑结论。统计学的相关性有时可能会产生把结果当成原因的错觉。例如,统计结果表明,下雨之前常见到燕子低飞,从时间先后看两者的关系可能得出燕子低飞是下雨的原因,而事实上,将要下雨才是燕子低飞的原因。

在大数据时代,数据之间的相关性在某种程度上取代了原来的因果关系,让我们可以从大量的数据中直接找到答案,即使不知道原因,这就是大数据的本质特征之一。

(4) 不确定性。

大数据的不确定性最根本的原因是我们所处的这个世界是不确定的,当然也有技术的不成熟、人为的失误等因素。总之,大数据往往不准确并充满噪声。即便如此,由于大数据具有体量大、维度多、关联性强等特征,使得大数据相对于传统数据有着很大的优势,使得我们能够用不确定的眼光看待世界,再用信息来消除这种不确定性。当然,提高大数据的质量,消除大数据的噪声是开发和利用大数据的一个永恒话题。

大数据的其他一些特征,主要包括以下几点:

- 体量大:4V 中的 Volume;

- 类型多:结构化、半结构化和非结构化;
- 来源广:数据来源广泛;
- 及时性:4V 中的 Velocity;
- 积累久:长期积累与存储;
- 在线性:随时能调用和计算;
- 价值密度低:大量数据中真正有价值的少;
- 最终价值大:最终带来的价值大。

8.1.3 大数据的技术

大数据的技术发展非常快,目前已经形成了一个围绕 Hadoop 和 Spark 的巨大生态群。

从 2006 年开始,Hadoop 已经有十多年的发展历史。"Hadoop 之父"道格·卡廷(Doug Cutting)主导的 Apache Nutch 项目是 Hadoop 软件的源头。该项目始于 2002 年,直到 2006 年,Hadoop 才逐渐形成一套完整而独立的软件。图 8.3 展示了 Hadoop 的发展历程。

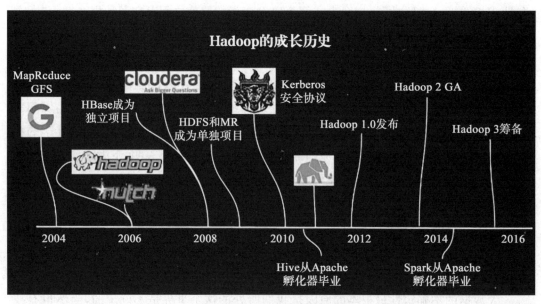

图 8.3 Hadoop 的发展历程

随着 Hadoop 以及 Spark 技术的快速成熟,大数据的基本技术路线已经开始清晰起来:围绕 Hadoop/Spark 构建整个面向大数据全生命周期的技术生态也逐渐完善。

总而言之,大数据技术有如下几点趋势:

- Hadoop、Spark 这类分布式处理系统已经成为大数据处理各环节的通用处理方法,并进一步构成生态圈;

- 结构化大数据与非结构化大数据处理平台将逐渐融合与统一,用户不必为每类数据单独构建大数据平台;
- MapReduce 将逐渐被 Spark 这类高性能内存计算模式取代,同时 Hadoop 的 HDFS 将继续向前发展,并将成为大数据存储的标准;
- 传统的 SQL 技术将在大数据时代继续发扬光大,在 SQL on Hadoop/Spark 的技术支持下,SQL 将成为大数据时代的"霸主",同时,NoSQL 会起到辅助和补充作用;
- 以 SQL、Hadoop/Spark 为核心的大数据系统成为新一代数据仓库的关键技术,将挑战传统数据库市场,并将逐步代替传统的数据仓库。

目前,大数据技术架构已经基本成型,未来大数据计算和大数据分析技术将会是大数据技术发展的重中之重。计算模式的出现有力地推动了大数据技术和应用的发展,使其成为目前大数据处理最为成功、最广为接受的主流技术。然而,现实世界中的大数据处理问题复杂多样,难以有一种单一的计算模式能涵盖所有不同的大数据计算需求。在研究和实际应用中发现,由于 MapReduce 主要适合于进行大数据线下批处理,在面向低延迟和具有复杂数据关系和复杂计算的大数据问题时有很大的不适应性。因此,近年来学术界和业界在不断研究并推出多种不同的大数据计算模式。

大数据技术发展至今已经出现了多项新技术,图 8.4 所示基本涵盖了主要的新技术,这些技术可分为五层。

图 8.4 大数据软件栈

- 分布式存储引擎层:主要包括分布式文件系统、分布式大表、搜索引擎、分布式缓存、消息队列和分布式协作服务。
- 资源管理框架层:YARN、Mesos 和 Kubernetes 三者之间存在类似于演变的关系，YARN 和 Mesos 都借鉴了谷歌的 Borg 和 Omega，未来基于容器技术的资源管理框架 Kubernetes 将有可能取代前两者。

• 通用计算引擎层：MapReduce 和 Tez 技术将逐渐退出舞台，Spark 将成为主流的通用计算引擎，目前一些主流企业的引擎已经全面采用 Spark 技术。

• 应用级引擎层：SQL 批处理、交互式分析、实时数据库、数据挖掘和机器学习、深度学习、图分析引擎、流处理引擎。其中，SQL 批处理是当前成熟度最高的引擎，具备逐渐取代传统关系型数据库的潜力。

• 分析管理工具层：主要包括 ETL 数据装载工具、Workflow 工作流开发工具、数据质量管理工具、可视化报表工具、机器学习建模工具、统计挖掘开发工具和资源管理工具。

这五层构成了如今的大数据技术软件栈。和前几年相比，分布式存储引擎层、资源管理框架层和通用计算引擎层逐渐趋于稳定，而应用级引擎层和分析管理工具层正处于蓬勃发展的态势，不断有大量的新引擎出现。

如今，大数据已经围绕 Hadoop 和 Spark 技术形成了一个巨大的生态圈，开源软件已经成为构建新一代信息化系统的基石。

8.2 Hadoop 和 Spark 生态

由于大数据要处理大量非结构化的数据，所以在各个处理环节都可以采用并行处理。目前 Hadoop、MapReduce、Spark 等分布式处理方式已经成为大数据处理各个环节的一种通用的处理方法。Hadoop 经过十几年的发展，与最初的 HDFS、MapReduce 以及之后出现的 Hive、Pig、ZooKeeper 等补充工具一起组成了一个能够处理各种不同计算模式的生态系统。

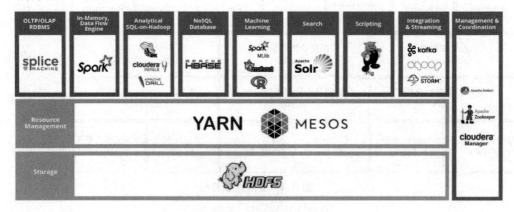

图 8.5 Hadoop 和 Spark 生态

虽然 Hadoop 从诞生到现在也不过十来年的时间，但正是这十来年的时间，使我们整个大数据管理发生了根本性的甚至可以说是翻天覆地的变化。数据库已退居二线，我们今天对大数据的管理处理工作几乎都是基于 Hadoop 的方式来实现的,Hadoop 及其生态系统已经重构我们的数据处理市场。

与 Hadoop 类似,Spark 也是一个生态系统。Spark 生态系统除了包含 Spark 关键的核心模块以外,还有像 Spark SQL、Spark Streaming 这样的一些扩展,这使得 Spark 在处理传统大数据应用场景的同时还可以处理交互式场景以及流数据场景。Spark 从诞生到今天还不到十年的时间,但是已经发展成为一个非常庞大的处理大数据的技术设施,甚至有取代 Hadoop 一些功能模块的趋势。

Spark 能够在如此短时间内形成完整的分析栈,甚至能够超过 Hadoop 成为一个非常重要的数据分析引擎,这一切都归功于世界上最热门的一个实验室——加州大学伯克利分校的 AMPLab 实验室。AMPLab 实验室是 Spark 的诞生地,除此之外,它还孵化了诸如 Mesos 的一些创新项目并将其进行了产业化。事实上今天为数不少的大数据公司的创始人都是从 AMPLab 走出来的博士生。

接下来我们从数据管理的角度来讲解大数据系统。大数据里面使用的是分布式文件系统(distributed file system),最典型的如 GFS、HDFS 文件系统等。

分布式文件系统是指文件系统管理的物理存储资源不一定直接连接在本地节点,而是通过计算机网络与节点相连。谷歌为大型分布式数据密集型应用实现了一个可扩展的分布式文件系统 Google File System(GFS),运行在廉价的商用服务器上,为大量用户提供容错和高性能服务。

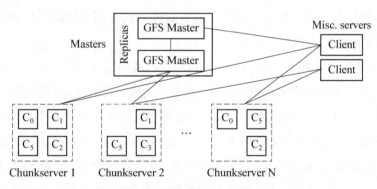

图 8.6　Google File System

而我们常见的分布式文件系统(Hadoop Distributed File System,HDFS)正是 GFS 的开源版本。除此以外,微软也开发了 Cosmos 支持其搜索和广告业务,脸书实现了 Haystack 存储海量的小图片,淘宝设计了 TFS 和 FastFS 两种小文件分布式文件系统,这些都是分布式文件系统的典型案例。谷歌的文件系统 GFS 是分布式文件系统的鼻祖,它是一个可扩展的分布式文件系统,用于大型的、分布式的、对大量数据进行访问的应用。它运行于廉价的普通硬件上,将服务器故障视为正常现象,通过软件的方式自动容错,在保证系统可靠性和可用性的同时,大大减少了系统的运维成本。整个系统分为主服务器(Master)、数据块服务器(Chunk Server)和客户端(Client)三类角色。

Hadoop是一个分布式系统基础架构,由阿帕奇(Apache)基金会开发。用户可以在不了解分布式底层细节的情况下,开发分布式程序,充分利用集群的威力高速运算和存储。Hadoop实现了一个分布式文件系统(Hadoop Distributed File System,简称HDFS)。HDFS有着高容错性的特点,并且设计用来部署在低廉的硬件上。同样,HDFS的集群也包含一个主节点,多个从节点,以及多个客户端访问。

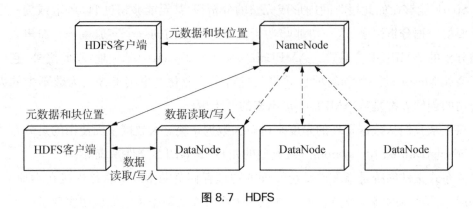

图8.7　HDFS

键值存储是一种简单的数据存储模型,数据以键值对的形式存储,并且键是唯一的。典型的实例是亚马逊公司的Dynamo,在Dynamo中,数据被分割存储在不同的服务器集群中,并复制为多个副本。列式存储数据库以列存储架构进行存储和处理数据,主要适合于批量数据处理和实时查询。

BigTable是谷歌公司设计的一种列式存储系统,基本的数据结构是一个稀疏的、分布式的、持久化存储的多维度排序映射(map),映射由行键、列键和时间戳构成。BigTable的设计目是可靠地处理PB级别的数据,并且能够部署到上千台机器上,BigTable已经在超过60个谷歌的产品和项目上得到了应用,包括Google Analytics、Google Earth等。

HBase是Google BigTable的一种开源实现,它提供了稀疏、分布式、面向列的表存储。在HBase中,每个值都按照三元组(行、列和时间戳)的形式进行索引(示意图如下)。

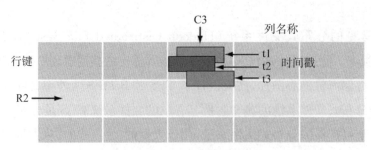

图8.8　HBase索引结构图

MongoDB 是典型的分布式文档存储数据库。文档数据库能够支持比键值存储复杂得多的数据结构，它们的数据模型和 JSON 对象类似，不同文档存储系统的区别在于数据复制和一致性机制方面。MongoDB 由 C++ 语言编写，旨在为 Web 应用提供可扩展的高性能数据存储解决方案。它是一个介于关系数据库和非关系数据库之间的产品，是非关系数据库当中功能最丰富、最像关系数据库的。

8.3 SQL 与 Hadoop 的组合

在大数据基础上的便捷交互式计算模式的出现，应该说是大数据处理技术积累到一定程度后的历史必然。Hadoop 提供的 MR 还是面向技术人员的底层编程接口，需要便捷的交互式查询与分析功能。作为交互式计算模式的集大成者，SQL 与 Hadoop 的组合成为一个备受瞩目的解决方案。

Hadoop 技术的发展深刻地影响了数据库研究领域，有面向简单的键值对读写事务型负载的 NoSQL 系统（如 HBase 等），也有面向数据分析任务的 Hive 系统。Hive 的架构图如下所示：

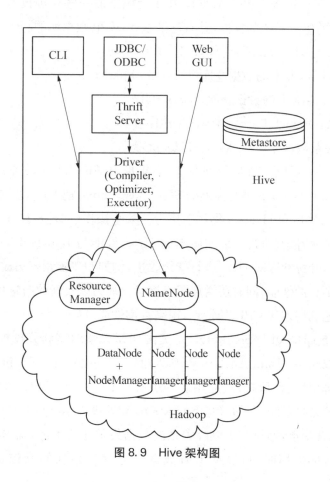

图 8.9　Hive 架构图

由上图可知，Hadoop 和 MapReduce 是 Hive 架构的根基。Hive 架构包括如下组件：CLI(Command Line Interface)、JDBC/ODBC、Thrift Server、WEB GUI、Metastore 和 Driver(Complier、Optimizer 和 Executor)。

Hive 系统的出现，一改传统的 OLAP 只能在关系数据仓库中运行的局面，从而可以对 HDFS 中存储的结构化数据，基于一种类似 SQL 的 HiveQL 语言，进行 OLAP 方式的数据分析。Hive 系统将用 HiveQL 描述的查询语句，转换成 MapReduce 任务来执行，并且具备了一定的查询优化能力，这样就可以在大规模集群环境下对 TB 级别甚至 PB 级别的大数据进行 OLAP。这显然对传统并行数据库和数据仓库技术构成了挑战，也很快得到了数据分析领域一些著名的学者的积极回应。

起初，结构化大数据分析方面 MPP 数据库的性能要远好于以 Hive 为代表的 Hadoop 上的数据分析技术，而 Hadoop 技术也有其优势，比如高度的扩展能力和容错性能、对非结构化数据的支持、用户自定义函数的使用等方面。然而，来自互联网领域或者其他领域的很多大数据创新公司，并没有止步于 Hive。最近五六年间做出了很多努力，开发了多个 SQL 与 Hadoop 的组合系统，以提升这些系统的性能。这些系统借鉴了 20 世纪 90 年代以来在并行数据库方面所积累的一些先进技术，大幅度提升了 SQL 与 Hadoop 的组合系统的性能，并有逐渐取代 MPP 数据库的趋势。

可以将 SQL 与 Hadoop 的组合模式分为以下四类：
- Hive 系：Hadoop 上的数据仓库、Hive On Spark；
- Spark 系：Spark 上的数据仓库、SparkSQL；
- Dremel 系：Dremel、Impala、PowerDrill；
- 混合系：关系数据库＋Hadoop、HadoopDB。

Hive 系的 Hive 系统。自从脸书在 2007 年推出 Apache Hive 系统及其 HiveQL 语言以来，已经成为 Hadoop 平台标准的 SQL 实现。Hive 把 HiveQL 查询首先转换成 MapReduce 作业，然后在 Hadoop 集群上执行。某些操作（如连接操作）被翻译成若干个 MapReduce 作业，依次执行。早期版本的 Hive，性能与 Impala、Presto 等系统有很大差距。近年来，开源社区对 Hive 进行持续改进，例如和 Tez 紧密集成，以便执行更通用的任务，获得更高的性能，同时还增加了查询优化能力以及新的向量化的查询执行引擎等，以便更好地利用现代 CPU 的特点，提高查询性能，等等。

Spark 系的 SparkSQL。SparkSQL 是美国加州大学伯克利分校提出的大数据处理框架 BDAS(Berkeley Data Analytics Stack)的一个重要组成部分，包括资源管理层、存储层、核心处理引擎、存取接口、应用层等层次和部件。SparkSQL 是实现大数据交互式 SQL 查询的处理系统，包括接口 SparkSQL 和处理引擎 Spark Core。Spark 是一个分布式容错内存集群，通过基于血统关系的数据集重建技术，实现内存计算的容错。当一个内存数据集损坏时，可以从上游数据集通过一系列的操作重建该数据集。

SparkSQL 使用内存列存储技术支持分析型应用。在复杂查询执行过程中，中间结果通过内存进行传输，无需持久化到硬盘上，极大地提高了查询的执行性能。SparkSQL 在设计上实现了和 Apache Hive 在存储结构、序列化和反序列化方法、数据类型、元信息管理等方面的兼容。

Dremel 系的 Impala 系统。Impala 是由 Cloudera 公司推出的一个支持交互式（实时）查询的 SQL on Hadoop 系统。Impala 放弃使用效率不高的 MapReduce 计算模型，设计专有的查询处理框架，把执行计划分解以后，分配给相关节点运行，而不是把执行计划转换为一系列的 MapReduce 作业。Impala 不把中间结果持久化到硬盘上，而是使用 MPP 数据库惯用的技术，即基于内存的数据传输，在各个操作之间传输数据。Impala 令人印象深刻的性能使人们相信，只要充分利用各种优化措施，包括存储优化、执行引擎优化、查询优化等技术，Hadoop 平台上的 SQL 查询也能达到交互式的性能要求。

混合系的 HadoopDB 系统。HadoopDB 是一个 MapReduce 和传统关系型数据库相结合的方案，以充分利用 RDBMS 的性能和 Hadoop 的容错、分布特性，2009 年由耶鲁大学教授阿巴迪（Abadi）提出。该系统具有清晰的两层结构，在上层利用 Hadoop 平台支持高度的系统扩展性能，在下层利用 RDBMS（PostgreSQL）实现数据的高性能处理。此外，HadoopDB 利用 HDFS 实现非结构化数据的处理，打造结构化数据和非结构化数据的统一处理平台。但是 HadoopDB 及其类似系统也存在不少局限性，这类混合系统目前还在不断改进和完善之中。

下图从四个方面总结了目前 SQL 与 Hadoop 的组合整个业界的情况，以及对应的开源/商业产品：

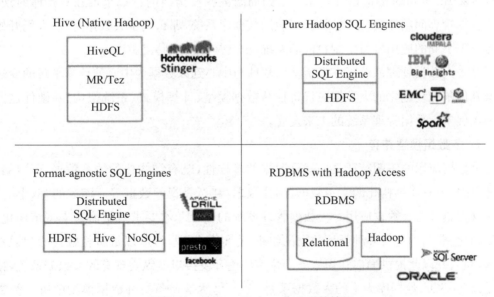

图 8.10　SQL on Hadoop 在业界的情况

8.4 大数据系统的发展与未来

自 20 世纪 70 年代起，关系数据库由于具备严格的关系理论辅助数据建模数据独立性高，查询优化技术实现突破，逐渐成为数据管理中的主流技术。时至今日，关系数据库仍然是数据管理，特别是涉及人、财、物等需要精细管理应用的主流技术。关系数据库信守的原则是一体适用(one-size-fits-all)，认为所有有关数据管理的任务都应该交由关系数据库来解决。

进入大数据时代，大数据的许多应用，特别是互联网的应用，比如社交网络、知识图谱、搜索引擎、阿里的"双十一"等数据管理问题，使用传统的关系数据库已经无法满足应用处理的要求，人们开始尝试研制适合自己应用场景的大数据系统。谷歌三件套 GFS、MapReduce 计算框架以及 BigTable 的提出，以及以 Hadoop 为核心的开源生态系统的形成，让人们意识到无法使用单一的数据管理系统来解决所有大数据应用的问题。在经历相当长的一段时间的探索之后，人们对数据库系统的各个模块，包括存储系统、数据组织模型、查询处理引擎、查询接口等，依托谷歌管理和分析大数据的设计思路进行了解耦，并从模型、可靠性、可伸缩性、性能等方面对各个模块进行了重新设计。

可以发现，现阶段主流的大数据管理系统具有了明显的分层结构，自底向上分别为大数据存储系统、NoSQL 系统、大数据计算系统、大数据查询处理引擎，各类系统独立发展，并根据大数据应用的实际需要，通过采用松耦合的方式进行组装，构建为完整的大数据管理系统，支撑各类大数据查询、分析与类人智能应用。这实际上就是适用一捆(one-size-fits-a-bunch)的设计理念。正如周傲英教授指出的："如果说在数据库时期，解决数据管理问题需要'削足适履'来使用数据库系统，那么到了大数据时代，人们开始根据每个不同的应用度身定制自己的系统，也就是'量足制鞋'。"

结合大数据管理系统正在经历从以软件为中心到以数据为中心的计算平台的变迁以及软件基础设施化的大数据时代特征从数据模型、计算模式、系统架构、新硬件这四个方面展望大数据管理系统的未来发展。

1. 多数据模型并存

大数据应用的鲜明特征之一就是数据的多样性，既有结构化的关系数据、图数据、轨迹数据，也有非结构化的文本数据、图片数据，甚至是视频数据等。淘宝的"双十一"就是这类典型的大数据应用。大数据管理系统的一个基本要求就是能够支持结构化、半结构化、非结构化等多种类型数据的组织、存储和管理，形成以量质相融合的知识管理为中心，并以此提供面向知识服务的快速应用开发接口。纵观现有的大数据系统，特别是以 NoSQL 数据库为主的大数据系统，走的仍然是一条一种数据模型解决一类数据的传统道路。虽然也符合 one-size-fits-a-bunch 的设计理念，但应用的要求仍然希望这里的"bunch"尽可能地接近"all"。具体来说，图数据库支撑的是类似于社交网络、知识图谱、语义网等强关联数据的管理；关系数据库支撑的是人、财、物等需要精细数据管理的应用；键值对数据库适合非结构化或宽表这类无需定义数据模式或模式高度变化的数据管理。在新型大数据应用背景下，把多种类型的数据用同一个大数据管理系统组织、存储和管理起来，并提供统一的访问接口，这是大数据管理系统的一条必经之路。多数据模型并存下的数据管理会存在很多的技术挑战，具体包括：

（1）数据如何建模？关系数据库具有严格的关系数据理论，并从降低数据冗余度和数据异常两个维度辅助数据建模。而在新的数据模型下，甚至是多数据模型下，如何进行数据建模是一个值得探索的课题。

（2）数据的访问提供统一的用户接口。多模型之间的数据如何交互和协同以及提供与存储层和计算层统一的交互接口。

（3）对多数据模型混合的数据处理提供执行优化，通过统一的资源管理优化任务调度，通过性能预估优化计算和通信等。

2. 多计算模式互相融合

未来的大数据管理系统具有多计算模式并存的特点。目前，Hadoop、Spark 及 Flink 等主流大数据系统具有不同的计算模式，系统通常会偏重于批任务模式或流任务模式中的一种，这些系统提供的用户接口也不统一。然而在实际应用中，经常存在同时需要批任务、流任务处理的需求，例如淘宝的"双十一"就是批流融合的典型应用。因此，未来的大数据管理系统需要对批、流计算模式进行统一设计，实现统一的能够进行批流融合的计算引擎。同时，需要设计能够屏蔽底层不同计算模式差异的用户接口，方便使用。

机器学习是大数据管理中另一类重要的计算模式。目前，学术界、工业界广泛使用 TensorFlow、SparkMLib、Caffe 等系统处理相应机器学习任务。TensorFlow 以数据流图作为表示形式，执行机器学习任务；SparkMLib 基于 MapReduce 模型接口完成对大量数据的训练。这些系统仅关注机器学习中的算法训练，而实际应用中存在多种计算模式混合的情况，且参数模型可达百亿维度，现有系统均无法解决。因此，能够兼容高维机器学习计算模式，也是未来大数据管理系统的重要内容。

大数据管理系统也应兼容交互式计算模式，满足日益增长的对交互式大数据分析应用的需求。现今，Hive 等主流分析工具在易用性方面有较大的提升空间，目前主要由专业人员使用，普通分析人员较难掌握。同时，这些交互式系统在与操作人员交互的过程中还存在操作时延长等问题，更高效的智能交互计算模式也是未来大数据管理系统需要考虑的课题之一。

总之，大数据存在对批计算、流计算、机器学习、交互式计算等多种计算模式的需求。同时，数据存储量大，无法对任一计算模式均保留一份数据，未来的大数据系统需要在同样存储数据的基础上支持多种计算模式。目前主流的大数据系统均基于开源软件，各层开源软件可相互兼容。未来的大数据管理系统需要兼容这些主流的大数据系统，同时，将存储、通用计算、专用计算分层，明确各层的接口，并在各层设计、实现兼容多种计算模式，降低系统耦合性。

3. 可伸缩调整

在软件基础设施化的大数据时代特征背景下，未来的大数据管理系统应以云计算为平台，具有更好的分布可扩展、可伸缩调整特点，能够实现跨域的无缝融合。未来的大数据管理系统通过高速网络将不同的硬件资源连接构成一个计算系统整体，互相配合，为终端用户服务。云平台上可以运行多类应用，不同的应用需要不同的服务资源，因此系统配有多种存储与数据组织模块，可满足不同上层任务负载和计算模式的需求。系统面向多类终端用户，用户可以根据需求选择、配置合适的存储架构和数据组织方式，针对特定应用，选择、组装对应的功能模块，并可根据任务负载的强弱实时调整系统的规模和负载的分配策略。同时，针对不同用户的需求，对应用进行深入理解，提取特征进行模型构建，实现弹性可伸缩调整是未来大数据管理系统的核心技术之一。

目前的大数据管理系统通常使用分布式文件系统（例如 HDFS 和 Ceph）或者直通式键值系统管理数据的存储，并在此基础上对键值、文档、图等进行组织，构成 NoSQL 系统，为用户提供服务。NoSQL 系统提供了更灵活的数据模型，但相对于传统 SQL 技术不具有强一致性，且通常只用于执行简单的分析任务。而未来的大数据管理系统应具有 NewSQL 特性，可实现传统 SQL 和 NoSQL 间的平衡，具体包括：

• 具有传统关系数据模型和传统数据库的事务 ACID 一致性，用户可以使用 SQL 语句对系统进行操作。

• 具有 NoSQL 可扩展等灵活特性，能够利用高速网络和内存计算，实现对海量数据的存储管理和分析等功能，系统可伸缩调整。

4. 新硬件驱动

大数据管理系统由硬件和软件两方面构成，软件技术可受益于硬件技术发展，同时也受硬件技术体系结构特征和局限性的约束。通过对不同硬件设计合适的数据结构和算法可提升硬件效率。目前，硬件体系结构正在经历巨大变革，在向专用硬件的方向发展。同时，各类新型存储、高速互联设备的出现也在改变以往大数据管理系统中的设计与底层支持。

近些年来，以 GPU 为代表的加速器件得到了迅猛发展，也有越来越多的大数据系统使用 GPU、XeonPhi、FPGA 等新硬件来提升大数据管理任务处理速度。相对于传统管理系统，新硬件驱动的大数据管理系统可提供更快的负载处理速度和更好的实时可视化及处理效果。虽然新硬件驱动为大数据管理系统提供了新思路，但也带来了一系列需要解决的挑战。

（1）为新硬件分配任务。不同种类的加速设备具有完全不同的体系结构特征，它们适合处理的任务特征不同，因此在未来的大数据管理系统中，需要尽可能地使各加速设备处理合适的负载。

（2）数据传输。由于各设备可能独立接入系统，处理负载时需从主存复制数据到设备。因此，在进行任务分配时，应充分考虑数据传输时间。

（3）新硬件下的数据结构和算法。传统系统中适合 x86 架构处理器的数据结构可能不适合 GPU、FPGA 等新硬件，需要考虑新硬件的执行特点，有针对性地设计新的数据结构和算法。

在存储和数据传输方面，新硬件也可发挥新的作用。以非易失存储器（non-volatile memory）为代表的新介质可进一步加速数据处理过程，如，在故障恢复时减少恢复时间等。在大数据管理系统的存储层级，有可能会有多种存储类型，如何设计合适的数据存储也是新硬件驱动下系统设计重要的考虑因素。在分布式系统中，网络传输可能是抑制性能提升的瓶颈，更快速的数据传输速度和新的网络技术，如 RDMA、Infiniband 等，可以缓解以往分布式系统中的数据传输瓶颈，如何利用这些新技术也是未来大数据管理系统设计的重要内容。

8.5 实践：Hadoop 与 Spark 大数据处理

8.5.1 Hadoop 的基本介绍

1. Hadoop

Hadoop 是一个由 Apache 基金会所开发的分布式系统基础架构。

用户可以在不了解分布式底层细节的情况下，开发分布式程序。充分利用集群的威力进行高速运算和存储。

Hadoop 实现了一个分布式文件系统（Hadoop Distributed File System），简称 HDFS。Hadoop 的框架最核心的设计就是：HDFS 和 MapReduce。HDFS 为海量的数据提供了存储，MapReduce 则为海量的数据提供了计算。

Hadoop 原本来自谷歌一款名为 MapReduce 的编程模型包。谷歌的 MapReduce 框架可以把一个应用程序分解为许多并行计算指令，跨大量的计算节点运行非常巨大的数据集。使用该框架的一个典型例子就是在网络数据上运行的搜索算法。Hadoop 最初只与网页索引有关，迅速发展成为分析大数据的领先平台。

Hadoop 的特点包括：

- 对大量数据进行分布式处理的软件框架。
- 可靠。通过假定潜在的失败发生，Hadoop 维护多个副本，对失败的节点可以重新处理。

• 高效。并发加快了 Hadoop 的处理速度,在节点之间动态移动数据,保证节点的动态平衡。

• 可伸缩。可伸缩性使其可以处理 PB 级的数据。

下图展示了 Hadoop 的基本操作过程:

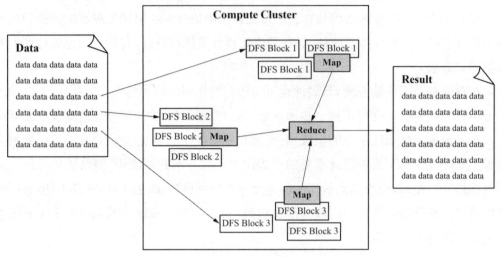

图 8.11　Hadoop 操作过程

(1) Hadoop 框架

• 最底层:Hadoop Distributed File System(HDFS),用来存储 Hadoop 集群中所有存储节点上的文件。

• 向上一层:Map/Reduce 引擎。

(2) HDFS(Hadoop Distributed File System)

• 在用户视野中,HDFS 像是一个传统的文件分级系统的存在,可以进行和个人计算机中的文件管理器类似的操作(增、删、改、查等)。

• 底层构建:基于一组特定的节点所构建,如图 8.12 所示。

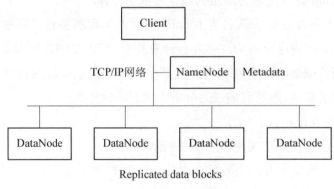

图 8.12　HDFS 底层架构

- 包括一个 NameNode(管理者)以及若干 DataNode(工作者). NameNode 用于提供元数据服务, DataNode 用于为 HDFS 提供存储块。
- DataNode 通常是在 HDFS 实例中的单独机器运行的软件。DataNode 通过以机架的形式组织, 并由一个交换机将所有的系统连接起来。Hadoop 的一个假设: 机架内节点间传输速度快于机架间节点间传输速度。根据需要存储并检索数据块, 响应对数据块的处理操作命令。

2. MapReduce

MapReduce 是谷歌提出的分布式并行计算编程模型, 用于大数据并行处理。其受函数式编程语言的启发, 将大规模数据作业拆分为若干个可独立运行的 Map 任务, 在不同的机器当中执行任务并生成中间文件, 再由若干个 Reduce 任务合并这些中间文件获得最后的输出文件。用户在使用 MapReduce 时只需要将主要精力放在如何编写 Map 函数和 Reduce 函数上, 其他计算机系统中的复杂问题(分布式文件、并发、调度、容错、通信等问题)交给系统来处理, 很大程度上降低了编程难度。当下, MapReduce 日益成为云计算平台的主流编程模型。可以用一个简单的例子来解释: 我们想要统计图书馆的所有书籍, 你数 1 号书架, 我数 2 号书架, 这就是 Map, 我们的人越多, 数的速度就越快。然后, 我们把每个人数的结果加起来, 这就是 Reduce。

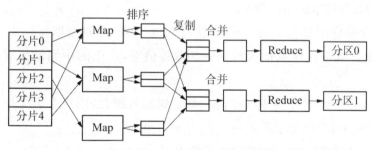

图 8.13 MapReduce 计算流程

Map 函数与 Reduce 函数

- Map 函数: 接受一个键值对(key-value pair), 产生一组中间键值对。MapReduce 框架会将 Map 函数产生的中间键值对里键相同的值传递给一个 Reduce 函数。
- Reduce 函数: 接受一个键, 以及相关的一组值, 将这组值进行合并产生一组规模更小的值(通常只有一个或零个值)。

现在来解释一下图 8.14 的内容。由最上方的用户程序开始(其链接了 MapReduce 库, 实现了基本的 Map 函数与 Reduce 函数)。

① MapReduce 库将从用户程序中输入的程序划分为若干份。将用户进程 fork 到不同的机器中。

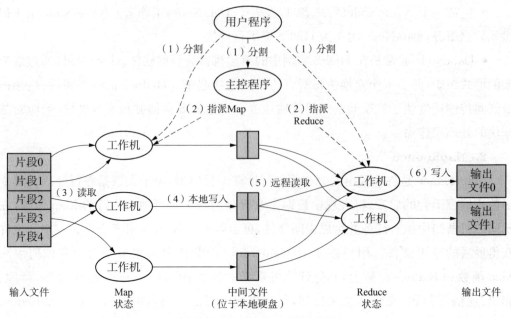

图 8.14 MapReduce 执行过程

② 在 MapReduce 系统中有一个为 Master，负责调度下面运行的 worker，如果存在空闲的 worker，则向其分配作业（Map 作业或是 Reduce 作业），其中 Master 只有一个，worker 的数量可以由用户指定。

③ 每一个非空闲状态下的 worker 执行 Map 作业，分别读取每一个 worker 所对应的输入作业。Map 作业从输入数据中抽取键值对，产生的中间键值对被缓存在内存中。

④ 在上一步中所缓存的中间键值对被定期写入磁盘，用户会事先指定一个数量 R：这 R 个区中的每个区都会对应一个 Reduce 作业。

⑤ Master 将中间键值对的位置发送给 Reduce worker。

⑥ Reduce worker 把所有它负责的中间键值对都读过来，首先进行排序以聚集相同键的键值。

⑦ Reduce worker 遍历中间键值对，将唯一的键的键值传递给 Reduce 函数。Reduce 函数的输出会被输出到该分区的输出文件中。

⑧ 当 MapReduce 整个作业完成，Master 唤醒正在等待的用户程序。

8.5.2 HDFS 基础操作

（1）本节实践课程需要同学们动手实践 Hadoop 的基本操作，同学们需要提前安装并配置好 Hadoop 开发环境，本地安装配置请参考 Hadoop 官方网站：https://hadoop.apache.org/。本书提供在线 Hadoop 虚拟环境，读者可以通过查阅本书附录了解访问和使用方式。执行下面的命令启动 Hadoop。

```
/usr/local/hadoop/sbin/start-all.sh
```

(2) 在 hdfs 的工作文件夹下创建以你的名字($yourname)命名的文件夹。

```
hdfs dfs-mkdir-p/user/task/$yourname/stock
```

(3) 查看文件夹下的内容:hdfs dfs-ls[文件地址]。

```
hdfs dfs-ls/user/task
```

(4) 进入 workspace 文件夹,移动数据文件 IBM.csv 到之前新建的文件夹下。

```
cd workspace
hdfs dfs-put IBM.csv/user/task/yourname/stock
```

(5) 打开一个已经存在的文件:hdfs dfs-cat [文件地址]。

```
hdfs dfs-cat/user/task/yourname/stock/IBM.csv
```

(6) 将 hadoop 上某个文件 down 至本地已有目录下:hadoop dfs-get [文件地址][本地地址]。

```
hadoop dfs-get/user/task/yourname/IBM.csv/home
```

(7) 删除 hadoop 上指定文件:hdfs dfs-rm [文件地址]。

```
hdfs dfs-rm/user/task/yourname/stock/IBM.csv
```

(8) 删除 hadoop 上指定文件夹(包含子目录等):hdfs dfs-rmr[需要删除的文件夹地址]。

```
hdfs dfs-rmr/user/task/yourname
```

(9) 在 hadoop 指定目录下新建一个空文件。

```
# 在"usr"文件夹下创建 new.txt 文件
hdfs dfs  -touchz   /user/new.txt
```

(10) 将 hadoop 上某个文件重命名:hdfs dfs-mv [修改前的文件名] [修改后的文件名]。

```
# 将"test.txt"文件重命名为"ok.txt"
hdfs dfs-mv   /user/test.txt   /user/ok.txt
```

(11) 将 hadoop 指定目录下所有内容保存为一个文件,同时 down 至本地:hdfs dfs-getmerge [需要下载的目录地址] [本地地址]。

```
# 将"usr"文件夹下的所有内容保存为"t"
hdfs dfs-getmerge/user/home/t
```

(12) 将正在运行的 hadoop 作业 kill 掉：hadoop job-kill ［作业 id］。

```
hadoop job-kill [job-id]
```

(13) 查看帮助。

```
hdfs dfs-help
```

(14) 使用 Hadoop 进行 Word Count。

① 编写 map.py：

```
#程序 8.1 map 代码
import sys<br>
for line in sys.stdin:
    line = line.strip()
    words = line.split(' ')
    for word in words:
        print('%s\t%s'%(word,1))
```

② 编写 reduce.py：

```
#程序 8.2 reduce 代码
import sys

current_count = 0
current_word = None

for line in sys.stdin:
    line = line.strip()
    word, count = line.split('\t', 1)
    count = int(count)
    if current_word == word:
        current_count += count
    else:
        if current_word:
            print "%s\t%s" % (current_word, current_count)

        current_count = count
        current_word = word
```

③ 将上面两个代码文件上传到 hdfs，调用 hadoop 进行单词统计。"-input"输入需要操作的文件路径，"-mapper"和"-reducer"输入上面两个代码文件上传到 hdfs 之后的路径：

```
hadoop jar hadoop-streaming-2.7.4.jar \
-input /wordcount/word.txt \
-output /wordcount/out \
-mapper /home/hadoop/apps/hadoop-2.7.4/file/wordcount_python/map.py \
-reducer /home/hadoop/apps/hadoop-2.7.4/file/wordcount_python/reduce.py
```

8.5.3 Spark 的基本介绍

Spark 是美国加州大学伯克利分校的 AMP 实验室开发的通用大数据处理框架。它提供了 Java、Scala、Python 和 R 的高级 API，以及一个支持通用的执行图计算的优化过的引擎。它还支持一组丰富的高级工具，包括使用 SQL 处理结构化数据的 Spark SQL，用于机器学习的 MLlib，用于图计算的 GraphX，以及 Spark Streaming。

Spark 是一种与 Hadoop 相似的开源集群计算环境，但是两者之间还存在一些不同之处，这些不同之处使 Spark 在某些工作负载方面表现得更加好，换句话说，Spark 启用了内存分布数据集，除了能够提供交互式查询外，它还可以优化迭代工作负载。

尽管创建 Spark 是为了支持分布式数据集上的迭代作业，但是实际上它是对 Hadoop 的补充，可以在 Hadoop 文件系统中并行运行。通过名为 Mesos 的第三方集群框架可以支持此行为。

图 8.15 所示是 Spark 的基本架构：

• Cluster Manager：在 standalone 模式中即为 Master 主节点，控制整个集群，监控 worker。在 YARN 模式中为资源管理器。

• Worker 节点：从节点，负责控制计算节点，启动 Executor 或者 Driver。

• Driver：运行 Application 的 main()函数。

• Executor：执行器，是为某个 Application 运行在 worker node 上的一个进程。

8.5.4 Spark 数据处理操作

（1）本节实践课程需要同学们动手实践 Spark 的基本操作，同学们需要提前安装并配置好 Spark 开发环境，本地安装配置请参考 Spark 官方网站：https://spark.apache.org/。本书提供在线 Hadoop、Spark 虚拟环境，读者可以通过查阅本书附录了解访问和使用方式。执行下面的命令启动 Spark。

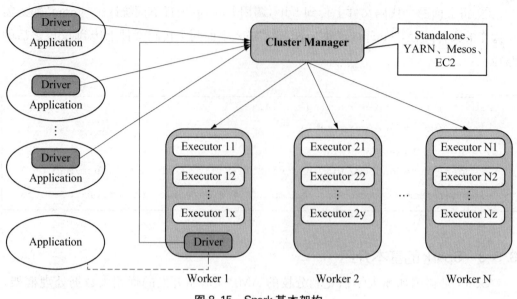

图 8.15 Spark 基本架构

```
/opt/spark/dist/sbin/start-all.sh
```

（2）启动 spark-shell。

```
./bin/spark-shell
```

（3）从 Spark 源目录中的 README 文件的文本中创建一个新的数据集，"$SPARK_HOME"为 Spark 的安装目录。

```
val textFile= spark.read.textFile("$SPARK_HOME/README.md")
```

（4）调用 count 操作，统计文件中的单词数。

```
textFile.count()
```

（5）调用 first 操作，查看文本的第一行。

```
textFile.first()
```

（6）调用 filter 操作，计算文本中包含"Spark"的行数，返回一个新的数据集。

```
val linesWithSpark = textFile.filter(line = > line.contains("Spark"))
textFile.filter(line= > line.contains("Spark")).count()
```

（7）通过 map 和 reduce 操作，找到文本中含有最多单词的行。

```
textFile.map(line= > line.split("").size).reduce((a,b) = > if(a>b) a else b)
```

（8）调用 flatMap 将数据集的行转换为单词数据集，然后通过 groupByKey 和 count 统计文本中每个单词的出现次数。

```
val wordCounts = textFile.flatMap(line = > line.split("")).
groupByKey(identity).count()
wordCounts.collect()
```

（9）基于 Python 使用 Spark 进行 WordCount。其中"sc.textFile"的参数为需要进行单词统计的文件地址。

```
#程序 8.3 用 Spark 进行 WordCount
from pyspark import SparkContext
from pyspark.conf import SparkConf

def show_result(couple):
print(couple)
if __name__=='__main__':
    conf = SparkConf().setMaster("local").setAppName("test")

sc = SparkContext(conf=conf)
textFile = sc.textFile("./word.txt")
word_count = textFile.flatMap(lambda line: line.split(" ")).map(lambda word: (word,1)).reduceByKey(lambda a, b : a + b)
word_count.foreach(lambda word: show_result(word))
```

8.6 本章小结

大数据具有规模大、变化快、种类杂和价值密度低的特征，传统的关系数据库已无法满足大数据处理的要求。大数据系统应运而生，实现了对大量结构化和非结构化数据进行组织、管理和治理的功能。本章介绍了大数据的基本概念、Hadoop 和 Spark 生态、SQL on Hadoop、大数据系统实例，并实践了 Hadoop 与 Spark 的大数据处理过程。这些知识的学习，可为将来的大数据处理奠定良好基础。

8.7 习题与实践

复习题

1. 什么是"大数据"？它具有哪些特征？
2. 大数据时代的到来会带来哪些隐患？

3. GFS 和 HDFS 分别有什么特点？请简单概括一下。
4. SQL on Hadoop 可以分为哪四类？
5. 有哪些主流的大数据系统？请简单介绍一下它们的特点。
6. Spark 生态圈中的 Spark streaming 可以处理流数据，但是它仍然存在一定局限性。那么是否有其他合适的流计算系统，它们和 Spark 又有什么区别？请简述你的理解。
7. 在很多应用场景下，MapReduce 和 Spark 都能解决问题，那么我们该如何选择合适的计算框架呢？请简述你的理解。

践习题

1. 使用虚拟机，尝试部署三节点的 Hadoop 集群环境。
2. 编写 MapReduce 的 WordCount 程序，在 Hadoop 上运行。
3. 编写 WordCount 程序，在 Spark 上运行。
4. 参考官方文档，编写 PI 值估计程序，在 Spark 上运行。
5. 参考官方文档，使用 DataFrame API 编写 Text Search 程序，在 Spark 上运行。
6. 参考官方文档，使用 DataFrame API 编写简单的数据操作程序（例如从数据库中读取数据，计算各年龄段的人数），在 Spark 上运行。
7. 参考官方文档，使用 Spark ML 库编写"Logistic 回归预测"程序，在 Spark 上运行。
8. 使用 Spark Streaming 编写 WordCount 程序，在 Spark 上运行。
9. 使用 Spark Structured Streaming 编写 WordCount 程序，在 Spark 上运行。
10. 请解释 Hive 中内部表和外部表的区别。

研习题

1. 大数据管理技术正在经历从以软件为中心到以数据为中心的计算平台的变迁，传统的关系型数据库管理系统已无法满足现在以数据为中心的大数据管理的需求，新型大数据管理系统不断涌现。阅读"文献阅读"[17]，论述当前大数据管理系统的演变特点，以及未来的发展方向。
2. 2012 年，牛津大学教授维克托·迈尔-舍恩伯格（Viktor Mayer-Schnberger）在其畅销著作《大数据时代》（*Big Data：A Revolution That Will Transform How We Live, Work and Think*）中指出，数据分析将从"随机采样""精确求解"和"强调因果"的传统模式演变为大数据时代的"全体数据""近似求解"和"只看关联不问因果"的新模式，从而引发商业应用领域对大数据方法的广泛思考与探讨。今天，这些观点同样适用，请阅读"文献阅读"[18]，列举你身边的例子来说明上述观点。

第三部分

数据分析的原理与方法

第 9 章 数据科学过程

CHAPTER NINE

哲学家的宗旨是:"我思,故我在。"
科学家的宗旨是:"我发现,故我在。"
技术家的宗旨是:"我造物,故我在。"
而工程活动主体(工程师和企业家)的宗旨则是:"我构建,故我在。"

——欧阳莹之《工程学:无尽的前沿》

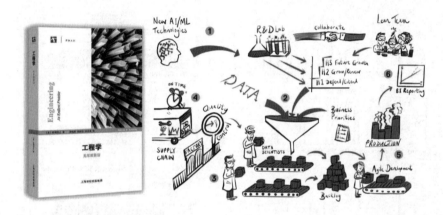

DATA IS NEW POWER

开篇实例

从计算机系统构建的角度看,软件工程的构建之法大致经历了下面几个阶段:
- 瀑布模型(Waterfall)代表着传统的软件开发模式;
- 敏捷开发(Agile)代表了快速迭代的方法论;
- 开发运维一体化(DevOps)则完全将开发、上线、运维融合在了一起。

这样带来的结果就是各种技术的快速迭代,无论是工具框架、编程语言还是平台系统。今天,每家企业都在和时间赛跑,似乎只有快才能在这个竞争激烈的世界中生存下来。新技术的迭代周期越来越短,我们那容量有限的大脑已经越来越难以承受得住爆炸性的知识增长。知识的获取已经退居次要地位,知识的体验与能力的提升才是我们所要追求的,方法、工具、乐趣开始变得越来越重要。

数据科学过程形成了可行的方法,数据科学工作流成了有效的工具,数据科学实践则带来了无限的乐趣。

开篇实例

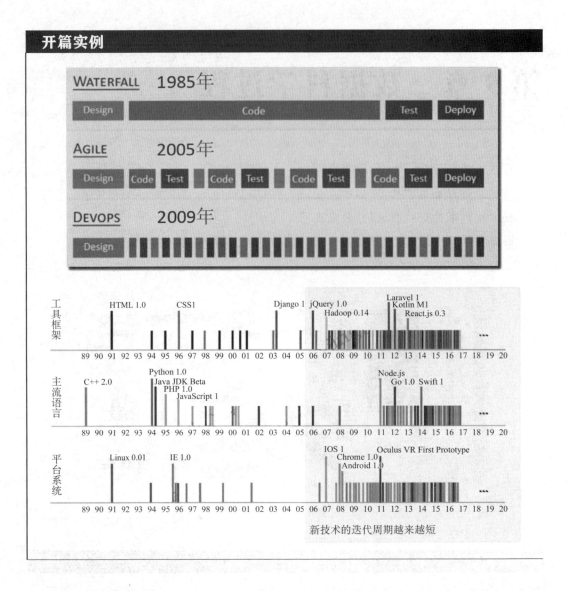

新技术的迭代周期越来越短

数据科学过程是将人、数据、工具和系统结合起来，解决以数据为中心的问题的流程。数据科学工作流就是将这个过程以工作流图直观地展示出来。本章主要内容如下：9.1 节介绍数据科学过程基础，9.2 节介绍数据科学工作流，9.3 节实践 KNIME 数据可视化。

9.1 数据科学过程基础

9.1.1 数据科学过程的基本概念

工业界和学术界都对数据科学过程做了很多的研究工作，比如微软提出了数据科学过程的 lifecycle。微软提出的数据科学过程(data science process)分为商务问题理解(business understanding)、数据的获取与数据的理解(data acquisition and understanding)、数据建模(modeling)、产品部署(deployment)四个部分,如图9.1所示。

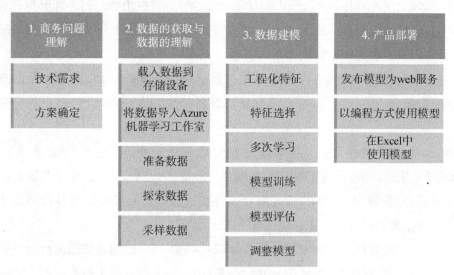

图9.1 数据科学过程

其他的一些学者也提出过诸如提出一个有趣的问题、获取数据、探索分析数据、建模数据、结果可视化等数据科学过程,这实际上和上面所说的数据科学过程是类似的,如图9.2所示。

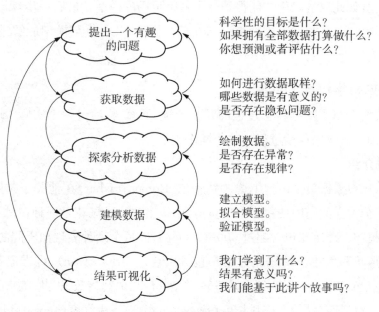

图9.2 其他数据科学过程

基于上述内容,本书认为一个标准的数据科学过程可以分为设定研究目标、获取数据、数据准备、数据探索、数据建模、展示与自动化六个步骤。

第一,设定研究目标(setting the research goal)。需要花费时间去理解目标和商业问题,同时还需要以项目的形式去开展,包括创建一个具体的项目来进一步理清研究目标,最后还需要去设定一个时间节点。

第二,尽量获取所需要解决问题的相关数据(retrieving data),问题涉及的数据可能是私有数据(private data),也可能是开放数据(open data),开放数据在后又会详细解释。

第三,当获得数据之后,需要进一步对数据进行处理,包括对数据进行清洗(cleansing)、集成(integrating)、转换(transforming data)等。这是因为大数据往往是充满噪音的、复杂的、不确定的,因此需要非常多的数据预处理和数据整理的方法来帮助完成大数据的前期准备工作。

第四,就是对数据进行探索与分析(data exploration),比如对数据进行简单的可视化。可以使用一些柱状图、折线图、曲线图、散点图、象限图以及它们之间的一些援用去探索你所拥有的数据。

第五,在探索完数据之后,就需要建立一些模型(data modeling)对数据进行深入的分析与挖掘。首先需要选择一个合适的模型并确定一些相关的变量,然后通过数据来训练这个模型。

最后,需要去执行这个模型,查看它的结果并对它进行评估诊断,然后不断地对它进行迭代优化,如此反复以后才能得到一个真正可用的模型。最后一步,需要把所发现的结果展示给大家,并和大家进行讨论来发现并修改问题,直至模型能够进行推广,能为其他科研人员所使用。

9.1.2 数据科学过程的实例

前面,我们介绍了数据科学过程的几个步骤,下面,将通过一个实际 Iris 数据分析的案例来详细介绍数据科学过程的整个操作流程。

1. 背景介绍

鸢尾花(Iris)数据集是由罗纳德·费希尔(Ronald Fisher)在他关于判别分析的开创性著作《在分类学问题中使用多个度量值》中提出的。鸢尾花是一种在世界各地广泛生长的开花植物。鸢尾花包含超过300个不同品种,每个品种表现出不同的物理特征,如花和叶的形状和大小。鸢尾花数据集包含山鸢尾(Iris setosa)、维吉尼亚鸢尾(Iris virginica)和杂色鸢尾(Iris versicolor)三种,每种有50个观察数据,共150个观察数据。每个观察数据包括四个属性:萼片长度(sepal length)、萼片宽度(sepal width)、花瓣长度(petal length)和花瓣宽度(petal width)。第五个属性是观察到的物种的名称,花瓣是花的内部部分,颜色比较鲜明,萼片是花的外部,通常是绿色的。然而,在鸢尾花中,

图 9.3　鸢尾花属性示意图

萼片和花瓣都是紫色的,但是可以通过形状差异彼此区分。

　　Iris 数据集中的所有四个属性都是以厘米为单位的数字连续值。使用线性回归或简单规则,可以很容易地区分其中一个品种山鸢尾,但是区分维吉尼亚鸢尾和杂色鸢尾类需要更复杂的规则,涉及更多的属性。该数据集在所有标准数据挖掘工具(如 RapidMiner)中都可用,也可以从公共网站下载,例如 University of California Irvine-Machine Learning repository。

　　数据集中的数据有着不同的意义,这些数据可能有着不同的数据类型或特点。

(1) 数据类型。

　　数据有不同的格式和类型。了解每个变量或属性的特性提供了可以对该变量执行什么类型操作的信息。例如,天气数据中的温度可以表示为以下格式中的任一种:

- 摄氏温度(31℃,33.3℃)、华氏温度(100°F,101.45°F)或开氏温度。
- 有序标签,如 hot、mild 或 cold。
- 一年内低于 0℃ 的天数(低于冰点的一年中有 10 天)。

所有这些属性都指示区域中的温度,但每个属性具有不同的数据类型。这些数据类型中的一些可以相互转换。

(2) 数值类或连续性数据。

　　以摄氏度或华氏度表示的温度是数值类型的而且是连续的,因为它可以用数字表示,并且在数字之间取无穷数值。值是有序的,计算值之间的差异是有意义的。因此,可以使用加法、减法和逻辑比较运算,逻辑运算包含大于、小于或等于。

　　整数是数值数据类型的特殊形式,在值中没有小数,更确切地说,在连续的数字之间没有无穷多的值。通常,它们表示诸如温度小于 0℃ 的天数、订单数量、家庭中的孩子数量等。

如果定义了一个零点,那么这个数值既可能是比值类型,也可能是实数值类型,例如,温度、银行账户余额、收入等。与加法和逻辑运算一起,可以用该数据类型做比率运算。

(3) 分类或标签性数据。

分类数据类型是用不同符号来表示名称或某种变量。鸢尾花的颜色就是用分类数据类型来表示的,因为它有黑色、绿色、蓝色、灰色等值。数据值之间没有直接的关系,因此除了逻辑运算"是否等于",不能应用其他数学运算符。它们也称为标称或枚举数据类型,来自于拉丁语"name"。

有序数据类型是分类数据类型的特殊情况,其值之间可以排序。有序数据类型的示例诸如差、平均、好和优等类别表示的信用分数。分数为良好的人的信用等级优于平均水平,优秀的等级是比良好等级更好的信用分数。

数据类型与数据要表达的意思及数据来源有关。并非所有数据挖掘任务都支持所有的数据类型。例如,神经网络算法不支持分类数据类型。但是可以使用类型转换工具将数据从一种数据类型转换为另一种数据类型,但这可能会有信息丢失。例如,用不良、平均、良好和优异类别表示的信用类型可以转换为 1、2、3、4,这四种信用类型的平均分数为 400、500、600、700(这里的分数仅仅是一个例子)。在这种类型的转换中,没有信息的损失。然而,从数字信用分数到类别(差、平均、好和优)的转换就会导致一些信息丢失。

2. 描述性统计

描述性统计是指对数据集的主要特征的平均值、标准偏差或分布量化等总量的表达。描述性措施增加了对数据集的理解,这些措施是处理数据时常用的一些表达。描述性统计的一些例子包括平均年收入、房价的中位数、人群的信用评分等。一般来说,描述性统计涵盖了样本或数据集的特征,如表 9.1 所示。

表 9.1 描述性统计涵盖的内容

数据集的特性	测量方法	数据集的特性	测量方法
中心点	平均值、中值和众数	数据的规律性	对称性、偏差和峰值
数据的离散度	范围、方差和标准偏差		

接下来探讨这些指标的定义。在不同的上下文中,描述性统计可以大致分为单变量和多变量探索,这取决于所分析的变量的数量。

(1) 单量度数据探索。

单一量度数据探索表示一次分析一个变量或属性。一个物种山鸢尾的鸢尾花数据集有50个观察值和4个属性,如表9.2所示。可用于探讨萼片长度变量的描述性统计。

表 9.2 鸢尾花数据集(Fisher,1936) （单位:厘米）

测量 ID	萼片长度	萼片宽度	花瓣长度	花瓣宽度
1	5.1	3.5	1.4	0.2
2	4.9	3.1	1.5	0.1
…	…	…	…	…
49	5	3.4	1.5	0.2
50	4.4	2.9	1.4	0.2

(2) 中心点的计算。

找到变量的中心点的目的是用一个中心或最常见的数字量化数据集,如表 9.3 所示。

表 9.3 鸢尾花属性变量的描述性统计 （单位:厘米）

统计指标	萼片长度	萼片宽度	花瓣长度	花瓣宽度
平均值	5.006	3.418	1.464	0.244
中值	5.000	3.400	1.500	0.200
众数	5.100	3.400	1.500	0.200
幅度	1.500	2.100	0.900	0.500
标准差	0.352	0.381	0.174	0.107
方差	0.124	0.145	0.030	0.011

- 平均值:平均值是数据集中所有观测值的算术平均值。它通过对所有数据点求和并除以数据点的数量来计算。以厘米计的萼片长度的平均值为 5.006。
- 中值:中值是分布的中心点的值。通过将所有观察从小到大排序并在排序列表中选择中点观察来计算中值。如果数据点的数量是偶数,则中间两个数据点的平均值被用作中值。萼片长度的中值为 5.000。
- 众数:众数是最常发生的观察。在数据集中,数据点可以是重复的,并且最多重复的数据点是数据集的众数。在此示例中,众数为 5.100。

在变量中,平均值、中值和众数可以是不同的数字,并且它们表示数据分布的状况。如果数据集的数据比较离散,则平均值将受到影响,而大多数情况下,中值则不会受到影响。如果基础数据集具有重复值,则众数可能不同于平均值或中值。

(3) 数据的离散度。

在沙漠地区,白天的温度超过110°F,夜间的温度低于30°F,24小时的平均气温约为70°F。但显然,这种体验与生活在日平均温度也为70°F的热带地区是不同的,那里的温度处于一个更窄的区间内,在60°F到80°F之间。这里重要的不仅是温度的中心点,还有温度的离散度。有两个常用的度量来量化离散度。

振幅:振幅是变量的最大值和最小值之间的差值,这只是简单的计算和表达,但是它的缺点是严重忽略了异常值的存在,并没有考虑其他所有数据点的分布属性,特别是中心点。比如说,沙漠地区的温度振幅为80°F,热带地区的温度振幅为20°F。沙漠地区的温差会更大。

偏差:方差和标准偏差通过覆盖属性的所有数据点的值来测量其范围。偏差简单地计算为任何给定值和数据的平均值之间的差$(x_i-\mu)$,其中μ是分布的平均值,x_i是单个数据点。方差是所有数据点的平方差的总和除以数据点的数量。标准偏差是方差的平方根。对于具有N个观察值的数据集,方差由以下等式给出

$$s^2 = \frac{1}{N}\sum_{i=1}^{N}(x_i-\mu)^2 \qquad (9.1)$$

由于标准差是以与变量相同的单位来测量的,因此容易理解度量的大小。高标准差意味着数据点通常广泛分布在中心点周围。低标准偏差则意味着数据点更接近中心点。如果数据的分布与正态分布一致,就有63%的数据点在距离平均值的一个标准差内。表9.4提供了鸢尾花数据集的单个变量汇总。

表9.4 鸢尾花数据集的描述性统计

属性	最小值	最大值	平均值	偏差
萼片长度	4.300	7.900	5.843	0.828
萼片宽度	2	4.400	3.054	0.434
花瓣长度	1	6.900	3.759	1.764
花瓣宽度	0.100	2.500	1.199	0.763

(4) 多变量探索。

多变量探索指同时研究数据集中的多个属性。这种技术对于理解属性之间的关系至关重要,也对数据挖掘问题的目标非常重要。类似单个变量探索,可以关注数据的集中趋势和变化规律。

(5) 中心数据点。

在鸢尾花数据集中,可以将每个数据点表示为所有四个属性的集合:

观测值:{萼片长度,萼片宽度,花瓣长度,花瓣宽度}

例如,有观测值1:{5.1,3.5,1.4,0.2}。该观察点可以用四维笛卡尔坐标表示并在图中绘制(尽管在视觉图中绘制多于三个维度是具有挑战的)。这样,可以在笛卡尔坐标中表达所有150个观测值。如果目标是找到最"典型"的观测点,它将是由数据集中每个属性的均值独立构成的数据点。对于表9.3所示的鸢尾花数据集,中心平均点为{5.006,3.418,1.464,0.244}。由于计算的是平均值,所以该数据点可能并非是实际观测值。它将是具有最典型属性值的假设数据点。

(6) 相关性。

相关性是测量两个变量之间的统计关系,特别是一个变量对另一个变量的依赖性。当两个变量彼此高度相关时,它们在相同或相反的方向上彼此以相同的速率变化。例如,考虑一天的平均温度和冰激凌销量。在统计上,相关的两个变量相互关联,并且一个可以用于预测另一个。如果有足够的数据,可以根据温度的变化预测冰激凌的未来销量。然而,两个变量之间的相关并不意味着简单的因果关系,也就是说,一个因素不一定导致另一个因素。冰激凌销量和鲨鱼攻击是相关的,但没有因果关系。冰激凌销量和鲨鱼攻击都受到第三个变量——温度的影响。一般来说,冰激凌的销量随着温度的上升而增加,温度上升会导致更多的人去海滩,这就增加了与鲨鱼的接触。

两个属性之间的相关性通常用皮尔逊相关系数(Pearson correlation coefficient)来测量,其线性相关的强度通常用r或是ρ表示,用来度量两个变量x和y之间的相互关系(线性相关),取值范围为$[-1,+1]$。更接近1或-1的值指示两个变量高度相关,在1或-1处具有完全相关。当变量受物理定律支配时,例如,当观察物体的重力和质量(牛顿第二定律)的值与产品的价格和总销售(价格×体积)的值时,它们是完全相关的。相关值为0表示两个变量之间没有线性关系。

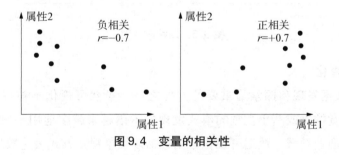

图9.4 变量的相关性

两个变量x和y之间的皮尔逊相关系数通过以下公式计算:

$$r_{xy} = \frac{\sum_{i=1}(x_i - \bar{x})(y_i - \bar{y})}{\sqrt{\sum_{i=1}(x_i - \bar{x})^2 \sum_{i=1}(y_i - \bar{y})^2}}$$
$$= \frac{\sum_{i=1}(x_i - \bar{x})(y_i - \bar{y})}{Ns_x s_y} \quad (9.2)$$

其中 s_x 和 s_y 分别是随机变量 x 和 y 的标准偏差。相关系数在量化相关的强度方面具有一些限制。当数据集有更复杂的非线性关系（例如二次函数）时，可以使用皮尔逊相关系数来考虑和量化对线性关系的影响。异常值的存在也影响偏移相关性的测量。

表面上看，可以使用每个笛卡尔坐标系中的变量的离散点图观察相关性。事实上，可视化应该是理解相关性的第一步，因为它可以识别非线性关系，并在数据集中显示所有异常值。图 9.5 所示的四组数据清楚地说明了仅依赖于相关系数的限制。四组数据由四个不同的数据集组成，具有两个变量 x,y。所有四个数据集具有相同的平均值、x 和 y 的方差以及 x 和 y 之间的相关系数，但在图表中绘制时看起来却截然不同。这就说明了可视化变量不仅仅是计算统计特性的必要性。

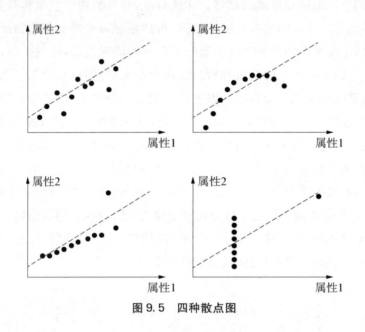

图 9.5　四种散点图

3. 数据可视化

可视化是数据发现和探索最重要的方面之一。虽然可视化不被视为数据挖掘技术，但是诸如视觉挖掘或基于视觉的模式发现的术语越来越多地用于数据挖掘的上下文中，特别是在商业领域。数据可视化原则包括以抽象视觉方式表达数据的方法，使具有多个变量及其基础关系的复杂数据更容易理解。

（1）可视化中数据的频率分布。

从单变量的一次数据调查图表开始视觉探索，本节讨论的技术显示了属性值如何分布和分布形状的概念。

- 柱状图

柱状图是理解一个变量的一系列值的出现频率的最基本的视图方式之一。它通过在一个范围内绘制频率来近似地确定数据的分布。在柱状图中,横轴为查询下的连续变量,纵轴为出现频率。对于连续的数值数据类型,需要指定范围或分级值来对一个值范围进行分组。在如图 9.6 所示的鸢尾花数据集中的花瓣长度变量的柱状图中,看到数据是多模式的,其中分布不遵循正态分布曲线模式。相反,在分布中有峰值和谷值。这是由于在数据集中有三个不同物种的 150 个观察结果。如果按范围对所有频率求和,总和是 150。

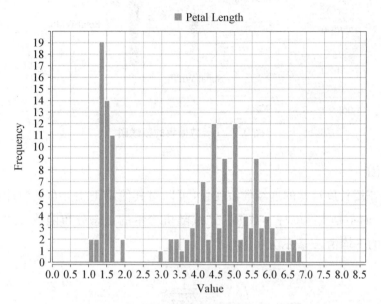

图 9.6　鸢尾花数据集中的花瓣长度柱状图

可以修改柱状图以包括不同的类型,在这种情况下数据包含多个种类,以便获得更多的洞察。带有类型标签的增强柱状图显示数据集由三个不同分布组成:山鸢尾的分布在 1 至 2 cm 范围内 1.25 的周边,维吉尼亚鸢尾和杂色鸢尾的分布与山鸢尾有交叉和分离。

- 箱线图

箱线图也叫四分位图,是一种简单的视觉方式,易于显示连续变量的分布,其中包括四分位数、中位数和离群值,在有些情况下使用平均值和标准偏差。箱线图的主要优点是,可以并行比较多个分布,并推断它们之间是否重叠。四分位数用 Q1、Q2 和 Q3 点表示,其指示具有 25% 区间大小的数据点。在分布中,25% 的数据点将低于 Q1,50% 将低于 Q2,75% 将低于 Q3。

箱线图中的 Q1 和 Q3 点由框的边缘表示。Q2 点由框内的交叉线表示。Q2 也是分布的中值。异常值由线末端的圆圈表示。在一些情况下,平均点由实线点覆盖,随后是标准差表示为线覆盖。

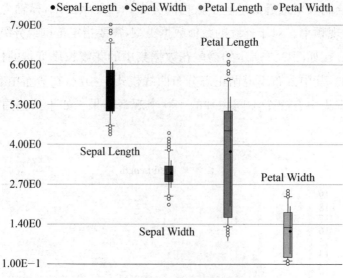

图 9.7 Iris 数据集的箱线图

- 分布图

对于像花瓣长度这样的连续数值变量,可以对其使用正态分布函数计算后的数据进行可视化,而不是实际的样本数据。连续随机变量的正态分布函数公式如下,其中,μ 表示分布的平均值,σ 表示分布的标准差:

$$f(x) = \frac{1}{\sqrt{2\pi}\sigma} e^{\frac{(x-\mu)^2}{2\sigma^2}} \tag{9.3}$$

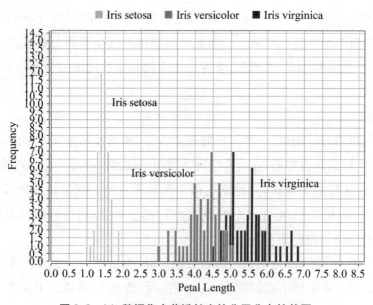

图 9.8 Iris 数据集中花瓣长度的分层分布柱状图

(2) 在笛卡尔坐标系中多变量的可视化。

多变量视图探索会在同一视图中考虑多个特征。本节主要讨论确定特征之间关系的技术。这些可视化同时检查两个到四个特征,当同时研究超过三个特征时,情况会变得更加复杂。

- 散点图

散点图是简单而强大的数学图之一。在散点图中,数据点在笛卡尔空间中标记,同时数据集的变量个数与坐标轴个数一致。变量或维度通常是连续数据类型。数据点本身也可以被着色,颜色值可以表示数据集其中的一个或多个变量。可以从散点图中得到两个变量之间的关系,如果变量具有相关性,则数据点位置更倾向于对齐一条假想直线;如果它们不相关,则数据点分布较为分散。除了基本相关性之外,散点图还可以指示数据中存在的模式或聚类组,并且标识出数据中的异常值,这对于低维度的数据集特别有用。异常检测提供的技术就是通过计算数据点之间的距离来查找高维空间中的异常值。

图 9.9 显示了花瓣长度(x 轴)和花瓣宽度(y 轴)之间的散点图。通常,这两个特征略有相关,因为测量的是花瓣的同一部分。当使用类别标签对数据着色以指示不同的品种时,可以观察到更多的模式。在图的左下方有一个数据点集群,都属于 Iris setosa 品种。Iris setosa 具有更小的花瓣长度和宽度,这个特点可以用作预测未观测种类的规则。散点图的限制之一是每次只能使用两个变量,其他变量可以通过数据标记的颜色显示(通常用于类别标签)。

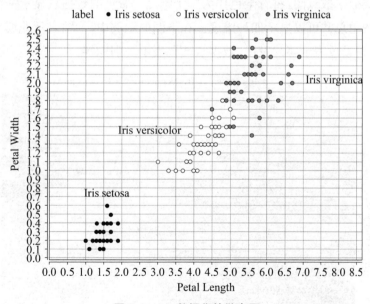

图 9.9 Iris 数据集的散点图

- 气泡图

气泡图是简单散点图的一种变体,其增加了一个变量,用于确定数据点的大小。在

Iris 数据集中,x 轴表示花瓣长度,y 轴表示花瓣宽度,数据点大小表示萼片宽度,数据点颜色表示品种类别标签。

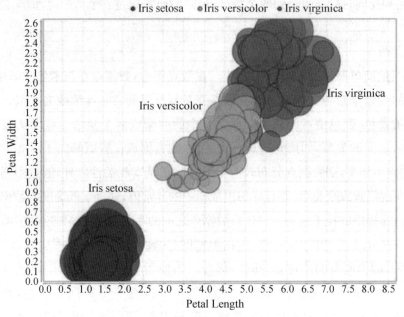

图 9.10　Iris 数据集的气泡图

- 密度图

密度图类似于散点图,将背景色作为一个维度。着色的数据点显示一个维度,因此在一张密度图中总共可以显示四种维度。在下图的示例中,x 轴表示花瓣长度,y 轴表示萼片长度,背景色表示萼片宽度,数据点颜色表示类别标签。

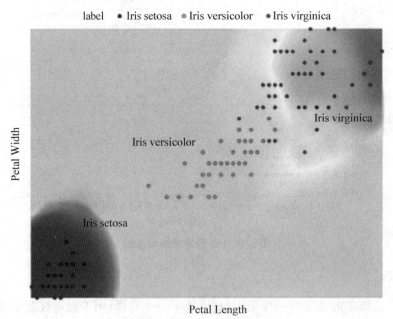

图 9.11　Iris 数据集的密度图

9.2 数据科学工作流

案例：泰坦尼克数据分析

泰坦尼克号的沉没是历史上最著名的沉船事件之一。1912 年 4 月 15 日，泰坦尼克号在处女航中撞上冰山后沉没，造成 2 224 名乘客和船员 1 502 人遇难。这一耸人听闻的悲剧震惊了国际社会，并导致了对船舶安全的监管。船只失事导致生命损失的原因之一是船上没有足够的救生艇供乘客和船员使用。尽管在沉船事件中幸存下来的人的因素不相同，但有些人比其他人更容易生存，比如妇女、儿童和上层阶级。

泰坦尼克问题就是以这个真实事件为背景，衍生出来的一个比较经典的数据分析案例之一。这个问题提供了乘客的信息如姓名、年龄、性别、票价等相关信息和是否获救，然后需要建立一个模型，去预测另一批乘客是否能够获救。

可以想象，在遇到上面的泰坦尼克问题的时候，已经具备相关知识的，并有一定编程基础的人，会考虑使用 Python 等编程语言来解决问题。而对于那些初次接触的人，则会更倾向于使用图形化的数据科学工作流工具，例如 KNIME。

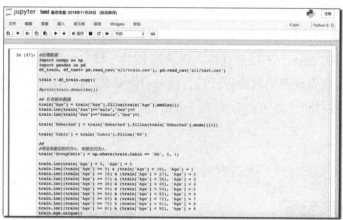

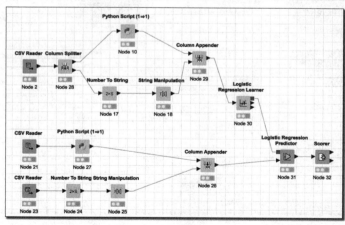

传统的数据分析只能通过编程或者使用专业软件实现,这使得数据分析的门槛变高,任何想要进行数据分析的人都要先学习一门语言或者学习专业软件的使用。尽管到后来,有 Python、R 语言这样强大且容易学习的语言诞生,并广泛地应用到数据分析领域,但数据分析的门槛只是变低了,却没有消失。我们发现,有很多并不是计算机领域的人需要进行数据分析的工作,却又没有时间学习编程语言,这就促使了图形化的数据工作流软件的诞生。

科学界越来越多地采用工作流技术来自动化科学方法。数据驱动科学作为第四范式的出现对科学工作流程提出了新的数据挑战,同时应用程序和计算平台的复杂性和多样性也在不断增加。为了能够更好地进行与数据相关的工作,很多类似 KNIME 的软件陆陆续续诞生。这些数据流管理工具(Workflow Management System,WMS)侧重于不同的研究领域(例如,生命科学、地球科学、高能物理、天文学和人文学科),并在多年中逐渐形成跨学科的工作流基础设施。

9.2.1　KNIME 的基本介绍

在过去几年里,为了应对数据科学工作流带来的挑战,已经出现了一些成熟的数据科学工作流工具,例如 InfoSense KDE、Insightful Miner、Pipeline Pilot。在开源软件世界中,也有很多数据分析工具和 BI 工具。对于非专业人士,如果想要进行一些数据分析的工作,KNIME 是一个不错的选择。它不需要学习特定的脚本语言,而是提供了一种图形化的方法来实现和记录分析过程。此外,KNIME 可以作为一个集成平台,许多其他的 BI 和数据分析工具可以作为第三方组件导入其中。这样不仅可以使用 KNIME

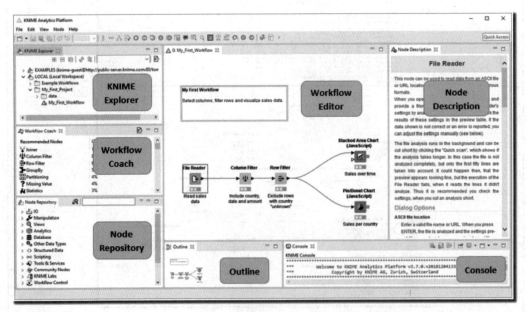

图 9.12　KNIME 工作界面

分析数据，而且还可以使用不同的 BI 工具在同一数据上进行相关操作。在最新的版本中，KNIME 已经支持使用 Jupyter Notebook 了，而早期的版本中，KNIME 也支持用户使用 Python 和 Java 语言进行数据分析（下载相应的扩展组件）。

• KNIME Explorer：KNIME 工作区（即本地工作区和 KNIME 服务器）中可用的工作流和工作流组。

• Workflow Coach：基于 KNIME 用户社区构建的工作流节点的使用建议。如果设置了不允许 KNIME 收集、使用和统计这些信息，那么它是不开启的。

• Node Repositor：这里列出了 KNIME 分析平台提供的基础节点，还有用户自行安装的扩展节点。节点按类型分组显示，但用户也可以使用节点存储库顶部的搜索框来查找节点。

• Workflow Editor：当前工作流的编辑区。

• Node Description：所选节点的节点描述（在工作流编辑器或节点存储库中）。

• Outline：当前工作流的概述。

• Console：控制台。显示执行消息，指示在后台发生了什么。

9.2.2 KNIME 的主要架构

KNIME 的架构设计有三个主要规则：

• 可视化的交互式框架：数据流的组成能够通过各个节点的拖放实现。自定义应用程序的建模能够通过独立的数据管道实现。

• 模块化：为了实现计算的简单分布，不同的算法能够独立开发实现，处理单元和数据容器不应该具有相互依赖的关系。数据类型没有预先定义，能够很方便地添加新类型。

• 易于扩展：可以快捷地添加新的视图或节点，无需进行复杂的安装/卸载过程。

1. 数据结构

节点之间进行交换的所有数据都包含在一个名为 DataTable 的类中，该类除了实际数据外还保存有关其列类型的元信息。可以通过迭代 DataRow 的实例来访问数据，每行包含唯一标识符（或主键）和特定数量的 DataCell 对象，这些对象保存实际数据。因为要做到可伸缩性，要求尽量避免按行 ID 或索引访问，这样能够处理大量数据，也不必强制将所有行保留在内存中。如果数据表太大，KNIME 会将部分数据表移动到硬盘驱动器上，优化缓存策略。

2. 节点

KNIME 中的节点（如图 9.13 所示）是最常用的处理单元，类似于可视化工作流表示中的一个节点。节点由用户定义并且通常包含所有的功能。该模式遵循众所周知的 MVC（模型—视图—控制器）设计模式。对于输入和输出连接，每个节点都有一个或多个输入端口（Inport）和输出端口（Outport），它们可以传输数据或模型。输入是节点处理的数据,输出是结果数据集。每个节点都有特定的设置,可以在配置对话框中进行调整。当修改了配置后,节点的状态会改变,由每个节点下面的交通灯显示。节点可以执行各种任务,包括读取/写入文件、转换数据、培训模型、创建可视化等。

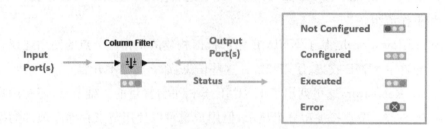

图 9.13　KNIME 节点

3. 工作流程

KNIME 中的工作流程本质上是连接节点的直接非循环图(DAG)。工作流管理器允许在两个节点之间插入新节点和添加有向边(有向连接)。它还跟踪节点的状态(未配置,已配置,已执行,错误),并根据需要返回可执行节点池。这样,周围的框架可以在几个并行线程之间自由分配工作负载,或者作为 KNIME 网格支持和作为服务器的一部分,甚至是计算服务器的分布式集群。由于底层是图形结构,工作流管理器能够沿着通向用户实际想要执行的节点的路径执行的所有节点。图 9.14 展示的是一个"销售数据分析"的工作流。

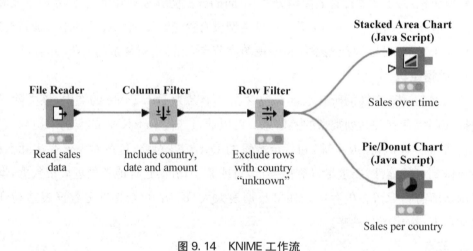

图 9.14　KNIME 工作流

4. 可视化

每个节点可以具有与之关联的任意数量的视图。视图的范围可以从简单的表视图到底层数据的更复杂视图(例如散点图,平行坐标)或生成的模型(例如决策树,规则)。

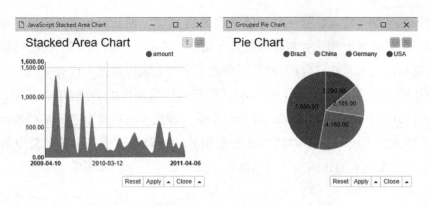

图 9.15　KNIME 可视化

5. 开发自己的节点

KNIME 允许已有的数据分析工具作为插件被引入使用。通常可以直接为外部工具创建包装器，而无需自己修改这些可执行文件。每个新节点只需要扩展三个抽象类：节点模型、节点对话框、节点视图，就可以很容易地添加到 KNIME 中。

6. 元节点

所谓元节点（meta nodes）（如图 9.16 和 9.17 所示）就是将子工作流分装到一个特殊的节点中，这个特殊的节点就被称为元节点。元节点具有各种优点，例如使用户能够设计更大、更复杂的工作流以及特定操作的封装。

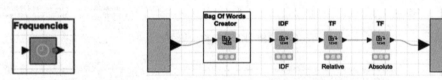

图 9.16　KNIME 元节点　　　　图 9.17　KNIME 元节点内部

9.2.3　KNIME 与大数据

现今的时代，我们会经常遇到这样的情况，系统收集的可用原始数据量以指数级数的速度增长，迅速达到非常大的规模，而且这些数据包含的特征也非常多，称其为"大数据"。在数据集特别大的情况下，特别是在运行 ETL 过程的时候，利用大数据平台来处理这些数据是很有效的。实际上，通过设计合适的 SQL 查询，可以直接在大数据平台上运行大多数 ETL 过程。当然，将大数据平台上的 SQL 语句的执行集成到 KNIME 中，可以更快地将数据提供给远端的分析过程，以此来提高整个 KNIME 工作流的执行效率。

连接到大数据平台、设计合适的 SQL 查询语句并按要求检索数据，这个过程往往是非常复杂的。除此之外，在选择大数据平台的时候，由于存在很多不同类型的大数据平台，如何选择一个特定的平台，这可能会变成一个相当漫长且乏味的工程。在这种情况下,使用 KNIME 的大数据平台功能就会显得更加方便和高效。KNIME 为连接到 Spark 和 Hadoop 等常用大数据系统提供了很好的支持。同时,它的 Server 版本(需收费)还与亚马逊云和微软云合作,允许用户在云平台上运行数据工作流。

KNIME 提供了许多连接器节点,包括用于连接数据库的节点,还有 KNIME 大数据扩展组件(KNIME Big Data Extension)中的大数据平台连接节点。某些连接器节点是专门为特定的大数据平台设计的,这些专用的连接器提供了一个非常简单的配置窗口,例如,只需要基本的访问参数就可以连接到大数据平台。如图 9.19 所示。

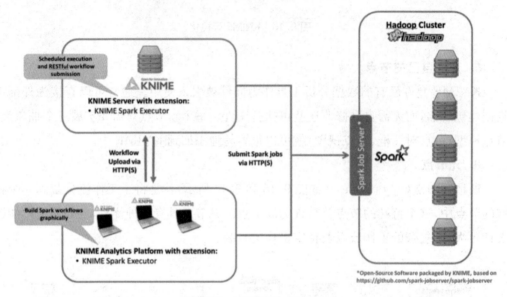

图 9.18　KNIME 与大数据

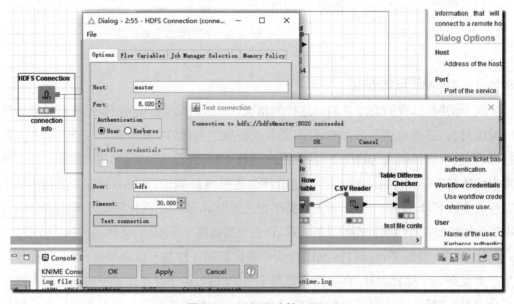

图 9.19　KNIME 连接 HDFS

编写复杂的 SQL 查询并不是所有人的需求。对于那些不太熟悉 SQL 的用户，KNIME 提供了许多 SQL 节点，这些节点允许用户设置函数，而不必接触底层的 SQL 查询语句，就能实现相关的操作。这些 SQL 节点和专用连接器节点的存在使得 ETL 过程在大数据平台上的实现变得非常简单和快速。它们还可以很容易地从一个大数据平台切换到另一个大数据平台，这不仅成功地将一个大数据平台集成到了工作流中，还保留了 KNIME 分析平台的敏捷性功能。

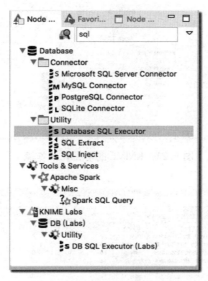

图 9.20　KNIME 的 SQL 查询

最后，KNIME 官方也提供了很多学习资源，包括 KNIME 社区，定期开展的活动和研讨会，还有视频和书籍，具体可登录官网查看：http://www.KNIME.org。

9.3　实践：KNIME 数据科学工作流

在本章的前面几节介绍了 KNIME 的基本使用，本实验以 kaggle 比赛的泰坦尼克数据为例，该数据地址为：kaggle.com/c/titanic，介绍 KNIME 数据预处理和可视化的方式。实验的工作流概览如图 9.21 所示。

（1）首先，打开 KNIME，新建一个工程，然后在节点库里找到"CSV Reader"，拖动到工程界面中，使用"CSV Reader"来读取数据，泰坦尼克数据集的各属性列如下所示：

PassengerId：乘客 ID；

Survived：是否生存，0 代表遇难，1 代表还活着；

Pclass：船舱等级：1Upper，2Middle，3Lower；

Name：姓名；

Sex：性别；

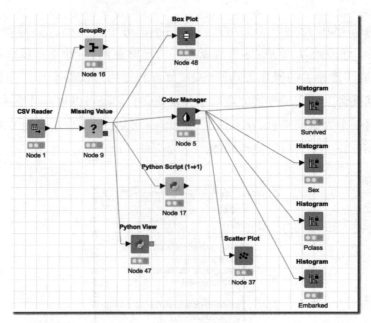

图 9.21　KNIME 的可视化工作流

Row ID	I Survived	I Pclass	S Name	S Sex	D Age	I SibSp	I Parch	S Ticket	D Fare	S Cabin
1	0	3	Braund, Mr. Owen Harris	male	22	1	0	A/5 21171	7.25	?
2	1	1	Cumings, Mrs. John Bra...	female	38	1	0	PC 17599	71.283	C85
3	1	3	Heikkinen, Miss. Laina	female	26	0	0	STON/O2....	7.925	?
4	1	1	Futrelle, Mrs. Jacques ...	female	35	1	0	113803	53.1	C123
5	0	3	Allen, Mr. William Henry	male	35	0	0	373450	8.05	?
6	0	3	Moran, Mr. James	male	?	0	0	330877	8.458	?
7	0	1	McCarthy, Mr. Timothy J	male	54	0	0	17463	51.862	E46
8	0	3	Palsson, Master. Gosta ...	male	2	3	1	349909	21.075	?
9	1	3	Johnson, Mrs. Oscar W ...	female	27	0	2	347742	11.133	?
10	1	2	Nasser, Mrs. Nicholas (...	female	14	1	0	237736	30.071	?
11	1	3	Sandstrom, Miss. Marg...	female	4	1	1	PP 9549	16.7	G6
12	1	1	Bonnell, Miss. Elizabeth	female	58	0	0	113783	26.55	C103
13	0	3	Saundercock, Mr. Willia...	male	20	0	0	A/5. 2151	8.05	?
14	0	3	Andersson, Mr. Anders...	male	39	1	5	347082	31.275	?
15	0	3	Vestrom, Miss. Hulda A...	female	14	0	0	350406	7.854	?
16	1	2	Hewlett, Mrs. (Mary D ...	female	55	0	0	248706	16	?
17	0	3	Rice, Master. Eugene	male	2	4	1	382652	29.125	?
18	1	2	Williams, Mr. Charles E...	male	?	0	0	244373	13	?
19	0	3	Vander Planke, Mrs. Jul...	female	31	1	0	345763	18	?
20	1	3	Masselmani, Mrs. Fatima	female	?	0	0	2649	7.225	?
21	0	2	Fynney, Mr. Joseph J	male	35	0	0	239865	26	?
22	1	2	Beesley, Mr. Lawrence	male	34	0	0	248698	13	D56
23	1	3	McGowan, Miss. Anna ...	female	15	0	0	330923	8.029	?
24	1	1	Sloper, Mr. William Tho...	male	28	0	0	113788	35.5	A6
25	0	3	Palsson, Miss. Torborg ...	female	8	3	1	349909	21.075	?
26	1	3	Asplund, Mrs. Carl Osc...	female	38	1	5	347077	31.387	?
27	0	3	Emir, Mr. Farred Chehab	male	?	0	0	2631	7.225	?
28	0	1	Fortune, Mr. Charles Al...	male	19	3	2	19950	263	C23 C25 ...

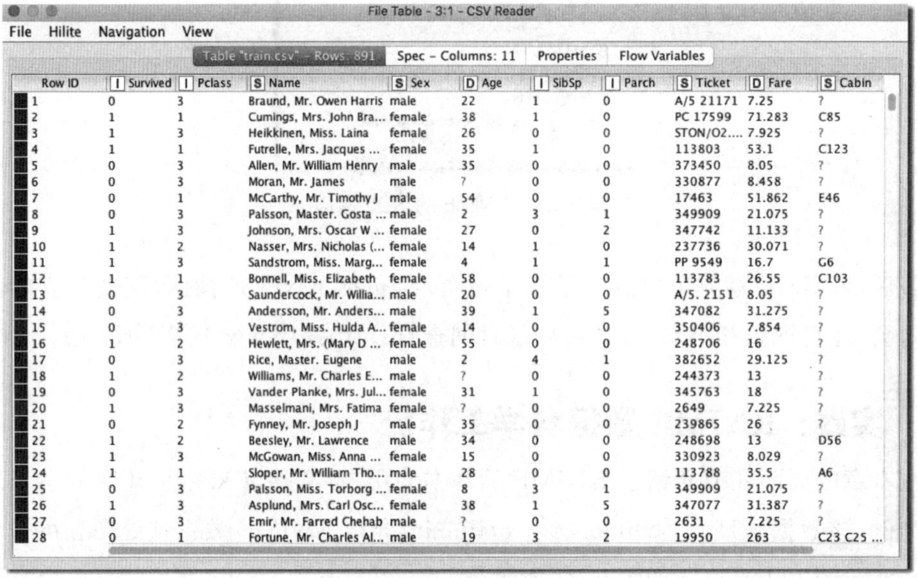

图 9.22　“CSV Reader”结果显示

Age：年龄；

SibSp：兄弟姐妹及配偶个数；

Parch：父母或子女个数；

Ticket：乘客的船票号；

Fare：乘客的船票价；

Cabin：乘客所在的舱位（位置）；

Embarked:乘客登船口岸。

（2）然后，使用"GroupBy"统计缺失值。在设置界面（如图 9.23 所示），子界面"Groups"下，选择以"Survived"列为分组依据，因为该列没有缺失值。（"GroupBy"的限制是分组设置必选）

子界面"Manual Aggregation"下，点击"add all"包含所有列，并选择统计每个列的缺失值"Missing Value"，如图 9.24 所示：

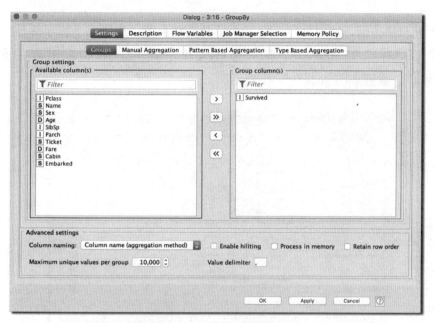

图 9.23 "GroupBy"设置界面

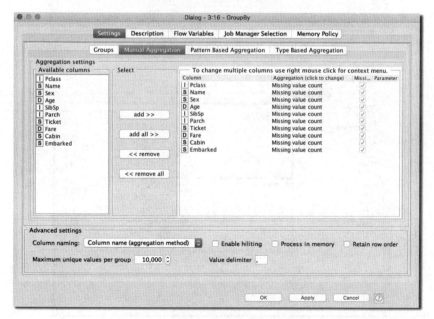

图 9.24 "GroupBy"的子设置界面

第9章 数据科学过程 | 287

结果显示"Age""Cabin"和"Embarked"存在缺失值,如图 9.25 所示。

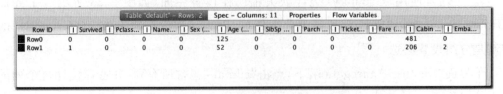

图 9.25 统计缺失值的结果

(3)补全缺失值。使用"Missing Value"补全缺失值。这里用平均年龄补全"Age"列。用"NO"补全"Cabin"列,表示这些人没有舱位。用最常出现的值补全"Embarked"。设置如图 9.26~9.27 所示。

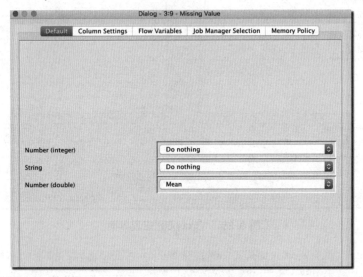

图 9.26 "Missing Value"设置界面

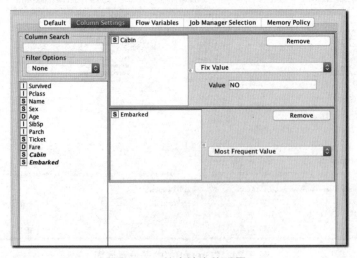

图 9.27 补全缺失值设置

结果显示如图 9.28，缺失值都已经补全了：

Row ID	I Pclass	S Name	S Sex	D Age	I SibSp	I Parch	S Ticket	D Fare	S Cabin	S Emba...
1	3	Braund, Mr. Owen Harris	male	22	1	0	A/5 21171	7.25	NO	S
2	1	Cumings, Mrs. John Bra...	female	38	1	0	PC 17599	71.283	C85	C
3	3	Heikkinen, Miss. Laina	female	26	0	0	STON/O2....	7.925	NO	S
4	1	Futrelle, Mrs. Jacques ...	female	35	1	0	113803	53.1	C123	S
5	3	Allen, Mr. William Henry	male	35	0	0	373450	8.05	NO	S
6	3	Moran, Mr. James	male	29.699	0	0	330877	8.458	NO	Q
7	1	McCarthy, Mr. Timothy J	male	54	0	0	17463	51.862	E46	S
8	3	Palsson, Master. Gosta ...	male	2	3	1	349909	21.075	NO	S
9	3	Johnson, Mrs. Oscar W ...	female	27	0	2	347742	11.133	NO	S
10	2	Nasser, Mrs. Nicholas (...	female	14	1	0	237736	30.071	NO	C
11	3	Sandstrom, Miss. Marg...	female	4	1	1	PP 9549	16.7	G6	S
12	1	Bonnell, Miss. Elizabeth	female	58	0	0	113783	26.55	C103	S
13	3	Saundercock, Mr. Willia...	male	20	0	0	A/5. 2151	8.05	NO	S
14	3	Andersson, Mr. Anders...	male	39	1	5	347082	31.275	NO	S
15	3	Vestrom, Miss. Hulda A...	female	14	0	0	350406	7.854	NO	S
16	2	Hewlett, Mrs. (Mary D ...	female	55	0	0	248706	16	NO	S
17	3	Rice, Master. Eugene	male	2	4	1	382652	29.125	NO	Q
18	2	Williams, Mr. Charles E...	male	29.699	0	0	244373	13	NO	S
19	3	Vander Planke, Mrs. Jul...	female	31	1	0	345763	18	NO	S
20	3	Masselmani, Mrs. Fatima	female	29.699	0	0	2649	7.225	NO	C
21	2	Fynney, Mr. Joseph J	male	35	0	0	239865	26	NO	S
22	2	Beesley, Mr. Lawrence	male	34	0	0	248698	13	D56	S
23	3	McGowan, Miss. Anna ...	female	15	0	0	330923	8.029	NO	Q
24	1	Sloper, Mr. William Tho...	male	28	0	0	113788	35.5	A6	S
25	3	Palsson, Miss. Torborg ...	female	8	3	1	349909	21.075	NO	S
26	3	Asplund, Mrs. Carl Osc...	female	38	1	5	347077	31.387	NO	S
27	3	Emir, Mr. Farred Chehab	male	29.699	0	0	2631	7.225	NO	C
28	1	Fortune, Mr. Charles Al...	male	19	3	2	19950	263	C23 C25 ...	S

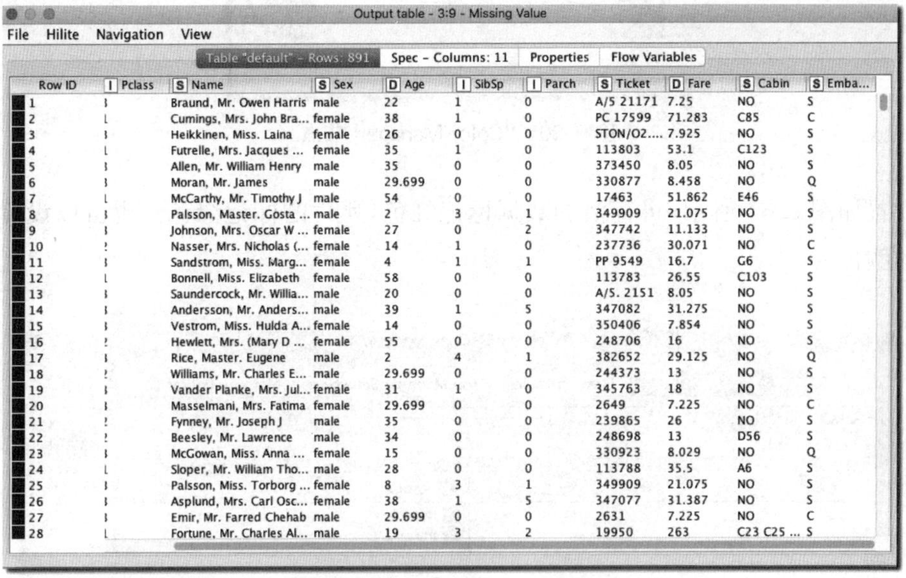

图 9.28　补全缺失值的结果

（4）完成了简单的数据预处理后，再进行数据可视化。KNIME 提供很多的数据可视化 Node，在 Views 目录下，如图 9.29 所示。

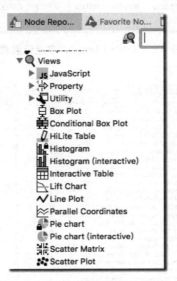

图 9.29　KNIME 提供的可视化节点库

（5）使用“Histogram”柱状图来查看乘客的存活情况，以及乘客的存活和他们的性别、船票等级、登陆地点有什么关系。在进行可视化前，需要用“Color Manager”节点（如图 9.30 所示）对数据进行染色，这样才能让结果更直观。

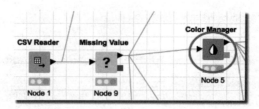

图 9. 30 “Color Manager”节点

设置如图 9.31 所示，将存活的数据标记红色，死亡的标记绿色。也可以设置自己喜欢的颜色。

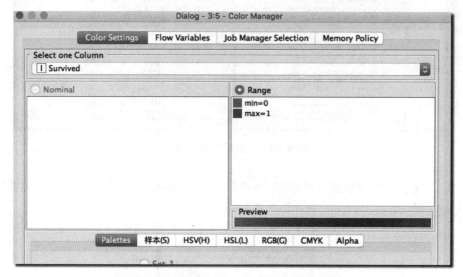

图 9. 31 “Color Manager”节点设置界面

Table "default" - Rows: 891 | Spec - Columns: 11 | Properties | Flow Variables

Row ID	I Survived	I Pclass	S Name	S Sex	D Age	I SibSp	I Parch	S Ticket	D Fare	S Cabin
1	0	3	Braund, Mr. Owen Harris	male	22	1	0	A/5 21171	7.25	NO
2	1	1	Cumings, Mrs. John Bra...	female	38	1	0	PC 17599	71.283	C85
3	1	3	Heikkinen, Miss. Laina	female	26	0	0	STON/O2....	7.925	NO
4	1	1	Futrelle, Mrs. Jacques ...	female	35	1	0	113803	53.1	C123
5	0	3	Allen, Mr. William Henry	male	35	0	0	373450	8.05	NO
6	0	3	Moran, Mr. James	male	29.699	0	0	330877	8.458	NO
7	0	1	McCarthy, Mr. Timothy J	male	54	0	0	17463	51.862	E46
8	0	3	Palsson, Master. Gosta ...	male	2	3	1	349909	21.075	NO
9	1	3	Johnson, Mrs. Oscar W ...	female	27	0	2	347742	11.133	NO
10	1	2	Nasser, Mrs. Nicholas (...	female	14	1	0	237736	30.071	NO
11	1	3	Sandstrom, Miss. Marg...	female	4	1	1	PP 9549	16.7	G6
12	1	1	Bonnell, Miss. Elizabeth	female	58	0	0	113783	26.55	C103
13	0	3	Saundercock, Mr. Willia...	male	20	0	0	A/5. 2151	8.05	NO
14	0	3	Andersson, Mr. Anders...	male	39	1	5	347082	31.275	NO
15	0	3	Vestrom, Miss. Hulda A...	female	14	0	0	350406	7.854	NO
16	1	2	Hewlett, Mrs. (Mary D ...	female	55	0	0	248706	16	NO
17	0	3	Rice, Master. Eugene	male	2	4	1	382652	29.125	NO
18	1	2	Williams, Mr. Charles E...	male	29.699	0	0	244373	13	NO
19	0	3	Vander Planke, Mrs. Jul...	female	31	1	0	345763	18	NO
20	1	3	Masselmani, Mrs. Fatima	female	29.699	0	0	2649	7.225	NO
21	0	2	Fynney, Mr. Joseph J	male	35	0	0	239865	26	NO
22	1	2	Beesley, Mr. Lawrence	male	34	0	0	248698	13	D56
23	1	3	McGowan, Miss. Anna ...	female	15	0	0	330923	8.029	NO
24	1	1	Sloper, Mr. William Tho...	male	28	0	0	113788	35.5	A6
25	0	3	Palsson, Miss. Torborg ...	female	8	3	1	349909	21.075	NO
26	1	3	Asplund, Mrs. Carl Osc...	female	38	1	5	347077	31.387	NO
27	0	3	Emir, Mr. Farred Chehab	male	29.699	0	0	2631	7.225	NO
28	0	1	Fortune, Mr. Charles Al...	male	19	3	2	19950	263	C23 C25 ...

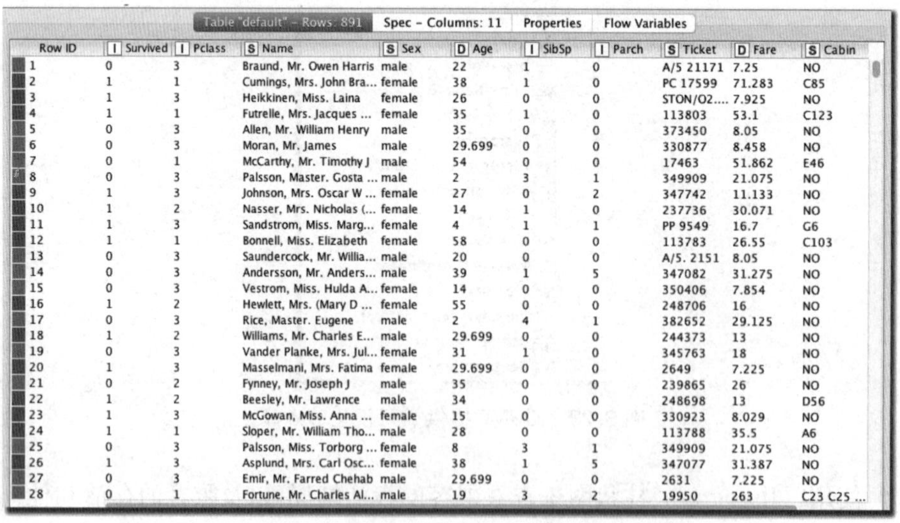

图 9. 32 “Color Manager”结果显示

(6) 设置"Histogram"。第一个 Node 统计乘客存活情况，设置如图 9.33 所示。

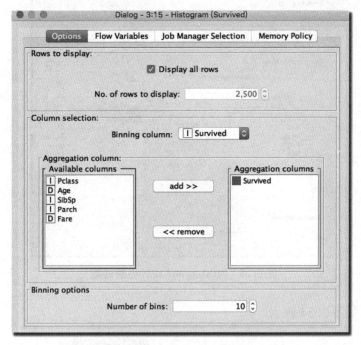

图 9.33 "Histogram"统计存活设置

结果显示如图 9.34 所示。

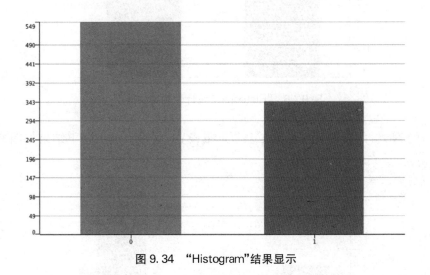

图 9.34 "Histogram"结果显示

第二个 Node 显示乘客存活和性别（Sex）相关性，设置如图 9.35 所示。

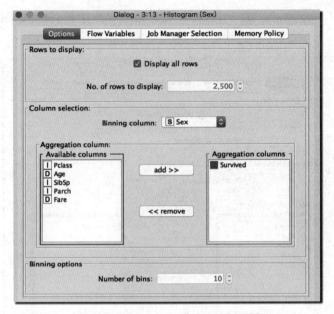

图 9.35 "Histogram"统计性别设置

结果显示如图 9.36 所示。

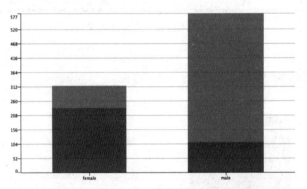

图 9.36 "Histogram"统计性别结果显示

之后的 Node 的设置可参考第二个节点来设置,这里就展示一下结果如图 9.37 和 9.38 所示。

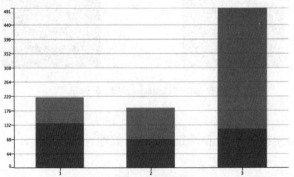

图 9.37 "Histogram"统计 Pclass 结果显示

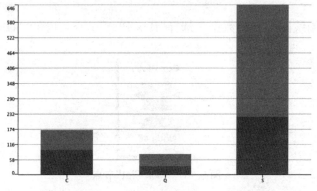

图 9.38 "Histogram"统计 Embarked 结果显示

（7）也可以用散点图来分析数据之间的关系。选择"Scatter Plot"节点，如图 9.39 所示。

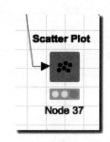

图 9.39 "Scatter Plot"节点

在结果界面，选择"Column Selection"界面，可以修改 X、Y 轴的显示。比如，这里想查看"Age""Fare"和"Survived"之间的关系，显示如图 9.40 所示。

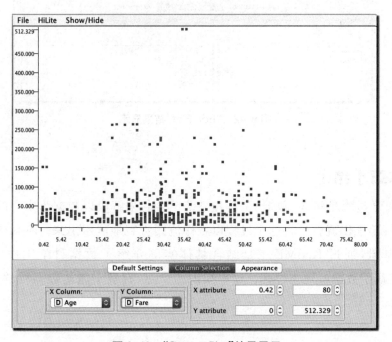

图 9.40 "Scatter Plot"结果显示

第 9 章 数据科学过程 | 293

（8）尝试用箱线图来分析数据。选择"Box Plot"节点，如图 9.41 所示。

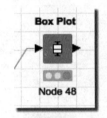

图 9.41　"Box Plot"节点

查看结果输出，在"Column Selection"选择想要显示的列数据，如图 9.42 所示。

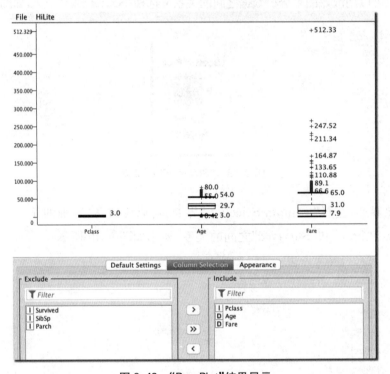

图 9.42　"Box Plot"结果显示

9.4　本章小结

数据科学过程是将人、数据、工具和系统结合起来解决以数据为中心的问题的流程。数据科学工作流就是将这个过程以工作流图直观地展示出来。本章介绍了数据科学过程基础，通过 KNIME 工具结合具体实例介绍了数据科学工作流，并通过 KNIME 实践了数据可视化过程。这些知识的学习，有利于厘清数据科学过程，锻炼数据思维。

9.5 习题与实践

复习题

1. 软件工程的构建大概经历了几个阶段？分别是什么？
2. 数据科学过程的生命周期分为哪几个阶段？
3. KNIME 是什么？它有什么特点？
4. 请简述 KNIME 架构设计遵循的三个规则。
5. 请简述 KNIME 对大数据分析的支持情况。

践习题

1. 下载安装 KNIME，并创建你的第一个数据工作流工程。
2. 从"UCI Machine Learning Repository"下载任意数据，使用 KNIME 的 IO 类型节点将数据读取到你的工程中。
3. 尝试使用 KNIME 的可视化节点，将读入的数据以直方图、饼图等形式展示出来。
4. 尝试使用 KNIME 的"Missing Value"节点对数据进行缺失值处理。
5. 尝试使用 KNIME 的相关节点对数据进行过滤、修改、删除等预处理。
6. 尝试使用 KNIME 节点库中"Analytics"目录下的节点训练数据。
7. 最后，尝试使用上一题训练好的模型预测测试数据的结果。
8. 使用 KNIME 的"Text processing"扩展组件对《莎士比亚十四行诗》进行文本处理，生成词云图。
9. 尝试将 KNIME 的 Database 扩展组件连接到已有的数据库（例如 mysql，postgres），并进行简单的查询操作。
10. 在本地环境部署 Hadoop 环境（如果有条件，可以考虑远程搭建一个 Hadoop 集群），尝试使用 KNIME 的大数据扩展连接到 Hadoop。

研习题

1. 参考"文献阅读"部分的文献[19]，了解几个主流数据工作流系统，简述它们的特点。
2. KNIME 是新一代可视化数据科学工作流工程平台，参考"文献阅读"部分的文献[20]和[21]，深入理解可视化数据科学工作流平台的语言特点与运行环境。
3. 在过去，如果想要进行数据分析就必须学习相关的编程语言，例如被誉为最适合做数据分析的 Python 语言。然而，随着时间的推移，图形化的数据工作流软件开始出现，数据分析的门槛不断降低，你觉得造成这样发展的原因是什么？请简述你的理解。

第 10 章 统计分析的原理

CHAPTER TEN

想象有一个智慧体,它在任何时候都知道所有控制大自然的力量,同时也知道每一项事务的运动状态。假如这个智慧体可以将所有数据加以分析,并能把宇宙中大大小小物体的运动状态用一个公式描述。那么,对它而言,就没有不确定的东西,它可以清楚地看到未来与过去。

——皮埃尔-西蒙·拉普拉斯《概率论》
(Pierre-Simon Laplace, *A Philosophical Essay on Probabilities*)

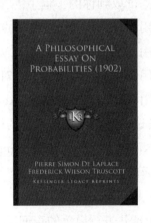

DATA IS NEW POWER

开篇实例

数学是一门"研究数量关系与空间形式"(即"数"与"形")的学科。一般地说,根据问题的来源把数学分为纯粹数学与应用数学。研究其自身提出的问题的(如哥德巴赫猜想等)是纯粹数学(又称基础数学);研究来自现实世界中的数学问题的是应用数学。

今天,数据科学的数学基础主要来源于应用数学,特别是概率论与数理统计。当然,统计分析也不是全部,因此,本章开篇实例中,我们特地列举了一个搜索引擎中 PageRank 算法的例子。

PageRank 的思路很简单,打个比方:如何判断一篇论文的价值,即被其他论文引述的次数越多就越重要,如果被权威的论文引用,那么该论文也很重要。PageRank 就是借鉴这一思路,根据网站的外部链接和内部链接的数量和质量来衡量这个网站的价值,相当于每个到该页面的链接都是对该页面的一次投票,被链接得越多,就意味着被其他网站投票越多。

> **开篇实例**
>
> 但是问题又来了,计算其他网页 PageRank 的值需要用到网页本身的 PageRank 值,而其他网页的 PageRank 值反过来又影响本网页的 PageRank 的值,这不就成了一个先有鸡还是先有蛋的问题了吗? 谷歌的两个创始人拉里·佩奇和谢盖尔·布林把这个问题变成一个二维矩阵计算的问题,并且用迭代的方法解决了这个问题。
>
> PageRank 算法中使用的数学知识包括:矩阵的性质、特征值和特征向量、幂迭代方法等,只要具备基本的高等数学知识就完全可以解决。数学的优雅在这里发挥到了极致!
>
>

矩阵和线性代数、关系代数、概率论、统计、机器学习基础课程等共同构成了数据科学与大数据的数学基础,在新时代焕发出新的生机。本章主要内容如下:10.1 节介绍数据科学的数学基础,10.2 节介绍概率与统计基础,10.3 节介绍统计建模与线性回归模型,10.4 节介绍数据分析的工具,10.5 节开展 Python 统计分析以及实践。

10.1 数据科学的数学基础

10.1.1 一个实例:谷歌的 PageRank

首先来了解一下谷歌是如何进行网页排名(PageRank)的。搜索引擎是建立在大数据的基础之上的,那么搜索引擎的背后原理是怎样的呢? 一个 Web 里面有很多网页,实际上谷歌是通过网络爬虫把这些网页收取下来并对它们建立索引,建立好的索引以及网页相关的内容会被存到一个非常大的数据库里面,谷歌同时还有一个广告索引库,因为谷歌会通过搜索引擎发布广告,这样当用户在搜索框中输入一个关键字时,索引库和广告索引库共同作用,用户就可以得到他想要的数据了。如图 10.1 所示。

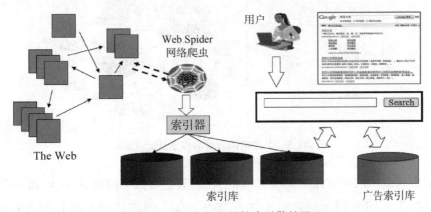

图 10.1 基于大数据的搜索引擎的原理

比如搜索"华东师范大学"时，会发现和华东师范大学相关的所有网页都会被列出来，如图 10.2 所示。同时界面右边还会出现相关的付费广告，这就是谷歌的商业模式。但是这里还存在着一个问题，就是当去搜索"华东师范大学"这个关键词的时候，会发现每次出现在第一个的都会是华东师范大学的官方网站，那么搜索引擎是如何知道哪个网页应该排在前面，哪个网页应该排在后面的呢？直觉告诉我们重要的网页应该排在前面，而如何衡量网页的重要性就是大规模网页排名算法（PageRank）要做的事情了。

图 10.2　搜索示例"华东师范大学"

网页排名是网络搜索引擎的核心，PageRank 是著名的网络搜索引擎谷歌用于评测一个网页"重要性"或者"影响力"的一种方法，也是这家公司最初赖以生存的法宝。谷歌的 PageRank 基于这样一个理论：若 B 网页上有连接到 A 网页的链接，说明 B 认为 A 有链接价值，是一个重要的网页。因此一个网页的重要性可以由该网页的导入链接数以及这些导入链接的重要性这两个因素决定。如图 10.3 所示。

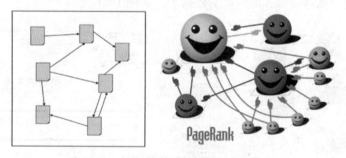

图 10.3　大规模网页排名算法：PageRank

接下来手动尝试一下计算 PageRank 的值。假设有四个网页 A、B、C 和 D，A 网页的重要性是 100，而 B 网页的重要性是 9，那么如何来确定 C 网页和 D 网页的重要性？

通过刚才的两个因素就知道，A 网页把它的重要性分给了 C 和 D，因为它有两个连接到 C 和 D 的链接，同时 B 网页把它的重要性分成三份，给了 C 和另外两个网页，这样 C 网页的重要性就是 50 加 3，就是 53 了，同时 D 网页因为只有 A 网页连接它，所以它的重要性就是 50，这就是一个非常简单的 PageRank 的计算的方法。如图 10.4 所示。

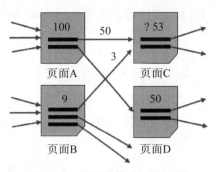

图 10.4　尝试计算 PageRank 值

那么现在问题又来了，究竟是先有蛋还是先有鸡，因为要计算 C 网页和 D 网页的重要性，要先知道 A 网页和 B 网页，那么 A 网页和 B 网页的重要性，又是如何计算出来的？除此以外，Internet 的拓扑结构实际上是一个非常非常巨大的网络，如何高效简单地去计算这样一个超级网络，实际上这个问题可以通过高效并且简洁的数学工具来解决。在介绍 PageRank 算法前，首先请大家补充一下有向图的知识。

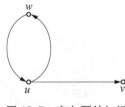

图 10.5　有向图的知识

网页实际上可以表示成一个有向图，有向图由顶点和边组成的，并且它的每个节点都有出度值和入度值。图 10.5 为有向图 D，其顶点组成的集合 $V(D)=\{u,v,w\}$，边组成的集合 $A(D)=\{(u,w),(w,u),(u,v)\}$，则顶点 u 的出度 $od(u)=2$，顶点 u 的入度 $id(u)=1$。

有了这样一个有向图，就可以用它来表示网页，而如何表示这个图以便更好地计算 PageRank 的值，就需要引入邻接矩阵的概念。为了研究需要，我们对邻接矩阵定义如下：

$$G=(g_{ij}),\text{其中}\ g_{ij}=\begin{cases}1,&\text{如果存在从}\ j\ \text{到}\ i\ \text{的弧}\\0,&\text{otherwise}\end{cases}$$

比如对于下例中的有向图，它的邻接矩阵如图 10.6 所示：

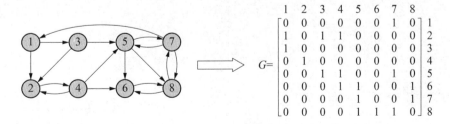

图 10.6　邻接矩阵示例

进一步，如果将邻接矩阵中的元素除以对应节点的出度，就可以得到该图的超链接矩阵。同样以上面那张图为例，它的超链接矩阵如图 10.7 所示：

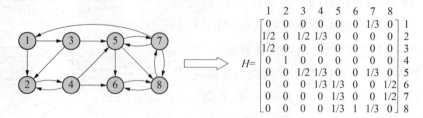

图 10.7　超链接矩阵示例

从图中也可以看出超链接矩阵的特点是：所有的元素都非负，并且每列元素的总和为 1。这样一个矩阵在数学上将其称之为随机矩阵，或者叫马尔可夫矩阵。接下来我们有一个定理：超链接矩阵 H 的最大特征向量，即为该矩阵的 PageRank 值。例如刚才那个超链接矩阵 H 它对应的最大特征向量 I' 为：

$I' = H \cdot I$　——→　I 是 H 的对应于特征值 $\lambda=1$ 的特征向量

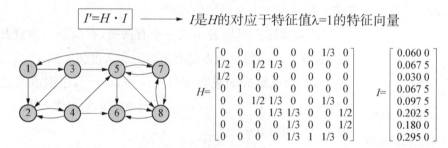

图 10.8　矩阵的 PageRank 值

从 I 中可以看出每个节点的 PageRank 值，同时还可以看到节点 8 的 PageRank 值最大。如果这些网页里面都包含有"华东师范大学"这个关键字的话，那么节点 8 或者是网页 8 就会排在第一位。这样原来不知道如何下手的互联网页的排序问题，现在已经轻而易举地变成了求解矩阵 H 的特征向量问题了。

还通过幂迭代方法就可以计算出 PageRank 的值。所谓幂迭代方法，简单来说就

幂迭代方法 → $I^{k+1} = H \cdot I^k$

$$H = \begin{bmatrix} 0 & 0 & 0 & 0 & 0 & 0 & 1/3 & 0 \\ 1/2 & 0 & 1/2 & 1/3 & 0 & 0 & 0 & 0 \\ 1/2 & 0 & 0 & 0 & 0 & 0 & 0 & 0 \\ 0 & 1 & 0 & 0 & 0 & 0 & 0 & 0 \\ 0 & 0 & 1/2 & 1/3 & 0 & 0 & 1/3 & 0 \\ 0 & 0 & 0 & 1/3 & 1/3 & 0 & 0 & 1/2 \\ 0 & 0 & 0 & 0 & 1/3 & 0 & 0 & 1/2 \\ 0 & 0 & 0 & 0 & 1/3 & 1 & 1/3 & 0 \end{bmatrix}$$

是用超链接矩阵反复地去乘以一个单位向量(假设记为 I),一直迭代到 I 的值不变,那么这个值就是最终想要的 PageRank 值了。

I^0	I^1	I^2	I^3	I^4	...	I^{60}	I^{61}
1	0	0	0	0.0278	...	0.06	**0.0600**
0	0.5	0.25	0.1667	0.0833	...	0.0675	**0.0675**
0	0.5	0	0	0	...	0.03	**0.0300**
0	0	0.5	0.25	0.1667	...	0.0675	**0.0675**
0	0	0.25	0.1667	0.1111	...	0.0975	**0.0975**
0	0	0	0.25	0.1806	...	0.2025	**0.2025**
0	0	0	0.0833	0.0972	...	0.18	**0.1800**
0	0	0	0.0833	0.3333	...	0.295	**0.2950**

$$I = \begin{bmatrix} 0.0600 \\ 0.0675 \\ 0.0300 \\ 0.0675 \\ 0.0975 \\ 0.2025 \\ 0.1800 \\ 0.2950 \end{bmatrix}$$

图 10.9　幂迭代方法计算 PageRank 的值

总结一下,PageRank 的算法一共可以分为四步:第一步将互联网作为一个有向图,并用邻接矩阵对其进行表示;第二步将该邻接矩阵转换为超链接矩阵;第三步求解该超链接矩阵的最大特征向量(如用幂迭代法);第四步最后求得的特征向量中的值即为对应网页的 PageRank 值。

这一漂亮的想法出自斯坦福大学 1998 年在读的两位博士生拉里·佩奇和谢尔盖·布林,他们将这一想法写成一篇文章并发表在了第七届 WWW 国际会议上,这篇文章的题目叫作《PageRank 引用排行:让网络变得有序》(*The PageRank Citation Ranking: Bringing Order to the Web*)。这两个人后来辍学了,创办了一个公司,这家公司就是现在著名的谷歌。PageRank 算法中使用到的数学知识包括矩阵的性质、特征值和特征向量、幂迭代算法等,学过线性代数的同学应该都知道这里面涉及的每一个知识点,所以说学好数学是非常有用的。

图 10.10　谷歌及其两位创始人拉里·佩奇和谢尔盖·布林

10.1.2　数据科学与大数据的数学基础

矩阵和线性代数(Matrices & Linear Algebra)、关系代数(Relational Algebra)、概率论(Probability Theory)、统计(Statistics)、机器学习基础(Machine Learning

Foundation)课程等共同构成了数据科学与大数据的数学基础。

矩阵(Matrix)是一个按照长方阵列排列的复数或实数集合。涉及到的机器学习应用有 SVD、PCA、最小二乘法、共轭梯度法等。线性代数是研究向量、向量空间、线性变换等内容的数学分支。向量是线性代数最基本的内容。

关系代数是一种抽象的查询语言。基本的代数运算有选择、投影、集合并、集合差、笛卡尔积和更名。关系型数据库就是以关系代数为基础的,在 SQL 语言中都能找到关系代数相应的计算。如图 10.11 所示。

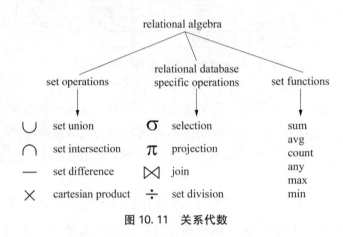

图 10.11 关系代数

很多同学应该都上过概率论这门课,概率论对数据科学和大数据有着非常重要的作用。概率论这门课程中所涉及到的知识包括:

- 贝叶斯定理(Bayes Theorem);
- 随机变量(Random Variables);
- 累计分布函数(Cumulative Distribution Function);
- 连续分布(Continues Distributions);
- 概率密度函数(Probability Density Function);
- 方差分析(ANOVA);
- 中心极限定理(Central Limit Theorem);
- 蒙特卡罗方法(Monte Carlo Method);
- 假设检验(Hypothesis Testing);
- P 值(p-Value);
- 估计(Estimation);
- 置信区间(Confidence interval);
- 极大似然估计(Maximum Likelihood Estimate);
- 核密度估计(Kernel Density Estimate);
- 回归(Regression);
- 协方差(Covariance);
- 相关性(Correlation);
- Pearson 相关系数(Pearson correlation coefficient);
- 因果性(Causation);
- 最小二乘法(Least Squares Fitting);
- 欧氏距离(Euclidean Distance)。

图 10.12 概率论与数理统计基础知识

统计学(Statistics)是通过搜索、整理、分析、描述数据等手段,以达到推断所测对象的本质,甚至预测对象未来的一门综合性科学。事物的发展充满了不确定性,而统计学,既研究如何从数据中把信息和规律提取出来找出最优化的方案,也研究如何把数据当中的不确定性量化出来。大数据告知信息但不解释信息。大数据是"原油"而不是"汽油",不能被直接拿来使用。大数据时代,统计学是数据分析的灵魂。

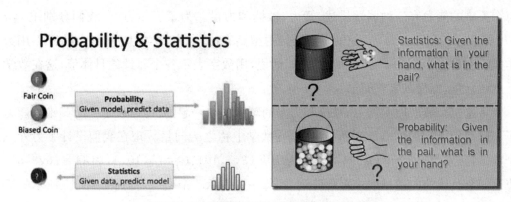

图 10.13　概率论和统计学的区别与联系

机器学习中常见的概念包括数值变量(numerical variable)、监督学习(supervised learning)、非监督学习(unsupervised learning)、输入空间、输出空间和特征空间(input space, output space and feature space)、训练集和测试集(training data and test data)、交叉验证(cross validation)等,这些概念都是机器学习里面的非常基础的一些概念。

- 数值变量(Numerical Variable)
  - 数值变量和分量变量;
- 监督学习(Supervised Learning)
  - 常见于 KNN、线性回归、朴素贝叶斯、随机森林等;
- 非监督学习(Unsupervised Learning)
  - 常见于聚类、隐马尔可夫模型等;
- 输入空间、输出空间、特征空间(Input space, Output space and Feature space);
- 训练集和测试集(Training Data and Test Data);
- 交叉验证(Cross validation);

- 分类(Classifier);
- 预测(Prediction);
- 回归(Regression);
- 排序(Ranking);
- Lift 曲线(Lift curve);
- ROC 曲线(Receiver Operating Characteristic Curve);
- 过拟合和欠拟合(Overfitting and underfitting);
- 偏差和方差(Bias and Variance);
- 分类正确率(Classification Rate);
- 提升方法(Boosting);
- 感知机(Perceptron);
- 神经网络(Neural Networks)。

图 10.14　机器学习的基础知识

10.1.3 矩阵与计算

1. 标量、向量与矩阵

通过一个简单的例子可以感性地认识标量、向量和矩阵这三个数学概念。

假设设计了一款网络对战游戏,在游戏中,玩家选择自己的英雄与其他玩家对战。每个英雄的能力有三种属性描述:智力、敏捷和力量。为了表示方便,我们分别用 i, a 和 s 来表示。对于英雄 A,他的设定是智力型英雄,智力为 10,敏捷为 6,力量为 2,用数学式子表示为 $i=10, a=6, s=2$。换句话说,用数字表示各个属性的具体值,这在数学上就叫标量,标量其实就是数字。

将这三个属性按照智力、敏捷和力量的顺序写在一起,就可以表示一个英雄的能力了。比如用 $A=(10,6,2)$ 表示英雄 A,在数学上称之为向量。现在我们设计了另外三个英雄,分别为 B、C 和 D。向量表示为 $B=(3,4,10)$、$C=(5,10,4)$ 和 $D=(6,9,5)$。将这四个英雄的向量排列成矩形阵列,即每一行表示一个英雄,得到图 10.15 所示的矩阵,这个矩阵就表示了四个英雄的属性数据。

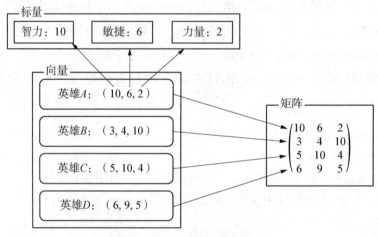

图 10.15 标量、向量和矩阵

用学术语言来定义矩阵:一个 $n \times m$ 的矩阵,是一个由 n 行 m 列元素排列成的矩形阵列。从数学上来讲,标量和向量其实是比较特殊的矩阵。标量可以被看作一个 1×1 的矩阵,而包含 k 个数字的行向量(也称为 k 维行向量)可以看作一个 $1 \times k$ 的矩阵,而包含 k 个数字的列向量可以被认为是一个 $k \times 1$ 的矩阵。

在数学上,通常如下面公式所示表示向量和矩阵,其中 x 表示标量,也就是一个实数,X_i 表示一个 m 维的行向量,X 表示 $n \times m$ 的矩阵,$\mathcal{R}^{n \times m}$ 表示所有取值为实数的 $n \times m$ 矩阵全体。需要注意的是,列向量可以表示为行向量的转置,因此没有专门记号来表示列向量。

$$X_i = (x_{i,1}, x_{i,2}, \cdots, x_{i,m}) \tag{10.1}$$

$$X = \begin{pmatrix} X_1 \\ X_2 \\ \cdots \\ X_n \end{pmatrix} = (x_{i,j}) \in R^{n \times m} \tag{10.2}$$

2. 矩阵运算

为了能像使用数字一样使用矩阵，我们为它定义了"加、减、乘、除"四种运算。

- 矩阵的加减法

(1) 与数字的加减法不同，并不是任何两个矩阵都可以进行加减运算，要求矩阵的形状是一样的，也就是它们的行数和列数都相等。假设矩阵 X、Y 同为 $n \times m$ 的矩阵，则它们的差仍为 $n \times m$ 的矩阵，具体的加减法定义如下：

$$X = (x_{i,j}) \in \mathscr{R}^{n \times m}; Y = (y_{i,j}) \in \mathscr{R}^{n \times m} \tag{10.3}$$

$$X \pm Y = \begin{pmatrix} x_{1,1} \pm y_{1,1} & \cdots & x_{1,m} \pm y_{1,m} \\ \vdots & \ddots & \vdots \\ x_{n,1} \pm y_{n,1} & \cdots & x_{n,m} \pm y_{n,m} \end{pmatrix} = (x_{i,j} \pm y_{i,j}) \in \mathscr{R}^{n \times m} \tag{10.4}$$

(2) 根据上面的定义，不难得出，矩阵的加法也满足结合律和交换律。假设 Z 也是一个 $n \times m$ 的矩阵，可以得到如下的公式：

$$X + Y = Y + X \tag{10.5}$$

$$X + Y + Z = X + (Y + Z) \tag{10.6}$$

- 矩阵的乘法

(1) 矩阵与数字的乘法。与数字的乘法类似，任意一个实数都能和任意一个矩阵相乘。

假设 k 为实数，则它与矩阵 X 的乘法定义如下：

$$kX = \begin{pmatrix} kx_{1,1} & \cdots & kx_{1,m} \\ kx_{n,1} & \cdots & kx_{n,m} \end{pmatrix} = (kx_{i,j}) \in R^{n \times m} \tag{10.7}$$

(2) 矩阵与矩阵的乘法。它只有在第一个矩阵的列数和第二个矩阵的行数相同时才有定义。假设 A 为 $n \times p$ 的矩阵，B 为 $p \times m$ 的矩阵，则它们之间的乘积为一个 $n \times m$ 的矩阵，记为 AB，具体的定义如下：

$$A = (a_{i,j}) \in R^{n \times p}; B = (b_{i,j}) \in R^{p \times m} \tag{10.8}$$

$$AB = \left(\sum_{r=1}^{p} a_{i,r} b_{r,j}\right) \in R^{n \times m} \tag{10.9}$$

举个具体的例子:A 为 4×2 的矩阵,B 为 2×3 的矩阵,它们之间的乘法计算过程如图 10.16 所示:

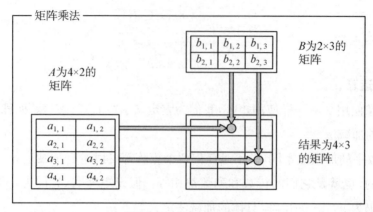

图 10.16 矩阵乘法图解

不难证明,矩阵的乘法满足结合律,即 $(AB)C=A(BC)$,以及分配律,即 $A(B+C)=AB+AC$,但不满足交换律(在通常情况下,两个矩阵交换顺序后,乘法运算的要求都不再满足)。这一点与数字的乘法有很大的不同。另外,任何一个矩阵与单位矩阵的乘积(前提条件是矩阵乘法的要求被满足)等于其本身,比如 $I_n A=A=AI_p$。因此单位矩阵可以被看作矩阵中的 1。

在实际问题中,线性模型常常用矩阵乘法来表示。举个简单的例子,假设线性模型为:

$$\begin{cases} y_1=ax_1+b \\ y_2=ax_2+b \end{cases} \tag{10.10}$$

令 $X=\begin{pmatrix} x_1 & 1 \\ x_2 & 1 \end{pmatrix}, \beta=\begin{pmatrix} a \\ b \end{pmatrix}, Y=\begin{pmatrix} y_1 \\ y_2 \end{pmatrix}$,则上式可以表示为 $Y=X\beta$。

- 矩阵的除法:逆矩阵

(1) 对矩阵求逆是专门针对方阵的,即行数等于列数的矩阵。假设 M 是一个 $n×n$ 的矩阵,若存在一个 $n×n$ 的矩阵 N 使得它们的乘积等于 n 阶单位矩阵,如下式所示,则称矩阵 N 为矩阵 M 的逆矩阵,记为 M^{-1},而 M 则被称为可逆矩阵。

$$MN=NM=I_n \tag{10.11}$$

(2) 数学上可以证明,一个矩阵的逆矩阵如果存在,则逆矩阵唯一。所以对于方阵 M,如果存在另一个方阵 L,使得 $ML=I_n$,则一定有 $LM=I_n$,且 $L=N=M^{-1}$。

(3) 关于逆矩阵,有如下几个常用的公式:

$$(M^{-1})^{-1} = M \qquad (10.12)$$

$$(kM)^{-1} = \frac{1}{k}M^{-1} \qquad (10.13)$$

$$(MN)^{-1} = N^{-1}M^{-1} \qquad (10.14)$$

- 矩阵的转置(transpose)

(1) 形象地理解,矩阵的转置就是将矩阵沿着对角线对调一下。假设 X 为 $n \times m$ 的矩阵,则它的转置为 $m \times n$ 的矩阵,记为 X^T。具体的公式如下:

$$X = (x_{i,j}) \in R^{n \times m} \qquad (10.15)$$

$$X^T = (x_{j,i}) \in R^{m \times n} \qquad (10.16)$$

(2) 关于矩阵的转置,有如下几个常用的公式,其中假设 k 为实数,而且公式中涉及的矩阵乘法和逆矩阵都是有意义的。

$$(X^T)^T = X \qquad (10.17)$$

$$(X+Y)^T = X^T + Y^T \qquad (10.18)$$

$$(kX)^T = kX^T \qquad (10.19)$$

$$(XY)^T = Y^T X^T \qquad (10.20)$$

$$(X^T)^{-1} = (X^{-1})^T \qquad (10.21)$$

10.2 概率与统计基础

10.2.1 统计学

首先说说统计学,关于这个词其实是个历史遗留问题。因为从统计学的发展历史来看,最早的统计学和国家经济学有密切的关系。统计学的英文是"statistic",其实它是源于意大利文的"stato",意思是"国家""情况",也就是后来英语里的 state(国家),在 17、18 世纪,统计学很多时候都是以经济学的姿态出现的。根据维基百科:

By the 18th century, the term "statistics" designated the systematic collection of demographic and economic data by states. For at least two millennia, these data were mainly tabulations of human and material resources that might be taxed or put to military use.

所以从一开始,统计学就跟经济学、政治学密不可分。

统计学发展的另一个源头就是概率论。

16 世纪初,概率论的体系渐渐发展起来,而这要从一种和掷骰子有关的赌博活动说起。虽然这个活动并不是很光彩,而且有待考证,但是在欧洲兴起并兴盛的骰子赌博活动,引起了一批好奇的学者的关注。掷骰子得到的点数直接决定赌局的输赢,于是开始研究各种点数出现的机遇的大小,胜率的大小。最早开始数量研究并且给概率下定义的学者已经无从考证了,可是有一些著作的问世和问题的讨论对概率统计的发展产生了重大的影响,比如卡丹诺的《机遇博弈》、惠更斯的《机遇的规律》、伯努利的《推测数》、著名的分赌本问题、帕斯卡和费马之间的通信等等,在这期间,古典概型得到了极大的发展,概率、期望、二项分布、中心极限定理等概念被相继提出。而之后的几百年里,在中心极限定理渐渐完善的过程中,一系列的统计量相继被提出,这也构成了大样本方法的基础。

概率论是统计学的基础,统计学是概率论的发展,二者密不可分。可以认为统计学是概率论的应用,是强调统计推断,包括统计决断、估计、检验等问题的一门学科。

统计学更加关注的是数据与模型。模型就是变量与响应之间的关系,简单的比如线性回归模型,时间序列分析里的 ARIMA GARCH 模型,复杂的如支持向量机(SVM)或者深度学习里的卷积神经网络(CNN)、递归神经网络(RNN)等。

10.2.2 概率论与数理统计

概率论是一门数学学科,是一套公理化的纯数学理论,它有严格的公理基础,里面的结论都是用严格的数学推导获得的,如果可能的话大概全部可以转化为形式逻辑的符号语句。这样,相对来说,前面的统计学就更像一门经验科学了,它主要是对现实生活中的数据进行分析,找规律,然后预测未来走向。在找规律的过程中,有时候就可以用概率论的语言去描述,比如这一堆数据满足什么分布,或者看上去像是某个随机过程,然后就可以用概率论的方法去处理。

数理统计就是通过对随机现象有限次的观测或试验所得数据进行归纳,找出这有限数据的内在数量规律性,并据此对整体相应现象的数量规律性做出推断或判断的一门学科。概括起来有如下几方面的特点:

- 一是随机性,就是说数理统计的研究对象应当具有随机性,确定性现象不是数理统计所要研究的内容。
- 二是有限性,就是说数理统计据以研究的随机现象数量、表现的次数是有限的。
- 三是数量性,即数理统计以研究随机现象的数量规律性为主,而对随机现象质的研究为次。
- 四是采用的研究方法主要为归纳法。

最后,数理统计通过对小样本的研究以达到对整体的推断都具有一定的概率可靠性。用样本推断总体误差的存在是客观的,但是数理统计不仅重在研究误差的大小,还指出误差发生的可能性的大小。

10.2.3 定义概率:事件和概率空间

首先从掷骰子这个常见的例子中引出概率的定义。假设连续随机地掷两次骰子,并计算两次所得点数的和。记第一次掷骰子得到的点数为 X_1,第二次的点数为 X_2,两次点数之和为 $XX=X_1+X_2$。容易得到 XX 可能的取值为 2~12。将 $XX=$ 记为事件 E。但其实上面列举的事件还可以划分为更加细小的随机样本,比如 $XX=3$ 对应的事件 E_3 可以分解为两个事件,一是第一次点数是 1,第二次点数是 2,记为 $(1,2)$;二是第一次点数是 2,第二次点数是 1,记为 $(2,1)$。将事件 E 发生的概率记为 $P(E_i)$,则

$$P(E_3)=P((1,2))\bigcup P((2,1))=P((1,2))+P((2,1))=\frac{1}{18} \quad (10.22)$$

对于其他结果也类似地定义它们发生的概率。

将所有不能再分的随机结果,记为 ω,放在一起组成集合就叫做样本空间(sample space),记为 S。样本空间里的子集被称为事件。而概率是一个定义在样本空间上的实数函数,记为 P,它满足下面两个条件:

- $P(\omega) \geqslant 0$,对于所有的 ω 都成立;
- $\sum_{w \in S} P(\omega)=1$。

10.2.4 随机变量:两种不同分布

将随机事件进一步量化,在其基础上定义随机变量:将随机事件映射为数字(常为实数)的函数。在随机变量的基础上,可以更方便地进行概率计算。随机变量按取值的不同,可分为**离散型随机变量**和**连续型随机变量**。

- 离散型随机变量的取值是离散的,比如上面提到的 XX,它可能的取值为离散的自然数,大于等于 2 且小于等于 12。对于一个离散型随机变量 X,假设它可能的取值记为 $x_1,x_2,\cdots,x_n$。X 的随机性可由概率分布函数(probability distribution function)描述,具体的定义如下面的公式所示:

$$P(x_i)=p_i \quad (10.23)$$

- 连续型随机变量的取值是连续的。也就是说在一定范围内,它可以是其中的任意值,比如人体的身高。对于一个连续的随机变量 X,它的随机性可由概率密度函数(probability density function)描述:

$$P(a \leqslant X \leqslant b)=\int_a^b f_X(x)\mathrm{d}x \quad (10.24)$$

$$f_X(x)=\frac{\mathrm{d}}{\mathrm{d}x}P(-\infty \leqslant X \leqslant x) \quad (10.25)$$

在随机变量 X 的基础上,有如下几个常用的函数和统计指标。

- 累积分布函数(Cumulative Distribution Function,CDF)的定义如下:

$$F_X(x) = P(X \leqslant x) \tag{10.26}$$

- 期望(expected value)。这个统计量可以被直观地理解为随机变量的加权平均值，通常记为 $E[X]$。具体的计算公式如下（如果期望存在）：

$$E[X] = \begin{cases} \sum p_i x_i, & X \text{ 是离散型随机变量} \\ \int x f_X(x) \mathrm{d}x, & X \text{ 是连续随机变量} \end{cases} \tag{10.27}$$

- 方差(variance)，记为 $\mathrm{Var}(X)$，用于度量随机变量的分散情况。它的定义公式为（如果方差存在）：

$$\mathrm{Var}(X) = E[X - E[X]]^2 = E[x^2] - (E[X])^2 \tag{10.28}$$

- 协方差(covariance)，记为 $\mathrm{Cov}(X,Y)$，用于度量两个随机变量的整体变化幅度和它们之间的相关关系。从定义公式容易看到，随机变量的方差是一种特殊的协方差。

$$\mathrm{Cov}(X,Y) = E[(X-E[X])(Y-E[Y])] = E[XY] - E[X]E[Y] \tag{10.29}$$

10.2.5　正态分布与中心极限定理

正态分布也称为高斯分布。若随机变量 X 服从正态分布，则它是一个连续的随机变量，相应的概率密度函数如下：

$$f = \frac{1}{\sqrt{2\pi\sigma^2}} e^{-\frac{(x-\mu)^2}{2\sigma^2}} \tag{10.30}$$

其中 μ, σ^2 是概率分布参数，可以证明随机变量 X 的期望等于 μ，方差等于 σ^2。

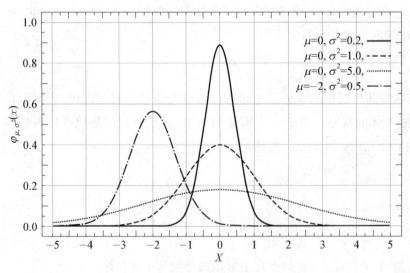

图 10.17　正态分布

在实际问题中,发现有很多的随机变量都大致服从正态分布,因此这个分布的应用非常广,比如在搭建模型时,通常会假设模型的随机扰动项服从正态分布。为什么正态分布会如此广泛的存在？一个合理的猜测是:中心极限定理(central limit theorem)。

假设随机变量 $X_1, X_2, \cdots, X_n$ 独立同分布,且具有有限的期望和方差,记为 $E[X_i] = m, \mathrm{Var}(X_i) = v^2$。数学上可以证明如下定理:

$$\bar{X} = \frac{1}{n} \sum_{i=1}^{n} X_n \tag{10.31}$$

$$T_n = \sqrt{n} \left(\bar{X} - \frac{m}{v} \right) \tag{10.32}$$

$$\lim_{n \to \infty} T_n \sim \mathcal{N}(0, 1) \tag{10.33}$$

上式表示在一定条件下,不管随机变量的分布如何,它们经过一定的线性变换后会逼近一个标准正态分布。可以形象地理解为,一定量的随机效应叠加起来就近似服从正态分布。

10.2.6　P-value:自信的猜测

以正态分布为例,讨论一个在数学上很简单,但在统计学里应用非常广泛的一个概念:P 值(P-value)。P 值在数学上对应着分位数方程,现在看看这个概念。

不妨设 X 是一个实数随机变量,而 p 是 $(0,1)$ 区间内的一个实数。则它的分位数方程定义为:

$$Q(p) = \inf\{x \in R, p \leqslant P(X \leqslant x)\} \tag{10.34}$$

即 $Q(p)$ 为累积概率大于等于 p 值的最小实数。举一个简单的例子来展示这个定义,假设 X 是一个骰子的点数,那么它在 1~6 的自然数上均匀分布,即 $P(X=i) = 1/6, i = 1, \cdots, 6$。如果 $p = 0.5$,比较容易可以得到 $P(X \leqslant 3) = 0.5$、$P(X \leqslant 4) = 4/6$ 以及 $P(X \leqslant 2) = 2/6$,所以 $Q(0.5) = 3$。以此类推,可以得到如下的分位数方程:

$$Q(p) = \begin{cases} 1, & 0 < p \leqslant \frac{1}{6} \\ 2, & \frac{1}{6} < p \leqslant \frac{2}{6} \\ 3, & \frac{2}{6} < p \leqslant \frac{3}{6} \\ 4, & \frac{3}{6} < p \leqslant \frac{4}{6} \\ 5, & \frac{4}{6} < p \leqslant \frac{5}{6} \\ 6, & \frac{5}{6} < p \leqslant 1 \end{cases} \tag{10.35}$$

介绍完数学公式，我们再来看看定义 P 值背后的思路。对于一个服从正态分布的随机变量 X，它的观测值大多会落在期望周围，因为正态分布的概率密度在期望附近更大，观测值落在这个区域是更正常的事情，如下图所示。由此定义 X 的 α 置信区间（通常等于 0.95 或者 0.99）：概率等于 α 且以期望为中心的对称区域。

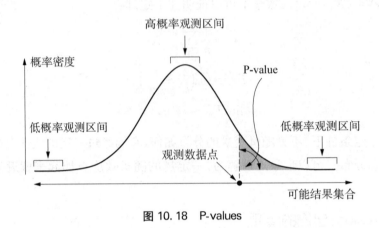

图 10.18　P-values

严谨的数学定义如下面公式所示，定义 a 和 b，则 X 的 α 置信区间为 $[a,b]$。也就是有 α 的概率，X 的观测值会落到区间 $[a,b]$。

$$a=Q\left(0.5+\frac{\alpha}{2}\right), b=Q\left(0.5-\frac{\alpha}{2}\right) \tag{10.36}$$

换个角度来描述这个事实：X 的观测值落在左边（或者右边）"尾部区域"是非常少见的情况。当概率这么小的事情发生时，我们就要反思一下是哪里出了问题。假设观测值为 x，定义这个观测值对应的 P 值为 $P(X\geqslant x)$（若为右边尾部，则 P 值为 $P(X\leqslant x)$）。容易得到对于 α 置信区间 $[a,b]$，a 和 b 的 P 值都为 $a/2$。

10.2.7　统计学、概率和数理统计的辨析

看到上面的这些说法，加上几个学科的快速发展和应用，很多时候大家往往都不加区分地将这些概念混淆起来，特别是在应用的时候，很多时候也都无伤大雅。但是，一旦深入研究，特别是看国内外相关文献的时候，还是要加以区分的。否则，拿起两本类似书名的书，很可能里面的内容是大相径庭的。

先来看看统计学和概率论。

简单来说，概率论研究的是"是什么"的问题，统计学研究的是"怎么办"的问题。

统计学不必然用到概率论，比如用样本均值来表征总体某种特征的大致水平，这个和概率就没有关系。但是因为概率论研究的对象是随机现象，而统计学恰恰充满了无处不在的随机现象：因为要随机抽样。因此概率论就成为了精确刻画统计工具的不二法门。

概率更偏数学，统计更多应用。很多大学里的科研，概率和统计都不是一个组（更有甚者，有的大学统计单独成立一个学院，独立于数学学院）因为大家做的东西确实不太一样。

再举例来说，如今火热的金融数学，就属于概率方向的，大家本科的概率论只能算是最基础的课，其他像随机微积分（Stochastic Calculus）、随机模型（Random Model）、马尔可夫链（Markov Chain）、鞅（Martingale）、测度论，以及一直比较火的时间序列分析等等，这些都是学概率方向研究的，不是数学系出身，你几乎很难入门。而统计则更多作为应用的科学，常见的分支有生物统计、医疗统计、经济统计等。

拉里·沃塞曼（Larry Wasserman）在他的统计学巨作《统计学完全教程》的序言里说过概率论和统计推断的区别，如下图所示。

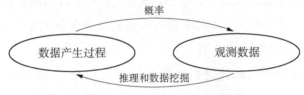

图 10.19　概率论和统计推断的区别

它们之间的区别包括：
- 概率论是统计推断的基础，在给定数据生成过程下观测、研究数据的性质；
- 统计推断则根据观测的数据，反向思考其数据生成过程。预测、分类、聚类、估计等，都是统计推断的特殊形式，强调对于数据生成过程的研究。

因此，统计和概率是方法论上的区别，一个是推理，一个是归纳。

打个比方，概率论研究的是一个白箱子，你知道这个箱子的构造（里面有几个红球、几个白球，也就是所谓的分布函数），然后计算下一个摸出来的球是红球的概率。而统计学面对的是一个黑箱子，你只看得到每次摸出来的是红球还是白球，然后需要猜测这个黑箱子的内部结构，例如红球和白球占的比例是多少？（参数估计）能不能认为红球40%，白球60%？（假设检验）

而概率论中的许多定理与结论，如大数定理、中心极限定理等保证了统计推断的合理性。做统计推断一般都需要对那个黑箱子做各种各样的假设，这些假设都是概率模型，统计推断实际上就是在估计这些模型的参数。

再从小概率事件看看两者的关系：概率论会说小概率事件必然发生。因为随着试验次数的增多，该事件会发生的期望终会为 1。统计则倾向于忽略小概率事件或者认为小概率事件不会发生。例如最大似然估计，估计的就是一个以假设值代替真实值的过程，对于这个过程一个自然的思想便是认为小概率不会发生，所以有充足的理由认为估计是可接受的。

再来看看数理统计与统计学之间的差异,主要有以下几方面:

- 从其研究目的来看,两者都重在揭示总体现象的数量规律性,而统计学更声称要以对总体现象的定性认识为基础。
- 从其研究的途径来看,数理统计希望通过对总体部分个体的数量特征的研究,以达到对总体相应数量特征的认识;而统计学既希望通过对构成总体的全部个体的数量特征的研究,以达到对总体相应数量特征的认识,同时也希望能通过对构成总体的部分个体的数量特征的研究,以达到对总体相应数量特征的认识。
- 从其研究的手段来看,数理统计主要依赖于小样本特征值统计分布的数学原理来推断总体的相应特征值;而统计学或者说推断统计学主要依赖于大样本特征值统计分布的数学原理来推断总体的相应特征值。
- 从其研究的主要范围来看,数理统计侧重于对样本数据的定量分析;而统计学不仅重视样本数据的定量分析,而且重视对所获得的总体全部数据的定量分析,同时,重视数据收集方法、数据整理方法的研究。
- 从其利用样本数据对总体进行推断的数理机理而言,概率论是其共同的基础。特别是作为统计学基本方法之一的大量观察法,其数理基础正是概率论中的大数定律;统计学中用大样本可以方便地推断出总体特征的数理基础正是概率论中的中心极限定理,而无论是大数定律还是中心极限定理也都是数理统计的根基。

从上述对数理统计与统计学的特点的比较,可以清楚地看到,随着现代统计学的发展及其在社会政治经济生活中发挥作用越来越大的趋势,数理统计研究问题的理念及其方法已对统计学的发展产生重要的革命性影响,但是,数理统计与统计学还是两门差异较大的学科,不可简单地加以混淆。

总的来说,一个可以接受的观点是:概率论是纯数学,数理统计是应用数学,而统计学则是借鉴了概率论和数理统计的一门超级应用学科。随着大数据和数据科学时代的到来,这几个学科将会进一步发展与融合。

10.3 统计建模:线性回归模型

统计是一个非常古老的学科,它是用单个数或者数的小集合来捕获可能很大值集的各种特征,比如可以用众数度量频率,用均值和中位数度量位置,用极差和方差度量散度,用频率图、直方图描绘数据分布,用相关矩阵、协方差矩阵进行多元汇总统计等。汇总数据指标的设计往往源于非常朴素的思想。统计中样本是一个非常重要的概念,那么究竟需要多少个样本也是统计中需要思考的一个重要问题。统计概率是真实概率的一个模拟,既然是模拟,就期望有方法来描述其准确性,这就需要通过置信度和置信区间来衡量。

10.3.1 基于统计的线性回归模型

让我们用一个简单的例子来引出线性回归模型。为了更形象地描述,假设有一个制作手工玩偶的朋友小潘,小潘想分析一下他制作玩偶的数量和成本之间的关系。于是他一边生产玩偶,一边记录了如下表所示的数据:

表 10.1 生产记事本

日期	玩偶个数	成本	第几天
04/01	10	7.7	1
04/02	10	9.87	2
04/03	11	10.87	3
04/04	12	12.18	4
04/05	13	11.43	5
04/06	14	13.36	6
...	...	...	...

小潘仔细研究了一下他所记录的数据,似乎玩偶个数和成本是线性关系。这也很符合小潘的预期,为了更加直观地了解数据,验证他的猜测,他决定将数据可视化。他把上面的数据点表示在一个直角坐标系里,如图 10.20 所示。

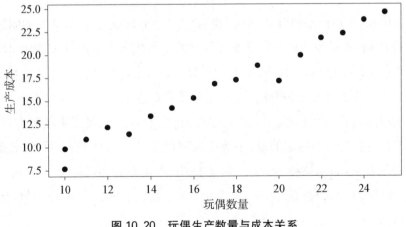

图 10.20 玩偶生产数量与成本关系

根据图 10.20,小潘发现,生产成本和生产个数并不呈一条严格的直线,似乎是在沿着某条直线上下随机地波动。

其实上面展示的这些数据,是由"自然之力"按照下面这个数学公式产生的。

$$y_i = x_i + \varepsilon_i \qquad (10.37)$$

- x_i 是某一天小潘制作的玩偶个数，y_i 是对应那天的生产成本。这个数学式子告诉我们，小潘制作玩偶的平均成本是 1。
- 其中 $\{\varepsilon_i\}$ 是一个随机变量，它服从期望为 0，方差为 1 的正态分布。它表示在小潘生产玩偶时，一些随机产生或随机节约的成本。比如制作失败的玩偶，这时 ε_i 为正；又比如制作过程中刚好发现有可用的旧布料，这时候 ε_i 为负。
- ε 所代表的随机成本和制作玩偶的个数是相互独立的。

但是，小潘并不是控制公式的"自然之力"。他所看到的只是一堆数据：玩偶个数 $\{x_i\}$ 和对应的生产成本 $\{y_i\}$，而他看不到上面的公式正是他想要的结果。

小潘并不知道如何对数据建模分析，所以他将问题提给了他的好朋友：从事统计工作的小郭。我们来看看他打算怎么解决这个问题呢。

10.3.2 从统计学的角度看这个问题

作为统计工作者的小郭，先从数学角度分析了这个问题。

1. 假设条件概率

（1）根据小潘的描述，数据集里有两个变量，一个是自变量玩偶个数（记为 x_i），一个是因变量生产成本（记为 y_i）。其中 i 表示第 i 天的数据，比如 x_i 表示第 i 天生产的玩偶数。而且根据小潘前面的分析，这两者之间似乎是线性关系，但又带着一些随机波动。因此可以假设 y_i 和 x_i 之间的关系如下：

$$y_i = ax_i + b + \varepsilon_i \qquad (10.38)$$

（2）其中，a、b 是模型的参数，分别表示生产一个玩偶的变动成本和固定成本；而 ε_i 被称为噪声项，表示没被已有数据所捕捉到的随机成本。它服从期望为 0，方差为 σ^2（σ^2 也是模型的参数）的正态分布，记为 $\varepsilon_i \sim N(0, \sigma^2)$。这里假设 $\{\varepsilon_i\}$ 之间相互独立，而且 $\{\varepsilon_i\}$ 和 $\{x_i\}$ 之间也是相互独立的，这两点假设非常重要。

（3）从左到右看（1）中的公式，如果给定一组参数 a、b 以及噪声项的方差 σ^2。由于 x_i 表示玩偶个数，是一个确定的量（小潘能控制他生产的玩偶数）。那么 y_i 就和 ε_i 一样是一个随机变量，服从期望为 $ax_i + b$，方差为 σ^2 正态分布，即 $y_i \sim N(ax_i + b, \sigma^2)$。换句话说，小潘提供的数据是 $N(ax_i + b, \sigma^2)$ 这个正态分布的一个观测值，如图 10.21 所示，而且 $\{y_i\}$ 之间也是相互独立的。

（4）把上面的第（3）点翻译成数学语言就是：y 在已知 a、b、x_i 时的条件概率是 $N(ax_i + b, \sigma^2)$，如下式所示。

$$P(y_i \mid a, b, x_i, \sigma^2) \sim N(ax_i + b, \sigma^2) \qquad (10.39)$$

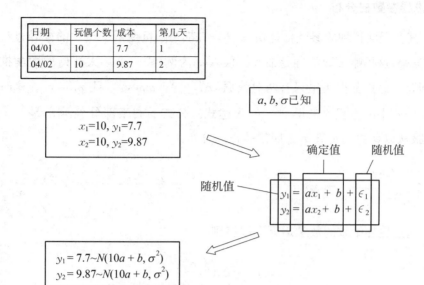

图10.21 从统计观点出发的问题解释

2. 估计参数

(1) 根据上面的分析,$\{y_i\}$之间也是相互独立的。所以得到$\{y_i\}$出现的联合概率如下面的公式所示。在学术上,这个概率被称为模型的似然函数(likelihood function),通常也被记为L。

$$P(Y \mid a,b,X,\sigma^2) = \prod P(y_i \mid a,b,x_i,\sigma^2) \quad (10.40)$$

$$\ln P(Y \mid a,b,X,\sigma^2) = -0.5n\ln(2\pi\sigma^2) - \left(\frac{1}{2\sigma^2}\right)\sum_i (y_i - ax_i - b)^2 \quad (10.41)$$

(2) 对于不同的模型参数,$\{y_i\}$出现的概率(即参数的似然函数)并不相同。这个概率当然是越大越好,所以使这个概率最大的参数将是参数估计的最佳选择。此方法也被称为最大似然估计法(Maximum Likelihood Estimation,MLE)。根据(1)中的公式,参数(a,b)的估计值$(\hat{a},\hat{b})$如下:

$$(\hat{a},\hat{b}) = \mathrm{argmax}_{a,b} P(Y \mid a,b,X,\sigma^2) = \mathrm{argmin}_{a,b} \sum_i (y_i - ax_i - b)^2 \quad (10.42)$$

(3) 同理,可以得到参数σ^2的估计值$\hat{\sigma^2}$,如下式所示。

$$\hat{\sigma^2} = \mathrm{argmax}_{a,b} P(Y \mid a,b,X,\sigma^2) = \sum_{i=1}^{n} \frac{(y_i - \hat{y_i})^2}{n} \quad (10.43)$$

$$\hat{y_i} = \hat{a}x_i + \hat{b} \quad (10.44)$$

3. 推导参数的分布

(1) 其实上面得到的参数估计值 $(\hat{a}, \hat{b}, \hat{\sigma^2})$ 都是随机变量。具体的推导过程有些繁琐，限于篇幅，这里略去数学推导细节。仅以 $\hat{a}$ 为例，用一个不太严谨的数学推导来说明这个问题。假设数据集里只有两对数据 $(x_k, y_k), (x_l, y_l)$，且 $x_k \neq x_l$。这时可以通过解下面公式中的方程组来得到 $\hat{a}$ 的表达式。公式的右半部分表示 $\hat{a}$ 是一个随机变量，而且服从以参数真实值 a 为期望的正态分布。

$$\begin{cases} y_k = \hat{a}x_k + \hat{b} \\ y_l = \hat{a}x_l + \hat{b} \end{cases} \Rightarrow \hat{a} = \frac{y_k - y_l}{x_k - x_l} = \frac{a(x_k - x_l) + \varepsilon_k - \varepsilon_l}{x_k - x_l} = a + \frac{\varepsilon_k - \varepsilon_l}{x_k - x_l} \quad (10.45)$$

(2) 通过更加细致的数学运算可以得到：

$$\hat{b} \sim N\left(b, \frac{\sigma^2}{n}\right) \quad (10.46)$$

$$\hat{a} \sim N\left(a, \frac{\sigma^2}{\sum_i (x_i - \hat{x})^2}\right) \quad (10.47)$$

$$\hat{\sigma^2} \sim \chi^2_{n-2} \frac{\sigma^2}{n} \quad (10.48)$$

(3) 既然参数估计值都是随机变量，那么更需要关心的是这些估计值所服从的概率分布，因为这些数值只是对应分布的一次观测值，它们并不总是等于真实参数，而是严重依赖于估计参数时所使用的数据。比如针对小潘提供的数据集，只使用前 3 天数据估计出来的参数和使用 4～6 天数据估计出来的参数就不一样，如图 10.22 所示。

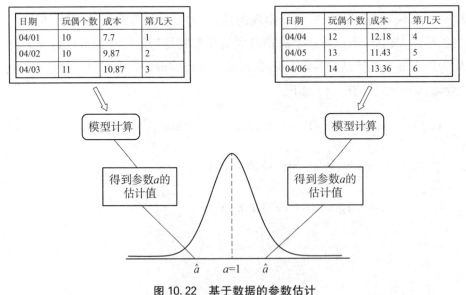

图 10.22 基于数据的参数估计

（4）参数估计值的方差随着数据量的增大而减小。换句话说，数据量越大，模型估计的参数就越接近真实值。这也是大数据的价值之一：数据量越大，模型预测的效果就越好，如下图所示。

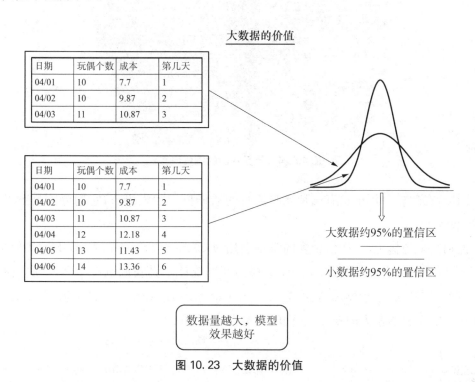

图 10.23　大数据的价值

4．假设检验与置信区间

（1）参数的概率分布可以透露许多很有用的信息。比如在 95% 的情况下，参数 a 的真实值（生产一个玩偶的变动成本）会落在一个怎样的区间里？在学术上它被称为参数 a 的 95% 置信区间。类似地，也可以计算模型预测结果的置信区间，即对于被预测对象，真实值的大致范围是怎样的。这一点非常重要，因为模型几乎不可能准确地预测真实值。知道真实值的概率分布情况，能使我们更有信心地使用模型结果。

（2）又比如在 1% 犯错的概率下，我们能不能拒绝参数 b 的真实值其实等于 0 这个假设？在学术上它被称为参数 b 的 99% 显著性假设检验。对于这个假设检验，换个思路更通俗一点理解：参数 b 的真实值等于 0 的概率是否小于 1%？这可以帮助我们更好地理解数据之间的关系，比如小潘生产玩偶时，固定成本（参数 b）是否真实存在？或者模型估计的固定成本只是由于模型搭建得不准确而导致的"错误"结论？

10.4　数据分析的工具

编程语言是数据分析中一个非常重要的工具，图 10.24 所示是 2018 年发布的最受欢迎的编程语言排行榜，从图中可以看出 Python、C、Java、C++ 语言都是目前最受欢迎的编程语言。

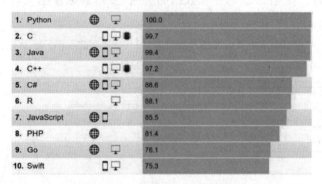

图 10.24 最受欢迎的编程语言

同样,在数据分析中也有三种比较流行的数据科学编程语言,它们分别是 SQL、R 和 Python。

说到数据分析工具,相信很多同学都会用过 SAS、SPSS、MATLAB 中的某种统计计算工具,而类似 R、ScalaLab、SciPy 这样的开源统计工具我们也有很多,其次还有很多 AI 和机器学习、深度学习方面的工具,如 TensorFlow、theano、Caffe 等,实际上这些工具还在发生着非常大的变化,它们的成员也越来越壮大。

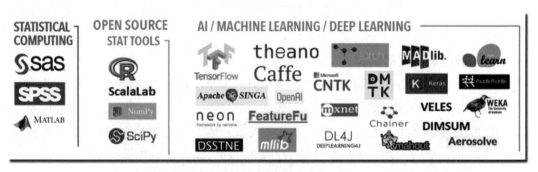

图 10.25 常见的数据分析工具

除此之外,越来越多的新工具也在不断地涌现,这里的新工具指的不仅仅是新的数据分析工具,还有一些交互环境,比如今天看到的一些在线编程交互环境,再比如数据科学里面非常有名的 Notebook/Zeppelin 这种基于 Notebook 形式的交互式数据科学交互环境也是非常有趣、发展非常好的工具,还有类似 Midas、Data Shire IDE 这些能够让大家很方便地用来进行数据分析和数据挖掘的工具等。

值得一提的工具是 Jupyter Notebook,Jupyter 项目旨在提供一套开源工具的生态系统来方便交互式计算和数据分析。在此分析中,人直接参与到计算的循环(通过执行代码来理解一个问题,并迭代式地改进他们的方法)是 Jupyter 项目最主要的考虑。

它将基于控制台的方法扩展到了定性新方向的交互式计算，提供了适用于捕获整个计算过程的基于 Web 的应用程序，可用于开发、记录和执行代码，以及传达结果。Jupyter Notebook 结合了两个组件：

• Web 应用程序：网页应用即基于网页形式的，结合了编写说明文档、数学公式、交互计算和其他富媒体形式的工具，简言之，网页应用是可以实现各种功能的工具。

• Notebook 文档：即 Jupyter Notebook 中所有交互计算、编写说明文档、数学公式、图片以及其他富媒体形式的输入和输出，都是以文档的形式体现的。这些文档是保存为后缀名为 .ipynb 的 JSON 格式文件，不仅便于版本控制，也方便与他人共享。此外，文档还可以导出为：HTML、LaTeX、PDF 等格式。

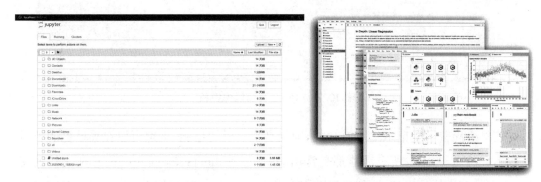

图 10.26　Jupyter Notebook 操作界面

当打开 Jupyter Notebook 这个应用程序后，会看到如图 10.27 所示的一个清爽的浏览器操作界面，被称为 Files 页面，该页面是用于管理和创建文件相关的类目。对于现有的文件，可以通过勾选文件的方式，对选中文件进行复制、重命名、移动、下载、查看、编辑和删除的操作。同时，也可以根据需要，在"New"下拉列表中选择想要创建文件的环境，进行创建"ipynb"格式的笔记本、"txt"格式的文档、终端或文件夹。

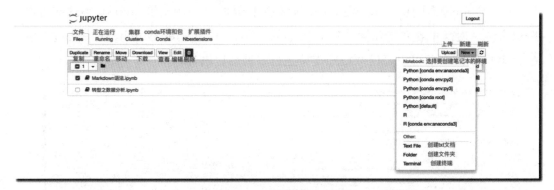

图 10.27　Files 页面操作解析

当新建一个 ipynb 文件并打开它，便会看到如图 10.28 所示的页面，介绍了笔记本的基本结构和功能。根据图中的注解已经可以解决绝大多数的使用问题了！工具栏的使用如图中的注解一样直观。需要特别说明的是"单元格的状态"，有 Code、Markdown、Heading、Raw NBconvert。其中，最常用的是前两个，分别是代码状态，Markdown 编写状态。Jupyter Notebook 已经取消了 Heading 状态，即标题单元格。取而代之的是 Markdown 的一级至六级标题。而 Raw NBconvert 目前极少用到。

图 10.28　ipynb 页面操作解析

菜单栏涵盖了笔记本的所有功能，即便是工具栏的功能，也都可以在菜单栏的类目里找到。然而，并不是所有功能都是常用的，比如 Widgets、Navigate、Kernel 类目的使用，主要是对内核的操作，比如中断、重启、连接、关闭、切换内核等，由于我们在创建笔记本时已经选择了内核，因此切换内核的操作便于我们在使用笔记本时切换到我们想要的内核环境中去。由于其他的功能相对比较常规，根据图中的注解来尝试使用笔记本的功能已经非常便捷。

在处理数据时，许多个人和组织认识到利用多种编程语言的好处。在一个以数据为重点的研究组或公司中，看到 Python、R、Java 和 Scala 都被使用的情况并不少见。这迫使大家开发和构建协议（Jupyter 消息规范）、文件格式（Jupyter Notebook、Feature、Parquet、Markdown、SQL、JSON）和用户界面（Jupyter 和 nteract）等这些可以跨语言统一运行并最大化互操作性和协作的工具。在 Jupyter Notebook 中通过安装配置不同的 kernel，可以轻松便捷地支持运行多种编程语言。

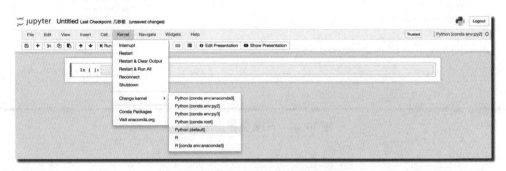

图 10.29　在 notebook 中转换 kernel

10.5 实践：Python 统计分析

10.5.1 文本词频统计

威廉·莎士比亚(William Shakespeare,1564 - 1616),欧洲文艺复兴时期最重要的作家,杰出的戏剧家和诗人,世界戏剧史上的泰斗。他在欧洲文学史上占有特殊的地位,被喻为"人类文学奥林匹克山上的宙斯"。戏剧史上四大悲剧家之一。他为人类留下了丰富珍贵的文学遗产,流传至今的有戏剧 37 部,长篇叙事诗 2 首,十四行诗 154 首等。

《十四行诗》是莎士比亚在世时唯一一部诗集,也是十四行诗这种文体的一部巅峰之作。同时,对于那些狂热的莎士比亚崇拜者来说,"莎士比亚十四行诗"无疑也是接近诗人的最佳途径。英国 19 世纪"湖畔派"诗人华兹华斯说:"用这把钥匙,莎士比亚打开了自己的心扉。"

现在,让我们一起用统计分析的思想,来探究十四行诗的魅力。有一个 txt 文本文件,文件中包含莎士比亚的上百首英文版十四行诗,现在想要知道莎士比亚的诗主题基调是什么,这往往可以通过用词频率看出来。所以一个简单的思路是可以统计一下莎士比亚写十四行诗的用词规律。现在需要统计这些文本中所有单词的出现次数,并存储统计信息。对于这种大文本数据分析,当然是交给计算机程序来做是最合适的,Python 代码可以很简单地实现。我们希望程序的函数能够接收控制参数,并根据参数来输出文本中出现频率最高的前几个单词的统计信息。参考代码如下：

```
程序10.1 文本词频统计
'''逐行读取文本，并删除每行中的多余字符（如标点等）。
   将每一行分割为单个单词后，在字典中统计单词出现的次数。
   最后根据字典的value值进行排序'''
def Statistic(file):
    f = open(file)           #打开文件
    dictionary = {}          #创建一个空字典
    for line in f.readlines():
        if len(line)>10:
            #print(type(line))
            mark =[',','.',':','\'s',';','?','(',')']    # 删除文本中的标点符号
            for m in mark:
                line = line.replace(m,'')
            #print (line)
```

```
            lineattr = line.strip().split(" ")
            for char in lineattr:
                if char not in dictionary:
                    dictionary[char]=1
                else :
                    dictionary[char]+=1
    #print (dictionary)
    a = sorted(dictionary.items(),key = lambda x:x[1],reverse = True)
# 按照字典 value 值大小进行排序
    #print (a1)
    return a
'''
    输出文本中前 n 个最常出现的单词
    file：文本的路径
    n ：输入出单词的个数
'''
def printWords(file,n):
    a = Statistic(file)
    for i in range(n):
        print (a[i])
```

打印输出最后出现频率最高的前 20 个单词，我们发现抛开一些常见的单词，在所有的单词中"love"出现的频率非常高。这是否说明了莎士比亚的十四行诗多是爱情主题的呢？

```
('my', 361)
('the', 355)
('of', 349)
('I', 341)
('to', 330)
('in', 287)
('thy', 258)
('and', 248)
('And', 242)
('that', 239)
('thou', 209)
('love', 175)
('with', 163)
('me', 161)
('thee', 161)
('is', 158)
('not', 156)
('a', 146)
('be', 133)
('all', 107)
```

图 10.30 前 20 个高频词汇

没错！莎士比亚是英国十四行诗的代表人物，他的诗打破原有诗体的惯例，独树一帜，被称为"莎体"。《十四行诗》以吟咏缠绵悱恻、坚定执著的爱情为主，被誉为"爱情圣经"，在莎士比亚的著作中占有重要的地位，和他的戏剧一样，都是世界文学宝库中的永恒宝藏。在这里，爱情的魔力于诗人瑰丽的想象中发酵，他时而欢愉，时而忧伤，时而嫉妒，时而开朗，时而沉思，时而失望。诗人的感情凝聚在对一系列事物的歌颂、咏叹和抨击之中。通过对友谊和爱情的歌颂，诗人提出了他所主张的生活的最高准则：真、善、美，和这三者的结合，并向世人宣称，他将永远歌颂真善美，永远歌颂这三者的结合！

10.5.2 线性回归模型

前面我们介绍了线性回归模型，那么我们现在来看看如何用 Python 代码将线性回归写出来。这里我们使用 Python 的 sklearn 库进行代码实现，并使用前面介绍的 Jupyter Notebook 工具来完成代码。

首先，打开 Jupyter Notebook，把常用的一些包都加载上，然后，加载线性回归模型 LinearRegression，数据集就选择 sklearn 包自带的"波士顿房价预测数据集"。

```
<#程序 10.2：线性回归模型
import numpy as np
import pandas as pd
#从 sklearn 导入线性回归模型和数据集
from sklearn.linear_model import LinearRegression
from sklearn.datasets import load_boston
```

将数据集放到 Boston 对象中，并查看它的内容，可以看到，一共有 13 个特征。

```
boston = load_boston() #读取波士顿房价预测数据集
boston.keys()
boston['feature_names']
```

[结果]

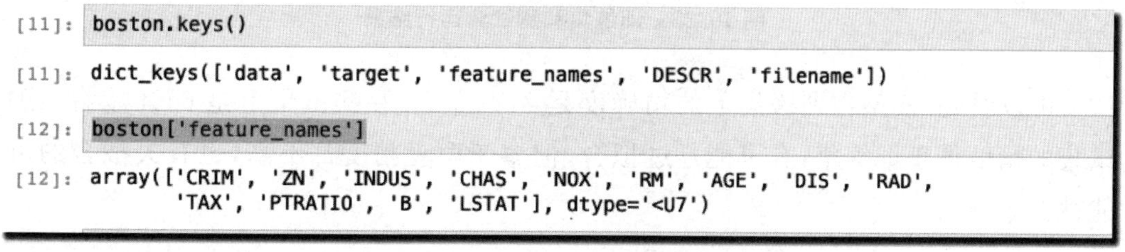

```
[11]: boston.keys()
[11]: dict_keys(['data', 'target', 'feature_names', 'DESCR', 'filename'])
[12]: boston['feature_names']
[12]: array(['CRIM', 'ZN', 'INDUS', 'CHAS', 'NOX', 'RM', 'AGE', 'DIS', 'RAD',
              'TAX', 'PTRATIO', 'B', 'LSTAT'], dtype='<U7')
```

图 10.31　Boston 房价数据集 keys 和特征

下面先把数据集分成训练集和测试集,构建回归模型并训练它:

```
#导入sklearn中的训练集和测试集划分函数
from sklearn.model_selection import train_test_split
X_train,X_test,y_train,y_test =
train_test_split(boston['data'],boston['target'],random_state=0)
lr = LinearRegression()# 实例化模型
lr.fit(X_train,y_train)# 使用训练集训练
LinearRegression(copy_X=True, fit_intercept=True,n_jobs=None,normalize=Fals e)
lr.coef_   # 系数
```

可以看到,返回了一个训练完成的线性回归模型。该线性模型的系数:

[结果]

```
[13]: lr.coef_  #系数
[13]: array([-1.17735289e-01,  4.40174969e-02, -5.76814314e-03,  2.39341594e+00,
              -1.55894211e+01,  3.76896770e+00, -7.03517828e-03, -1.43495641e+00,
              2.40081086e-01, -1.12972810e-02, -9.85546732e-01,  8.44443453e-03,
              -4.99116797e-01])
```

图 10.32　训练好的模型系数

之后就可以进行预测了,这里用 score 方法可以直接看出该模型在训练集和测试集上的性能:

[结果]

```
[7]: lr.score(X_train,y_train) #模型在训练集上的性能
[7]: 0.7697699488741149
[8]: lr.score(X_test,y_test) #模型在测试集上的性能
[8]: 0.635463843320211
```

图 10.33　训练集和测试集运行结果

可以看到,模型在训练集上的精确度是 77% 左右,在测试集上是 64% 左右。测试集的精度低于训练集,有可能是过拟合,但鉴于两者精度都不高,也有欠拟合的可能性。

10.6 本章小结

统计分析可有效探索数据的内在规律,是数据科学与大数据的重要数学基础。本章介绍了数据科学的数学基础、概率与统计基础、统计建模与线性回归模型、数据分析的典型工具,并通过 Python 编程实践了统计分析过程。在如今数据量飞速增长的信息化时代,这些理论知识成为有效处理海量数据的强有力支撑。

10.7 习题与实践

复习题

1. "赌徒谬误"背后蕴含的概率学原理是什么?
2. PageRank 的设计思想是什么?
3. 贝叶斯定理的内容是什么?它又有哪些重要应用?
4. 试阐述蒙特卡罗方法的基本原理。
5. 梯度下降法的主要思想是什么?你能用通俗的语言解释出来吗?
6. 线性回归算法的基本流程是怎样的?
7. 逻辑回归和线性回归有何关联?

践习题

1. 使用 numpy 生成服从标准正态分布的 100 个样本。
2. 通过 Python 程序为抽样出的样本绘图展示。
3. 通过 Python 程序计算矩阵 $\begin{pmatrix} 2 & 1 \\ 4 & 5 \end{pmatrix}$ 的特征值和特征向量。
4. 请用编程幂迭代法计算矩阵 $\begin{pmatrix} 2 & 1 \\ 4 & 5 \end{pmatrix}$ 的最大特征值。
5. 给出数据矩阵如下,通过 Python 程序计算协方差矩阵 C。

Data	1	2	3
X	1	−1	4
Y	2	1	3
Z	1	3	−1

6. 通过幂迭代法计算上述协方差矩阵的全部特征值和特征向量。
7. 给定 $f(x)=x^3-6x^2+11x-6$,编程实现梯度下降法计算出使 $f(x)=0$ 的解,绘图展示梯度下降法的迭代过程。
8. 什么是牛顿方法?它和梯度下降法有什么异同点?请写出牛顿方法的推导过程。
9. 编程实现牛顿方法求解第 7 题,并编程绘图展示迭代计算过程。
10. 尝试不使用 skleara 的线性回归模型,自己动手编码仅使用 numpy 实现一个线性回归模型,并重复实现波士顿房价预测实验。
11. 尝试在上一题实现的线性回归模型基础上,拓展为逻辑回归模型,在 skleara 自带数据集中自行寻找一个二分类任务数据集,进行实验。

研习题
1. PageRank 算法与随机游走有着密切的关系,阅读"文献阅读"[22][23],了解什么是随机游走过程,学习马尔可夫链的概念,并进一步理解 PageRank 的算法背后的原理。
2. 试用代码实现文中提到的三种不同的随机梯度下降算法,并在同一数据建模任务下对比三种算法的优缺点,数据集可自选。

第 11 章　机器学习方法

CHAPTER ELEVEN

  每个科学领域的科学过程都有它自己的特点，但是，观察、创立假设、根据决定性实验或观察的检验、可理解检验的模型或理论，是各学科所共有的。对这个抽象的科学过程的每一个环节，机器学习都有相应的发展，我们相信它将导致科学方法中从假设生成、模型构造，到决定性实验这些所有环节的合适的、部分的自动化。当前的机器学习研究在一些基本论题上正取得令人印象深刻的进展，我们预期机器学习研究在今后若干年中将有稳定的进展。

——*Science*, 14 September, 2001

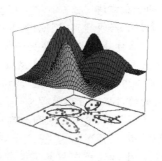

开篇实例

  机器是否有可能思考，这是二元并存理念和唯物论思想之间的区别。二元论者认为心灵是非物理物质（不能以纯物理来解释），唯物主义认为头脑可以用物理解释。1950 年，图灵在其一篇划时代的论文中指出，如果一台机器能够与人类展开对话（通过电传设备），而不能被辨别出其机器身份，那么称这台机器具有智能，这一测试称为图灵测试。

  机器学习是目前业界最为火热的一项技术，从网上的每一次淘宝的购买东西，到自动驾驶汽车技术，以及网络攻击抵御系统等等，都有机器学习的因子在内，同时机器学习也是最有可能使人类完成 AI dream 的一项技术。各种人工智能目前的应用，从聊天机器人，到计算机视觉技术的进步，都有机器学习努力的成分。

开篇实例

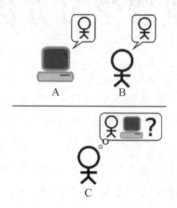

从广义上来说,机器学习是一种能够赋予机器学习的能力以此让它完成直接编程无法完成的功能的方法。但从实践的意义上来说,机器学习是通过利用数据,训练出模型,然后使用模型预测的一种方法。

机器学习的流程与步骤可以归纳如下:
- 首先,需要在计算机中存储历史的数据;
- 接着,将这些数据通过机器学习算法进行处理,这个过程在机器学习中叫做"训练",处理的结果可以被用来对新的数据进行预测,这个结果一般称之为"模型";
- 最后,对新的数据进行预测。

"训练"与"预测"是机器学习的两个部分,"模型"则是过程的中间输出结果,"训练"产生"模型","模型"指导"预测"。

人类在成长、生活过程中积累了很多的历史与经验。人类定期地对这些经验进行"归纳",获得了生活的"规律"。当人类遇到未知的问题或者需要对未来进行"推测"的时候,人类使用这些"规律",对未知问题与未来进行"推测",从而指导自己的生活和工作。

机器学习中的"训练"与"预测"过程可以对应到人类的"归纳"和"推测"过程。通过这样的对应,可以发现,机器学习的思想并不复杂,仅仅是对人类在生活中学习成长的一个模拟。由于机器学习不是基于编程形成的结果,因此它的处理过程不是因果的逻辑,而是通过归纳思想得出的相关性结论。

机器学习是研究计算机怎样模拟或实现人类的学习行为,以获取新的知识或技能,重新组织已有的知识结构使之不断改善自身性能的一种方法。本章主要内容如下:11.1节介绍机器学习的发展历史,11.2节介绍机器学习的方法,11.3节介绍机器学习的最新发展,11.4节介绍经典的机器学习算法,11.5节介绍Python机器学习实践。

11.1 机器学习发展历史

机器学习是人工智能的核心,是使计算机具有智能的根本途径,其应用遍及人工智能的各个领域,被科研人员寄予了希望和热情。

11.1.1 什么是机器学习?

机器学习是人工智能研究发展到一定阶段的必然产物。20 世纪 50 年代到 70 年代初,人工智能研究处于"推理期",人们认为只要给机器赋予逻辑推理能力,机器就能具有智能。

然而,随着研究向前发展,人们逐渐认识到,仅具有逻辑推理能力是远远实现不了人工智能的。费根鲍姆(E. A. Feigenbaum)等人认为,要使机器具有智能,就必须设法使机器拥有知识。在他的倡导下,从 20 世纪 70 年代中期开始,人工智能进入了"知识期"。在这一时期,大量专家系统问世,并在很多领域做出了非常大的贡献。费根鲍姆作为"知识工程"之父在 1994 年获得了图灵奖。但是,专家系统面临"知识工程瓶颈",简单地说,就是由人来把知识总结出来再教给计算机是相当困难的。于是,一些学者想到,如果机器自己能够学习知识,那该多好!

20 世纪 90 年代初,当时的美国副总统提出了一个重要的研究计划——国家信息基础设施计划(National Information Infrastructure,NII)。在这个计划的推动下,经过大批科学家与工程师的不懈努力,人们的生活与工作方式发生了重要的改变。这个计划的技术含义主要包含了三个方面的内容:

- 不分时间与地域,可以方便地获得信息;
- 不分时间与地域,可以有效地利用信息;
- 不分时间与地域,可以有效地利用硬软件资源。

经过 10 年的努力,集计算机科学与技术近 40 多年的积累,终于实现了以数字网络与浏览器为核心的技术,并做到了"不分时间与地域,可以方便地获得信息"。随着云计算的发展,"有效地利用硬软件资源"也得到部分解决。然而,其"不分时间与地域,可以有效地利用信息"的目标却还未能有效实现。

"信息有效利用"问题的本质是:如何根据用户的特定需求从海量数据中建立模型或发现有用的知识。对计算机科学来说,这就是机器学习(Machine Learning,ML)。

可以认为,机器学习是研究如何使用机器来模拟人类学习活动的一门学科。稍微严格的提法是:机器学习是一门研究机器获取新知识和新技能,并识别现有知识的学问。

11.1.2 机器学习的定义

从广义上来说,机器学习是一种能够赋予机器学习的能力以此让它完成直接编程无法完成的功能的方法。但从实践的意义上来说,机器学习是一种通过利用数据,训练出模型,然后使用模型预测的方法。

让我们具体看一个例子。

拿国民话题的房子来说。现在有一套房子需要售卖,应该给它标上怎样的价格?房子的面积是 100 平方米,价格是 100 万元,120 万元,还是 140 万元?

现在希望获得一个合理的,并且能够最大程度地反映面积与房价关系的规律。于是调查了周边与此房型类似的一些房子,获得一组数据。这组数据中包含了大大小小房子的面积与价格,如果能从这组数据中找出面积与价格的规律,那么就可以得出房子的价格。如图 11.1 所示。

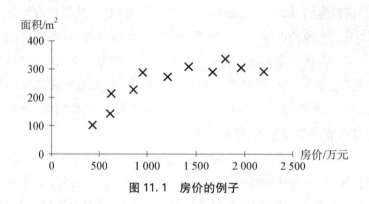

图 11.1 房价的例子

对规律的寻找很简单,拟合出一条直线,让它"穿过"所有的点,并且与各个点的距离尽可能的小。

通过这条直线,获得了一个能够最佳反映房价与面积规律的直线。这条直线同时也是一个下式所表明的函数:

$$房价 = 面积 \times a + b$$

上述中的 a、b 都是直线的参数。获得这些参数以后,就可以计算出房子的价格。

假设 $a=0.75, b=50$,则房价$=100\times 0.75+50=125$(万元)。这个结果与前面所列的 100 万元,120 万元,140 万元都不一样。由于这条直线综合考虑了大部分的情况,因此从"统计"意义上来说,这是一个最合理的预测。

在求解过程中透露出了两个信息:

- 房价模型是根据拟合的函数类型决定的。如果是直线,那么拟合出的就是直线方程。如果是其他类型的线,例如抛物线,那么拟合出的就是抛物线方程。机器学习有众多算法,一些强力算法可以拟合出复杂的非线性模型,用来反映一些不是直线所能表达的情况。

- 如果数据越多，模型就越能够考虑到更多的情况，由此对于新情况的预测效果可能就越好。这是机器学习界"数据为王"思想的一个体现。一般来说（不是绝对的），数据越多，最后机器学习生成的模型预测的效果越好。

通过拟合直线的过程，我们可以对机器学习过程做一个完整的回顾。首先，需要在计算机中存储历史的数据。接着，将这些数据通过机器学习算法进行处理，这个过程在机器学习中叫做"训练"，处理的结果可以被用来对新的数据进行预测，这个结果一般称之为"模型"。对新数据的预测过程在机器学习中叫做"预测"。"训练"与"预测"是机器学习的两个过程，"模型"则是过程的中间输出结果，"训练"产生"模型"，"模型"指导"预测"。

让我们把机器学习的过程与人类对历史经验归纳的过程做个比对。如图 11.2 所示。

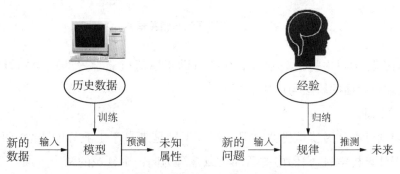

图 11.2　机器学习与人类思考的类比

人类在成长、生活过程中积累了很多的历史与经验。人类定期地对这些经验进行"归纳"，获得了生活的"规律"。当人类遇到未知的问题或者需要对未来进行"推测"的时候，人类使用这些"规律"，对未知问题与未来进行"推测"，从而指导自己的生活和工作。

机器学习中的"训练"与"预测"过程可以对应到人类的"归纳"和"推测"过程。通过这样的对应，可以发现，机器学习的思想并不复杂，仅仅是对人类在生活中学习成长的一个模拟。由于机器学习不是基于编程形成的结果，因此它的处理过程不是因果的逻辑，而是通过归纳思想得出的相关性结论。

11.1.3　机器学习的范围

上文虽然说明了机器学习是什么，但是并没有给出机器学习的范围。

其实，机器学习跟模式识别、统计学习、数据挖掘、计算机视觉、语音识别、自然语言处理等领域有着很深的联系。

从范围上来说，机器学习跟模式识别、统计学习、数据挖掘是类似的，同时，机器学习与其他领域的处理技术的结合，形成了计算机视觉、语音识别、自然语言处理等交叉学科。因此，一般说数据挖掘时，可以等同于说机器学习。同时，我们平常所说的机器学习应用，应该是通用的，不仅仅局限在结构化数据，还有图像、音频等应用。

图 11.3 所示是机器学习所涉及的一些相关范围的学科与研究领域。

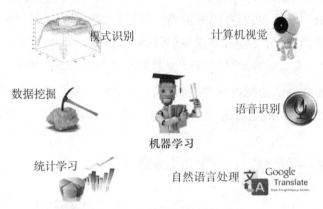

图 11.3　机器学习与相关学科

下面对机器学习这些相关领域的介绍有助于厘清机器学习的应用场景与研究范围，更好地理解后面的算法与应用层次。

1. 模式识别

模式识别可以认为就是机器学习。模式识别是来自于工业界的概念，而机器学习主要源自于计算机学科，它们中的活动可以被视为同一个领域的两个方面。

2. 数据挖掘

数据挖掘＝机器学习＋数据库。这几年数据挖掘的概念实在是太耳熟能详了，几乎等同于炒作。但凡说数据挖掘都会吹嘘数据挖掘如何如何强大，例如从数据中挖出金子，以及将废弃的数据转化为价值等。但是，我尽管可能会挖出金子，但我也可能挖的是"石头"啊。这个说法的意思是，数据挖掘仅仅是一种思考方式，告诉我们应该尝试从数据中挖掘出知识，但不是每个数据都能挖掘出金子的，所以不要神话它。

3. 统计学习

统计学习近似等于机器学习。统计学习是个与机器学习高度重叠的学科。因为机器学习中的大多数方法来自统计学，甚至可以认为，是统计学的发展促进了机器学习的繁荣昌盛。例如著名的支持向量机算法，就是源自统计学科。但是在某种程度上两者是有区别的，这个区别在于：统计学习者重点关注的是统计模型的发展与优化，偏数学，而机器学习者更关注的是能够解决问题，偏实践，因此机器学习研究者会重点研究学习算法在计算机上执行的效率与准确性的提升。

4. 计算机视觉

计算机视觉＝图像处理＋机器学习。图像处理技术用于将图像处理为适合进入机器学习模型中的输入，机器学习则负责从图像中识别出相关的模式。计算机视觉相关的应用非常多,例如百度识图、手写字符识别、车牌识别等等应用。这个领域的应用前景非常火热,同时也是研究的热门方向。随着机器学习的新领域深度学习的发展,大大促进了计算机图像识别的效果,因此未来计算机视觉技术的发展前景不可估量。

5. 语音识别

语音识别＝语音处理＋机器学习。语音识别就是音频处理技术与机器学习的结合。语音识别技术一般不会单独使用,一般会结合自然语言处理的相关技术。目前的相关应用有苹果的语音助手 Siri 等。

6. 自然语言处理

自然语言处理＝文本处理＋机器学习。自然语言处理技术主要是一个让机器理解人类的语言的领域。在自然语言处理技术中,大量使用了与编译原理相关的技术,例如词法分析、语法分析等,除此之外,在理解这个层面,则使用了语义理解、机器学习等技术。如何利用机器学习技术进行自然语言的深度理解,一直是工业和学术界关注的焦点。

可以看出机器学习在众多领域的外延和应用。机器学习技术的发展促使了很多智能领域的进步,改善了人们的生活。

11.2 机器学习方法

通过前面的介绍我们知晓了机器学习的大致范围,那么机器学习里面究竟有多少经典的算法呢?本小节将简要介绍机器学习中的经典方法。这部分介绍的重点是这些方法内含的思想,在后面的章节会详细介绍一些相关算法的原理。

11.2.1 回归算法

在大部分机器学习课程中,回归算法都是介绍的第一个算法。原因有两个:首先,回归算法比较简单,介绍它可以让人平滑地从统计学迁移到机器学习中。其次,回归算法是后面若干强大算法的基石,如果不理解回归算法,无法学习那些强大的算法。回归算法有两个重要的子类:即线性回归和逻辑回归。

线性回归就是前面说过的房价求解问题。如何拟合出一条直线最佳匹配我所有的数据?一般使用"最小二乘法"来求解。"最小二乘法"的思想是这样的,假设拟合出的直线代表数据的真实值,而观测到的数据代表拥有误差的值。为了尽可能减小误差的影响,需要求解一条直线使所有误差的平方和最小。最小二乘法将最优问题转化为求函数极值问题。函数极值在数学上一般会采用求导数为 0 的方法。但这种做法并不适合计算机,可能求解不出来,也可能计算量太大。

计算机科学界专门有一个学科叫"数值计算",专门用来解决提升计算机进行各类计算时的准确性和效率问题。例如,著名的"梯度下降法"以及"牛顿法"就是数值计算中的经典算法,也非常适合用来处理求解函数极值的问题。梯度下降法是解决回归模型中最简单且有效的方法之一。从严格意义上来说,由于后文中的神经网络和推荐算法中都有线性回归的因子,因此梯度下降法在后面的算法实现中也有应用。

逻辑回归是一种与线性回归非常类似的算法,但是,从本质上讲,线型回归处理的问题类型与逻辑回归不一致。线性回归处理的是数值问题,也就是最后预测出的结果是数字,例如房价。而逻辑回归属于分类算法,也就是说,逻辑回归预测结果是离散的分类,例如判断这封邮件是否是垃圾邮件,以及用户是否会点击此广告等。

实现方面的话,逻辑回归只是对线性回归的计算结果加上了一个 Sigmoid 函数,将数值结果转化为了 0 到 1 之间的概率(Sigmoid 函数的图象一般来说并不直观,你只需要理解为数值越大,函数越逼近 1,数值越小,函数越逼近 0),接着根据这个概率可以做预测,例如概率大于 0.5,则这封邮件就是垃圾邮件,或者肿瘤是否是恶性的等。从直观上来说,逻辑回归是画出了一条分类线,如图 11.4 所示。

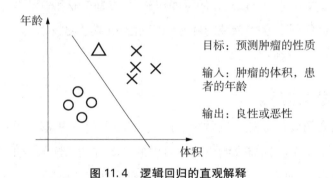

图 11.4 逻辑回归的直观解释

逻辑回归算法划出的分类线基本上都是线性的(也有划出非线性分类线的逻辑回归,不过那样的模型在处理数据量较大的时候效率会很低),这意味着当两类之间的界线不是线性时,逻辑回归的表达能力就不足。下面要介绍的两个算法是机器学习中强大且重要的算法,都可以拟合出非线性的分类线。

11.2.2 神经网络

神经网络(也称为人工神经网络,ANN)算法是 20 世纪 80 年代机器学习界非常流行的算法,不过在 90 年代中期衰落。现在,借着"深度学习"之势,神经网络重装归来,重新成为最强大的机器学习算法之一。

神经网络的诞生起源于对大脑工作机理的研究。早期生物学界学者们使用神经网络来模拟大脑。研究机器学习的学者们使用神经网络进行机器学习的实验,发现在视觉与语音的识别上效果都相当好。在 BP 算法(加速神经网络训练过程的数值算法)诞生以后,神经网络的发展掀起了一个热潮。

神经网络的学习机理是什么?简单来说,就是分解与整合。在著名的 Hubel-Wiesel 试验中,学者们研究猫的视觉分析机理是这样的,见图 11.5。

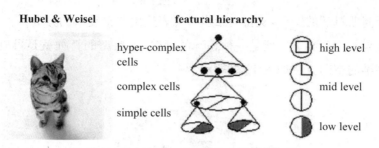

图 11.5　Hubel-Wiesel 试验与大脑视觉机理

比方说，一个正方形，分解为四个折线进入视觉处理的下一层中。四个神经元分别处理一个折线。每个折线再继续被分解为两条直线，每条直线再被分解为黑白两个面。于是，一个复杂的图像变成了大量的细节进入神经元，神经元处理以后再进行整合，最后得出了看到的是正方形的结论。这就是大脑视觉识别的机理，也是神经网络工作的机理。

让我们看一个简单的神经网络的逻辑架构。在这个网络中，分成输入层、隐藏层和输出层。输入层负责接收信号，隐藏层负责对数据的分解与处理，最后的结果被整合到输出层。每层中的一个圆代表一个处理单元，可以认为是模拟了一个神经元，若干个处理单元组成了一个层，若干个层再组成了一个网络，也就是"神经网络"。

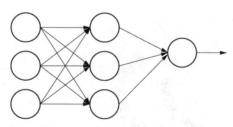

图 11.6　神经网络的逻辑架构

在神经网络中，每个处理单元事实上就是一个逻辑回归模型，逻辑回归模型接收上层的输出，把模型的预测结果传输到下一个层次。通过这样的过程，神经网络可以完成非常复杂的非线性分类。

进入 20 世纪 90 年代，神经网络的发展进入了一个瓶颈期。其主要原因是尽管有 BP 算法的加速，神经网络的训练过程仍然很困难。因此 90 年代后期支持向量机（SVM）算法取代了神经网络的地位。

11.2.3　支持向量机（SVM）

支持向量机算法是诞生于统计学习界，同时在机器学习界大放光彩的经典算法。

支持向量机算法从某种意义上来说是逻辑回归算法的强化：通过给予逻辑回归算法更严格的优化条件，支持向量机算法可以获得比逻辑回归更好的分类界线。但是如果没有"核"函数技术，则支持向量机算法最多只能算是一种更好的线性分类技术。

通过跟高斯"核"的结合,支持向量机可以表达出非常复杂的分类界线,从而达成很好的分类效果。"核"事实上就是一种特殊的函数,最典型的特征就是可以将低维的空间映射到高维的空间。例如图 11.7 所示。

图 11.7 支持向量机图例

如何在二维平面划分出一个圆形的分类界线?在二维平面可能会很困难,但是通过"核"可以将二维空间映射到三维空间,然后使用一个线性平面就可以达成类似效果。也就是说,二维平面划分出的非线性分类界线可以等价于三维平面的线性分类界线。于是,可以通过在三维空间中进行简单的线性划分就可以达到在二维平面中的非线性划分效果。

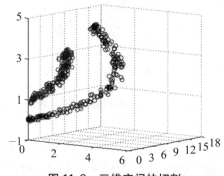

图 11.8 三维空间的切割

支持向量机是一种数学成分很浓的机器学习算法(相应的,神经网络则有生物科学成分)。在算法的核心步骤中,有一步证明,即将数据从低维映射到高维不会带来最后计算复杂性的提升。于是,通过支持向量机算法,既可以保持计算效率,又可以获得非常好的分类效果。因此支持向量机在 90 年代后期一直占据着机器学习中最核心的地位,基本取代了神经网络算法。直到现在神经网络借着深度学习重新兴起,两者之间才又发生了微妙的平衡转变。

11.2.4 聚类算法

前面的算法中的一个显著特征就是训练数据中包含了标签,训练出的模型可以对其他未知数据预测标签。在下面的算法中,训练数据都是不含标签的,而算法的目的则是通过训练,推测出这些数据的标签。这类算法有一个统称,即无监督算法(前面有标签的数据的算法则是有监督算法)。无监督算法中最典型的代表就是聚类算法。

还是拿一个二维的数据来说,某一个数据包含两个特征。我们希望通过聚类算法,给它们中不同的种类打上标签,该怎么做呢?简单来说,聚类算法就是计算种群中的距离,根据距离的远近将数据划分为多个族群。

聚类算法中最典型的代表就是 K-Means 算法。

11.2.5　降维算法

降维算法也是一种无监督学习算法,其主要特征是将数据从高维降低到低维层次。在这里,维度其实表示的是数据的特征量的大小,例如,房价包含房子的长、宽、面积与房间数量四个特征,也就是维度为四维的数据。可以看出来,长与宽事实上与面积表示的信息重叠了,例如面积=长×宽。通过降维算法就可以去除冗余信息,将特征量减少为面积与房间数量两个特征,即从四维的数据压缩到二维。将数据从高维降低到低维,不仅利于表示,同时在计算上也能带来加速。

刚才说的降维过程中减少的维度属于肉眼可视的层次,同时压缩也不会带来信息的损失(因为信息冗余了)。如果肉眼不可视,或者没有冗余的特征,降维算法也能工作,不过这样会带来一些信息的损失。但是,从数学上可以证明降维算法,从高维压缩到低维中最大程度地保留了数据的信息。因此,使用降维算法仍然有很多的好处。

降维算法的主要作用是压缩数据与提升机器学习其他算法的效率。通过降维算法,可以将具有几千个特征的数据压缩至若干个特征。另外,降维算法的另一个好处是数据的可视化,例如将五维的数据压缩至二维,然后可以用二维平面来可视。降维算法的主要代表是 PCA 算法(即主成分分析算法)。

11.2.6　推荐算法

推荐算法是目前业界非常火的一种算法,在电商界,如亚马逊、天猫、京东等得到了广泛的运用。推荐算法的主要特征就是可以自动向用户推荐他们最感兴趣的东西,从而增加购买率,提升效益。推荐算法有两个主要的类别:

一类是基于物品内容的推荐,是将与用户购买的内容近似的物品推荐给用户,这样的前提是每个物品都得有若干个标签,因此才可以找出与用户购买物品类似的物品,这样推荐的好处是关联程度较大,但是由于每个物品都需要贴标签,因此工作量较大。

另一类是基于用户相似度的推荐,则是将与目标用户兴趣相同的其他用户购买的东西推荐给目标用户,例如小 A 历史上买了物品 B 和 C,经过算法分析,发现另一个与小 A 近似的用户小 D 购买了物品 E,于是将物品 E 推荐给小 A。

两类推荐都有各自的优缺点,在一般的电商应用中,通常是两类混合使用。推荐算法中最有名的算法就是协同过滤算法。

除了以上算法之外,机器学习界还有其他的如高斯判别、朴素贝叶斯、决策树等等算法。但是上面列的六个算法是使用最多,影响最广,种类最全的典型。机器学习界的一个特色就是算法众多,发展百花齐放。

下面做一个总结,按照训练的数据有无标签,可以将上面算法分为监督学习算法和无监督学习算法,但推荐算法较为特殊,既不属于监督学习,也不属于非监督学习,是单独的一类。

- 监督学习算法:线性回归、逻辑回归、神经网络、SVM;
- 无监督学习算法:聚类算法、降维算法;
- 特殊算法:推荐算法。

除了这些算法以外,有一些算法的名字在机器学习领域中也经常出现。但它们本身并不算是一个机器学习算法,而是为了解决某个子问题而诞生的。可以将它们理解为以上算法的子算法,用于大幅度提高训练效率。其中的代表有梯度下降法,主要运用在线性回归、逻辑回归、神经网络、推荐算法中;牛顿法,主要运用在线性回归中;BP算法,主要运用在神经网络中;SMO算法,主要运用在SVM中。

11.3 机器学习最新发展

11.3.1 最新发展方向

机器学习有很多有趣的子领域。比如近些年兴起的深度学习热潮,指的是通过使用多层的神经网络模型在大数据上建模。比如谷歌的阿尔法狗系统,就是通过在数十万的人类对弈棋谱上学习策略网络(Policy Network)和估值网络(Value Network),再结合蒙特卡罗搜索树算法来决定如何走棋的。所谓策略网络,其实是一个卷积神经网络,用来选择如何落子。所谓估值网络,也是一个卷积神经网络,用来分析当前的胜率。围棋的棋盘相对较大,是一个19×19的网格,每一步有上百种走法。对于李世石这类顶级棋手来说,可以预测未来的局势。对于计算机来说并非易事,因为可以落子的搜索空间太大。谷歌之所以取得成功,正是因为其很好地把这两个神经网络与蒙特卡罗搜索树结合,精确地分析和预测了李世石的棋路。

在大数据时代,机器学习领域还有一个热点是把系统与算法结合,设计大规模分布式的机器学习算法与系统,使得机器学习算法可以在多处理器和多机器的集群环境下作业,处理更大量级的数据。这方面较为知名的系统包括:加州大学伯克利分校的Spark、谷歌的TensorFlow、华盛顿大学的Dato(原名GraphLab)、卡内基梅陇大学的Petuum、微软的DMTK系统等。也许在几十年前,计算机科学的核心是操作系统、算法和编程语言。但是在今天,在大数据的背景下,计算机科学逐渐演变成一个越来越强调跨领域合作的学科。

如何有效地把系统和机器学习方法相结合来处理海量数据,这将是未来人工智能和计算机科学发展的关键。

除了这两个最近五年比较热门的领域,其实机器学习还有许多有意思的科研方法。譬如,优化算法一直是机器学习领域研究的重点,如何处理各种凸优化和非凸优化问题、如何处理分布式优化、避免局部最优解,一直是学者们最关注的问题。其他值得关注的领域,还包括强化学习(reinforcement learning)、概率图模型(probabilistic graphical models)、统计关系学习(statistical relational learning)等。

11.3.2 机器学习与大数据

无疑,在 2010 年以前,机器学习的应用在某些特定领域发挥了巨大的作用,如车牌识别、网络攻击防范、手写字符识别等等。但是,从 2010 年以后,随着大数据概念的兴起,机器学习大量的应用都与大数据高度耦合,几乎可以认为大数据是机器学习应用的最佳场景。

譬如,但凡你能找到的介绍大数据魔力的文章,都会说大数据如何准确预测到了某些事。例如经典的谷歌利用大数据预测了 H1N1 在美国某小镇的爆发。百度预测 2014 年世界杯,从淘汰赛到决赛全部预测正确。

那么究竟是什么原因导致大数据具有这些魔力的呢?简单来说,就是机器学习技术。正是基于机器学习技术的应用,数据才能发挥其魔力。

大数据的核心是利用数据的价值,机器学习是利用数据价值的关键技术,对于大数据而言,机器学习是不可或缺的。相反,对于机器学习而言,越多的数据越可能提升模型的精确性,同时,复杂的机器学习算法的计算时间也迫切需要分布式计算与内存计算这样的关键技术。因此,机器学习的兴盛也离不开大数据的帮助。大数据与机器学习两者是互相促进,相依相存的关系。

机器学习与大数据的结合产生了巨大的价值。基于机器学习技术的发展,数据能够"预测"。对人类而言,积累的经验越丰富,阅历越广泛,对未来的判断越准确。例如常说的"经验丰富"的人比"初出茅庐"的小伙子更有工作上的优势,就在于经验丰富的人获得的规律比他人更准确。在机器学习领域,一个著名的实验,有效地证实了机器学习界一个理论:即机器学习模型的数据越多,机器学习的预测效率就越高,如图 11.9 所示。

通过图 11.9 可以看出,各种不同算法在输入的数据量达到一定数量级后,都有相近的高准确度。于是诞生了机器学习界的名言:成功的机器学习应用不是拥有最好的算法,而是拥有最多的数据!

在大数据的时代,有好多因素促使机器学习能够应用更广泛。例如随着物联网和移动设备的发展,我们拥有的数据越来越多,种类也包括图片、文本、视频等非结构化数

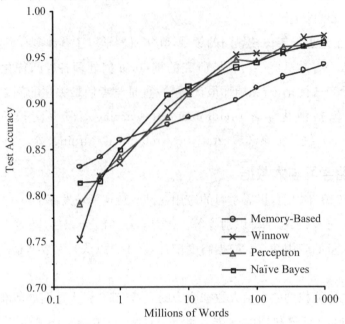

图 11.9 机器学习准确率与数据的关系

据,这使得机器学习模型可以获得越来越多的数据。同时大数据技术中的分布式计算 Map-Reduce 使得机器学习的速度越来越快,可以更方便地使用。种种优势使得在大数据时代,机器学习的优势可以得到最佳的发挥。

11.4 经典机器学习算法

11.4.1 K-Means 算法

K-means 算法是一个经典的聚类算法,它接受输入参数 k,然后将 n 个数据对象划分为 k 个聚类,使所获得的聚类满足以下两个条件。

(1) 同一聚类中的对象之间的相似度较高;

(2) 不同聚类中的对象之间的相似度较小。

假设样本是 $\{x^{(1)}, x^{(2)}, \cdots, x^{(m)}\}$,每个 $x^{(i)} \in R^n$,即它是一个 n 维向量。现在用户给定一个 k 值,要求将样本聚类(Clustering)成 k 个类簇(Cluster),这里把整个算法称为聚类算法,聚类算法的结果是一系列的类簇。

K-Means 是一个迭代型的算法,它的算法流程是:

```
1. 随机选取 K 个聚类质心(Cluster Centeroid),为 μ₁,μ₂,…,μₖ∈Rⁿ。
2. 重复下面过程,直到收敛:
   {
```

> 2.1. 对于每个样本 I,计算它应该属于的类:
> $$c^{(i)} := \mathrm{argmin}_j \| x^{(i)} - \mu_j \|^2$$
> 2.2. 对于每一个类别 j,重新计算它的质心:
> $$\mu_j := \frac{\sum_{i=1}^m 1\{c^{(i)} = j\} x^{(i)}}{\sum_{i=1}^m 1\{c^{(i)} = j\}}$$
> }

收敛是在上一次迭代到本次迭代中,每个样本隶属同样的类别,每个类别的质心不再发生改变。

下面以一个实例展示 K-Means 标准算法的执行过程。假设我们对样本进行 $K=2$ 的聚类。

如图 11.10(a)所示,假设原始数据有 n 个对象。

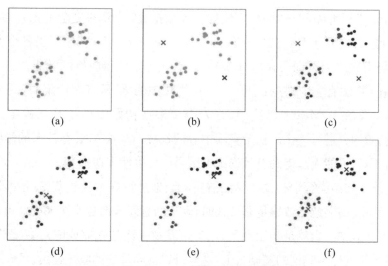

图 11.10 K-means 算法运行可视化展示

第 1 步,在原始数据集中任意选择 k 个对象作为"初始聚类中心对象",例如 $k=2$;

第 2 步,计算其他对象与初始聚类中心对象之间的距离,并根据最小距离,将其他结点合并入对应的最小聚类中心结点所在的聚类,形成 $k=2$ 个"中间聚类结果";

第 3 步,计算每个"中间聚类结果"的均值,在 k 中间聚类中找出 $k=2$ 个"新的聚类中心对象";

第 4 步,重新计算每个对象与"新的聚类中心对象"之间的距离,并根据最小距离,重新分类,形成 $k=2$ 个"中间聚类结果";

第 5 步,重复执行步骤 3、4,当所有对象的聚类情况不再变化或已达到规定的循环次数时,结束执行,并得到最终聚类结果。

在 K-Means 算法中，涉及距离的计算，最常用的距离是欧氏距离。欧氏距离（Euclidean Distance）的公式为：$d_{ij}=\sqrt{\sum_{K=1}^{n}(x_{iK}-x_{jK})^2}$，此外，还有闵可夫斯基距离、曼哈顿距离（也称为城市街区距离，City Block Distance）可以使用，它们的计算公式分别为：$d_{ij}=\sqrt[\lambda]{\sum_{K=1}^{n}(x_{iK}-x_{jK})^\lambda}$，$d_{ij}=\sum_{K}^{n}|x_{iK}-x_{jK}|$。

在 K-Means 算法中，K 值的选择是一个重要的问题。希望所选择的 K 正好是数据里隐含的真实的类簇的数目。可以选择一个合适的类簇指标，当假设的类簇的数目等于或大于真实的类簇的数目时，这个指标变化平缓，当假设的类簇的数目小于真实的类簇的数目时，这个指标急剧变化。

可以选择的类簇指标包括平均半径或者直径。类簇的直径是指类簇中任意两点间距离的最大值。类簇的半径是指类簇中所有点到类簇中心距离的最大值。可以给出一系列的 K 值，运行 K-Means 算法计算上述类簇指标，然后根据上述原则，选取一个合适的 K 值。

K-Means 是可伸缩和高效的，方便处理大数据集，计算的复杂度为 $O(NKt)$，其中 N 为数据对象的数目，t 为迭代的次数。一般来说，$K\ll N$，$t\ll N$。当各个类簇是密集的，且类簇与类簇之间区别明显时，K-Means 算法可以取得较好的效果。

K-Means 算法有三个缺点：①K-Means 算法中的 K 是事先给定的，一个合适的 K 值难以估计。②在 K-Means 算法中，首先需要根据初始类簇中心来确定一个初始划分，然后对初始划分进行优化。初始类簇中心的选择对聚类结果有较大的影响。一旦初始值选择得不好，可能无法得到有效的聚类结果。可以使用遗传算法（genetic algorithm），帮助选择合适的初始类簇中心。③算法需要不断地进行样本分类调整，不断地计算调整后的新的类簇中心，因此当数据量非常大时，算法的时间开销是非常大的。可以利用采样策略，改进算法效率。也就是初始点的选择，以及每一次迭代完成时对数据的调整，都是建立在随机采样的样本数据的基础之上，这样可以提高算法的收敛速度。

11.4.2　从机器学习角度看线性回归

回归（regression）模型是机器学习中一种常用的模型，属于监督学习的范畴。让我们先来看一个简单的关于房价的真实例子，假设有一组关于房子面积和价格的数据：

表 11.1　房价数据表

居住面积（平方英尺）	价格（1 000 $s）	居住面积（平方英尺）	价格（1 000 $s）
2 104	400	1 416	232
1 600	330	3 000	540
2 400	369	…	…

这组数据一共有 47 条记录,我们可以将这组数据的图象画出来:

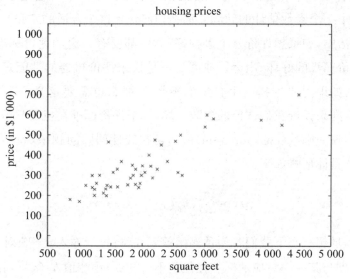

图 11.11　房价数据散点图

现在有了这样的数据,是否可以学习出一个函数来预测新的样本的房价呢? 通常,将这一类问题称为回归问题,即对于多维空间中存在的样本点,用特征的线性组合去拟合空间中点的分布和轨迹。我们形式化地定义了监督学习的流程,为了下面的叙述方便,还需要定义几个简单的符号。使用 $x^{(i)}$ 来表示输入数据(例子中的房屋面积),也被称为特征, $y^{(i)}$ 用来表示目标变量(例子中的房屋价格)或者是输出,这正是我们想要预测的值。一组 $(x^{(i)}, y^{(i)})$ 被称为训练样本,我们想要用来学习的所有训练样本构成的数据集 $\{(x^{(i)}, y^{(i)}); i=1,\cdots,m\}$ 被称为训练集。用 X 来表示输入样本空间, Y 表示输出样本空间,在我们的例子中 $X=Y=\mathcal{R}$。对于一个监督学习问题,若给定一个训练集,目标是学习到一个函数 $h: X \to Y$,这个函数可以将 x 映射到合适的 y。如果问题中的 y 是一个连续变量,那么称这样的问题是一个回归问题,上面的房价预测问题就是这样的一个回归问题。

回归模型中一个常用的模型就是线性回归模型,下面我们把例子变得更复杂一些,在上面例子的基础上,加入卧室的数量作为第二个特征,并通过符号 x_i 区分表示不同的特征。

线性回归假设特征和输出满足线性关系,模型可以描述为:

$$h_\theta(x) = \sum_{i=0}^{n} \theta_i x_i \qquad (11.1)$$

其实线性关系的表达能力非常强大, θ 在这儿称为参数,每个特征对结果的影响强弱可以由前面的参数控制,简单来说就是控制到底是房屋的面积对结果的影响更重要还是卧室的数量更重要。从这里的模型数学式可以看到,我们的模型中没有被确定的变量只有 θ,选择了一个合适的映射函数就相当于选择了一个合适的参数 θ,这样上述问题就转化成了一个参数估计的问题。那么如何找到这个合适的 θ 呢?

在日常生活中,如果想评价一个事物好不好,都要有一定的评价标准,比如常用西瓜甜不甜来评价西瓜的好坏,用运行速度是不是快来评价机器的性能好坏。由此可以很自然地想到,如果想要选择一个合适的参数 θ,那么也需要定义一个合理的评价标准,并用这个标准来评价我们选择的参数好坏,这个评价标准在机器学习领域有一个专有名词,被称为损失函数(cost function)。通常在线性回归问题中,我们用均方误差来定义损失函数,具体形式如下:

$$J(\theta) = \sum_{i=1}^{m}(h_\theta(x^{(i)}) - y^{(i)})^2 \tag{11.2}$$

直观来讲,理想状态下我们希望预测函数 h_θ 能将每个输入 $x^{(i)}$ 映射为 $y^{(i)}$,但让所有的样本映射到与其一一对应的标签往往是不可能的,预测值 $h_\theta(x^{(i)})$ 和标签 $y^{(i)}$ 之间往往存在着一些误差,那么我们有信心认为,从所有训练样本来看,这些误差综合越小,则我们的预测效果越好,对于理想的预测函数 h_θ,均方误差为 0。有了这个指导准则,就可以来寻找最优的参数了。

继续观察均方误差的函数表达式,前面我们说到 $h_\theta(x^{(i)})$ 是一个关于参数 θ 的函数,$x^{(i)}$ 和 $y^{(i)}$ 是已知的。这样看来均方误差 $J(\theta)$ 也是一个只有参数 θ 为自变量的函数,接下来,介绍一种用于求解最优参数 θ 的算法。

11.4.3 梯度下降算法

首先来看看梯度下降的一个直观的解释。如图 11.12 所示,比如在一座大山上的某处位置,由于不知道怎么下山,于是决定走一步算一步,也就是在每走到一个位置的时候,求解当前位置的梯度,沿着梯度的负方向,也就是当前最陡峭的位置向下走一步,然后继续求解当前位置梯度,向这一步所在位置沿着最陡峭最易下山的位置走一步。这样一步步地走下去,一直走到我们觉得已经到了山脚。当然这样走下去,也有可能不能走到山脚,而是到了某一个局部的山谷低处。从上面的解释可以看出,梯度下降不一定能够找到全局的最优解,有可能是一个局部最优解。当然,如果损失函数是凸函数,梯度下降法得到的解就一定是全局最优解。

根据上面的讨论,我们要做的就是选择合适的参数 θ 来达到最小化 $J(\theta)$ 的目的。为了达到这一目的,先随机地选择一个关于参数 θ 的"随机猜测",可以想到,这个随机选择的猜测参数并不能产生很好的预测效果。接下来需要在算法里不断地迭代更新参数 θ,直到能够很幸运地收敛到一个合适的参数 θ 以达到能最小化均方误差的效果。梯度下降算法的更新规则为:

图 11.12　梯度下降算法示意图

$$\theta_j = \theta_j - \alpha \frac{\partial}{\partial \theta_j} J(\theta) \tag{11.3}$$

这里的 α 被称为学习率(learning rate)，它控制了每次算法参数更新大小。为了实现这个更新过程，还需要计算 $J(\theta)$ 关于参数 θ_j 的偏导数，这就是我们所说的梯度。梯度是有方向的，是从低等高线指向高等高线且上升最快的方向。所以这个更新式背后的含义与前面所说的下山的例子一样，通过梯度控制方向，通过学习率控制步长，在不断迭代更新的过程中将参数 θ 更新到使得均方误差最小的最优值。其中，梯度的计算式为：

$$\frac{\partial}{\partial \theta_j} J(\theta) = (h_\theta(x^{(i)}) - y^{(i)}) x_j \tag{11.4}$$

在使用梯度下降时，需要进行调优，哪些地方需要调优呢？
- 算法的步长选择。在前面的算法描述中，提到取步长为 1，但是实际上取值取决于数据样本，可以多取一些值，从大到小，分别运行算法，看看迭代效果，如果损失函数在变小，说明取值有效，否则要增大步长。前面说了。步长太大，会导致迭代过快，甚至有可能错过最优解。步长太小，迭代速度太慢，很长时间运算都不能结束。所以算法的步长需要多次运行后才能得到一个较优的值。
- 算法参数的初始值选择。初始值不同，获得的最小值也有可能不同，因此梯度下降求得的只是局部最小值；当然如果损失函数是凸函数则一定是最优解。由于有局部最优解的风险，需要多次用不同初始值运行算法，根据损失函数的最小值，选择损失函数最小化的初值。

梯度下降算法有多种形式，根据不同的应用需求场景，可以选择最适合需求的算法形式,下面我们来讨论一下梯度下降算法族。

1. 批量梯度下降算法（Batch Gradient Descent）

批量梯度下降算法,是梯度下降算法最常用的形式。这一算法的具体做法就是在更新参数时使用所有的样本进行梯度计算并更新参数。很明显,这一方法的计算复杂度是最高的,每次更新参数过程都需要将所有的 m 个样本代入计算一遍。这样做当然也有一个明显的好处,即在计算过程中考虑了所有样本的信息,所以计算出的梯度的方向会最接近最陡峭(上升最快)的方向。这里你或许会奇怪为什么最接近,难道我们用样本算出来的梯度方向不是最优的方向吗？很遗憾的是,我们其实并不知道最优的方向是什么。我们的训练样本毕竟有限,不能代表真实的数据分布状态,这个真实的数据分布我们并不知道,我们只是根据我们可以获取的样本数据来大致推测这个数据分布,所以用已知的数据样本算出来的梯度方向只是能尽可能地接近最优的方向。

综上所述,对于训练速度来说,批量梯度下降算法由于每次使用所有样本来迭代,训练速度往往很慢。对于准确度来说,批量梯度下降算法往往很可能计算出最接近最优的方向。对于收敛速度来说,由于批量梯度下降算法一次迭代所有样本,导致迭代方向变化很小,所以可以很快地收敛到局部最优解。

$$\theta_j = \theta_j - \alpha \sum_{i=1}^{m} (h_\theta(x^{(i)}) - y^{(i)}) x_j \tag{11.5}$$

2. 随机梯度下降算法（Stochastic Gradient Descent）

随机梯度下降算法和批量梯度下降算法是两个极端,一个采用所有数据来梯度下降,一个用一个样本来梯度下降。对于训练速度来说,随机梯度下降算法由于每次仅仅采用一个样本来迭代,训练速度很快。对于准确度来说,随机梯度下降算法由于仅仅用一个样本决定梯度方向,导致解很有可能不是最优。对于收敛速度来说,由于随机梯度下降算法一次迭代一个样本,导致迭代方向变化很大,不能很快地收敛到局部最优解。

3. 小批量梯度下降算法（Mini-batch Gradient Descent）

小批量梯度下降算法是批量梯度下降算法和随机梯度下降算法的折衷,也就是对于 m 个样本,我们采用 t 个样本来迭代,$1<t<m$。可以根据具体的问题来选择小批量的样本数量。对应的更新公式是：

$$\theta_j = \theta_j - \alpha \sum_{i=s}^{s+t-1} (h_\theta(x^{(i)}) - y^{(i)}) x_j \tag{11.6}$$

图 11.13 展示了三种梯度下降算法的迭代更新过程,其中每一个箭头代表一次迭代,"＋"代表局部最小值。

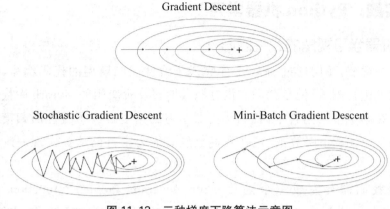

图 11.13 三种梯度下降算法示意图

现在再次回到上文提到的房价预测的例子当中,这里需要注意,梯度下降算法在实际应用当中通常只能保证收敛到一个局部最小值,但在上面的房价预测例子中,均方误差函数是一个二次函数,是一个凸函数,它只有一个全局最小值,而没有其他局部最小值,所以在房价预测的例子里应用梯度下降算法总能保证收敛到全局最小值。

基于已知的训练数据,运行梯度下降算法来寻找最优的参数 θ 来学习一个能根据房子的居住面积和房间数量预测房价的函数,最终计算得到 $\theta_1 = 71.27, \theta_1 = 0.1324$。如图 11.14 所示,绘制出预测函数 $h_\theta(x)$ 和训练数据的图象,可以看到我们计算得到的线性函数可以很好地反映出训练数据的线性特征。

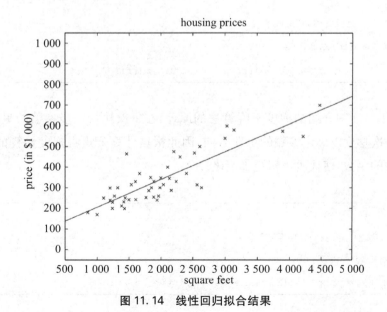

图 11.14 线性回归拟合结果

11.5 实践：Python 机器学习

11.5.1 机器学习视角的线性回归

回想上一章节，我们通过 sklearn 库完成了线性回归模型的代码编写，并在某地房价数据集上进行测试，但是我们并没有深入地解读所使用的 sklearn 库代码的内部实现细节。在本章节的内容中，我们从机器学习的角度解读了线性回归模型的原理和训练算法——梯度下降算法，现在我们已经有能力来自己从头实现一遍线性回归模型了。

在这里我们需要完成三个函数 error_function、gradient_function 和 batch_gradient_descent，其中 error_function 定义了我们的线性回归模型的预测输出与真实标签之间的差距的计算方式，gradient_function 定义了梯度计算的过程，batch_gradient_descent 则调用了 gradient_function 函数，实现梯度下降算法。

首先来看 error_function 函数，该函数接受三个参数 X、theta 和 Y，对应的损失函数为：

```
#<程序11.1：损失函数>
'''
    X：特征数据
    theta：线性回归模型的参数
    Y：标签数据
'''
def error_function(X,theta,Y):
    diff = np.dot(X,theta) - Y
    return (1/(2*m))*np.dot(diff.transpose(),diff)
```

根据 11.4.3 中介绍的梯度下降算法的原理，在每次执行一步参数的更新操作，都需要计算一次梯度以确定参数的更新方向，因此根据计算公式将梯度计算的过程抽象出一个单独的函数，使代码逻辑更加清晰。

```
#<程序 11.2：梯度计算函数>
def gradient_function(X,theta,Y):
    diff = (np.dot(X,theta) - Y)
    return (1./m)*np.dot(X.transpose(),diff)
```

在下面的梯度下降算法实现中,需要调用上面所写的两个函数。因为梯度下降算法是以迭代搜索的方式进行参数更新,因此需要设定更新的停止条件。设定算法的停止条件为计算出的梯度小于等于 10^{-5},这时说明我们的算法已经足够接近最优解,因此可以停止对参数 theta 的更新。

```
#<程序 11.3：梯度下降算法>
def batch_gradient_descent(X,Y):
    errors=[]
    theta = np.zeros((2,1))   #参数初始化
    gradient = gradient_function(X,theta,Y)   #计算梯度
    count = 0
    while not np.all(np.absolute(gradient)<=1e-5):
        theta = theta - alpha*gradient
        gradient = gradient_function(X,theta,Y)
        count +=1
        if count <20:
            error = error_function(X,theta,Y)
            errors.append(float(error))
    return theta,count,errors
```

通过上面的三个函数,我们就梳理清楚了线性回归模型的结构以及如何使用梯度下降算法来训练它,是不是很简单呢？其实,线性回归模型可以称为模型之母,它与许多其他模型有着千丝万缕的关系,如逻辑回归模型、神经网络等。

11.5.2 动手搭建神经网络

目前热门的机器学习技术莫过于深度学习技术了,下一章节会详细地介绍深度学习的相关内容。深度学习技术使用最广的模型是深度神经网络模型,从本质上讲,神经网络可以看作是由非线性激活函数的线性回归模型嵌套组成的,用于神经网络模型训练的误差反向传播算法同样是基于梯度下降算法的思想。

在本次实验当中,我们将自己动手来一步步地搭建神经网络的各个模块。并通过所搭建的神经网络模块来自定义构建一个神经网络模型,完成一个能够判断蘑菇是否有毒的分类器。本实验使用的数据集为一个描述蘑菇特征和是否有毒的数据集,数据集存放在一个 mushrooms.csv 的文件中,数据集共有 22 个特征,两种类别,即是否有毒。实验数据集和完整的实验流程和代码均可以在本书附带的实训平台上获取。

当然，使用目前常用的深度学习框架可以很方便地搭建起分类模型，但这里我们将会一起动手来搭建一个深度神经网络，去探究具体的模型框架和算法流程。不要担心，深度神经网络虽然复杂，但是可以分解成为几个独立的模块，通过编写函数来构建这些模块，就可以组合出我们想要的深度神经网络，自己动手实现神经网络的构建细节对理解神经网络算法很有帮助。

11.5.3　数据集和预处理

首先，需要从 mushrooms.csv 文件中读取数据集，图 11.15 所示为数据集的部分信息展示，我们的数据共有 23 列属性，其中第一列标注了蘑菇是否有毒，后面的 22 列属性每列表示蘑菇的一种属性。从数据可知，这里的蘑菇数据均为字符类型，而机器学习模型所需的数据为数值类型的数据，因此需要将字符类型的属性转换为数值类型的数据，这里我们简单地将字母转化为其在字母表中的序号，图 11.16 展示了转化后的数据结果。

```
data = pd.read_csv("mushrooms.csv")
data.head()
```

	class	cap-shape	cap-surface	cap-color	bruises	odor	gill-attachment	gill-spacing	gill-size	gill-color	...	stalk-surface-below-ring	stalk-color-above-ring	stalk-color-below-ring	veil-type	veil-color	ring-number	ring-type	spore-print-color	population	habitat
0	p	x	s	n	t	p	f	c	n	k	...	s	w	w	p	w	o	p	k	s	u
1	e	x	s	y	t	a	f	c	b	k	...	s	w	w	p	w	o	p	n	n	g
2	e	b	s	w	t	l	f	c	b	n	...	s	w	w	p	w	o	p	n	n	m
3	p	x	y	w	t	p	f	c	n	n	...	s	w	w	p	w	o	p	k	s	u
4	e	x	s	g	f	n	f	w	b	k	...	s	w	w	p	w	o	e	n	a	g

5 rows × 23 columns

图 11.15　mushrooms 数据集

	0	1	2	3	4	5	6	7	8	9	...	12	13	14	15	16	17	18	19	20	21
0	24.0	19.0	14.0	20.0	16.0	6.0	3.0	14.0	11.0	5.0	...	19.0	23.0	23.0	16.0	23.0	15.0	16.0	11.0	19.0	21.0
1	24.0	19.0	25.0	20.0	1.0	6.0	3.0	2.0	11.0	5.0	...	19.0	23.0	23.0	16.0	23.0	15.0	16.0	14.0	14.0	7.0
2	2.0	19.0	23.0	20.0	12.0	6.0	3.0	2.0	14.0	5.0	...	19.0	23.0	23.0	16.0	23.0	15.0	16.0	14.0	14.0	13.0
3	24.0	25.0	23.0	20.0	16.0	6.0	3.0	14.0	14.0	5.0	...	19.0	23.0	23.0	16.0	23.0	15.0	16.0	11.0	19.0	21.0
4	24.0	19.0	7.0	6.0	14.0	6.0	23.0	2.0	11.0	20.0	...	19.0	23.0	23.0	16.0	23.0	15.0	5.0	14.0	1.0	7.0

5 rows × 22 columns

图 11.16　数值化后的特征数据

11.5.4　神经网络模型构建

要构建自己的神经网络需要实现几个“辅助函数”。这些辅助函数将用于我们的任务，以构建一个一个深层神经网络，主要步骤为：

- 初始化 L 层神经网络的参数。
- 实现向前传播模块(如图 11.17 中 Forward 部分所示)。
  ——完成前向传播步骤的线性计算 LINEAR 部分。
  ——ACTIVATION 激活函数功能(ReLU/Sigmoid)。
  ——将前两个步骤组合成一个新的[LINEAR→ACTIVATION]前向功能。
  ——堆叠[LINEAR→RELU]前向功能 $L-1$ 次(对于第 1 层到第 $L-1$ 层),并在末尾添加[LINEAR→SIGMOID](对于最后一层 L)。
- 计算损失。
- 实现向后传播模块(如图 11.17 中 Backward 部分所示)。

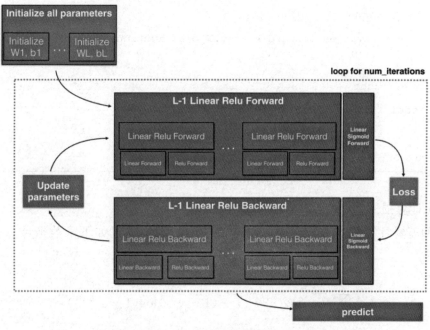

图 11.17　神经网络模型构建

  ——完成图层向后传播步骤的 LINEAR 部分。
  ——ACTIVATE 函数的梯度计算。
  ——将前两个步骤组合成一个新的[LINEAR→ACTIVATION]向后传播功能。
  ——向后堆叠[LINEAR→RELU] $L-1$ 次,添加[LINEAR→SIGMOID]。
- 更新参数。

(1) 向前传播。

现在已经初始化了参数,接下来将执行前向传播模块。首先实现一些基本功能,稍后将在实现模型时使用这些功能。我们按此顺序完成三个功能:

- 线性计算。

- LINEAR→ACTIVATION，其中 ACTIVATION 是 ReLU 或 Sigmoid。
- [LINEAR→RELU]×(L−1)→LINEAR→SIGMOID(整个模型)。

线性前向模块(在所有示例中矢量化)计算以下等式：

$$Z^{[l]} = W^{[l]} A^{[l-1]} + b^{[l]} \tag{11.7}$$

其中 $A^{[0]} = X$。

定义函数如下：

```
def linear_forward(A, W, b):
  …
  return Z, cache
def linear_activation_forward(A_prev,W,b,activation):
  …
  return A, cache
def L_model_forward(X, parameters):
  …
  return AL, caches
```

(2) 计算损失。

我们需要计算成本来检查模型是否在学习。我们通过如下函数来计算交叉熵损失：

$$-\frac{1}{m}\sum_{i=1}^{m}(y^{(i)}\log(a^{[L](i)}) + (1-y^{(i)})\log(1-a^{[L](i)})) \tag{11.8}$$

定义函数如下：

```
def compute_cost(AL, Y):
  …
  return cost
```

(3) 向后传播。

就像前向传播一样，接下来将实现反向传播的辅助函数。请记住，反向传播用于计算损失函数就是计算参数的梯度，算法流程如图11.18：

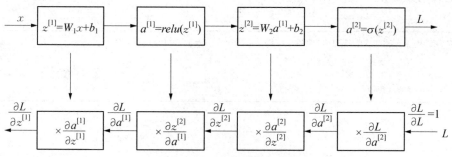

图 11.18　反向传播算法流程图

我们要计算 $dW^{[l]}, db^{[l]}, dA^{[l]}$。计算公式为：

$$dW^{[l]} = \frac{\partial L}{dW^{[l]}} = \frac{1}{m} dZ^{[l]} A^{[l-1]T} \tag{11.9}$$

$$db^{[l]} = \frac{\partial L}{db^{[l]}} = \frac{1}{m} dZ^{[l](i)} \tag{11.10}$$

$$dA^{[l-1]} = \frac{\partial L}{dA^{[l-1]}} = W^{[l]T} dZ^{[l]} \tag{11.11}$$

定义函数如下：

```
def linear_backward(dZ,cache):
    …
    return dA_prev,dW,db


def linear_activation_backward(dA,cache,activation):
    …
    return dA_prev, dW, db


def L_model_backward(AL,Y,caches):
    …
    return grads
```

（4）更新参数。

参数更新采用梯度下降的规则，更新公式为：

$$W^{[l]} = W^{[l]} - \alpha dW^{[l]} \tag{11.12}$$

$$b^{[l]} = b^{[l]} - \alpha db^{[l]} \tag{11.13}$$

定义函数如下：

```
def update_parameters(parameters, grads, learning_rate):
    …
return parameters
```

11.5.5 神经网络构建分类器

下面的函数定义了针对蘑菇分类问题的具体神经网络模型，layers_dims 定义了网络的结构，learning_rate 定义了学习率，epoch 定义了训练的次数。这里的训练优化算法是用 mini-batch SGD 的方法，就是每次训练只取训练集中的一小部分（这里每次1 000）进行参数层新计算。学习率采用衰减的策略，每经过一定次数的参数更新后（这里是每经过一次 epoch）就衰减为原来的 99%。模型训练过程如图 11.19 所示。

```
def  L_layer_model(X, Y, layers_dims, learning_rate = 0.01, epoch = 50,
            print_cost=True):
  …
    return parameters
```

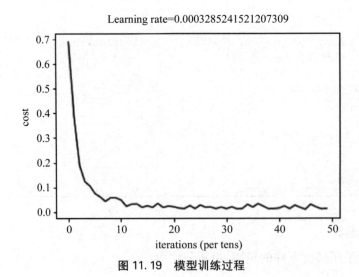

图 11.19 模型训练过程

11.6 本章小结

机器学习算法为机器赋予了学习的能力,使其能完成直接编程无法完成的任务。机器学习算法依赖于数据,随着大数据时代的到来,机器学习在视觉、语音识别、自然语言处理等应用场景爆发出强大的能力。本章介绍了机器学习的发展历史、机器学习的方法、机器学习的最新发展、经典的机器学习算法,并通过 Python 动手搭建了神经网络。数据是载体,智能是目标,而机器学习则是数据通往智能的技术途径,是使计算机具有智能的根本途径,被科研人员寄予了希望和热情。

11.7 习题与实践

复习题

1. 什么是图灵测试?
2. 机器学习的流程包括哪几个部分?
3. 机器学习的范围有哪些?与哪些领域有着密切的结合?
4. 什么是监督学习,其经典算法有哪些?
5. 什么是无监督学习,其经典算法有哪些?

践习题

1. 使用 Python 绘制 sigmoid 函数图象。
2. 编程实现从方程 $f(x)=9x+8$ 中均匀采样出 30 个样本点,加上服从标准正态分布的噪声值,生成新的样本点。
3. 编程实现线性回归拟合上题生成的数据。
4. 试用加权线性回归拟合区间 $(0,4\pi)$ 的正弦函数。
5. 通过梯度下降法,给出 Logistic 回归模型的求解过程,请写出详细的推导过程。
6. 请下载鸢尾花数据集,编程实现如下功能:
   (1) 读取数据文件。
   (2) 将数据随机打乱,并按照 3∶7 的比例划分测试集和训练集。
7. 通过 Logistic 回归解决鸢尾花数据集分类问题。
8. 编程计算鸢尾花数据集中不同标签类别数据的中心点,即各维度的均值,并计算数据点到中心点的欧氏距离。
9. K-means 算法是一中有效的聚类算法,请编程实现 K-means 算法对鸢尾花数据集进行聚类。
10. 编程实现决策树算法,完成对鸢尾花数据集的分类。

研习题

1. 早在 2001 年,美国 JPL 实验室的科学家就在 *Science* 上撰文指出:机器学习对科学研究的整个过程正起到越来越大的支持作用,……该领域在今后的若干年内将取得稳定而快速的发展。阅读"文献阅读"[24],通过你身边的实例说明文章中的观点。

2. 模型的评估与选择是机器学习中的重要内容,其中经验误差与过拟合是两个重要的基本概念,请阅读"文献阅读"[25],解释这两个概念背后的具体含义。

第 12 章 深度学习

CHAPTER TWELVE

  计算机是通用机器,它们的能力均匀地分布在一个宽广得无边无际的任务区域上。不过,人类能力的分布却没那么均匀。在对生存至关重要的领域,人类的能力十分强大,但在不那么重要的事情上,就很微弱。想象一下,如果用地形来比拟人类的能力,就可以画出一幅"人类能力地形图",其中低地代表着"算数"和"死记硬背",丘陵代表着"定理证明"和"下象棋",高耸的山峦代表着"运动""手眼协调"和"社交活动"。

——汉斯·莫拉维克(Hans Moravec)

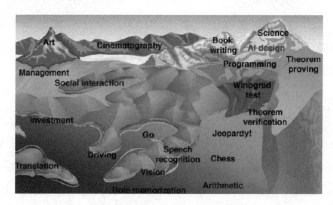

(图片来源见参考文献[27])

DATA IS NEW POWER

开篇实例

  观察下面的图片,如果只盯着局部图片的局部区域,那可能只是看到一些不规则的斑点团。但是,若将眼光放到整个斑点团集合,大脑会将这些斑点团组合起来产生某种意义,这就是联想。

> **开篇实例**
>
> 机器学习中的"训练"与"预测"过程可以对应到人类的"归纳"和"推测"过程。通过这样的对应,可以发现,机器学习的思想并不复杂,仅仅是对人类在生活中学习成长的一个模拟。由于机器学习不是基于编程形成的结果,因此它的处理过程不是因果的逻辑,而是通过归纳思想得出的相关性结论。深度学习是机器学习和人工智能研究的最新趋势之一。它也是当今最流行的科学研究趋势之一。深度学习方法为计算机视觉和机器学习带来了革命性的进步。新的深度学习技术正在不断诞生,超越最先进的机器学习甚至是现有的深度学习技术。近年来,全世界在这一领域取得了许多重大突破。

深度学习是目前人工智能与机器学习领域中最热门的研究方向之一,特别是在机器视觉、图形图像分析、自然语言处理等应用场景,深度学习都取得了巨大的成功。作为大数据时代新的机器学习范式,借助了超级算力的深度学习还将继续发展。本章主要内容如下:12.1 节介绍深度学习的基本概念,12.2 节介绍深度学习的价值,12.3 节介绍误差反向传播算法,12.4 节介绍卷积神经网络,12.5 节介绍深度学习工具,12.6 节开展深度学习的 Python 实践。

12.1 深度学习介绍

人工智能的发展或许可以追溯到公元前仰望星空的古希腊人,当亚里士多德为了解释人类大脑的运行规律而提出了联想主义心理学的时候,他恐怕不会想到,两千多年后的今天,人们正在利用联想主义心理学衍化而来的人工神经网络,构建超级人工智能,一次又一次地挑战人类大脑认知的极限。

联想主义心理学是一种理论,认为人的意识是一组概念元素,这些元素通过之间的关联组织在一起。受柏拉图的启发,亚里士多德审视了记忆和回忆的过程,提出了四种联想法则:

- 邻接:空间或时间上接近的事物或事件倾向于在意识中相关联。
- 频率:两个事件的发生次数与这两个事件之间的关联强度成正比。
- 相似性:关于一个事件的思维倾向于触发类似事件的思维。
- 对比:关于一个事件的思维倾向于触发相反事件的思维。

亚里士多德描述了这些在人们意识中作为常识在起作用的法则。例如,苹果的触感、气味或味道会很自然地引出苹果的概念。令人惊讶的是,如今这些提出了超过两千年的法则仍然是机器学习方法的基本假设。例如,彼此靠近(在限定距离下)的样本被聚类为一个组;相似/不相似数据通常用潜在空间中更相似/更不相似的嵌入表示。此后两千年间,联想主义心理学理论被多位哲学家或心理学家补充完善,并最终引出了赫布学习规则(Hebbian Learning),其成为神经网络的基础。

所有学科的发展历史不会总是一帆风顺的,深度学习的发展历史也充满了曲折,下图给出了深度学习的历史发展曲线,由图可以明显看出深度学习经历了两个低谷,这两个低谷也将神经网络的发展分为了三个不同的阶段。

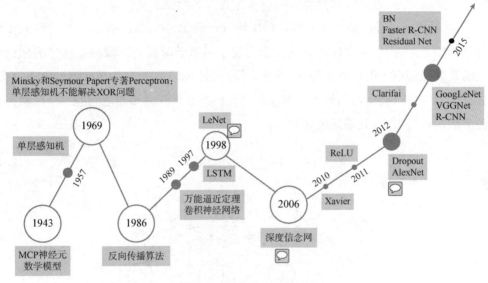

图 12.1　深度学习发展历史

1943 年,心理学家麦卡洛克(McCulloch)和数学逻辑学家皮兹(Pitts)发表论文《神经活动中内在思想的逻辑演算》,将神经元的工作过程抽象为一个简单的模型,该模型被称为"M-P 神经元模型",模型结构如图 12.2 所示,其中 x_i 为来自第 i 个神经元的输入,w_i 是第 i 个神经元的连接权重,θ 为神经元阈值,y 为经过激活函数映射的输出。M-P 神经元模型是模仿神经元的结构和工作原理构成的一个基于神经网络的

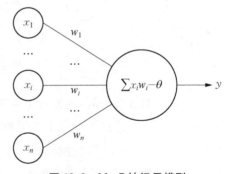

图 12.2　M-P 神经元模型

数学模型,本质上是一种"模拟人类大脑"的神经元模型。M-P 神经元模型作为人工神经网络的起源,开创了人工神经网络的新时代,也奠定了神经网络模型的基础。

赫布学习规则以唐纳德·赫布(Donald O. Hebb)命名,1949 年,赫布在其论著《行为的组织》(*The Organization of Behavior*)中提出了这一法则,他也因为这篇论文被视为神经网络之父。那条著名的规则是:共同激活的神经元成为联合。更具体的表述是:"当细胞 A 的一个轴突和细胞 B 很近,足以对它产生影响,并且持久地、不断地参与了对细胞 B 的兴奋,那么在这两个细胞或其中之一会发生某种生长过程或新陈代谢变化,以至于 A 作为能使 B 兴奋的细胞之一,它的影响加强了。"换句话说,该规则指出,随着两个单位共同出现频率的增加,两个单位之间的联系会加强。尽管赫布学习规则被视为奠定了神经网络的基础,但今天看来它的缺陷是显而易见的,随着共同出现的次数增加,连接的权重不断增加,主信号的权重将呈指数增长,这就是赫布学习规则的不稳定性。幸运的是,这些问题没有影响赫布作为神经网络之父的地位。

20世纪50年代末,弗兰克·罗森布拉特(Frank Rosenblatt)在M-P神经元模型的研究基础上,引入感知器的概念进一步实现了赫布学习规则。像赫布这样的理论家专注的是自然环境中的生物系统,而罗森布拉特则构建了一个名为感知器的电子设备,它具有根据关联进行学习的能力。早期神经元模型和现代感知器之间的一个区别是非线性激活函数的引入,其描述公式如下:

$$y = f\left(\sum_{i=1}^{n} w_i x_i - \theta\right) \tag{12.1}$$

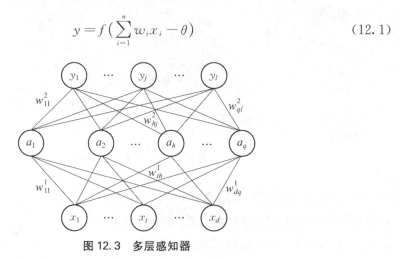

图12.3 多层感知器

将感知器放在一起,就变成了基本的神经网络。通过并列放置感知器,能得到一个单层神经网络。通过堆叠一个单层神经网络,会得到一个多层神经网络,这通常被称为多层感知器,如图12.3所示。感知器本质上是一种线性模型,可以对输入的训练集数据进行二分类,且能够在训练集中自动更新权值。感知器的提出吸引了大量科学家对人工神经网络研究的兴趣,对神经网络的发展具有里程碑式的意义。

图12.4 唐纳德·赫布

图12.5 罗森布拉特与感知器

但随着研究的深入,在 1969 年,"AI 之父"马文·明斯基(Marvin Lee Minsky)和 LOGO 语言的创始人西蒙·派珀特共同编写了一本书《感知器》,在书中他们证明了单层感知器无法解决线性不可分问题(例如:异或问题)。由于这个致命的缺陷以及没有及时推广感知器到多层神经网络中,在 20 世纪 70 年代,人工神经网络进入了第一个寒冬期,人们对神经网络的研究也停滞了将近 20 年。

1982 年,著名物理学家约翰·霍普菲尔德(John Hopfield)发明了 Hopfield 神经网络。Hopfield 神经网络是一种结合存储系统和二元系统的循环神经网络。Hopfield 网络也可以模拟人类的记忆,根据激活函数的选取不同,有连续型和离散型两种类型,分别用于优化计算和联想记忆。但由于容易陷入局部最小值的缺陷,该算法并未在当时引起很大的轰动。

直到 1986 年,深度学习之父杰弗里·辛顿(Geoffrey Hinton)提出了一种适用于多层感知器的反向传播(Back Propagation,BP)算法。BP 算法在传统神经网络正向传播的基础上,增加了误差的反向传播过程。反向传播过程不断地调整神经元之间的权值和阈值,直到输出的误差达到减小到允许的范围之内,或达到预先设定的训练次数为止。BP 算法完美地解决了非线性分类问题,让人工神经网络再次引起了人们的广泛关注。

但是由于 20 世纪 80 年代计算机的硬件水平有限,如运算能力跟不上,这就导致当神经网络的规模增大时,再使用 BP 算法会出现"梯度消失"的问题。这使得 BP 算法的发展受到了很大的限制。再加上 90 年代中期,以 SVM 为代表的其他浅层机器学习算法被提出,并在分类、回归问题上均取得了很好的效果,其原理又明显不同于神经网络模型,所以人工神经网络的发展再次进入了瓶颈期。

图 12.6　马文·明斯基

图 12.7　杰弗里·辛顿

2006 年,杰弗里·辛顿以及他的学生鲁斯兰·萨拉赫丁诺夫正式提出了深度学习的概念。他们在世界顶级学术期刊《科学》上发表的一篇文章中详细地给出了"梯度消失"问题的解决方案,通过无监督的学习方法逐层训练算法,再使用有监督的反向传播算法进行调优。该深度学习方法的提出,立即在学术圈引起了巨大的反响,以斯坦福大学、多伦多大学为代表的众多世界知名高校纷纷投入巨大的人力、财力进行深度学习领域的相关研究。而后又迅速蔓延到工业界中。

2012年，在著名的ImageNet图像识别大赛中，杰弗里·辛顿领导的小组采用深度学习模型AlexNet一举夺冠。AlexNet采用线性整流单元（Rectified Linear Unit，ReLU）激活函数，从根本上解决了梯度消失问题，并采用GPU极大地提高了模型的运算速度。同年，由斯坦福大学著名的吴恩达教授和世界顶尖计算机专家Jeff Dean共同主导的深度神经网络技术在图像识别领域取得了惊人的成绩，在ImageNet评测中成功地把错误率从26%降低到了15%。深度学习算法在世界大赛的脱颖而出，也再一次吸引了学术界和工业界对于深度学习领域的关注。

随着深度学习技术的不断进步以及数据处理能力的不断提升，2014年，脸书公司基于深度学习技术的DeepFace项目，在人脸识别方面的准确率已经能达到97%以上，跟人类识别的准确率几乎没有差别。这样的结果也再一次证明了深度学习算法在图像识别方面的一骑绝尘。

2016年，随着谷歌公司基于深度学习开发的阿尔法狗以4∶1的比分战胜了国际顶尖围棋高手李世石，深度学习的热度一时无两。后来，阿尔法狗又接连和众多世界级围棋高手过招，均取得了完胜。这也证明了在围棋界，基于深度学习技术的机器人已经超越了人类。

图12.8 李世石和阿尔法狗的对决

2017年，基于强化学习算法的阿尔法狗升级版阿尔法零点横空出世。其采用"从零开始""无师自通"的学习模式，以100∶0的比分轻而易举打败了之前的阿尔法狗。除了围棋，它还精通国际象棋等其他棋类游戏，可以说是真正的棋类"天才"。此外在这一年，深度学习的相关算法在医疗、金融、艺术、无人驾驶等多个领域均取得了显著的成果。所以，也有专家把2017年看作是深度学习甚至是人工智能发展最为突飞猛进的一年。

背景故事12-1：杰弗里·辛顿与深度学习

杰弗里·辛顿教授出生于英国的温布尔登。他的母亲是一位数学老师，父亲是一个专注于甲壳虫研究的昆虫学家。"国民生产总值"这个术语，是他的舅舅、经济学家科林·克拉克发明的。他的高曾祖父是19世纪的逻辑学家乔治·布尔，现代计算科学的基础布尔代数的发明人。后来，他们家搬到了布里斯托，辛顿进入了克里夫顿学院,这所学校在他口中是个"二流公立学校"。正是在这里,他结识的一个朋友给他讲了全息图,讲了人脑如何存储记忆,为他打开了 AI 的神奇大门。

高中毕业后,辛顿去剑桥大学学习物理学和化学,但只读了一个月就退学了。一年后,他又申请剑桥大学并转学建筑,结果又退学了,这次他只坚持了一天。然后又转向物理学和生物学,但是后来发现物理学中的数学太难了,因此转学哲学,花 1 年时间修完了 2 年的课程。辛顿说:"这一年大有裨益,因为我对哲学产生了强烈的抗体,我想要理解人类意识的工作原理。"为此,他转向了心理学,仅仅为了确定"心理学家对人类意识也不明所以"。在 1973 年前往爱丁堡大学研究生院学习人工智能之前,他做了 1 年的木匠。他在爱丁堡大学的导师是克里斯多夫·朗格特·希金斯,其学生包括多伦多大学化学家、诺贝尔奖得主约翰·波拉尼和理论物理学家彼得·希格斯。

即使当时辛顿已经确信不被看好的神经网络才是正确之路,但他的导师却在那时刚改为支持人工智能传统论点。辛顿说:"我的研究生生涯充满了暴风骤雨,每周我和导师都会有一次争吵。我一直在做着交易,我会说,好吧,让我再做 6 个月时间的神经网络,我会证明其有效性的。当 6 个月结束了,我又说,我几乎要成功了,再给我 6 个月,自此之后我一直说,再给我 5 年时间,而其他人也一直说,你做这个都 5 年了,它永远不会有效。但终于,神经网络奏效了。"他否认自己曾怀疑过神经网络未来某天会证明自己的优越性:"我从没怀疑过,因为大脑必然是以某种方式工作的,但绝对不是以某种规则编程的方式工作的。"

数年来,辛顿的工作不仅相对来说令人费解,而且在一场长达 10 年的计算机科学学术之争中处于失利的一方。辛顿说,他的神经网络被获得了更多资助的人工智能传统论(需要人工编程)者认为是"没有头脑的废话"(weak-minded nonsense),学术期刊过去常常拒收有关神经网络的论文。

但是在过去的 5 年左右的时间里,辛顿的学生取得了一系列的惊人突破,神经网络变得十分流行,辛顿也被尊称为计算新时代的宗师。神经网络已经在手机中为绝大多数语音识别软件提供支持,其还能识别不同种类的狗的图片,精确度几乎可以和人类相媲美。

表 12.1 深度学习发展编年表

日期	贡献者	贡献
300 BC	Aristotle	介绍了联合主义,开创了人类的历史
1873	Alexander Bain	试图了解大脑神经网络,启发了 Hebbian 学习规则引入 MCP 模型
1943	McCulloch & Pitts	提出了 MCP 模型,它被认为是人工神经模型的祖先
1949	Donald Hebb	被认为是神经网络之父。提出了 Hebbian 学习规则,它奠定了现代神经网络的基础
1958	Frank Rosenblatt	介绍了第一台感知器,它非常类似于现代感知器
1974	Paul Werbos	提出反向传播

续表

日期	贡献者	贡献
1980	Teuvo Kohonen	提出自组织映射
	Kunihiko Fukushima	提出了 Neocogitron,它启发了卷积神经网络
1982	John Hopfield	提出了 Hopfield 网络
1985	Hilton & Sejnowski	提出了玻尔兹曼机
1986	Paul Smolensky	介绍了 Harmonium。后来被称为限制玻尔兹曼机器
	Michael I. Jordan	定义并引入了递归神经网络
1990	Yann LeCun	介绍了 LeNet,展示了深度神经网络在实践中的可能性
1997	Schuster & Paliwal	介绍了双向递归神经网络
	Hochreiter & Schmidhuber	提出了 LSTM,解决了递归神经网络中消失梯度的问题
2006	Geoffrey Hinton	提出了深信仰网络,还引入了分层预训练技术,开启了当前的深度学习时代
2009	Salakhutdinov & Hinton	提出了 Deep Boltzmann 机器
2012	Geoffrey Hinton	引入 Dropout,一种训练神经网络的有效方法
2014	Ian Goodfellow	提出了生成对抗网络 GAN
2015	何凯明等人	引入了 residual block,提出了 ResNet
2017	Ashish Vaswani 等人	提出 attention 机制
2018	Jacob Devlin 等人	提出了语言理解的深度双向转换器的预训练模型 BERT

12.2 深度学习价值

机器学习技术在现代社会的各个方面都表现出了强大的功能:从 Web 搜索到社会网络内容过滤,再到电子商务网站上的商品推荐都有涉足。我们已进入大数据时代,产生数据的能力空前高涨,如互联网、移动网、物联网、成千上万的传感器、穿戴设备、GPS等等,存储数据、处理数据等能力也得到了几何级数的提升,如 Hadoop、Spark 技术为我们存储、处理大数据提供有效方法。数据就是信息、就是依据,其背后隐含了大量不易被我们感知的信息、知识、规律等等,如何揭示这些信息、规则、趋势,正成为当下给企业带来高回报的热点。而机器学习的任务,就是要在基于大数据量的基础上,发掘其中蕴含的有用信息。其处理的数据越多,机器学习就越能体现出优势,以前很多用机器学习解决不了或处理不好的问题,通过提供大数据得到很好解决或性能的大幅提升,如语音识别、图像识别、天气预测等等。

机器学习系统被用来识别图片中的目标,将语音转换成文本,匹配新闻元素,根据用户兴趣提供职位或产品,选择相关的搜索结果。逐渐地,这些应用开始使用深度学习的技术,因为传统的机器学习技术在处理未加工的数据时,体现出来的能力是有限的。

想要构建一个模式识别系统或者机器学习系统,需要一个精致的引擎和相当专业的知识来设计一个特征提取器,把原始数据(如图像的像素值)转换成一个适当的内部特征表示或特征向量,通常是用一个分类器对输入的样本进行检测或分类。特征表示学习是一套给机器灌入原始数据,然后能自动发现需要进行检测和分类的表达的方法。

深度学习就是一种特征学习方法,把原始数据通过一些简单的但是非线性的模型转变成为更高层次的、更加抽象的表达。通过足够多的转换的组合,非常复杂的函数也可以被学习。对于分类任务,高层次的表达能够强化输入数据中具有区分能力的方面,同时削弱不相关因素。比如,一幅图像的原始格式是一个像素数组,那么在第一层上的学习特征表达通常指的是在图像的特定位置和方向上有没有边的存在。第二层通常会根据那些边的某些排放而来检测图案,这时候会忽略掉一些边上的小的干扰。第三层或许会把那些图案进行组合,从而使其对应于熟悉目标的某部分。随后的一些层会将这些部分再组合,从而构成待检测目标。如图 12.9 所示。

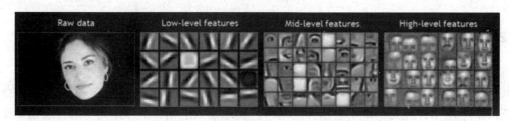

图 12.9　深度学习对人脸特征自动提取

深度学习的核心是,上述各层的特征都不是利用人工工程来设计的,而是使用一种通用的学习过程从数据中学到的。深度学习与传统机器学习方法的区别如图 12.10 所示。深度学习正在取得重大进展,解决了人工智能界多年来尽了很大努力仍没有进展的问题。已经证明,它擅长发现高维数据中的复杂结构,因此它能够被应用于科学、商业和政府等领域。除了在图像识别、语音识别等领域打破了纪录,它还在另外的一些领

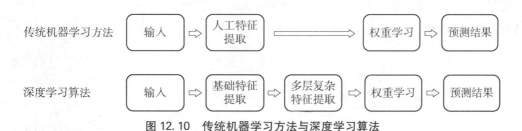

图 12.10　传统机器学习方法与深度学习算法

域击败了其他机器学习技术,包括预测潜在的药物分子的活性、分析粒子加速器数据、重建大脑回路、预测在非编码 DNA 突变对基因表达和疾病的影响。

更令人惊讶的是,深度学习在自然语言理解的各项任务中也取得了非常可喜的成果,特别是主题分类、情感分析、自动问答和语言翻译。在不久的将来,深度学习将会取得更多的成功,因为它需要很少的手工工程,它可以很容易受益于可用计算能力和数据量的增加,目前正在为深度神经网络开发的新的学习算法和架构只会加速这一进程。

12.3 误差反向传播算法

目前诸多多层神经网络都具有较强的学习能力,因此训练需要合适的学习算法,误差反向传播(Error Back Propagation,简称 EBP)算法是目前最有效的神经网络学习算法。在实际任务中使用神经网络时,多数都使用 BP 算法进行网络训练,包括接下来将要介绍的卷积神经网络,也是使用 BP 算法进行训练。在第 11 章的实践部分我们介绍了如何动手写一个多层神经网络,并完成训练,其训练的算法就是误差反向传播算法。下面本小节将以单隐层的多层前馈神经网络为例,来说明标准的误差反向传播算法的工作原理。

12.3.1 单隐层神经网络训练

若给定训练集 $D=\{(x_1,y_1),(x_2,y_2),\cdots,(x_m,y_m)\}, x_i \in \mathcal{R}^d, y_i \in \mathcal{R}^l$,即输入 x_i 由 d 维向量表示,输出 y_i 由 l 维向量表示,我们给出一个 d 个输入神经元、q 个隐层神经元、l 个输出神经元的单层前馈神经网络。其中输入层第 i 个神经元与隐含层第 h 个神经元的连接权值表示为 w_{ih}^1,隐含层的阈值用 b_h^1 表示,输出用 a_h 表示。隐含层第 h 个神经元与输出层第 j 个神经元的连接权值用 w_{hj}^2 表示,输出层的阈值用 b_j^2 表示,输出用 $\hat{y}_j$ 表示,网络结构如图 12.2 所示。对于训练数据 (x,y),若记

$$\alpha_h = \sum_{i=1}^d w_{ih}^1 x_i \tag{12.2}$$

$$\beta_j = \sum_{h=1}^q w_{hj}^2 a_h \tag{12.3}$$

则该模型的输出为 $\hat{y}=(\hat{y}_1,\hat{y}_2,\cdots,\hat{y}_l)$,即

$$\hat{y}_j = f(\beta_j - b_j^2) \tag{12.4}$$

在这里假设激活函数 f 为 sigmoid 函数,即

$$f(x) = \frac{1}{1+e^{-x}} \tag{12.5}$$

则该神经网络在训练数据(x,y)的均方误差为

$$E = \frac{1}{2}\sum_{j=1}^{l}(\hat{y}_j - y_j)^2 \tag{12.6}$$

目标就是求出使 E 最小的参数解，这就将问题转化为了求最优解问题。BP 算法是一个迭代学习算法，在迭代的每一轮中根据梯度下降（gradient descent）的策略，以目标的负梯度方向对参数进行更新，逐步逼近最优解。这里以 w_{hj}^2 为例，对于式(12.6)中的均方误差 E，给定学习率 η，参数的更新规则为

$$\Delta w_{hj}^2 = -\eta \frac{\partial E}{\partial w_{hj}^2} \tag{12.7}$$

$$w_{hj}^2 = w_{hj}^2 + \Delta w_{hj}^2 \tag{12.8}$$

在该网络中，输入层到隐含层有 $d \times q$ 个权值、q 个隐含层的神经元阈值，隐含层到输出层有 $q \times l$ 个权值、l 个输出层阈值，所以网络中共有 $(d+l+1) \times q + l$ 个待训练参数，所有参数在 BP 算法中的更新规则都遵循式(12.7)和式(12.8)。下面继续对式(12.7)进行推导，根据链式求导规则，有

$$\frac{\partial E}{\partial w_{hj}^2} = \frac{\partial E}{\partial \hat{y}_j} \cdot \frac{\partial \hat{y}_j}{\partial \beta_j} \cdot \frac{\partial \beta_j}{\partial w_{hj}^2} \tag{12.9}$$

根据式(12.3)中 β_j 的定义有

$$\frac{\partial \beta_j}{\partial w_{hj}^2} = a_h \tag{12.10}$$

另外，sigmoid 函数有一个重要性质

$$f'(x) = f(x)(1-f(x)) \tag{12.11}$$

由式(12.7)、式(12.9)、式(12.10)和式(12.11)可得

$$\begin{aligned} t_j &= -\frac{\partial E}{\partial \hat{y}_j} \cdot \frac{\partial \hat{y}_j}{\partial \beta_j} \\ &= -(\hat{y}_j - y_j)f'(\beta_j - b_j^2) \\ &= \hat{y}_j(1-\hat{y}_j)(y_j - \hat{y}_j) \end{aligned} \tag{12.12}$$

$$\Delta w_{hj}^2 = \eta t_j a_h \tag{12.13}$$

其中 t_j 为均方误差 E 对 β_j 的偏导数，类似的，可以推导出网络中余下参数 b_j^2、w_{ih}^1、w_{ih}^1 的更新梯度：

$$\Delta b_j^2 = -\eta t_j \tag{12.14}$$

$$\Delta w_{ih}^1 = \eta x_i a_h (1-a_h) \sum_{j=1}^{l} w_{hj}^2 t_j \tag{12.15}$$

$$\Delta b_h^1 = -\eta t_j a_h (1-a_h) \sum_{j=1}^{l} w_{hj}^2 t_j \tag{12.16}$$

到这里，BP算法中参数更新过程推导完毕，将式(12.13)、(12.14)、(12.15)、(12.16)分别代入式(12.8)即可算出一次迭代后所有参数的更新值。这里一个值得注意的地方是，学习率 η 代表了一轮迭代中的更新步长，如果数值太大则容易震荡，而数值太小则会导致收敛速度过慢，因此选择一个合适的学习率非常重要，通常要根据实际任务进行动态调整。

12.3.2 将BP算法应用于深层神经网络训练

前文所述以单隐层前馈神经网络为例介绍了BP算法的原理和算法规则，详细阐述了算法的推导细节。下面我们将给出基于BP算法的深层神经网络的训练模型，在此模型中，将忽略神经网络中层内神经元的计算细节，而是专注于阐明网络中层与层之间的梯度传播过程。

假设需要训练的网络一共有 L 层，第 l 层的权值为 $w^{(l)}$，阈值为 $b^{(l)}$，神经元计算结果为 $z^{(l)}$，经过激活函数映射后的输出为 $a^{(l)}$（特别地，在这里记输入层接收的输入为 $a^{(0)}$，标签向量为 y），其中上标(l)代表当前参数所属的网络层号，网络中第 l 层模型结构如图12.11。

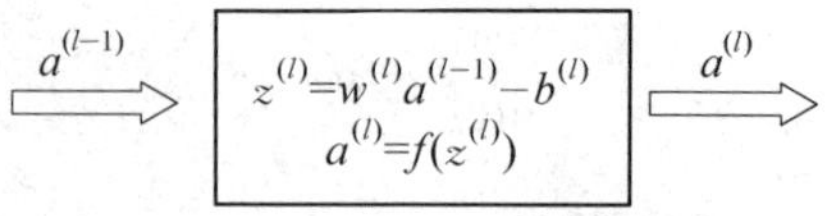

$$a^{(l-1)} \Rightarrow \boxed{\begin{array}{c} z^{(l)} = w^{(l)} a^{(l-1)} - b^{(l)} \\ a^{(l)} = f(z^{(l)}) \end{array}} \Rightarrow a^{(l)}$$

图12.11 网络第 l 层模型结构

深层神经网络模型的训练是一个多次迭代的过程，每一次迭代的计算过程可以分成三个不同的模块，分别是前向传播过程(forward propagation)、计算损失函数和逆向传播过程(back propagation)。三个过程描述如下：

前向传播过程：神经网络从输入层接收输入向量 $a^{(0)}$，然后开始向前逐层计算 $z^{(l)}$ 和 $a^{(l)}$，并传递 $a^{(l)}$ 给下一层作为输入，最终输出层的输出为 $a^{(L)}$。

计算损失函数：对于训练数据(x, y)，通过输出层的输出向量 $a^{(L)}$ 和标签向量 y，根据设计好的损失函数计算预测值与标准值之间的误差。

逆向传播过程：根据BP算法，从输出层开始逐层计算参数梯度，并进行参数更新。

如图12.12所示，描述了所用的深层神经网络训练模型。

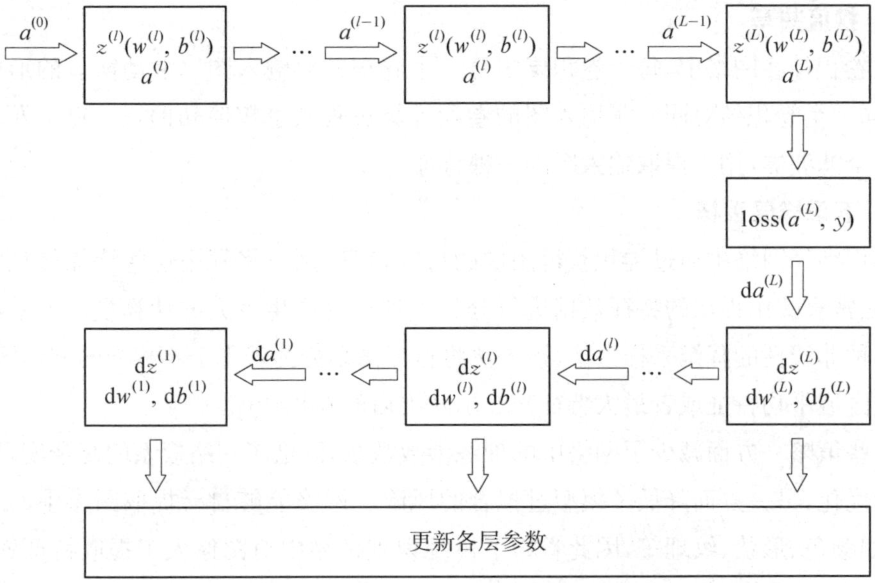

图 12.12　基于 BP 算法的深度神经网络训练模型

12.4　卷积神经网络

大卫·休伯尔（David H. Hubel）通过对猫视觉皮层细胞的研究，提出了感受域（receptive field）的概念，后来福岛邦彦（Fukushima Kunihiko）在感受域的基础上突出了神经认知机，神经认知机将视觉模式分解成多个子模式，然后进入分层递阶式相连的特征平面进行处理。在这些研究基础上，严恩·乐库（Yann LeCun）提出卷积神经网络（Convolutional Neural Networks，CNN），并将该网络用于手写数字图像的识别，取得了显著成功。

从 1989 年乐库提出第一个真正意义上的卷积神经网络到今天为止，它已经走过了 30 多个年头。自 2012 年 AlexNet 网络出现之后，最近 7 年以来，卷积神经网络得到了急速发展，在很多问题上取得了当前最好的结果，是各种深度学习技术中使用最广泛的一种。

12.4.1　卷积神经网络特点和结构

卷积神经网络是神经网络的一种变体，它是一类特别设计用来处理二维数据的多层神经网络，CNN 的主要特点包括稀疏连接、权值共享、下采样层采样。

1. 稀疏连接

在前面介绍的传统前馈神经网络中，各层之间的各神经元以全连接的方式连接在一起。而 CNN 则采用局部连接的方式，即每一层的神经元节点根据空间相关性，只与和它相近的相邻层神经元节点连接。

2. 权值共享

在卷积神经网络中,每个卷积层中每一个卷积核对输入图以滑动窗口的形式进行卷积,同一个卷积核对同一张输入图的卷积计算过程共享权值和偏置。每个卷积核相当于一个滤波器,用于提取输入图的一种特征。

3. 下采样层采样

卷积神经网络中通过卷积获得图像的特征信息,网络将利用这些特征信息完成分类,但通常直接用提取的特征数据进行分类器训练会产生极大的计算量。下采样层采样是一种非线性的降维采样方法,该方法将特征图划分为若干个不相交的方形区域,利用这些区域平均特征或者最大特征来表示降维后的卷积特征。

这些策略一方面减少了网络中的训练参数数量,降低了网络模型的复杂度,使网络更易于优化,另一方面降低了模型过拟合的风险。网络能够自行提取图像中的一些特征,例如颜色、形状、纹理等,因此省略了传统识别模型中对图像人工提取特征的过程。另外,由于下采样层的池化单元具有平移不变性,这保证了对于有轻微位移的图像,经过多次降维采样后同样也能提取到相同的特征,因此网络模型的健壮性得到增强。通常网络中卷积层和下采样层交替设置,每个卷积层包含若干个权值矩阵(卷积核),卷积计算后输出与卷积核数量相同的特征图。

12.4.2 卷积神经网络的相关计算

卷积网络模型同样基于 BP 算法进行训练,但需要注意的是,因为卷积神经网络采用局部连接和权值共享的策略,所以模型中卷积神经网络部分在前向传播和逆向传播过程中的计算方法有细微不同。下面将针对训练过程中卷积神经网络的计算过程进行详细阐述,主要内容为向前传播过程的卷积运算和向后传播过程中的误差矩阵的逆卷积计算。

1. 卷积计算与下采样层采样

卷积神经网络中的向前计算过程包括卷积计算和下采样层采样两个计算过程。在卷积计算过程中,卷积核从输入图左上角开始以固定滑动步长滑动,每次滑动到一个新的位置,那么输入图中被覆盖区域元素与对应的卷积核元素相乘,最终将覆盖区域内所有对应元素乘积相加,得到的新值放到输入特征图的对应位置。假设输入图的高和宽均为 m,卷积核的高宽均为 k,则输出特征图的高宽为 $(m-k+1)$。如图 12.13,假设有

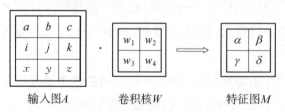

图 12.13 卷积运算过程

大小为 3×3 的输入图,大小为 2×2 的卷积核,则输入图和卷积核经过卷积计算后的输出大小为 2×2 的特征图。

其中

$$\begin{cases} \alpha = aw_1 + bw_2 + iw_3 + jw_4 \\ \beta = bw_1 + cw_2 + jw_3 + kw_4 \\ \gamma = iw_1 + jw_2 + xw_3 + yw_4 \\ \delta = jw_1 + kw_2 + yw_3 + zw_4 \end{cases} \tag{12.17}$$

下采样层同样采用滑动窗口的形式,但与卷积运算不同的是,其在输入图的上、下滑动步长通常与权值矩阵的高、宽相同,即每次覆盖区域均没有重叠部分。下采样层采样通常采用两种计算方法:一类为最大值采样,即取小区域内最大值点作为计算输出;另一类为平均值采样,即计算区域内所有点和的平均值作为输出。图 12.14 表示平均值采样的过程,对于 4×4 的特征图,经过 2×2 的权值矩阵计算后,输出图大小为 2×2。

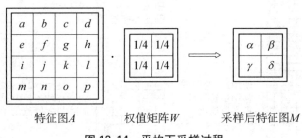

图 12.14　平均下采样过程

其中:

$$\begin{cases} \alpha = (a+b+e+f)/4 \\ \beta = (c+d+g+h)/4 \\ \gamma = (i+j+m+n)/4 \\ \delta = (k+i+o+p)/4 \end{cases} \tag{12.18}$$

前面提到,下采样层能够提高卷积神经网络提取特征功能对图像位移的健壮性,主要体现在平移不变性、旋转不变性和缩放不变性三个方面。在图 12.15 中,输入图大小都是 16×16 的标准输入,图(a)表示了对数字"1"的图像的特征提取过程,图(b)表示对汉字"一"的特征提取过程,图(c)表示对数字"0"的特征提取过程。在现实任务中,不同的图片之间可能会有轻微的平移、旋转或者缩放,图像可能偏左一些,也可能偏右一些,也可能发生轻微的倾斜,图像也有可能大一些,或者小一些,但经过一次(或者多次)采样后都变成了相同的特征矩阵。

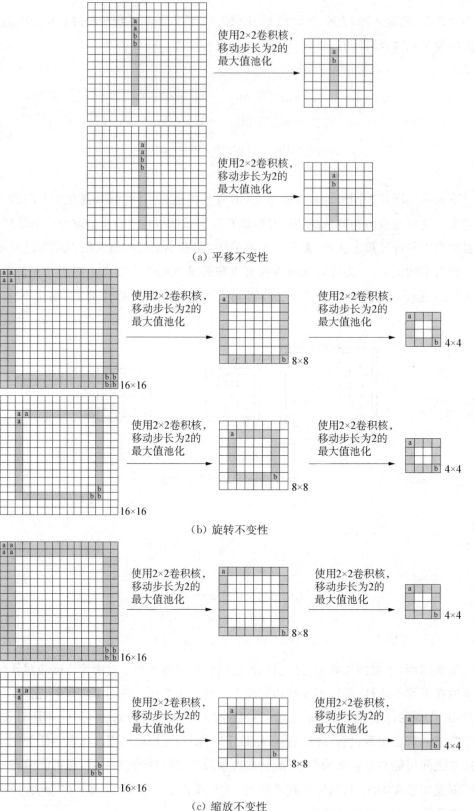

图 12.15　下采样层采样提高特征提取鲁棒性

2. 逆卷积计算与误差矩阵的传播

由于卷积神经网络结构的特殊性，所以在使用 BP 算法对卷积神经网络进行训练时与前面所介绍的计算推导有细微的不同，但由于引入了卷积计算的概念，所以会造成理解上的干扰。对于卷积计算模型，可以看作四个共享权值矩阵 W 的全连接神经网络模型，如图 12.16 所示给出了特征图中所有神经元与输入图的连接模型，从图中可以看出，卷积神经网络中每个卷积层相当于若干个小的全连接神经网络，因此这样就可以根据前面所推导的公式进行计算。

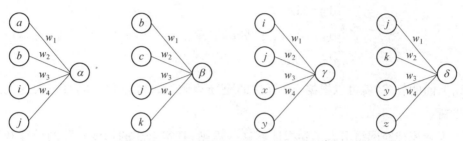

图 12.16　卷积神经网络中神经元的连接方式

卷积神经网络的训练过程和前面论述中给出的全连接前馈神经网络的训练模型流程相同，需要根据损失函数计算特征图的梯度矩阵，然后根据该矩阵计算出卷积核的梯度矩阵和上一个卷积层的特征图梯度矩阵，从而完成向后传播的过程，并根据 BP 算法的参数更新规则完成一次卷积核参数更新，如图 12.17 所示，给出了卷积计算的误差传播过程。

由链式求导规则可计算出卷积核的更新矩阵为

$$\begin{cases} \mathrm{d}w_1 = \mathrm{d}\alpha a + \mathrm{d}\beta b + \mathrm{d}\gamma i + \mathrm{d}\delta j \\ \mathrm{d}w_2 = \mathrm{d}\alpha b + \mathrm{d}\beta c + \mathrm{d}\gamma j + \mathrm{d}\delta k \\ \mathrm{d}w_3 = \mathrm{d}\alpha i + \mathrm{d}\beta j + \mathrm{d}\gamma x + \mathrm{d}\delta y \\ \mathrm{d}w_4 = \mathrm{d}\alpha j + \mathrm{d}\beta k + \mathrm{d}\gamma y + \mathrm{d}\delta z \end{cases} \quad (12.19)$$

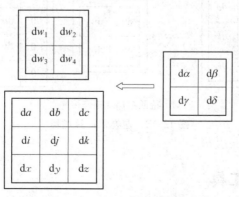

图 12.17　梯度矩阵传播过程

特征图的更新矩阵为

$$\begin{cases} da = d\alpha w_1 \\ db = d\alpha w_2 + d\beta w_1 \\ dc = d\beta w_2 \\ di = d\alpha w_3 + d\gamma w_1 \\ dj = d\alpha w_4 + d\beta w_3 + d\gamma w_2 + d\delta w_1 \\ dk = d\beta w_4 + d\delta w_2 \\ dx = d\gamma w_3 \\ dy = d\gamma w_4 + d\delta w_3 \\ dz = d\delta w_4 \end{cases} \quad (12.20)$$

由上面的公式，就可以根据 BP 算法的更新规则对训练过程中的每一次迭代进行参数更新。

由于卷积神经网络引入了卷积计算这一规则，其实上述的梯度矩阵的计算和推导同样可以根据卷积计算规则进行描述，这一过程通常在卷积神经网络的训练中被称为逆卷积过程，计算过程描述如图 12.18 所示。需要注意的是，在逆卷积计算卷积神经网络中各层特征图梯度矩阵时，要保证传播过程中每层的特征图梯度矩阵与原特征图保持一致，因此必要时需要进行补 0 的操作，如图 12.18(b) 所示。

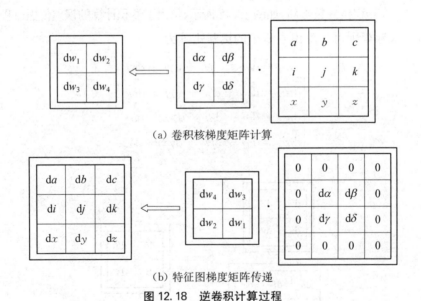

(a) 卷积核梯度矩阵计算

(b) 特征图梯度矩阵传递

图 12.18 逆卷积计算过程

12.5 深度学习工具

深度学习框架的出现降低了入门的门槛，人们不需要从复杂的神经网络开始编代码，可以依据需要，使用已有的模型，模型的参数自己训练得到，也可以在已有模型的基础上增加自己的神经网络层，或者是选择自己需要的分类器。一套深度学习框架就是品牌的一套积木，各个组件就是某个模型或算法的一部分，可以自己设计如何使用积木去堆砌符合你数据集的积木。好处是不必重复造轮子，模型也就是积木，可以直接组装，但不同的组装方式，也就是不同的数据集则取决于使用者。当然也正因如此，没有什么框架是完美的，就像一套积木里可能没有需要的那一种积木，所以不同的框架适用的领域不完全一致。常见的深度学习框架如图 12.19 所示。

图 12.19　现有的深度学习框架

1. Caffe

Caffe 是第一个主流的工业级深度学习工具，2013 年底由 UC Berkely 的贾扬清基于 C 和 C++开发，具有非常出色的卷积神经网络实现。在 2013 年至 2016 年期间大部分与视觉有关的深度学习论文都采用了 Caffe 框架。迄今为止 Caffe 在计算机视觉领域依然是最流行的工具包之一。可是因为开发早和历史遗留问题，其架构不够灵活，且缺乏对递归网络 RNN 和语言建模的支持。因此 Caffe 不适用于文本、声音或时间序列数据等其他类型的深度学习应用。

2. TensorFlow

TensorFlow 基于 Python 编写，通过 C/C++引擎加速，是谷歌开源的第二代深度学习框架。TensorFlow 处理递归神经网 RNN 非常友好，并且内部实现使用了向量运算的符号图方法，使用图（graph）来表示计算任务，这样使得新网络的制定变得相当容易，支持快速开发。TensorFlow 的用途不止深度学习，还可以支持增强学习和其他算法，因此扩展性很好。缺点是目前 TensorFlow 还不支持"内联"（inline）矩阵运算，必须复制矩阵才能对其进行运算，复制庞大的矩阵会导致系统运行效率降低，并占用部分内存。另外 TensorFlow 不提供商业支持，是仅为研究者提供的一种新工具，因此公司如果要商业化需要考虑开源协议问题。

3. PyTorch

PyTorch 几乎是所有框架中最灵活的，它是 Torch 深度学习框架的一个端口，可用于构建深度神经网络和执行 Tensor 计算。Torch 是一个基于 Lua 的框架,而 PyTorch 是在 Python 上运行的,使用动态计算图,它的 Autogard 软件包从 Tensors 中构建计算图并自动计算梯度。Tensors 是多维数组,就像 numpy 的 ndarrays 一样,也可以在 GPU 上运行。PyTorch 不是使用具有特定功能的预定义图形,而是提供了一个构建计算图形的框架,甚至可以在运行时更改它们。这对于我们不知道在创建神经网络时应该需要多少内存的情况很有用。

4. Theano

Theano 是深度学习框架中的元老,使用 Python 编写。Theano 派生出了大量 Python 深度学习库,最著名的包括 Blocks 和 Keras。其最大特点是非常的灵活,适合做学术研究的实验,且对递归网络和语言建模有较好的支持,缺点是速度较慢。

5. MXNet

MXNet 主要由 C/C++ 编写,提供多种 API 的机器学习框架,面向 R、Python 和 Julia 等语言,目前已被亚马逊云服务作为其深度学习的底层框架。由于 MXNet 是 2016 年新兴的深度学习框架,因此大量借鉴了 Caffe 的优缺点。其最主要的特点是分布式机器学习通用工具包 DMLC 的重要组成部分,因此其分布式能力较强。MXNet 还注重灵活性和效率,文档也非常的详细,同时强调提高内存使用的效率,甚至能在智能手机上完成诸如图像识别等任务。但是其与 Caffe 一样缺乏对循环神经网络 RNN 的支持,相对比使用 JAVA 实现的 NL4J 在分布式方面没有 JAVA 方便。

6. Keras

对于 Python 爱好者来说,Keras 是开始深度学习之旅的完美框架。Keras 采用 Python 编写,可以运行在 TensorFlow(以及 CNTK 和 Theano)之上。TensorFlow 接口可能有点挑战性,因为它是一个低级库,新用户可能会很难理解某些实现。另一方面,Keras 是一个高级 API,开发的重点是实现快速实验。因此,如果想要快速结果,Keras 将自动处理核心任务并生成输出。Keras 支持卷积神经网络和递归神经网络。它可以在 CPU 和 GPU 上无缝运行。同时,Keras 有助于深度学习初学者正确理解复杂的模型,它旨在最大限度地减少用户操作,并使模型非常容易理解。

7. DeepLearning4J

对于 Java 程序员,DeepLeating4J 是理想的深度学习框架。DeepLearning4J 在 JAVA 中实现,与 Python 相比更高效,它使用称为 ND4J 的张量库,提供了处理 n 维数组的能力。这个框架还支持 GPU 和 CPU。DeepLearning4J 将加载数据和训练算法的任务视为单独的过程,这种功能分离提供了很大的灵活性。它同时也适用于不同的数据类型:图片、CSV 和纯文本。

12.6 实践：Python 深度学习——手写汉字识别

目前有许多基于深层卷积神经网络的手写字体识别研究，如手写数字和手写英文字母，这些研究证明良好设计的卷积神经网络结构能够非常有效地识别手写字体，这激发了越来越多的人研究卷积神经网络在面对更复杂的手写字符时是否有良好的表现。与手写数字识别任务相比，手写汉字识别是一个更加复杂和有挑战性的工作。首先，汉字数量非常多，仅常用汉字就多达三千多个，而相比之下数字只有十个；其次，汉字字符相比数字字符有更多的笔画和更复杂的组合结构，这意味着汉字字符包含了非常复杂的特征，图 12.20 展示了手写数字与手写汉字的对比；另外，不同人之间的手写汉字字体风格差异巨大，一些人的字迹更是存在着偏旁部首粘连在一起的情况。本节实践将展示如何应用深度学习技术，构建手写汉字识别模型。

(a) 数字图像　　(b) 汉字图像

图 12.20　手写数字与手写汉字对比

中科院公开的 HWDB1.1 数据集一共包含 3 755 个汉字，具体信息如表 12.2 所示，每个汉字由 300 个不同的人书写，每人为每类汉字贡献一个样本，整个数据集被分成两个部分：训练集和测试集。训练集中每个汉字包含 240 个样本，测试集包含余下的 60 个样本，训练集和测试集数据没有交叉。由于 HWDB1.1 数据集以压缩的方式发布，因此在使用数据之前需要将其解压缩，将解压缩后的数据集放在同一文件夹下，解压缩后的图片为 png 格式，图片像素灰度值均在 0—255 之间。数据文件夹下分为 train 和 test 两个不同的文件夹，分别包含 HWDB1.1 数据集中解压出来的训练集和测试集。在数据集解压缩过程中将表示同一个汉字的所有样本图片放在同一个文件夹里，这样 train 文件夹和 test 文件夹下各有 3 755 个文件夹，每个文件夹都包含一个汉字的所有样本图片，这种分类方式方便以后提取其中任意数量的汉字组成子集进行模型训练。

表 12.2　HWDB1.1 数据集信息

数据集	贡献者	类别	全样本数	中文字符	符号
HWDB1.1	300	3 755	1 172 907	1 121 749	51 158

考虑到计算资源和模型训练的成本，使用全部 3 755 个汉字的数据进行模型训练是

很困难的任务,因此选取其中最常用的 100 个汉字,使用这 100 个汉字包含的全部数据集来组成新的子集,对卷积神经网络模型进行训练,所用子集的具体信息如表 12.3 所示。

表 12.3　数据集子集信息

数据集	类别	训练集数量/类	测试集数量/类	全样本数
子集	100	240	60	29 711

先将每一张图片转换为灰度图,因为文字图像用黑白两色就可以完整地表达特征信息。然后对灰度图四周添加适当的白色像素,调整为高、宽相等的方形图像,再将其缩放到 56×56 的标准大小。接着在缩放后的图像四周补上 4 个像素的白边,这样图片成为 64×64 像素的标准化形式,汉字在图像的中间位置。我们注意到数据集中的图像字迹有深有浅,这会影响模型识别准确度,所以需要再对图像进行对比度增强操作。这里采用等比例变换的方法来增强原图像的对比度,求出灰度图像中像素的最大值 max 和最小值 min,设置灰度 127 为阈值,将大于阈值的像素以 $\frac{255}{\max}$ 的比例放大,对小于阈值的像素以 $\frac{1}{\min}$ 的比例缩小,并将缩小后的灰度值减一。经过对比度增强的操作,每个图像的灰度范围均在 0—255 之间,图 12.21(a)展示了原数据集中汉字"的"的原图像,图(b)展示了该图像经过预处理后的形式,图像加上了黑色边界以显示其范围。

(a) 原图　　(b) 预处理后

图 12.21　数据图展示

基于 VGG 结构的手写汉字体识别模型如图 12.22 所示,模型一共 7 层,包括四个卷积层和三个全连接神经网络层。卷积层 C1 到 C4 均按照图 12.23 所示的流程对输入图进行操作,在每一个卷积层中,首先用该层的卷积核对这些输入图进行卷积计算,再将计算结果送入 Batch-Normalization 标准化层处理成符合特定方差和标准差的分布形式,然后将这一符合特定分布形式的数据使用 ReLU 函数激活进行非线性激活,最后在下采样层采样以减少计算参数。

由于在每一个卷积层加入了 B-N 标准化过程,神经元的阈值会在 B-N 计算过程中被去除,因此在模型网络中只设置 B-N 算法中的两个可训练参数而没有设置阈值参数。手写汉字识别模型接收 64×64 像素的灰度图作为输入,C1 层一共有 64 个深度为 1 的卷积核,该层一共有 3×3×64+2=578 个参数,共输出 64 张 32×32 的特征图。

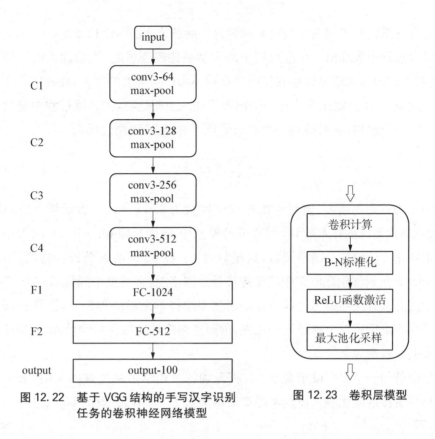

图 12.22　基于 VGG 结构的手写汉字识别
任务的卷积神经网络模型

图 12.23　卷积层模型

C2 层有 128 个深度为 64 的卷积核,该层一共有 $3\times3\times128\times64+2=73\,730$ 个参数,共输出 128 张 16×16 的特征图,每一张特征图均为 C1 层输出的 64 张特征图经过卷积计算组合而来,代表提取出的高维特征。C3 层有 256 个深度为 128 的卷积核,该层有 $3\times3\times256\times128+2=294\,914$ 个参数,共输出 256 张 8×8 的特征图,其中每张特征图都由 C2 层输出的 128 张特征图组合而来。C4 层有 512 个深度为 256 的卷积核,该层一共有 $3\times3\times512\times256+2=1\,179\,659$ 个参数,该层输出的 512 张 4×4 特征图均由 C3 层输出的 256 张特征图组合而来。C4 层输出的 512 张特征图在送入 F1 层之前需要展开成一个 $512\times4\times4=8\,192$ 维向量,与 F1 中的 1 024 个神经元以全连接的方式进行连接,因此 F1 层共有 $8\,192\times1\,024+2=8\,388\,610$ 个参数。F2 层共有 $1\,024\times512+2=524\,290$ 个参数,output 层没有使用 B-N 算法,因此该层共有 $512\times100+100=51\,300$ 个参数。

HWDB1.1 数据集中每个汉字有大概 300 个样本图片,而用于训练的只有 240 个左右。相较之下 mnist 数据集中每个数字有大概 7 000 张样本图片,两者的样本数量差距很大。前面提到,手写汉字图片所含的特征复杂程度远远超过手写数字图片,因此模型使用 HWDB1.1 数据集中的数据进行训练极容易产生过拟合问题。特别是当模型表达特征的能力非常强但训练数据相对较少时,经过训练后的模型的过拟合现象就会很严重。在这里模型采用两个策略来减轻这一问题:L2 正则化和 dropout 方法。

在拟合过程中训练出一个参数较小的模型是比较理想的,因为此类的模型比较简单,有轻微不同的输入通过较小的权值计算后不会产生太大的差异,在一定程度上能避免过拟合现象。L2 正则化方法在损失函数中加入正则化项,在训练过程中对神经网络层中的权值进行惩罚,从而得到一个参数值较小的模型,正则化项为

$$\frac{\lambda}{2m}\sum_{l=1}^{L}\parallel w^l\parallel_2^2 \qquad(12.21)$$

其中 λ 为正则化系数,模型训练过程中设置为 $0.000\,5$,w^l 表示第 l 层的权值向量,m 表示每次训练的样本数量,在这里的模型中为 100,即 mini-batch 的大小。L 表示加入正则化方法的神经网络层数,这里只对 F1 和 F2 层的参数进行惩罚,因此 $L=2$。dropout 方法只作用在模型中的全连接神经网络层,本模型中同样只在 F1 和 F2 层加入该方法。该方法在训练过程中以随机概率选择不激活的神经元,因此在训练过程中降低了模型决策对单个神经元的依赖,进而达到降低过拟合的效果,模型训练过程设置神经元失活概率为 0.5。

网络中的初始学习率设定为 0.01,模型训练采用学习率递减的策略,来保证最终的训练结果更接近最优解。设定学习率衰减参数为 0.94,每迭代 100 次进行一次学习率衰减,即

$$\eta = 0.01 \times 0.94^k \qquad(12.22)$$

其中 η 为学习率,k 为当前迭代次数与 100 的比值。

在模型训练时,应尽可能大地设置训练循环次数,当观察到模型在测试集上的识别准确度不再增加后,便停止训练过程。训练开始之前,按照本节上述内容设置模型初始状态和各项参数,模型整个训练过程在 Tensorflow 环境下进行。模型训练经过了 6 000 次迭代后,观察到此时模型在训练集上的识别准确率一直保持在 95% 左右,又经过了 1 000 次迭代后并没有很大的提升,因此在此时手动停止训练过程。训练过程中的损失函数变化曲线如图 12.24(a)所示,训练过程中模型在训练集上的识别精度如图 (b)所示,从中可以看出,经过使用 batch-normalization 等优化方法,本节的模型在训练过程中收敛速度很快。训练结束后,我们使用训练好的模型在测试集上进行识别测试,全部测试集图片大概有 6 000 张图片,最终识别准确率为 96.77%。相较于 CFCA 官方给出的数据,人类对汉字手写体的识别准确率约为 96.13%,本节给出的模型识别准确率非常高。

卷积神经网络的特征提取方式是在网络训练过程中自动学习的,为了更好地揭示网络工作过程中特征提取的方式,我们现在将所用的手写汉字识别模型的中间特征提取过程进行可视化,图 12.25 显示该模型识别汉字图片"的"过程中四个卷积层计算出的特征图,本节只截取了所有特征图中的一小部分进行展示。

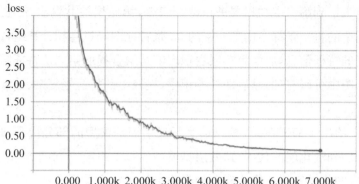

（a）损失函数变化曲线

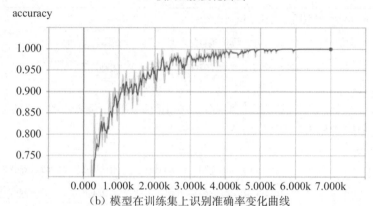

（b）模型在训练集上识别准确率变化曲线

图 12.24 手写汉字识别模型训练过程图示

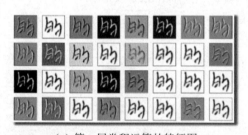

（a）第一层卷积运算的特征图

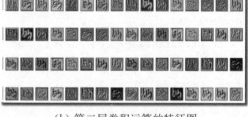

（b）第二层卷积运算的特征图

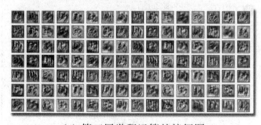

（c）第三层卷积运算的特征图

（d）第四层卷积运算的特征图

图 12.25 训练好的卷积神经网络中卷积层计算输出的特征图

卷积神经网络中低层提取的低维特征将会在后面的卷积层中进行特征组合，例如第一层卷积层提取出 32 张特征图，代表了提取出的 32 种（可能有重复特征）特征，这些特征图作为输入送到第二层卷积层进行特征组合,第二层一共输出 64 张新的特征图,这些新特征图中的每一张都是由第一层的 32 张特征图经过卷积计算组合得来的,体现出了更高纬度的特征信息,后面第三层卷积层继续组合提取第二层特征图的高维信息,以此类推。从图中可以看到,越后面的卷积层,提取出的特征越复杂、抽象,其组合形式也更加多样。

程序 12.1 给出了基于 VGG 模型的手写汉字识别模型的部分代码,❶和❷两个部分分别为卷积层和池化层的代码,这两层是模型的基本组成块,整个模型由这两个部分堆叠而成,提取图像的特征。❸为模型的全连接神经网络层。

```
#<程序 12.1：基于 VGG 模型的手写汉字识别模型>
def inference(input_tensor, is_training, train, regularizer, is_eval=False):
    with tf.variable_scope('layer1-conv'):❶(以下 8 行，卷积层)
        conv1_weight=
tf.get_variable('weight',[CONV1_SIZE,CONV1_SIZE,NUM_CHANNELS,CONV1_DEEP],initializer=tf.truncated_normal_initializer(stddev=0.01))
        conv1=
tf.nn.conv2d(input_tensor,conv1_weight,strides=[1,1,1,1],padding="SAME")
        conv1_bn = batch_norm_wrapper(conv1, CONV1_DEEP, is_training,1)
        relu1 = tf.nn.relu(conv1_bn)
    with tf.name_scope('layer1-pool'):❷（以下 2 行，池化层）
        pool1 = tf.nn.max_pool(relu1, ksize=[1,2,2,1], strides=[1,2,2,1], padding="SAME")
    with tf.variable_scope('layer2-conv'):
        ……
        ……
        ……
    with tf.variable_scope('layer7-fc'):❸（以下 9 行，全连接层）
        fc3_weights=
tf.get_variable('weight',[FC_SIZE2,FC_SIZE3],initializer=tf.truncated_normal_initializer(stddev=0.1))
        fc3_biases=
tf.get_variable('bias',[FC_SIZE3],initializer=tf.truncated_normal_initializer(stddev=0.1))
        if regularizer !=None:
            tf.add_to_collection('losses', regularizer(fc3_weights))
        logit = tf.matmul(fc2_final,fc3_weights) + fc3_biases
```

12.7 本章小结

深度学习让拥有多个处理层的计算模型来学习具有多层次抽象的数据表示,能够发现大数据中的复杂结构,在语音识别、视觉对象识别、对象检测等许多领域取得了成功。本章介绍了深度学习的基本概念、BP 算法、卷积神经网络、深度学习的典型工具等知识,并通过 Python 实践了深度学习手写汉字识别。深度学习为诸多应用带来了突破,是数据科学与工程的重要方法和技术。

12.8 习题与实践

复习题

1. 传统机器学习和深度学习有什么异同之处?
2. MP 神经元的模型结构是怎样的?
3. 解释卷积神经网络的工作原理。
4. 什么是多层感知机?
5. 试说明深度神经网络模型结构。
6. 什么是误差逆传播算法?

践习题

1. 请编写一个 Python 函数,该函数可以通过参数控制完成 sigmoid、tanh 和 Relu 激活。
2. 编写一个 Python 函数,该函数完成单层神经网络的前向传播过程。
3. 通过 Tensorflow 或者 Pytorch 编程实现 Logistics 回归模型完成鸢尾花数据集的分类。
4. 通过 Tensorflow 或者 Pytorch 编程实现神经网络模型完成鸢尾花数据集的分类。
5. 任选一张图片,利用深度学习的方法编程实现如下功能:
   (1) 将图片转换为灰度图像。
   (2) 将图片放缩成指定大小。
6. 编写一个 Python 函数,完成卷积神经网络的卷积计算过程,卷积核移动步长为 1。
7. 通过 Tensorflow 或者 Pytorch,构建 LeNet-5 模型。
8. 基于 mnist 数据集和 LeNet-5 模型,自行设定参数训练题目 7 中定义的模型。
9. LeNet-5 模型分为卷积神经网络部分和全连接神经网络部分,请编程实现最后一层卷积层计算后特征图的可视化结果。

研习题

1. VGG 网络结构是一种非常强大的卷积神经网络模型,试阅读相关资料或者论文,阐述该网络模型的主要特点是什么,为什么能有非常好的性能。

2. 神经网络的训练一直是一个难题,我们知道对数据的归一化操作能有助于模型的训练,谷歌基于这一思想提出的 Batch Normalization 方法能极大地提高神经网络的训练速度,试阅读"文献阅读"[26]探究其加速训练背后的数学原理。

3. 过拟合问题是机器学习中常见的现象,在深度神经网络当中随着神经网络层数的增加,模型复杂度提高,过拟合问题无法避免,Dropout 是有效地解决此类问题的方法,试阅读"文献阅读"[27],了解该方法的基本思想。

第 13 章　数据挖掘基础

CHAPTER THIRTEEN

Information is not knowledge, Knowledge is not wisdom, Wisdom is not truth, Truth is not beauty, Beauty is not love, Love is not music, and Music is THE BEST.

——弗兰克·文森特·扎帕（Frank Vincent Zappa）

Where is the Life we have lost in living?

Where is the wisdom we have lost in knowledge?

Where is the knowledge we have lost in information?

Where is the information we have lost in data?

——艾略特《岩石》(T. S. Eliot, *The Rock*)

DATA IS NEW POWER

DIKW 体系

T. S. Eliot

开篇实例

今天，越来越多人都会在日常生活当中接触到推荐系统，比如去购物、听音乐或者去看电影时，很多厂商和应用都会给你推荐相似的物品。今天的开篇实例中，左边是 Netflix 公司的一个推荐系统。Netflix 公司靠电影租赁起家，它同时还运营了一个非常庞大的在线电

开篇实例

影系统。Netflix 公司里有很多推荐算法,事实上,Netflix 公司曾在早期举办过一场非常盛大的比赛,号召所有的用户帮助它来改善推荐算法,谁能改善得好便能获得一大笔奖金。最后 Netflix 也兑现了他们的诺言,而他们的推荐算法也越来越有效。右边这张图是阿里巴巴的技术图谱,这张图里我们可以看到很多人工智能团队都在为淘宝、天猫提供支持,保障活动顺利进行,其中推荐系统功不可没。

然而,随着算法越来越多地接管人们的生活,人们能上哪个学校、能否获得购车贷款、健康保险的缴费标准是多少等各种决策,越来越多地由模型和算法决定,而不是由人工来做。从道理上说,这应该导致更公平的结果,因为一切都按规则来处理,似乎就消除了偏见。遗憾的是,模型和算法带来的可能是更多的不公平。现在使用的很多模型和算法都是不透明的、未受到规制的,明明有错却不得质疑。

现在,真正主宰这个世界的,其实是各种算法。与商家相比,普通用户和消费者永远处在一个信息不对称的地位。商家的决策是如何来的?它怎么让我看到我应该看的信息的?这个排名是否是花钱买的?推荐结果经过了怎么样过滤的?是否经过了大家公认合理的计算而得到?这时都需要公开算法。因此,如何使得涉及社会公平和用户权益的算法更加透明地接受监督,是这个信息社会需要解决的问题。

因此,数据需要透明,数据的使用方式算法也需要透明。

Netflix 的推荐系统

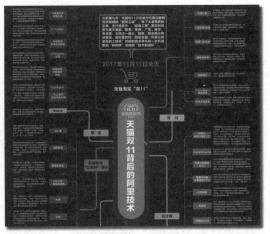

阿里巴巴技术图谱

本章以数据挖掘基础为核心,介绍数据挖掘基础的内容以及它们之间的不同,首先介绍了数据挖掘的定义,研究内容以及应用,其次对一些常用的数据挖掘技术做了简单介绍,最后为大家介绍多媒体数据挖掘。希望大家能够体会到数据挖掘的魅力。13.1 节介绍数据挖掘的基本概念,13.2 节介绍数据挖掘技术,13.3 节介绍典型数据挖掘算法,13.4 节介绍 Python 图像分类实践。

13.1 初识数据挖掘

数据挖掘(Data Mining,DM)就是从大量的数据中提取出有效的、新颖的、有潜在作用的和最终可被用户理解的模式的过程;是根据人们的特定要求,从浩如烟海的数据中找出所需的信息以满足人们的特定需求的算法。自从 20 世纪 80 年代诞生以来,数据挖掘较好地解决了"数据丰富而知识贫乏"的状况。随着数据量的日益积累和计算机的广泛应用,数据挖掘在全球形成了一个新型的产业。目前,数据挖掘已成为国内外学术研究的热点,并应用于许多科学与工程领域。数据挖掘是数据库、机器学习、统计学和人工智能等多学科交叉的产物。所以,人们又将数据挖掘称为数据库中的知识发现(Knowledge Discovery in Database,KDD)。

13.1.1 数据挖掘技术的由来

在一个网络化的时代,通信、计算机和网络技术正改变着整个人类社会的生活。大量信息在给人们带来方便的同时也带来了一大堆问题:第一是信息过量,难以消化;第二是信息真假难以辨识;第三是信息安全难以保证;第四是信息形式不一致,难以统一处理。人们开始提出一个新的口号——要学会抛弃信息。人们开始考虑:如何才能不被信息淹没,而是从中及时发现有用的知识、提高信息利用率?

面对这一挑战,数据挖掘和知识发现技术应运而生,并显示出强大的生命力。乌萨马·法耶德(Usama Fayyad)是数据挖掘的开山祖师,1987 年就读密歇根大学时参加通用汽车的暑期工作,要从数以千万计的维修记录中找出规则,协助维修人员迅速发现问题。法耶德发现的模式识别算法,不但成为他 1991 年论文的主题,也衍生出后来数据挖掘技术的发展。离开密歇根后,法耶德加入美国国家航空航天局(NASA)的喷射推进实验室。他的算法在太空探测、地质研究等工作中均展现出了惊人的潜力。现在连美国军方也开始应用这样的技术来增强雷达解读与识别数据的能力。

数据挖掘技术是人们长期对数据库技术进行研究和开发的结果。起初各种商业数据是存储在计算机的数据库中的,然后发展到可对数据库进行查询和访问,进而发展到对数据库的即时遍历。数据挖掘使数据库技术进入了一个更高级的阶段,它不仅能对过去的数据进行查询和遍历,并且能够找出过去数据之间的潜在联系,从而促进信息的传递。随着海量数据搜集、高性能计算和数据挖掘算法的逐步成熟,现在数据挖掘技术在商业应用中已经得到了广泛应用。

数据挖掘的核心模块技术历经了数十年的发展,其中包括数理统计、人工智能、机器学习。今天,这些成熟的技术,加上高性能的关系数据库引擎以及广泛的数据集成,让数据挖掘技术在当前的数据仓库环境中进入了实用的阶段。

作为一门年轻的交叉性学科,数据挖掘的内涵与外延从简单到复杂,经历了如下几个发展阶段:

- 第一阶段,结构化数据挖掘阶段。在初期,数据挖掘是面向结构化数据的,主要是指在关系数据库上进行的挖掘。
- 第二阶段,复杂类型数据挖掘阶段。与结构化数据挖掘不同,复杂类型数据挖掘是指对万维网及多媒体等非结构化数据构成的大型异构数据库的挖掘。主要包括万维网挖掘和多媒体挖掘。
- 第三阶段,进一步产生了一些对挖掘系统的研究,包括对动态、在线数据挖掘系统、分布式挖掘系统、并行挖掘系统,以及流数据、混合数据和不完备数据挖掘系统等的研究。
- 第四阶段,开拓基于知识库的知识发现的研究方向,研究如何从现有的海量知识库中进一步发现更多深层次的知识。
- 第五阶段,今天的大数据时代。如何在大数据这个常态下开展数据挖掘的工作,将会带来一系列的挑战。

在上述发展历程的背景下,可以给出数据挖掘(知识发现)新的描述:"在现实世界中,针对客观存在的具有海量性、不确定性、不完全性的量的、质的、复杂形态的知识源,挖掘其中潜在的、先前未知的、用户感兴趣的、最终可被用户理解的模式的非平凡提取过程。"上述定义不仅在数据挖掘(知识发现)的概念内涵与外延上体现了这一领域的重要进展,而且在挖掘知识类型、挖掘技术方法和应用上均体现了重要进展。

13.1.2 数据挖掘的定义

数据挖掘就是从大量的、不完全的、有噪声的、模糊的、随机的实际应用数据中,提取隐含在其中又是潜在有用的信息和知识的过程。这个定义包括好几层含义:数据源必须是真实的、大量的、含噪声的;发现的是用户感兴趣的知识;发现的知识要可接受、可理解、可运用;并不要求发现放之四海而皆准的知识,仅支持特定的发现问题。

数据挖掘还是一种新的商业信息处理技术,其主要特点是对商业数据库中的大量业务数据进行抽取、转换、分析和其他模型化处理,从中提取辅助商业决策的关键性数据。

因此,数据挖掘又可以描述为:按企业既定业务目标,对大量的企业数据进行探索和分析,揭示隐藏的、未知的或验证已知的规律性,并进一步将其模型化的先进有效的方法。

从大数据与相关技术的关联关系上来看,互联网、物联网、云计算等技术的发展为大数据提供了基础。互联网、物联网提供了大量数据来源;云计算的分布式存储和计算能力提供了技术支撑;而大数据的核心是数据处理。其中传统的数据处理技术经过演进依然有效,新兴技术还在不断探索和发展中。数据挖掘技术成为高效利用数据、发现价值的核心技术。

综上,可以认为:数据挖掘是通过分析每个数据,从大量数据中寻找其规律的技术。

相较于其他数据挖掘定义,该定义给出了数据挖掘的核心"大量"和"寻找",而对挖掘到的"规律"没有做任何描述或限制,即没有要求"规律"是"有用的"。事实上,一个规律有用与否是由用户的需求决定的。挖掘算法本身很难保证挖掘结果的有用性,一般需要用户在挖掘过程中不断调整相关参数(如支持度、置信度等)来获得有用的结果。有时,一些被认为是"无用"的结果经过评价后可能是意外的好结果。

数据挖掘还利用了人工智能(AI)和统计分析的进步所带来的好处。这两门学科都致力于模式发现和预测。数据挖掘不是为了替代传统的统计分析技术。相反,它是统计分析方法学的延伸和扩展。大多数的统计分析技术都基于完善的数学理论和高超的技巧,预测的准确度还是令人满意的,但对使用者的要求很高。而随着计算机计算能力的不断增强,我们有可能利用计算机强大的计算能力,只通过相对简单和固定的方法就能实现同样的功能。数据挖掘已经成为交叉学科的基础。

13.1.3 数据挖掘的研究内容

1. 知识的分类

数据挖掘所发现的知识最常见的有以下几类:

- 广义知识(generalization)

广义知识指类别特征的概括性描述知识。根据数据的微观特性发现其表征的、带有普遍性的、较高层次概念的、中观和宏观的知识,反映同类事物共同性质,是对数据的概括、精炼和抽象。广义知识的发现方法和实现技术有很多,如数据立方体、面向属性的归约等。其基本思想是实现某些常用的代价较高的聚集函数的计算,诸如计数、求和、平均、最大值等,并将这些实现视图储存在多维数据库中。

- 关联知识(association)

关联知识反映一个事件和其他事件之间依赖或关联的知识。若两个或多个变量的取值之间存在某种规律性,就称为关联。关联可分为简单关联、时序关联、因果关联。关联分析的目的是找出数据库中隐藏的关联网。

- 分类与聚类知识(classification & clustering)

它反映同类事物共同性质的特征型知识和不同事物之间的差异型特征知识。最为典型的分类方法是基于决策树的分类方法。该方法先根据训练子集(又称为窗口)形成决策树。如果该树不能对所有对象给出正确的分类,那么选择一些例外加入到窗口中,重复该过程一直到形成正确的决策集。最终结果是一棵树,其叶结点是类名,中间结点是带有分支的属性,该分支对应该属性的某一可能值。最为典型的决策树学习系统是

ID3，它采用自顶向下不回溯策略，能保证找到一个简单的树。

- 预测型知识(prediction)

它根据时间序列型数据，由历史的和当前的数据去推测未来的数据，也可以认为是以时间为关键属性的关联知识。目前，时间序列预测方法有经典的统计方法、神经网络和机器学习等。1968年博克斯(Box)和詹金斯(Jenkins)提出了一套比较完善的时间序列建模理论和分析方法，这些经典的数学方法通过建立随机模型，如自回归模型、自回归滑动平均模型、求和自回归滑动平均模型和季节调整模型等，进行时间序列的预测。

- 偏差型知识(deviation)

此外，还可以发现其他类型的知识，如偏差型知识，它是对差异和极端特例的描述，揭示事物偏离常规的异常现象，如标准类外的特例，数据聚类外的离群值等。所有这些知识都可以在不同的概念层次上被发现，并随着概念层次的提升，从微观到中观、到宏观，以满足不同用户不同层次决策的需要。

2. 数据挖掘的流程

数据挖掘的建模标准是 CRISP-DM(Cross-Industry Standard Process for Data Mining，跨行业数据挖掘的标准化过程)。在 CRISP-DM 规划中，数据挖掘过程中每个必要的步骤均被标准化，它主要倡导的理念是：提倡标准过程行业内共享；建立应用与背景无关的标准过程；建立与所用数据挖掘工具无关的标准过程；建立具有普遍指导意义的标准化过程；从方法学的角度强调实施数据挖掘项目的方法和步骤。CRISP-DM 分为以下六个步骤：

- 业务理解。业务理解是从业务角度来理解数据挖掘的目标和要求，再转化为数据挖掘问题。
- 数据理解。数据理解的任务是对原始数据进行收集和熟悉，检查数据质量，对数据进行初步探索，并发现可能存在的、有分析价值的数据特征，以形成对隐藏信息的假设。
- 数据准备。数据准备阶段初步完成变量的选择和导出变量的生成，同时对一些存在数据质量问题的字段进行相应的处理。
- 建立模型。建立预测模型，如回归模型、决策树、神经网络等。
- 模型评估。选择最好的最终模型，需要快速简单地应用和比较不同方法，比较产生的结果，然后对得到的不同规则给予商业评价。从可用的统计和非统计模型中找到最好的分析模型，对于产生最终决策是必需的。
- 应用部署。应用部署的目标是将预测模型生成的结果以一定的形式展现给业务人员使用。因此，应当从业务的角度来关注模型发布的形式。

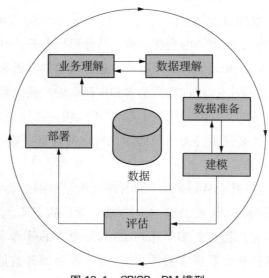

图 13.1　CRISP-DM 模型

13.1.4　数据挖掘的应用

需要强调的是,数据挖掘技术从一开始就是面向应用的。目前,在很多领域,数据挖掘都是一个很时髦的词,尤其是在银行、电信、保险、交通、零售等商业领域。数据挖掘所能解决的典型商业问题包括:数据库营销(database marketing)、客户群体划分(customer segmentation & classification)、背景分析(profile analysis)、交叉销售(cross-selling)等市场分析行为,以及客户流失性分析(churn analysis)、客户信用评分(credit scoring)、欺诈发现(fraud detection)等。

数据挖掘技术在企业市场营销中得到了比较普遍的应用,它是以市场营销学的市场细分原理为基础,其基本假定是"消费者过去的行为是其今后消费倾向的最好说明"。通过收集、加工和处理涉及消费者消费行为的大量信息,确定特定消费群体或个体的兴趣、消费习惯、消费倾向和消费需求,进而推断出相应消费群体或个体下一步的消费行为,然后以此为基础,对所识别出来的消费群体进行特定内容的定向营销,这与传统的不区分消费者对象特征的大规模营销手段相比,大大节省了营销成本,提高了营销效果,从而为企业带来更多的利润。

商业消费信息来自市场中的各种渠道。例如,每当我们用信用卡消费时,商业企业就可以在信用卡结算过程收集商业消费信息,记录下我们进行消费的时间、地点、感兴趣的商品或服务、愿意接受的价格水平和支付能力等数据;当我们在申办信用卡、办理汽车驾驶执照、填写商品保修单等其他需要填写表格的场合,我们的个人信息就存入了相应的业务数据库;企业除了自行收集相关业务信息之外,甚至可以从其他公司或机构购买此类信息为自己所用。

数据挖掘技术在金融领域应用广泛。金融事务需要搜集和处理大量数据,对这些数据进行分析,发现其数据模式及特征,然后可能发现某个客户、消费群体或组织的金融和商业兴趣,并可观察金融市场的变化趋势。商业银行业务的利润和风险是共存的。为了保证最大的利润和最小的风险,必须对账户进行科学的分析和归类,并进行信用评估。例如,某银行使用数据挖掘软件提高销售和定价金融产品的精确度,如家庭普通贷款。银行认为"根据市场的某一部分进行定制"能够发现最终用户并将市场定位于这些用户。但是,要这么做就必须了解关于最终用户特点的信息。数据挖掘工具为银行提供了获取此类信息的途径。

数据挖掘是适应信息社会从海量的数据库中提取信息的需要而产生的新学科。它是统计学、机器学习、数据库、模式识别、人工智能等学科的交叉。随着数据挖掘技术的不断改进和日益成熟,它必将被更多的用户采用,使更多的管理者得到更多的商务智能。现在,许多企业都把数据看成宝贵的财富,纷纷利用商务智能发现其中隐藏的信息,借此获得巨额的回报。

13.2 数据挖掘技术

传统的五大类数据挖掘技术即关联分析、聚类分析、分类分析、异常分析和演变分析。数据挖掘在自身发展的过程中,吸收了数理统计、数据库和人工智能中的大量技术。无论数据挖掘技术如何发展变化,相似性依然是数据挖掘技术的核心。

在关联分析中,频繁模式挖掘可能涉及模式间的模糊匹配,这需要定义模式间的相似性度量;聚类分析的关键是定义对象间的相似性,以及探索簇间对象的相似性,因为聚类分析是根据对象之间是否相似来划分簇的;分类分析也是基于给相似对象赋予同一类标签的思想,对数据对象进行分类的;异常分析虽然是找到相异于大部分数据对象的少部分数据对象,但是,如何判断少部分对象不同于其他对象,这也离不开相似性;演变分析本身就是发现时间序列中有相似规律的片段用以预测,这也需要相似性的支撑。可以看到,相似性是任何一种数据挖掘任务的核心。然而,相似性总是根据应用场景、用户需求的差异而有所不同,这就形成了目前还没有一种相似性度量能够适用于任何场合的现象。因此,我们会看到每一种数据挖掘任务都有许多种挖掘算法。

13.2.1 数据挖掘的典型任务

从挖掘的主要任务角度看,数据挖掘任务仍然包含传统的五大类数据挖掘任务,除此之外,面向高价值、低密度的大数据集,特异群组分析是一类新型的数据挖掘任务。

1. 关联分析

自然界中某种事情发生时其他事件也常常会发生，这样一种联系称为关联。这种反映事件之间互相关联的知识称为关联型知识。例如，在某超市的交易记录中，发现"86%购买啤酒的人同时也购买尿布"，这种规律成为指导超市销售决策和管理的有效辅助性知识。关联分析（association analysis）技术就是在诸如商场交易这样的大规模数据中分析并找到有价值的关联型知识。最著名的应用是沃尔玛（Wal-Mart）公司通过收集消费者购买其产品的历史数据，形成消费者的消费档案，并对这些历史数据进行关联分析而了解消费者的购买模式。

关联分析的目的是找到用户感兴趣的关联规则，辅助用户管理决策。频繁模式挖掘是关联分析的关键步骤，比较经典的频繁模式挖掘算法包括：Apriori 算法和 FP-Growth 算法。

2. 聚类分析

聚类分析是人类一项基本的认知活动（如区分动物和植物），通过适当的聚类分析，人们更容易掌握事物的内部规律。聚类分析已经被广泛应用于社会学、经济学、电子商务等多个领域，如在市场营销中，根据客户的购物积分卡记录中的购物次数、时间、性别、年龄、职业、购物种类、金额等信息，进行聚类分析，帮助市场分析人员从交易数据库中发现不同的客户群，针对不同群体制定营销策略，提高客户对商场商业活动的响应率。此外，聚类分析在生物学领域应用日益突出，如通过对基因的聚类分析，获得对种群的认识等。

3. 分类分析

"啤酒尿布"的故事启发销售商采用关联分析了解客户的购买习惯，进而选择更优的营销方案，但仅用这种技术来制定营销方案仍然是不够的，销售商还要考虑需要对哪些客户采用哪种营销方案，这需要分类技术，将诸如客户或营销方案等分门别类，为各类客户提供个性化方案。分类技术已经在各个行业得到了广泛应用，例如，在医疗诊断中，用分类预测申请者的信用等级等。

分类是根据已有的数据样本集的特点建立一个能够把数据集中的数据项映射到某一个给定类别的分类函数或构造一个分类模型（或分类器 classifier）的技术，从而对未知类别的样本赋予类别，以便更好地辅助决策。

4. 异常分析

前面讨论的关联、聚类、分类分析等数据挖掘技术研究的问题主要是针对数据集中的大部分对象，而数据集中小部分明显不同于其他数据的对象（异常对象）常常被人们忽略或作为噪音消除。事实上，一些应用中，这些异常对象可能包含比正常数据更优价值的信息，比如信用卡欺诈检测问题中，相对被窃前的使用模式而言，被窃后的使用模式很可能是个异常点，因此可通过识别这个异常点检测信用卡是否被窃。异常分析已经成为数据挖掘中的一个重要方面,它是在诸如信用卡使用模式这样的大量数据中发现明显不同于其他数据的异常对象的技术。

一个数据集中包含的一些特别的数据称为"异常",它们的行为和模式与一般的数据不同,它们又不同于聚类算法中的"噪音",不依赖于是否存在簇。异常分析算法主要包括基于统计的异常分析方法、基于偏差的异常分析方法、基于距离的异常分析方法以及基于密度的异常分析方法等。

5. 演变分析

描述发展规律和趋势是一种重要的预测形式,演变分析(evolution analysis)是一种用于描述对象行为随时间变化的规律或趋势,并对其建模,以预测对象行为的未来形式的技术。例如,通过对股票交易数据的演变分析,可能会得到"89%情况下,股票 X 上涨一周左右后,股票 Y 会上涨"的一条知识。演变分析主要包括因果分析、时间序列分析等。

- 因果分析方法是研究当某个或某些因素发生变化时,对其他因素的影响。回归分析是一类重要的因果分析方法,它是从各变量的互相关系出发,通过分析与被预测变量有联系的现象的动态趋势,推算出被预测变量未来状态的一种预测法。回归分析预测法依赖一个假设,即要预测的变量与其他一个或多个变量之间存在因果关系。
- 时间序列分析是通过分析调查收集的已知历史和现状方面的资料,研究其演变规律,据此预测对象的未来发展趋势。使用时间序列分析法基于一个假设,即事物在过去如何随时间变化,那么在今后也会以同样的方式继续变化下去。

6. 特异群组挖掘

特异群组是指在众多行为对象中,少数对象群体具有一定数量的相同或相似的行为模式,表现出相异于大多数对象而形成异常的组群。特异群组分析就是发现数据对象集中明显不同于大部分数据对象(不具有相似性)的数据对象(称为特异对象)的过程。一个数据集中大部分数据对象不相似,而每个特异群组中的对象是相似的。这是一种大数据环境下的新型数据挖掘任务。

特异群组挖掘在证券金融、医疗保险、智能交通、社会网络和生命科学等研究领域具有重要应用价值。特异群组挖掘与聚类、异常挖掘都属于根据数据对象的相似性来划分数据集的数据挖掘任务,但是,特异群组挖掘在问题定义、算法设计和应用效果方面不同于聚类和异常等挖掘任务。

13.2.2 大数据挖掘技术的特点

随着大数据的出现,"大量""多源、异质、复杂""动态""价值高但价值密度低"等大数据特征决定了大数据挖掘技术不同于传统的数据挖掘技术。大数据挖掘技术包括:

- 高性能计算支持的分布式;

- 并行数据挖掘技术；
- 面向多源、不完整数据的不确定数据挖掘技术；
- 面向复杂数据组织形式的图数据挖掘技术；
- 面向非结构化稀疏性的超高维数据挖掘技术；
- 面向价值高但价值密度低的特异群组挖掘技术；
- 面向动态数据的实时、增量数据挖掘技术等。

1. "大量的"与并行分布式数据挖掘算法研究

大数据的"大"通常是指 PB 级以上的，这与之前的数据挖掘技术针对的数据对象的规模不同。这一特征需要更高性能的计算平台支持，考虑大规模数据的分布式、并行处理，对数据挖掘技术带来的挑战是 I/O 交换、数据移动的代价高，还需要在不同站点间分析数据挖掘模型间的关系。

虽然以往已有并行分布式数据挖掘算法的相关研究，但是，大数据环境下，需要新的云计算基础架构支撑（例如，Hadoop、Spark 等）。

2. "多源的"与不确定数据挖掘算法研究

大数据时代，收集和获取各种数据备受关注，更多方式、更多类型、更多领域的数据被收集。不同数据源的数据由于数据获取的方式不同、收集数据的设备不同，大数据下，挖掘的数据对象常常具有不确定、不完整的特点，这要求大数据挖掘技术能够处理不确定、不完整的数据集，并且考虑多源数据挖掘模型和决策融合。

数据挖掘一直以来重视数据质量。数据的质量决定数据挖掘结果的价值。然而，大数据环境下，数据获取能力逐渐高于数据分析能力。数据获取过程中数据缺失、含有噪音难以避免，更值得注意的是，数据获取的目标也与以前不同，并不是针对某个特定应用或特定任务收集的。数据填充、补全是困难的。因此，大数据挖掘技术要有更强的处理不确定、不完整数据集的能力。

3. "复杂的"与非结构化、超高维、稀疏数据挖掘算法研究

大数据环境下，来自网络文本(用户评论文本数据)、图像、视频的数据挖掘应用更加广泛。非结构化数据给数据挖掘技术带来了新的要求，特征抽取是非结构化数据挖掘的重要步骤。大数据挖掘算法设计要考虑超高维特征和稀疏性，同时还需要新型非关系型数据库技术的支持，通常表现为关系型数据库和非关系型数据库互为补充。

超高维特征分析的需求使得深度学习技术成为热点。数据挖掘技术一直将统计学习、机器学习、人工智能等算法和技术与数据库技术结合应用，发现数据中的规律。大数据环境下，深度学习与大数据的结合，也将成为寻找大数据中潜在规律的重要支撑技术之一。

4. "动态的、演变的"与实时、增量数据挖掘算法研究

时序数据挖掘是数据挖掘领域的一个研究主题。早期的数据挖掘总是能容忍分钟级别,甚至更长时延的响应。然而,大数据环境下,数据的获取更加高速,数据的处理在实时性方面要求也更高。现在,许多领域已经使用数据挖掘技术分析本领域数据,各个领域对数据挖掘结果响应时间的需求存在差异,不少领域需要有更低的响应度,例如实时在线精准广告投放、证券市场高频交易等。

13.2.3 数据挖掘与相关技术的差异

1. 数据挖掘与数理统计

数理统计和数据挖掘有着共同的目标:发现数据中的规律。而且有许多数据挖掘工作还用了数理统计的算法或模型,一些市场上所谓的数据挖掘工具软件也是统计软件或是从统计软件演变过来的。正因为如此,两者就成了最容易混淆的概念。但我们认为两者在做法上具有很大不同。

用样本推断总体规律是统计学的核心方法之一,而数据挖掘由于采用了计算机技术,更关注对总体规律的分析。当然,数据挖掘也常常关注样本。

例如,数据库中有某厂历年生产的1 000万台电视机和对应1 000万个客户的全部信息。在这种情形下,用样本构造某种模型或某个估计值来推断1 000万台电视机的使用情况就没有价值了,可以通过数据挖掘直接找出总体的规律。

但在一些预测性分析中,数据挖掘也常常使用样本。例如,对一个新产品的广告宣传活动进行响应率分析。对1 000万人做该广告,实际应该有10万人响应。但通过样本分析发现,其中有三类人群对该广告的响应率较高。因此,就有针对性地对高响应率的100万人做了该广告,结果获得了8万人的响应。

(1) 普遍规律与特定规律

统计学研究问题的结构常常会得到一个统计模型,这个模型是普遍适用的,而数据挖掘得到的某个数据集的规律,常常不具有普遍意义。例如,"掷硬币出现正反面的概率都是50%"。但在某个赌场,一年中每天掷出硬币,其正面出现的次数为68%~93%,统计学中"正反面出现的概率是50%"的推断在这样一个总体中就没有价值了。

(2) 模型和实验

由于自身的数学背景,统计学追求精确,建立一个模型并证明之,而不是像数据挖掘那样注重实验。这并不意味着数据挖掘工作者不注重精确,而只是说明如果精确的方法不能产生结果的话就会被放弃。例如,证券公司的一个业务回归模型可能会把保证金作为一个独立的变量,因为一般认为大的保证金会导致大的业务,所以花费高成本开设大户室。但实际上经过对一年来的交易情况进行数据挖掘却发现:交易额度和盈利情况才是最重要的。

虽然有上述的这些差异,但很多时候我们仍然可以这样说:将很多数理统计算法或模型写成计算机程序并能够用于大规模的数据分析就变成了数据挖掘技术。

2. 数据挖掘与数据库技术

数据库技术提供了大规模数据的存储、管理、访问和处理能力，是数据挖掘过程中所必需的技术支持。我们可以在没有 DBMS（数据库管理系统）支持下进行数据挖掘，但是在数据挖掘过程中肯定要用到数据库技术（如索引技术）。当然，更多的数据挖掘工作是针对数据库中的数据进行的。因此，数据挖掘和数据库没有概念上的冲突。

3. 数据挖掘与数据仓库

很多时候数据挖掘确实都是在数据仓库中进行的，一方面，数据挖掘中的成功故事"啤酒和尿布"正是在数据仓库中做出的；另一方面，数据挖掘强调对历史数据的分析，而数据仓库正是存储历史数据的。

当然，有一个现成的数据仓库供我们进行数据挖掘是很好的。事实上，数据挖掘可以在任意数据源上进行，其数据源可以是数据仓库、数据库、文本文件、Web 数据、流数据等。而建立数据仓库的主要目的倒不是为了进行数据挖掘。

4. 数据挖掘与 OLAP

联机分析处理（On-Line Analytical Processing, OLAP）主要通过多维的方式来对数据进行分析、查询和产生报表。数据挖掘与 OLAP 都属于分析性工具，但两者之间有着明显的区别。

第一，OLAP 对数据的分析层次较低，主要是依照数据维进行不同层次的汇总，可以认为是数据库中统计等运算的延伸。而数据挖掘则利用复杂的算法寻找数据规律。

第二，OLAP 强调的是联机（On-Line），因此是完全地用空间换取时间的工作方式，例如，OLAP 中的数据立方体结构就是典型的用空间换取时间的方式。而数据挖掘时分析历史数据的规律，这时往往不是联机的，而其挖掘结果是可以应用于联机环境下进行预测和检测的。即挖掘时脱机，挖掘结果应用时才会联机，所以不存在空间换时间的问题。

5. 数据挖掘与商业智能

商业智能（Business Intelligence, BI）是一个很商业化的术语。一个完整的商业智能应用系统应该包括数据库/数据仓库、查询/报表、OLAP、数据挖掘、商业模型等几个方面的内容。因此，数据挖掘同样是商业智能的重要支撑技术之一。

13.3 典型数据挖掘算法

数据挖掘可以认为是机器学习算法在数据库上的应用，很多数据挖掘中的算法是机器学习算法在数据库中的优化。数据挖掘能够形成自己的学术圈，是因为它贡献了独特的算法，其中最著名的是关联规则分析方法——Apriori 算法。Apriori 算法是由数据挖掘学术圈的学者创造出来的算法,关联规则的功能,可以通过下面的典故来了解。

在一家超市里有一个有趣的现象,尿布和啤酒赫然摆在一起出售。这个奇怪的举措却使尿布和啤酒的销量双双增加了,很多人认为这是一个笑话,但它是发生在美国沃尔玛连锁超市的真实案例,成为一个典故,不断流传。沃尔玛是著名的零售商,拥有世界上最大的数据仓库系统。为了能够准确了解顾客在其门店的购买习惯,沃尔玛利用数据挖掘方法,对各个门店的原始交易数据进行分析和挖掘,对顾客的购物行为进行购物篮的关联分析,可以知道顾客经常一起购买的商品有哪些。

他们有一个意外的发现,跟尿布一起购买最多的商品竟是啤酒!经过实际调查和分析,揭示了一个隐藏在"尿布与啤酒"背后的美国人的行为模式。在美国,太太经常叮嘱丈夫,下班后为小孩买尿布,丈夫们在买尿布后,有30%~40%的人又随手带回了他们喜欢的啤酒。

数据挖掘的目的是预测(包括分类和回归)。分类是根据输入数据,判别这些数据隶属于哪个类别(category);回归则是根据输入数据,计算一个输出数值(numeric)。预测的输入数据一般为一个向量,向量的各个分量也称为特征(feature),输出则是一个类别或者一个数值。

接下来,我们把常用的数据挖掘方法进行统一的介绍。这些算法可以进行简单的分类,其中的一种分类方法是把数据挖掘方法分为有监督学习(Supervised Learning)、无监督学习(Unsupervised Learning)和半监督学习(Semi-Supervised Learning)。

(1) 有监督学习是数据挖掘的一种类别,训练数据由输入特征和预期的输出构成,输出可以是一个连续的值(称为回归分析),或者是一个分类的类别标签(称为分类)。比如给定20张图片及其标签作为训练集,其中10张图片是小狗的图片,那么其标签为"狗",另外10张图片是其他物体的图片,那么其标签为"非狗"。有监督学习的任务就是训练一个模型,当这个模型再遇到新的图片时,能够根据这张是否为狗的图片,给出"狗"和"非狗"的分类结果。在实际应用中,有监督学习的具体实例包括:输入数据包含疾病的症状,标签是具体的疾病;输入数据包含各种手写字符的图片,标签是这些手写图片对应的实际字符等。决策树(decision tree)、支持向量机(Support Vector Machine,SVM)、K最近邻(K-Nearest Neighbor,KNN)等算法,都属于有监督学习。

(2) 无监督学习与有监督学习的区别是它没有训练样本,直接对数据进行建模。K均值(K-Means)聚类算法就是典型的无监督学习算法,它的目的是把相似的对象聚集在一起。聚类算法获得的每个类簇(cluster),需要用户进行观察和判断,以便了解其实际意义。

(3) 半监督学习是有监督学习和无监督学习相结合的一种学习方法。它研究如何利用少量的标注(amnotated)样本和大量的未标注样本进行训练和预测的问题。半监督学习包括半监督分类、半监督回归、半监督聚类和半监督降维算法。

13.3.1 决策树算法

数据挖掘中,决策树是这样一个预测模型,它表示对象属性(比如贷款用户的年龄、是否有工作、是否有房产、信用评分等)和对象类别(是否批准其贷款申请)之间的一种映射。决策树中的非叶子节点,表示对象属性的判断条件,其分支表示符合节点条件的所有对象,树的叶子节点表示对象所属的类别。

下面给出了一个实例,我们通过该实例来了解决策树的基本原理。表13.1是历史上某银行授予贷款的客户列表,每个记录表示一个客户,表格的各个列表示客户的一些属性(包括年龄(Age)、是否有工作(Has Job)、是否有房产(Own House)、信用评价(Credit Rating)等)。其中,最后一列(Class)表示是否授予该客户贷款申请,也就是客户的贷款申请是否获得批准。该表格记录了该银行根据不同用户的情况,是否批准其贷款申请的历史信息。

表 13.1 客户贷款情况表

ID	Age	Has Job	Own House	Credit Rating	Class
1	young	FALSE	FALSE	fair	No
2	young	FALSE	FALSE	good	No
3	young	TRUE	FALSE	good	Yes
4	young	TRUE	TRUE	fair	Yes
5	young	FALSE	FALSE	fair	No
6	middle	FALSE	FALSE	fair	No
7	middle	FALSE	FALSE	good	No
8	middle	TRUE	TRUE	good	Yes
9	middle	FALSE	TRUE	excellent	Yes
10	middle	FALSE	TRUE	excellent	Yes
11	old	FALSE	TRUE	excellent	Yes
12	old	FALSE	TRUE	good	Yes
13	old	TRUE	FALSE	good	Yes
14	old	TRUE	FALSE	excellent	Yes
15	old	FALSE	FALSE	fair	No

图 13.2 所示是从上述历史数据中训练出来的一个决策树。利用该决策树,银行就可以根据新来客户的一些基本属性,决定是否批准其贷款申请。比如某个新客户的年龄是中年,拥有房产,那么我们根据其基本信息,沿着决策树的树根一直到叶子节点,得出"Yes"的决策结果,即可以批准其贷款申请。具体是,我们首先访问根节点 Age,根据该用户的年龄为中年,我们应该走中间那个分支,到达是否拥有房产的节点"Own House?",由于该客户拥有房产,所以我们走左边那个分支,到达叶子节点,节点的标签是"Yes",也就是应批准其贷款申请。

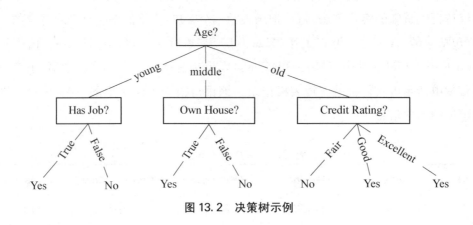

图 13.2 决策树示例

决策树可以转化为一系列的规则(rule),从而构成一个规则集(rule set),这样的规则很容易理解和运用。比如上述决策树,最左边的分支对应的规则是:如果客户年龄属于青年,而且有工作,那么就可以批准其贷款申请。

1. 决策树的构造过程

决策树的创建从根节点开始,也就是需要确定一个属性,根据不同记录在该属性上的取值,对所有记录进行划分。接下来,对每个分支重复这个过程,即对每个分支选择另外一个未参与树的创建的属性,继续对样本进行划分,一直到某个分支上的样本都属于同类(或者隶属该路径的样本大部分属于同一类),比如在上述实例中,经过树中的一系列非叶子节点的划分后,样本被分成批准贷款(Yes)和未批准贷款(No)两类,这样的节点形成叶子节点。

属性的选择也称为特征选择。特征选择的目的是使分类后的数据集比较纯,即数据(子)集里主要是某个类别的样本,因为决策树的目标就是把数据集按对应的类别标签进行分类。理想的情况是,通过特征的选择,能把不同类别的数据集贴上对应的类别标签。为了衡量一个数据集的纯度,就需要引入数据纯度函数。

其中一个应用广泛的度量函数是信息增益(information gain),信息熵表示的是不确定性。非均匀分布时,不确定性最大,此时熵就最大。当选择某个特征,对数据集进行分类时,分类后的数据集的信息熵会比分类前的小,其差值表示为信息增益。信息增益可以衡量某个特征对分类结果的影响大小。

对于一个数据集,特征 A 作用之前的信息熵计算公式为:$\text{Info}(D) = -\sum_{i=1}^{c} P_i \log_2(P_i)$。式中,$D$ 为训练数据集;c 为类别数量;P_i 为类别 i 样本数量占所有样本的比例。

对应数据集 D,选择特征 A 作为决策树判断节点时,在特征 A 作用后的信息熵为 $\text{Info}_A(D)$,(特征 A 作用后的信息熵计算公式)计算如下:$\text{Info}_A(D) = -\sum_j^k \frac{|D_j|}{|D|} \times \text{Info}(D_j)$。式中,$k$ 表示样本 D 被分为 k 个子集。信息增益表示数据集 D 在特征 A 的作用后,其信息熵减少的值(信息熵差值),其计算公式如下:$\text{Gain}(A) = \text{Info}(D) - \text{Info}_A(D)$。

在决策树的构建过程中,需要选择特征值时,都选择 Gain(A)值最大的特征。

2. 决策树的剪枝

在决策树建立的过程中,很容易出现过拟合(overfitting)的现象。过拟合是指模型非常逼近训练样本,模型是在训练样本上训练出来的,在训练样本上预测的准确率很高,但是对测试样本的预测准确率不高,效果并不好,也就是模型的泛化能力差。当把模型应用到新数据上时,其预测效果不好,过拟合不利于模型的实际应用。

决策树同样可能出现过拟合现象,可以通过剪枝进行一定的修复。剪枝分为预先剪枝和后剪枝两种情况。

- 预先剪枝指的是在决策树构造过程中,使用一定条件加以限制,在产生完全拟合的决策树之前就停止其生长。预先剪枝的判断方法也有很多,比如信息增益小于一定阈值时,通过剪枝使决策树停止生长。

- 后剪枝是在决策树构造完成之后,也就是所有的训练样本都可以用决策树划分到不同子类以后,按照自底向上的方向,修剪决策树。后剪枝有两种方式:一种是用新的叶子节点替换子树,该节点的预测类由子树数据集中的多数类决定;另一种是用子树中最常使用的分支代替子树。

后剪枝一般能够产生更好的效果,因为预先剪枝可能过早地终止决策构造过程。需要注意的是,后剪枝在子树被剪掉后,决策树构造的一部分计算就浪费了。

决策树算法有一些变种,包括 ID3、C4.5、CART 等,一般都需要经过两个阶段来进行构造,即树的生长阶段(growing)和剪枝阶段(pruning)。

决策树的应用非常广泛,除了上述是否批准贷款申请的实例,还可以应用在对客户进行细分、对垃圾邮件进行识别等场合。

13.3.2 支持向量机(SVM)算法

SVM(Support Vector Machine,支持向量机),是一个有监督的学习模型,通常用来进行模式识别、分类以及回归分析等,是一种常用的构建数据挖掘的方法。

1. 相关概念

分类器：分类器就是给定一个样本的数据，判定这个样本属于哪个类别的算法。例如在股票涨跌预测中，我们认为前一天的交易量和收盘价对于第二天的涨跌是有影响的，那么分类器就是通过样本的交易量和收盘价预测第二天的涨跌情况的算法。

特征：在分类问题中，输入到分类器中的数据叫做特征。以上面的股票涨跌预测问题为例，特征就是前一天的交易量和收盘价。

线性分类器：线性分类器是分类器中的一种，就是判定分类结果的根据是通过特征的线性组合得到的，不能通过特征的非线性运算结果作为判定根据。还是以上面的股票涨跌预测问题为例，判断的依据只能是前一天的交易量和收盘价的线性组合，不能将交易量和收盘价进行开方、平方等运算。

2. 线性分类器起源

在实际应用中，往往遇到这样的问题：给定一些数据点，它们分别属于两个不同的类，现在要找到一个线性分类器把这些数据分成两类。

怎么分呢？把整个空间劈成两半呗。用二维空间举个例子，如图 13.3 所示，用一条直线把空间切割开来，直线左边的点属于类别－1（用三角表示），直线右边的点属于类别 1（用方块表示）。

如果用数学语言表述，就是这样的：空间是由 x_1 和 x_2 组成的二维空间，直线的方程是 $x_1+x_2=1$，用向量符号表示即为 $[1,1]^{T}[x_1,x_2]-1=0$。点 x 在直线左边的意思是指，当把 x 放入方程左边，计算结果小于 0。同理，在右边就是把 x 放入方程左边，计算出的结果大于 0。

在二维空间中，用一条直线就把空间分割开了。

在三维空间中呢，需要用一个平面把空间切成两半，如图 13.4 所示，对应的方程是 $x_1+x_2+x_3=1$，也就是 $[1,1,1]^{T}[x_1,x_2,x_3]-1=0$。

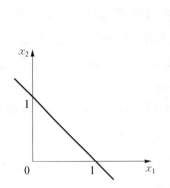
图 13.3 被一条直线分割开的二维空间

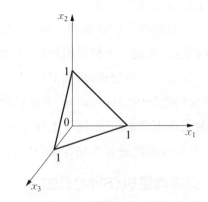
图 13.4 被一个平面分隔开的三维空间

在高维($n>3$)空间呢？就需要用到 $n-1$ 维的超平面将空间切割开来。那么抽象的归纳下：

如果用 x 表示数据点,用 y 表示类别(y 取 1 或者 -1,代表两个不同的类),一个线性分类器的学习目标便是要在 n 维的数据空间中找到一个超平面(hyper plane),把空间切割开,这个超平面的方程可以表示为 W^T(其中的 T 代表转置)：

$$W^T X + b = 0 \tag{13.1}$$

3. 感知器模型和逻辑回归

常见的线性分类器有感知器模型和逻辑回归。上一节举出的例子是感知器模型,直接完成分类。有时候,我们除了要知道分类器对于新数据的分类结果,还希望知道分类器对于这次分类的成功概率。逻辑回归就可以做这件事情。

逻辑回归(虽然称作回归,但不是一个回归方法,却是一个分类算法),将线性分类器的超平面方程计算结果通过 logistic 函数从正负无穷映射到 0 到 1。这样,映射的结果就可以认为是分类器将 x 判定为类别 1 的概率,从而指导后面的学习过程。

举个例子,看天气预报,用感知器的天气预报只会告诉你明天要下雨($y=1$),或者明天不下雨($y=-1$);而用了逻辑回归的天气预报就能告诉你明天有 90% 的概率要下雨,10% 的概率不下雨。

逻辑回归的公式是 $g(z) = \dfrac{1}{1+e^{-z}}$,如图 13.5 所示。

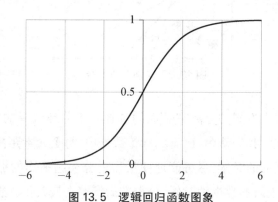

图 13.5 逻辑回归函数图象

比如感知器模型中,将特征代入判别方程,如果得到的值是 -3,我们可以判定类别是 -1(因为 $-3<0$)。而逻辑回归中呢,将 -3 代入 $g(z)$,我们就知道,该数据属于类别 1 的概率是 0.05,那么属于类别 -1 的概率就是 $1-0.05=0.95$。也就是用概率的观点描述这个事情。

4. 支持向量机 VS 感知器和逻辑回归

根据上面的讨论,我们知道了在多维空间下,用一个超平面就把数据分为了两类。

这个超平面我们称之为**分离超平面**。但是这样的分离超平面可以有很多个,如图 13.6 所示。那么用哪个呢?

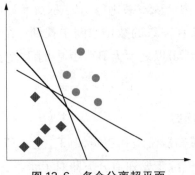

图 13.6　多个分离超平面

如图 13.6 中,对于目前的训练数据,两根细直线和一根粗直线(在二维特征空间,分离超平面是直线)都可以很好地进行分类。但是,通过已知数据建立分离超平面的目的,是为了对未知数据进行分类。在图 13.7 中,星星图案就是新加入的真实数据。

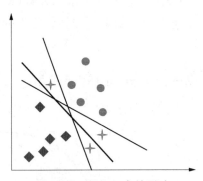

图 13.7　新加入点的影响

这时候就可以看出不同的分离超平面的选择对于分类效果的影响了。那么,这些细线和粗线留下谁呢?我们认为,已有的训练数据中,每个元素距离分离超平面都有一个距离。在添加超平面的时候,尽可能地使最靠近分离超平面的那个元素与超平面的距离变大。这样,加入新的数据的时候,分得准的概率会最大化。感知器模型和逻辑回归都不能很好地完成这个工作,该我们的支持向量机(SVM)出场了。

首先,SVM 将函数间隔 $|W^\mathrm{T}X+b|$ (将特征值代入分离超平面的方程中得到的绝对值)归一化,归一化的目的是除掉取值尺度的影响;其次,对所有元素求到超平面的距离 $\dfrac{|W^\mathrm{T}X+b|}{|W|}$ (也就是几何间隔)。给定一个超平面 P,所有样本距离超平面 P 的距离可以记为 $d_{ij}=\dfrac{|W^\mathrm{T}X+b|}{|W|}$,这其中最小的距离记为 D_P,SVM 的作用就是找到 D_P 最

大的超平面。

可以看出,大部分数据对于分离超平面都没有作用,能决定分离超平面的,只是已知的训练数据中很小的一部分。这与逻辑回归有非常大的区别。上图中,决定粗线的这条最优分离超平面的数据只有下方的两个方块的数据点和上方的一个圆圈的数据点。这些对于分离超平面有着非常强大影响的数据点也被称为支持向量。

5. 核函数

上面说的都是在原始特征的维度上,能直接找到一个分离超平面将数据完美地分成两类的情况。但如果找不到呢?

比如,原始的输入向量是一维的,$0<x<1$ 的类别是 1,其他情况记做 -1。这样的情况是不可能在一维空间中找到分离超平面的。

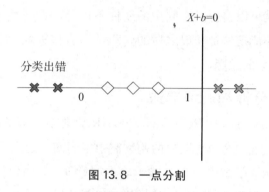

图 13.8 一点分割

这就要说到 SVM 的核函数技巧。核函数可以将原始特征映射到另一个高维特征空间中,解决原始空间的线性不可分问题。

如果将原始的一维特征空间映射到二维特征空间 X^2 和 X,那么就可以找到分离超平面 $X^2-X=0$。当 $X^2-X<0$ 的时候,就可以判别为类别 1,当 $X^2-X>0$ 的时候,就可以判别为类别 0。如图 13.9 所示:

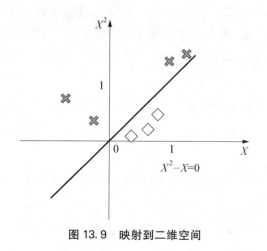

图 13.9 映射到二维空间

再将 $X^2-X=0$ 映射回原始的特征空间,就可以知道在 0 和 1 之间的实例类别是 1,剩下空间上(小于 0 和大于 1)的实例类别都是 0。

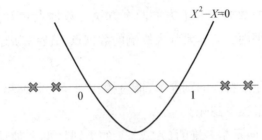

图 13.10 低维空间下的分类函数

利用特征映射,就可以将低维空间中的线性不可分问题解决了。核函数除了能够完成特征映射,而且还能把特征映射之后的内积结果直接返回,大幅度简化了工作,这就是为什么采用核函数的原因。

13.3.3 关联规则分析 Apriori 算法

关联规则分析(Association Rule Analysis,ARA)典型的例子是购物篮分析。通过关联规则分析,能够发现顾客每次购物的购物篮中不同商品之间的关联,从而了解顾客的消费习惯,让商家能够了解哪些商品被顾客同时购买,帮助他们制定更好的营销方案。前面提到的"尿布与啤酒"的典故,就是关联规则分析方法的挖掘结果。

关联规则是形如 X—Y 的蕴含式,表示通过 X 可以推导出 Y,X 称为关联规则的左部(Left Hand Side,LHS),Y 称为关联规则的右部(Right Hand Side,RHS)。在购物篮分析结果里,尿布>啤酒表示客户在购买尿布的同时,有很大的可能性购买啤酒。关联规则有两个指标,分别是支持度(support)和置信度(confidence),关联规则 $A>B$ 的支持度(support)$=P(AB)$,指的是事件 A 和事件 B 同时发生的概率。置信度(confidence)$=P(B|A)=P(AB)/P(A)$,指的是发生事件 A 的基础上,发生事件 B 的概率。比如,如果尿布>啤酒关联规则的支持度为 30%,置信度为 60%,那么就表示所有的商品交易中,30%交易同时购买了尿布和啤酒,在购买尿布的交易中,60%的交易同时购买了啤酒。

关联规则分析需要从基础数据中挖掘出支持度和置信度都超过一定阈值的关联规则以便在决策中应用。同时满足最小支持度阈值和最小置信度阈值的规则,称为强规则。

挖掘关联规则的主流算法为 Apriori 算法。它的基本原理是在数据集中找出同时出现概率符合预定义(pre-defined)支持度的频繁项集,而后从以上频繁项集中,找出符合预定义置信度的关联规则。频繁项集和关联规则可以通过以下实例来解释。

假设有一家商店经营 4 种商品(实际生活中,商品数目比这大得多,但是不影响算法原理的阐述),分别是商品 0、商品 1、商品 2 和商品 3,那么所有商品的组合有:只包含一种商品的、包含两种商品的、包含三种商品的以及包含四种商品的组合。这些组合(包括空集)构成如图 13.11 所示的子集或者超集关系,图中的圆圈表示某个商品组合,连接线则表示子集/超集关系。

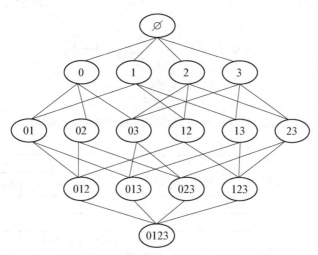

图 13.11　集合{商品 0,商品 1,商品 2,商品 3}中所有可能的项集组合

对于单个项集的支持度,我们可以通过遍历每条记录并检查该记录是否包含该项集来计算。对于包含 N 种物品的数据集共有 2^N-1 种项集组合,重复上述计算过程是不现实的。科研人员发现 Apriori 原理可以减少计算量。Apriori 原理是,如果某个项集是频繁的,那么它的所有子集也是频繁的。它的逆否命题是,如果一个项集是非频繁的,那么它的所有超集也是非频繁的。比如在图 13.12 中,已知阴影项集{商品 2,商品 3}是非频繁的。利用这个基础知识,我们可以知道项集{商品 0,商品 2,商品 3},{商品 1,商品 2,商品 3}以及{商品 0,商品 1,商品 2,商品 3}也是非频繁的,因为它们都是{商品 2,商品 3}的超集。

于是在计算过程中,一旦计算出{商品 2,商品 3}的支持度,知道它是非频繁的就可以紧接着排除{商品 0,商品 2,商品 3},{商品 1,商品 2,商品 3}和{商品 0,商品 2,商品 3}项集的判断,于是节省了计算工作量。

13.3.4　KNN(k 近邻)算法

KNN(K-Nearest Neighbor,K 近邻)算法主要解决的是在训练样本集中的每个样本的分类标签为已知的条件下,如何为一个新增数据给出对应的分类标签。KNN 算法的计算过程如图 13.13 所示。

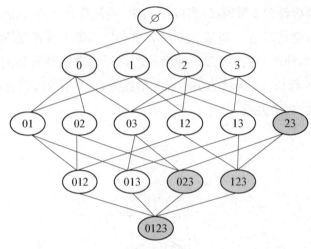

图 13.12 Apriori 原理(非频繁项集用深灰色表示)

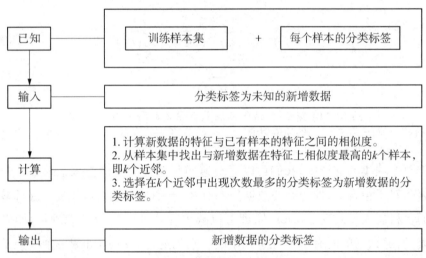

图 13.13 KNN 算法计算过程

KNN 算法的基本原理如下:在训练集及其每个样本的"分类标签信息"为已知的前提条件下,当输入一个分类标签为未知的新增数据时,将新增数据的特征与样本集中的样本特征进行对比分析,并计算出特征最为相似的 k 个样本(即 k 个近邻)。最后,选择 k 个最相似样本数据中出现最多的"分类标签"作为新增数据的"分类标签"。

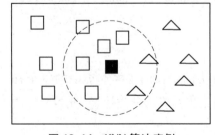

图 13.14 KNN 算法实例

比如,在图 13.14 中,采用欧氏距离,k 的值确定为 7,正方形表示类别一,三角形表示类别二,现在要确定黑色方块的类别,图中的圆圈表示其 k 个近邻所在的区域。在圆圈里面,其他数据点的分类情况是,类别一有 5 个,类别二有 2 个。采用投票法分类,根据多数原则,黑色数据点的分类确定为类别一。

KNN 算法中,可用的距离包括欧氏距离、夹角余弦等。一般对于文本分类来说,用夹角余弦计算距离(相似度),比欧氏距离更为合适。距离越小(距离越近),表示两个数据点属于同一类别的可能性越大。下面为距离公式(x 为需要分类的数据点(向量),p 为近邻数据点)。

$$D(x,p) = \sqrt[2]{(x-p)^2} \quad \text{(欧氏距离)} \tag{13.2}$$

$$D(x,p) = \frac{x \cdot p}{|x| * |p|} \quad \text{(向量夹角余弦)} \tag{13.3}$$

当 k 个近邻确定之后,当前数据点的类别确定,可以采用投票法或者加权投票法。投票法即根据少数服从多数的原则,近邻中哪个类别的数据点多,当前数据点就属于该类。加权投票法则根据距离的远近,对近邻的投票进行加权,距离越近权重越大,权重为距离平方的倒数,最后确定当前数据点的类别。权重的计算公式为(k 个近邻的权重之和正好是1):

$$W(x,p_i) = \frac{e^{-D(x,p_i)}}{\sum_i^k e^{-D(x,p_i)}} \tag{13.4}$$

KNN 算法容易理解,也容易实现,无须进行参数估计,也无须训练过程,有了标注数据之后,直接进行分类即可。KNN 算法可以对稀有的事件进行分类,比如客户流失预测、欺诈侦测等。该算法也适用于多类别分类,也就是对象具有多个类别标签,比如某个基因序列有多个功能,一段文本有多个分类标签等。

虽然具有这么多的优点,KNN 算法也有缺点,主要的缺点是该算法在进行数据点分类时计算量大,内存开销大,执行速度慢。另外,该算法无法给出类似决策树的规则,结果的可解释性差。

KNN 算法中,k 值的选择非常重要。如果 k 值太小,那么分类结果容易受到噪声数据点影响;k 值太大,则近邻中可能包含太多其他类别的数据点。上述加权投票法可以降低 k 值设定不适当的一些影响。根据经验法则,一般来讲 k 值可以设定为训练样本数的平方根。

KNN 分类算法的应用非常广泛,人们把它应用到协同过滤推荐(collaborative filtering)、手写体识别(digit recognition)等领域。

13.4 实践:Python 图像分类

在本实验中,你将了解基本的图像分类、交叉验证的流程,并熟练地编写代码。首先我们需要编写 K-Nearest Neighbor(KNN)分类器训练图片,以得到简单的图片分类器,然后利用交叉验证获取最好的 k 值,以此改进分类器效果。

13.4.1 数据集和预处理

本次实验运用 CIFAR-10 图像数据作为训练和测试用数据集,以下为数据集描述:

CIFAR-10 数据集由 10 个类的 60 000 个 32×32 彩色图像组成,每个类有 6 000 个图像。有 50 000 个训练图像和 10 000 个测试图像。

数据集分为五个训练批次和一个测试批次,每个批次有 10 000 个图像。测试批次包含来自每个类别的恰好 1 000 个随机选择的图像。训练批次以随机顺序包含剩余图像,但一些训练批次可能包含来自一个类别的图像比另一个更多。总体来说,五个训练集之和包含来自每个类的正好 5 000 张图像。

表 13.2 CIFAR-10 图片数据统计信息

类别	训练集数量	测试集数量	类别	训练集数量	测试集数量
飞机	5 000	1 000	狗	5 000	1 000
汽车	5 000	1 000	青蛙	5 000	1 000
鸟	5 000	1 000	马	5 000	1 000
猫	5 000	1 000	船	5 000	1 000
鹿	5 000	1 000	卡车	5 000	1 000

图 13.15 所示为数据集中部分图片的展示。

图 13.15 CIFAR-10 部分数据

由于原始数据集非常庞大,因此对原始数据集进行采样,获取小批量图片以供本次实验。通过 numpy 的 api,分别得到训练集和测试集,数据集大小如图 13.16 所示。

```
1  # Reshape the image data into rows
2  X_train = np.reshape(X_train, (X_train.shape[0], -1))
3  X_test = np.reshape(X_test, (X_test.shape[0], -1))
4  print(X_train.shape, X_test.shape)
```
(5000, 3072) (500, 3072)

图 13.16　打印输出数据维度

13.4.2　KNN 分类器构建

KNN 分类器包含两个阶段：

• 训练阶段，分类器获取训练数据并且简单的记住所有数据；

• 测试阶段，分类器通过计算测试图片和所有训练图片的距离，并将前 k 个距离最近的训练图片作为测试图片的标签。

KNN 分类器的框架在 classifiers/k_nearest_neighbor.py 中已实现，其主要架构如下：

程序 13.1 给出了 KNN 算法模型，其中 train 函数(代码❶)和 predict 函数(代码❷)分别负责 KNN 的训练阶段和测试阶段；predict_labels 函数(代码❹)封装了预测的细节，输入距离和 k 值做参数，输出样本的预测标签；compute_distances_two_loops 函数(代码❸)运用双层循环去计算所有样本两两之间的距离并返回。

```
#<程序 13.1：KNN 算法模型>
#完整代码可根据附录指引，访问在线资源获取
class KNearestNeighbor(object):
  def train(self, X, y): ❶（以下 2 行）
    self.X_train = X
    self.y_train = y

  def predict(self, X, k=1, num_loops=0): ❷（以下 2 行）
    ……
    return self.predict_labels(dists, k=k)

  def compute_distances_two_loops(self, X): ❸（以下 2 行）
    ……
    return dists
  def predict_labels(self, dists, k=1): ❹（以下 2 行）
    ……
    return y_pred
```

(1) 训练阶段。

KNN 的训练阶段只需要记住训练数据就可以,不需要进行计算。按程序 13.2 中代码❶导入训练数据和标签即可。

```
#<程序 13.2：训练 KNN>
from classifiers import KNearestNeighbor as KNearestNeighbor❶（以下 3 行）
classifier = KNearestNeighbor()
classifier.train(X_train, y_train)

def compute_distances_two_loops(datasets):❷（以下 2 行）
    ……
    return dist

dist = classifier.compute_distances_two_loops(X_test)❸（以下 3 行）
plt.imshow(dists, interpolation='none')
plt.show()
```

(2) 测试阶段。

正如上面所提到的,测试阶段需要计算测试图片和所有训练图片的距离,这里我们采用欧氏距离,也被称为 L2 距离,在 KNN 分类器中,测试图片就是训练图片,故我们需要计算所有样本两两之间的 L2 距离,公式定义如下。

$$D_2(I_1, I_2) = \sqrt{\sum_p (I_1^p - I_2^p)^2} \tag{13.5}$$

一个显然的思路是用双层循环计算所有样本两两之间的距离,在 k_nearest_neighbor.py 中定义函数如程序 13.2 代码❷,需要读者自己实现。

当正确实现计算样本之间的距离后,可以通过代码❸进行验证。

13.4.3 k 值选择

k 值的选择对于 KNN 来说至关重要,如图 13.17 所示,当调用 predict_labels 函数并指定 $k=1$ 进行预测时,预测准确率为 0.274,当我们扩大 k 值,$k=5$ 时,预测准确率为 0.278,发现有了明显的提高。

因此需要选择合适的 k 值来获得最优的 KNN 分类器,一个简单的方法是五折交叉验证,把训练集平分为五份,依次挑出其中一份作为验证集,其他四份为训练集,对于每一个 k 值循环五次,将五次准确率进行平均,得到当前 k 值的平均准确率。k 值的搜

```
1  # Now implement the function predict_labels and run the code below:
2  # We use k = 1 (which is Nearest Neighbor).
3  y_test_pred = classifier.predict_labels(dists, k=1)
4  # Compute and print the fraction of correctly predicted examples
5  num_correct = np.sum(y_test_pred == y_test)
6  accuracy = float(num_correct) / num_test
7  print('Got %d / %d correct => accuracy: %f' % (num_correct, num_test, accuracy))
Got 137 / 500 correct => accuracy: 0.274000
```

You should expect to see approximately `27%` accuracy. Now lets try out a larger `k`, say `k = 5`:

```
1  y_test_pred = classifier.predict_labels(dists, k=5)
2  num_correct = np.sum(y_test_pred == y_test)
3  accuracy = float(num_correct) / num_test
4  print('Got %d / %d correct => accuracy: %f' % (num_correct, num_test, accuracy))
Got 139 / 500 correct => accuracy: 0.278000
```

图 13.17 预测准确度

索策略采用网格搜索,候选 k 值为 $[1,3,5,8,10,12,15,20,50,100]$,实现五折交叉验证,并把所有 k 值的五折准确率和平均准确率输出,见图 13.18。

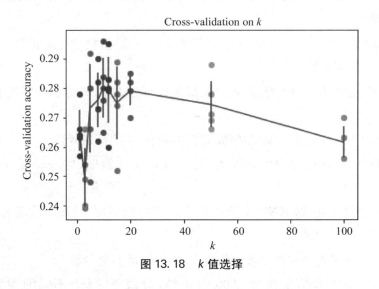

图 13.18 k 值选择

根据图 13.18,由平均准确率可知,最好的 k 值为 10。

13.5 本章小结

数据挖掘是从大量的数据中提取出有效的、新颖的、有潜在作用的和最终可被用户理解的模式的过程,可根据人们的特定需求,从浩如烟海的数据中找出所需的信息。本章以数据挖掘基础为核心,介绍了数据挖掘的基本概念、数据挖掘的重要技术和典型算法,并通过 Python 实践了图像数据挖掘实例。希望通过本章的学习,能够让读者体会到数据挖掘的魅力。

13.6 习题与实践

复习题

1. 什么是数据挖掘?
2. 定义下列数据挖掘功能:特征化、区分、关联和相关分析、分类、预测、聚类和演变分析。列举每种数据挖掘功能的例子。
3. 大数据挖掘技术的特点有哪些?
4. 区分和分类的差别是什么?特征化和聚类的差别是什么?分类和预测呢?对于每一对任务,它们有何相似之处?
5. 简述 CRISP-DM 模型的六个阶段的内容。
6. 简述 Apriori 算法的基本流程。

践习题

1. 学习 Python 的 scikit-learn 模块,导入 sklearn 自带的鸢尾花(iris)数据集并对数据特征可视化。
2. 用 sklearn 的 train_test_split 方法对鸢尾花(iris)数据集进行随机切分,80% 为训练集,20% 为测试集。
3. 运用 KNN 分类方法对鸢尾花(iris)数据集进行分类,分别输出训练集和测试集的准确度。
4. 改进 KNN 方法中距离计算的函数,将其向量化,提升运算速度。
5. 对鸢尾花(iris)数据集中的训练集,运用五折交叉验证(留一验证)的方法进行训练。
6. 配合五折交叉验证,对 KNN 中的超参数 k 进行网格搜索,搜索范围为 $\{1,3,5,8,10,12,15,20,50,100\}$。
7. 可视化五折交叉验证和网格搜索的结果,找到最优的超参数 k。
8. 文本挖掘:文本数据集包含 1000 个文档,分属于 20 个不同的类别(http://www.cs.cmu.edu/afs/cs/project/theo-11/www/naive-bayes.html),尝试通过机器学习算法,挖掘这些文档的特征,将其分成不同的类别。

研习题

1. 阅读"文献阅读"[28],分析 KNN 算法的优缺点。
2. 查阅论文和相关资料,了解不同数据结构下的数据挖掘算法,并进行总结归类。

第 14 章　非结构化数据挖掘

CHAPTER FOURTEEN

如今,生命最大的悲哀莫过于科学汇聚知识的速度快于社会汇聚智慧的速度。

——艾萨克·阿西莫夫(Isaac Asimov)

如果机器可以思考,它的思考方式可能会比我们更加智能,那我们还能做什么呢?即使我们能让机器一直处于低下的地位,作为一个物种,我们理应感到深深的谦卑。

——艾伦·图灵(Alan Turing)

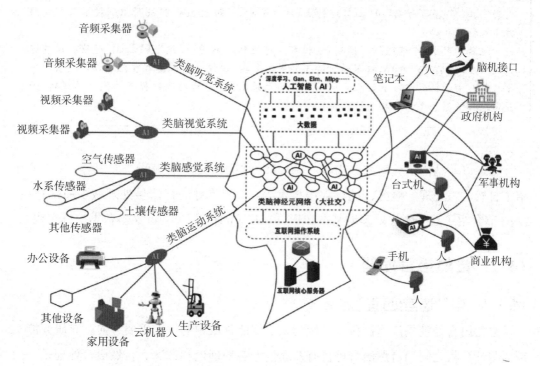

(图片来源见参考文献[28])

开篇实例

微软推出了一个颜龄识别机器人网站 How-Old.net,通过大数据和机器识别技术,判断照片中人物的年龄,没想到一经推出立即火爆全球,一时间社交网络上"攀比"成风。

> **开篇实例**
>
>
>
> 　　用户可以用在必应上搜索到的任何一张图片或者上传自己的照片"估龄"。系统则会对瞳孔、眼角、鼻子等27个"面部地标点"展开分析,通过大数据和机器识别技术来判断照片上人物的年龄。
>
> 　　机器学习中的"训练"与"预测"过程可以对应到人类的"归纳"和"推测"过程。通过这样的对应,我们可以发现,机器学习的思想并不复杂,仅仅是对人类在生活中学习成长的一个模拟。由于机器学习不是基于编程形成的结果,因此它的处理过程不是因果的逻辑,而是通过归纳思想得出的相关性结论。

　　本章以非结构化数据挖掘为核心,介绍非结构化数据挖掘的三大内容,14.1节介绍了自然语言处理的概况、发展、常用技术等,14.2节对语音信号处理做了简单介绍,14.3节介绍了数字图像处理的基本知识,14.4节介绍了Python文本数据挖掘实践。

14.1　自然语言处理

14.1.1　自然语言处理的定义

　　自然语言处理是计算机科学领域与人工智能领域中的一个重要方向。它研究能实现人与计算机之间用自然语言进行有效通信的各种理论和方法。自然语言处理是一门融语言学、计算机科学、数学于一体的科学。

　　自然语言处理的英文是 Natural Language Processing,简称 NLP,是人工智能领域一个非常重要的分支。自然语言处理有时候也常常被叫做计算语言学。它的核心目标就是把自然语言转换成计算机可以执行的命令,即让计算机读懂人的语言。NLP 关注的核心是语言或者是文本。

　　对于计算机来讲,如果单单给它这一句输入,要做到真正语境上的理解是不可能的事情。要做到真正语境上的理解可能需要更多的辅助信息和上下文的信息,不然是没有任何可能性的。

其次，要理解人的语言不能光靠逻辑，还要有非常强的知识库，要有很多知识才能正确理解人类语言。

14.1.2 自然语言处理的基础技术

1. 自然语言处理常用方法

自然语言处理（NLP）常用三种方法：机器学习、规则和逻辑、语言学。

（1）机器学习的方法，也包括深度学习。简单来说就是收集海量的文本、数据，建立语言模型，处理自然语言处理的很多任务。

（2）规则和逻辑的方法。虽然人的语言不是完完全全有逻辑，但是里面还是有很强的逻辑性的。一些传统的逻辑、原理都可以用在上面，其实这也是人工智能最早主要的研究方法，只不过 20 世纪 90 年代之后大家逐渐地开始更多地采用机器学习的方法，而不是采用逻辑和规则的方法。现在基本上在自然语言处理研究当中，逻辑规则和机器学习的比例，20%是逻辑和规则，80%是机器学习，也有两者结合的。

（3）语言学的方法。因为自然语言处理离不开语言学，所以可以把自然语言处理看成语言学下面的一个分支。语言学一句话归纳起来就是对人的语言现象的研究。对于语言学家来说他们很多是自然语言处理任务的设计师，由他们提出问题，把框架勾勒出来；当然解决问题则要靠研究人员用机器学习、规则和逻辑的方法把这个框架填上，把问题解决掉。

2. 自然语言处理的基础技术

- 词法分析

主要任务：词性标注和词义标注。

词性标注方法：基于规则和基于统计的词性标注方法。

词是自然语言中能够独立运用的最小单位，是自然语言处理的基本单位。自动词法分析就是利用计算机对自然语言的形态（morphology）进行分析，判断词的结构和类别等。词性或称词类是词汇最重要的特性，是连接词汇到句法的桥梁。

- 句法分析

主要任务：判断句子的句法结构和成分，明确各成分的相互关系。

句法分析方法：完全句法分析、浅层句法分析。

策略："先句法后语义""句法语义一体化"（占主流）。

句法分析是自然语言处理中的关键底层技术之一，其基本任务是确定句子的句法结构或者句子中词汇之间的依存关系。经过词法分析器得到词汇的词性之后，语法分析器会根据人设计的语法规则对输入句子进行句法分析。

句法分析分为句法结构分析（syntactic structure parsing）和依存关系分析（dependency parsing）。以获取整个句子的句法结构或者完全短语结构为目的的句法分析,被称为成分结构分析(constituent structure parsing)或者短语结构分析(phrase structure parsing);另外一种是以获取局部成分为目的的句法分析,被称为依存分析(dependency parsing)。

- 语义分析

主要任务:根据句子的句法结构和句子中每个实词的词义推导出来能够反映这个句子意义的某种形式化表示。

语义是指信息包含的概念和意义。语义分析就是对信息所包含的语义的识别,并建立一种计算模型,使其能够像人那样理解自然语言。语义分析是自然语言理解的根本问题,它在自然语言处理、信息检索、信息过滤、信息分类、语义挖掘等领域有着广泛的应用。

语义分析的常用方法有主题模型、词向量/句向量映射、卷积神经网络等。

- 语用分析

主要任务:人对语言的具体运用,是对自然语言的深层理解。

- 篇章分析

主要任务:对段落和整篇文章进行理解和分析。

14.1.3 文本分析

文本数据是最重要的数据资源之一,例如论坛、新闻、博客、微博、微信、商品评论、投诉文本、电子邮件、医学诊疗记录、调查问卷和法院判决文书等都提供了大量的文本数据。

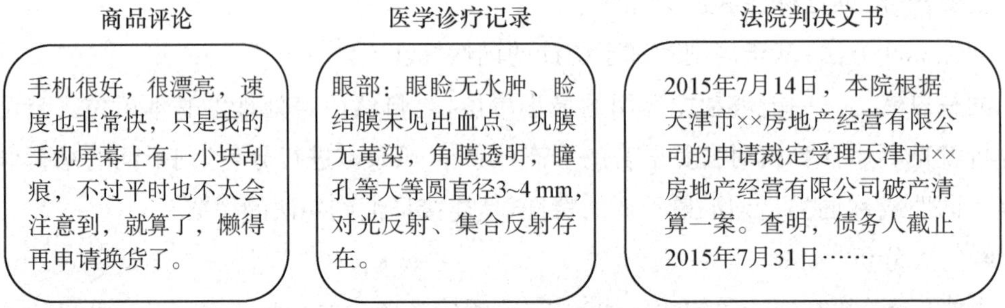

图 14.1 典型的文本数据

文本数据能够帮助提升决策和预测模型的准确性。例如,结合互联网舆情和法院判决,可以对企业信用状况进行综合评估;结合交易流水文本,可以提高用户画像精确度;情感分析等文本分析技术更是在股票市场分析、互联网舆情分析与监控和商品服务质量评估等领域有着广泛的应用。

然而,与传统的结构化数据分析相比,文本分析面临更多的挑战。首先,自然语言的表达通常具有歧义性,需结合上下文分析,显而易见的有"一词多义"和"多词同义"现象。例如,在"这款车的油耗很高"和"这部新手机的性价比相当高"两个句子中,"高"字代表截然不同的含义;在"发货速度快"和"物流迅速"中,"快"和"迅速"代表相同的含义。其次,在对非结构化的文本进行进一步分析之前,通常需要将其转换成结构化的向量表示,文本向量的维度往往较高,且只有少数维度取值不为0。另外,语言表达随意,网络用语、拼写错误等层出不穷,例如"音吹思听"(interesting)和 word 哥(我的哥),如何自动理解这些新词的含义面临较大的困难。

1. 文本表示模型

文本原始结构为非结构化的字符串,到目前为止我们介绍的大部分模型和算法还不能处理这种非结构化的数据。因此,我们需要将非结构化的文本数据结构化,一种做法就是把文本映射到特定的特征空间中,将文本表示为能够刻画其语义信息的特征向量,使得我们可以将现有的数据科学中的模型运用到文本分析的各项任务中,如文本分类、文本聚类、信息检索等。

那么,什么样的特征能刻画文本的语义信息呢?一个自然的想法是将特征选为文本中出现的词,通过定义词在文本中的重要度权重得到文本的向量表示,不过,在将文本表示成以词为特征的向量之前,我们首先需要将文本转化成词的序列,这个过程称为分词。对于英文,由于词与词之间天然地由空格符号分隔,因此分词相对容易。而对于中文,因为词与词之间直接相连,分词本身就是一件困难的事情。因此,对于中文等文本,我们在进一步表示文本之前,需要经过分词步骤将其分割成词的序列。

2. 向量空间模型

向量空间模型(vector space model)是20世纪70年代提出的,最早用于著名的信息检索系统 SMART 中,目前已经成为文本结构化表示领域中最经典的模型之一。

向量空间模型将文本表示成高维向量,向量中的每一个维度代表一个词,每一个维度上的取值则表示该词在文本中的权重,例如,假设我们关心的词为{数据,刻画,中国,规律,描摹,博雅,个体,价值},我们可以将文本"用数据刻画规律,以数据描摹个体,用数据创造价值"表示成向量(3,1,0,1,1,0,1,1)。其中向量中第一个维度取值为3,代表的是"数据"一词在上述文本中出现了3次;第一个"0"代表"中国"一词并未在文本中出现在上述例子中,我们使用词在文档中的词频来表示其权重,这个模型称为词频模型,下面我们首先对 TF 模型和基于词频的改进模型 TF-IDF 模型进行介绍,然后介绍考虑词序的 N-gram 模型。

- TF 模型

TF 模型一种直接的文本表示方法,是基于文档中出现的词的频次,对其进行特征表示,即词频模型(Term Frequency,TF)。在 TF 模型中,文本特征向量的每一个维度对应词典中的一个词,其取值为该词在文档中的出现频次。因此,每篇文档的特征向量的维数即为词典的大小。TF 模型可以形式化地描述为:给定词典 $W=\{w_1,w_2,\cdots,w_v\}$,文档 d 可以表示为特征向量 $d=\{t_1,t_2,\cdots,t_v\}$,其中 v 为词典大小,w_i 表示词典中第 i 个词,t_i 表示词 w_i 在文档 d 中出现的次数。

TF 模型记录了文档中词的出现情况,从而较好地刻画了文档的主要信息。然而,TF 模型假设文档中出现频次越高的词对刻画文档信息所起的作用越大,而不考虑不同词对区分不同文档的不同贡献。为了克服 TF 的这一缺点,研究人员提出了 TF-IDF 模型。在计算每一个词的权重时,不仅考虑词频,还考虑包含词的文档在整个文档集中的频次信息。

- TF-IDF 模型

TF-IDF 模型使用词在整个文档集中的文档频率来改进 TF 模型。假设文档集中一共包含 n 个文档,$tf(t,d)$ 表示词 t 在文档 d 中的词频,词 t 的文档频率 $df(t)$ 是指文档集中出现了词 t 的文档数量,而词的逆文档频率(Inverse Document Frequency,IDF)通过下式进行计算:

$$idf(t)=\ln\frac{n+1}{df(t)+1}+1 \tag{14.1}$$

进一步地,TF-IDF 模型通过结合词频 $tf(t,d)$ 和词 t 的逆文档频率 $idf(t)$ 来确定一个词 t 在文档 d 中的重要性,具体计算公式如下:

$$tf\_idf(t,d)=tf(t,d)\times idf(t) \tag{14.2}$$

- N-gram 模型

在 TF 模型和 TF-IDF 模型中,我们将词作为高维向量空间中的一个维度,这种处理方法隐含的假设是词在文档中是无序的。然而,在自然语言中,考虑词序有时是重要的。一种改进的方式是将文档中连续出现的 n 个词作为向量空间中的一个维度,这种表示文本的模型称为 N-gram 模型。当 $n=1$ 时称为一元语法(unigram),当 $n=2$ 时称为二元语法(bigram),当 $n=3$ 时称为三元语法(trigram)。N-gram 模型虽然能一定程度上考虑词序信息,但是会让文本的维度指数增长。

14.2 语音信号处理

随着人们进入信息时代,人们的生活、学习、工作领域也越来越智能化。作为人和这些领域沟通的关键接口,语音信号处理技术自然引起人们的高度重视。该技术就是让机器通过识别和理解把语音信号转变为相应的文本或命令的高级技术。

14.2.1 语音信号处理技术研究现状

语音识别的研究工作可以追溯到 20 世纪 50 年代 AT&T 和贝尔实验室的系统,它是第一个可以识别十个英文数字的语音识别系统。

但真正取得实质性进展,并将其作为一个重要的课题开展研究则是在 20 世纪 60 年代末 70 年代初。这首先是因为计算机技术的发展为语音识别的实现提供了硬件和软件的可能,更重要的是语音信号线性预测编码(LPC)技术和动态时间规整(DTW)技术的提出,有效地解决了语音信号的特征提取和等长匹配问题。这一时期的语音识别主要基于模板匹配原理,研究的领域局限在特定人、小词汇表的孤立词识别,实现了基于线性预测倒谱和 DTW 技术的特定人孤立词语音识别系统;同时提出了矢量量化(VQ)和马尔可夫模型(HMM)理论。

实验室语音识别研究的巨大突破产生于 20 世纪 80 年代末:人们终于在实验室突破了大词汇量、连续语音和非特定人这三大障碍,第一次把这三个特性都集成在一个系统中,比较典型的是卡耐基梅隆大学的 Sphinx 系统,它是第一个高性能的非特定人、大词汇量连续语音识别系统。

这一时期,语音识别研究进一步走向深入,其显著特征是 HMM 模型和人工神经元网络(ANN)在语音识别中的成功应用。HMM 模型的广泛应用应归功于 AT&T 和贝尔实验室拉比纳等科学家的努力,他们把原本艰涩的 HMM 纯数学模型工程化,从而为更多研究者了解和认识,使统计方法成为了语音识别技术的主流。

20 世纪 90 年代前期,许多著名的大公司如国际商业机器公司(IBM)、苹果、美国电话电报公司(AT&T)和日本电话电报公司(NTT)都对语音识别系统的实用化研究投入巨资。IBM 公司于 1997 年开发出汉语语音识别系统,次年又开发出可以识别上海话、广东话和四川话等地方口音的语音识别系统 ViaVoice'98。该系统对新闻语音识别具有较高的精度。

我国语音识别研究工作起步于 20 世纪 50 年代,但近年来发展很快。研究水平也从实验室逐步走向实用。从 1987 年开始执行国家 863 计划后,国家 863 智能计算机专家组为语音识别技术研究专门立项。目前中科院自动化所、声学所、清华大学、北京大学等高校及研究单位在大词汇连续语音识别系统上的研究水平已经接近国际先进水平。

14.2.2 语音信号处理方法

1. 语音信号的数字化和预处理

(1) 预滤波、采样、A/D 变换。

预滤波的目的主要有两个:①抑制输入信号各频域分量中频率超出 $\frac{f_s}{2}$ 的所有分量(f_s 为采样频率),以防止混叠下扰。②抑制 50 Hz 的电源工频干扰。这样,预滤波器必须是一个带通滤波器,设其上、下截止频率分别是 f_H 和 f_L,则对于绝大多数语音编译码器，$f_H = 3400$ Hz、$f_L = 60 \sim 100$ Hz、采样率为 $f_s = 8$ kHz；而对于语音识别而言，当用于电话用户时，指标与语音编译码器相同。当使用在要求较高或很高的场合时，$f_H = 4500$ Hz 或 8000 Hz、$f_L = 60$ Hz、$f_s = 10$ kHz 或 20 kHz。语音信号经过预滤波和采样后，由 A/D 变换器变换为二进制数字码。

A/D 变换中要对信号进行量化，量化不可避免地会产生误差。量化后的信号值与原信号值之间的差值称为量化误差，又称为量化噪声。若信号波形的变化足够大或量化间隔 Δt 足够小时，可以证明量化噪声符合具有下列特征的统计模型：①它是平稳的白噪声过程。②量化噪声与输入信号不相关。③量化噪声在量化间隔内均匀分布，即具有等概率密度分布。

若用 σ_x^2 表示输入语音信号序列的方差，$2X_{\max}$ 表示信号的峰值，B 表示量化字长，σ_e^2 表示噪声序列的方差，则可证明量化信噪比 SNR（信号与量化噪声的功率比）为：

$$\text{SNR(dB)} = 10\lg\left(\frac{\sigma_x^2}{\sigma_e^2}\right) = 6.02B + 4.77 - 20\lg\left(\frac{X_{\max}}{\sigma_x}\right) \tag{14.3}$$

假设语音信号的幅度服从 Laplacian 分布，此时信号幅度超过 $4\sigma_x$ 的概率很小，只有 0.35%，因而可取 $X_{\max} = 4\sigma_x$，则使上式变为：

$$\text{SNR(dB)} = 6.02B - 7.2 \tag{14.4}$$

上式表明量化器中每 bit 字长对 SNR 的贡献约为 6 dB。当 $B = 7$ bit 时，SNR $= 35$ dB。此时量化后的语音质量能满足一般通信系统的要求。然而，研究表明，语音波形的动态范围达 55 dB，故 B 应取 10 bit 以上。为了在语音信号变化的范围内保持 35 dB 的信噪比，常用 12 bit 来量化，其中附加的 5 bit 用于补偿 30 dB 左右的输入动态范围的变化。

(2) 预处理。

已数字化的语音信号序列将依次存入一个数据区，在语音信号处理中一般用循环队列的方式来存储这些数据，以便用一个有限容量的数据区来应付数量极大的语音数据，已处理完提取出语音特征参数的一个时间段的语音数据可以依次抛弃，让出存储空间来存储新数据。

由于语音信号的平均功率谱受声门激励和口鼻辐射影响，高频端大约在 800 Hz 以上按 6 dB/倍频程跌落，即 6 dB/oct (2 倍频) 或 20 dB/dec (10 倍频)，所以求语音信号频谱时，频率越高相应的成分越小，高频部分的频谱比低频部分的难求，为此要在预处理中进行预加重 (pre-emphasis) 处理。预加重的目的是提升高频部分，使信号的频谱变得平坦，保持在低频到高频的整个频带中，能用同样的信噪比求频谱，以便于频谱分析或声道参数分析。预加重可在语音信号数字化时在反混叠滤波器之前进行，这样不仅可以进行预加重，而且可以压缩信号的动态范围，有效地提高信噪比。但预加重一般是在语音信号数字化之后,在参数分析之前在计算机里用具有 6 dB/倍频程的提升高频特性的预加重数字滤波器来实现,它一般是一阶的数字滤波器:

$$H(Z) = 1 - \mu z^{-1} \tag{14.5}$$

上式中,μ 值接近于 1。

有时要恢复原信号,需要从做过预加重处理的信号频谱来求实际的频谱时,要对测量值进行去加重处理(de-emphasis),即加上 6 dB/倍频程的下降的频率特性来还原成原来的特性。

进行预加重数字滤波处理后,接下来就要进行加窗分帧处理。一般每秒的帧数约为 33~100 帧,视实际情况而定。分帧虽然可以采用连续分段的方法,但一般要采用如图 14.2 所示的交叠分段的方法,这是为了使帧与帧之间平滑过渡,保持其连续性。前一帧和后一帧的交叠部分称为帧移,帧移与帧长的比值一般取为 0~1/2。分帧是用可移动的有限长度窗口进行加权的方法来实现的,这就是用一定的窗函数 $w(n)$ 来乘 $s(n)$,从而形成加窗语音信号 $s_w(n) = s(n) \times w(n)$。

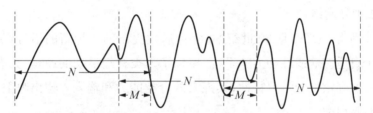

图 14.2　帧长与帧移示例,N 为帧长,M 为帧间重叠长度

2. 语音信号的时域分析

语音信号的时域分析就是分析和提取语音信号的时域参数。进行语音分析时,最先接触到并且也是最直观的是它的时域波形。语音信号本身就是时域信号,因而时域分析是最早使用,也是应用最广泛的一种分析方法,这种方法直接利用语音信号的时域波形。

语音信号的时域参数有短时能量、短时过零率、短时自相关函数和短时平均幅度差函数等,这是语音信号的一组最基本的短时参数,在各种语音信号数字处理技术中都要应用。

3. 语音信号的频域分析

语音信号的频域分析就是分析语音信号的频域特征。从广义上讲,语音信号的频域分析包括语音信号的频谱、功率谱、倒频谱、频谱包络分析等,而常用的频域分析方法有带通滤波器组法、傅里叶变换法、线性预测法等几种。下面介绍的是语音信号的傅里叶变换分析法。因为语音波是一个非平稳过程,因此适用于周期、瞬变或平稳随机信号的标准傅里叶变换不能用来直接表示语音信号,而应该用短时傅里叶变换对语音信号的频谱进行分析,相应的频谱称为"短时谱"。

4. 其他语音信号处理方法

除了以上方法之外,目前具有代表性的语音信号处理方法还有动态时间规整技术(DTW)、隐马尔可夫模型(HMM)、人工神经网络(ANN)、支持向量机(SVM)等方法。

(1) 动态时间规整算法。

动态时间规整算法(Dynamic Time Warping,DTW)是在非特定人语音识别中一种简单有效的方法,该算法基于动态规划的思想,解决了发音长短不一的模板匹配问题,是语音识别技术中出现较早、较常用的一种算法。

(2) 隐马尔可夫模型。

隐马尔可夫模型(HMM)是语音信号处理中的一种统计模型,是由马尔可夫链演变来的,所以它是基于参数模型的统计识别方法。由于其模式库是通过反复训练形成的与训练输出信号吻合概率最大的最佳模型参数而不是预先储存好的模式样本,且其识别过程中运用待识别语音序列与 HM 参数之间的似然概率达到最大值所对应的最佳状态序列作为识别输出,因此是较理想的语音识别模型。

(3) 人工神经网络。

人工神经网络(ANN)是 20 世纪 80 年代后期提出的一种新的语音识别方法。其本质上是一个自适应非线性动力学系统,模拟了人类神经活动的原理,具有自适应性、并行性、鲁棒性、容错性和学习特性,其强大的分类能力和输入—输出映射能力在语音识别中都很有吸引力。

(4) 支持向量机。

支持向量机(Support Vector Machine,SVM)是应用统计学理论的一种新的学习机模型,采用结构风险最小化原理(Structural Risk Minimization,SRM),有效克服了传统经验风险最小化方法的缺点,兼顾训练误差和泛化能力,在解决小样本、非线性及高维模式识别方面有许多优越的性能,已经被广泛地应用到模式识别领域。

14.2.3 语音信号处理的应用

语音信号处理技术是计算机智能接口与人机交互的重要手段之一。其应用市场前景广泛,在一些应用领域中正迅速成为一个关键的具有竞争力的技术。如声控电话转换、信息网络查询、工业控制、家庭服务、通信服务等等。语音识别技术还可以用于自动口语翻译,实现跨语言的交流。

1. 语音增强

语音增强是指当语音信号被各种各样的噪声干扰,甚至淹没后,从噪声背景中提取有用的语音信号,抑制、降低噪声干扰的技术。可分为四类:噪声对消法、谐波增强法、基于参数估计的语音再合成法和基于语音短时谱估计的增强算法。

2. 语音编码

语音编码就是对模拟的语音信号进行编码,将模拟信号转化成数字信号,从而降低传输码率并进行数字传输,语音编码的基本方法可分为波形编码、参量编码(音源编码)和混合编码。

3. 语音合成与转换

语音合成与转换又称文语转换(text to speech)技术,能将任意文字信息实时转化为标准流畅的语音朗读出来。它涉及声学、语言学、数字信号处理、计算机科学等多个学科技术,是中文信息处理领域的一项前沿技术。

4. 语音隐藏

语音隐藏技术是指将特定的信息嵌入到数字化的语音中。典型的数字语音信息隐藏技术主要有五种类型,即回声隐藏算法、相位编码算法、扩频算法、Patchwork 算法以及标量量化算法。

5. 语音识别

语音识别方法主要是模式匹配法。在训练阶段,用户将词汇表中的每一词依次说一遍,并且将其特征矢量作为模板存入模板库。在识别阶段,将输入语音的特征矢量依次与模板库中的每个模板进行相似度比较,将相似度最高者作为识别结果输出。

6. 说话人识别

通过对说话人语音信号的分析处理,自动确认被识别人是否在所记录的说话者集合中,以及进一步确认说话人是谁。根据识别对象的不同,还可将说话人识别分为三类:文本有关、文本无关和文本提示型。目前实现方法可分为三类:模板匹配法、概率模型法和人工神经网络方法。

7. 声源定位

声源定位技术研究目标主要是研究系统接收到的语音信号相对于接收传感器是来自什么方向和什么距离的,即方向估计和距离估计。声源定位技术分为基于最大输出功率的可控波束形成法、高分辨率谱估计法和到达时间差的声源定位法。

8. 情感识别

计算机对从传感器采集来的信号进行分析和处理,从而得出对方正处在的情感状态,这种行为叫做情感识别。对于情感识别有两种方式,一种是检测生理信号如呼吸、心律和体温等,另一种是检测情感行为如面部特征表情识别、语音情感识别和姿态识别。

14.3 图像处理与理解

14.3.1 数字图像处理概述

一幅图像可定义为一个二维函数 $f(x,y)$,其中 x 和 y 是空间(平面)坐标,而在任何一对空间坐标(x,y)处的幅值f称为图像在该点处的强度或灰度。当(x,y)和灰度值f是有限的离散数值时,我们称该图像为数字图像。数字图像处理是指借助于数字计算机来处理数字图像信息。注意,数字图像是由有限数量的元素组成的,每个元素都有一个特定的位置和幅值。这些元素称为图画元素、图像元素或像素。像素是广泛用于表示数字图像元素的术语。

从图像处理到计算机视觉的这个连续统一体内并没有明确的界限。然而,一种有用的范例是在这个连续的统一体中考虑三种典型的计算处理,即低级、中级和高级处理。低级处理涉及初级操作,如降低噪声的图像预处理、对比度增强和图像尖锐化。低级处理以输入、输出都是图像为特征。中级处理涉及诸多任务,譬如,把一幅图像分为不同区域或目标的(分割),减少这些目标物的描述,以使其更适合计算机处理及对不同目标的分类(识别)。中级图像处理以输入为图像但输出是从这些图像中提取的特征(如边缘、轮廓及各物体的标识等)为特点。最后,高级处理涉及"理解"已识别目标的总体,就像在图像分析中那样,以及在连续统一体的远端执行与视觉相关的认知功能。

14.3.2 数字图像处理的基本步骤

数字图像处理的基本步骤如图 14.3 所示。

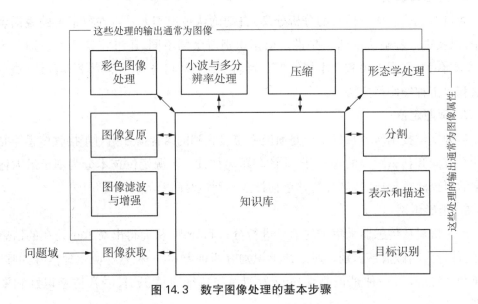

图 14.3 数字图像处理的基本步骤

- 图像获取是上图中的第一步处理。图像获取与给出一幅数字形式的图像一样简单,通常,图像获取阶段包括图像预处理,譬如图像缩放等。
- 图像增强是对一幅图像进行某种操作,使其结果在特定应用中比原始图像更适合进行处理。特定一词在这里很重要,因为一开始增强技术就建立在面向问题的基础之上。例如,对于增强 X 射线图像十分有用的方法,对于增强电磁波谱中红外波段获取的卫星图像可能就不是最好的方法。

- 图像复原也是改进图像外观的一个处理领域。然而,与图像增强不同,图像增强是主观的,而图像复原是客观的。从某种意义上说,图像复原技术倾向于以图像退化的数学或概率模型为基础。另一方面,图像增强以什么是好的增强效果这种人为的主观偏好为基础。
- 彩色图像处理已经成为一个重要领域,这一领域涵盖了许多彩色模型和数字域的彩色处理的基本概念。
- 小波是以不同分辨率来描述图像的基础。特别是图像数据压缩和金字塔表示使用了小波,图像能够被细分为较小的区域。
- 压缩指的是减少图像存储量或降低传输图像带宽的处理。虽然存储技术在过去的 10 年里已有明显改进,但对于传输能力我们还不能这样说。尤其在互联网的应用上更是如此,互联网应用是以大量图片内容为特征的。
- 形态学处理涉及提取图像分量的工具,这些分量在表示和描述形状方面很有用。
- 分割过程将一幅图像划分为它的组成部分或目标。通常,自动分割是数字图像处理中最困难的任务之一。成功地把目标逐一识别出来是一个艰难的分割过程。另一方面,很弱的且不稳定的分割算法几乎总是会导致最终失败。通常,分割越准确,识别越成功。
- 表示与描述几乎总是在分割阶段的输出之后,通常这一输出是未加工的像素数据,这些数据不是构成一个区域的边界(即分隔一个图像区域与另一个图像区域的像素集合),就是构成该区域本身的所有点。无论哪种情况,把数据转换成适合计算机处理的形式都是必要的。
- 识别是基于目标的描述给该目标赋予标志(譬如"车辆")的过程。

到目前为止,还没有谈到关于先验知识的内容,以及上图中知识库与各个处理模块之间的关系。有关问题域的知识以知识库的形式编码并存入图像处理系统中。除了引导每个处理模块的操作外,知识库还要控制模块之间的交互。这一特性由上图中处理模块和知识库之间的双箭头表示,而单头箭头则用于连接处理模块。

14.3.3 数字图像处理基础

1. 图像的取样和量化

多数传感器的输出是连续的电压波形,这些波形的幅度和空间特性都与感知的物理现象有关。为了产生一幅数字图像,需要把连续的感知数据转换为数字形式。这种转换包括两种处理:取样和量化。

图 14.4 说明了取样和量化的基本概念。图 14.4(a)显示了一幅连续图像 f,我们

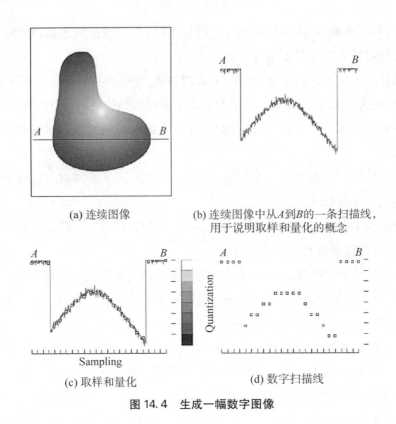

图 14.4　生成一幅数字图像

想把它转换为数字形式。一幅图像的 x 和 y 坐标及幅度可能都是连续的。为将它转换为数字形式,必须在坐标上和幅度上都进行取样操作。对坐标值进行数字化称为取样,对幅值数字化称为量化。

图 14.4(b)中的一维函数是图 14.4(a)中沿线段 AB 的连续图像幅度值(灰度级)的曲线。随机变化是由图像噪声引起的。为了对该函数取样,沿线段 AB 等间隔地对该函数取样,如图 14.4(c)所示。每个样本的空间位置由图形底部的垂直刻度指出。样本用放在函数曲线上的白色小方块表示。这样的一组离散位置就给出了取样函数。然而,样本值仍(垂直)跨越了灰度值的连续范围。为了形成数字函数,灰度值也必须转换(量化)为离散量。图 14.4(c)的右侧显示了已分为 8 个离散区间的灰度标尺,范围从黑到白。垂直刻度标记指出了赋予 8 个灰度的每一个特定值。通过对每一样本赋予 8 个离散灰度级中的一个来量化连续灰度级。赋值取决于该样本与一个垂直刻度标记的垂直接近程度。取样和量化操作生成的数字样本如图 14.4(d)所示。从该图像的顶部开始逐行执行这一过程,则会产生一幅二维数字图像。图 14.4 意味着除了所用的离散级数外,量化所达到的精度强烈地依赖于取样信号的噪声。

当传感阵列用于图像获取时,没有运动且阵列中传感器的数量决定了两个方向上的取样限制。传感器输出的量化与前述相同。图 14.5 说明了这个概念。图 14.5(a)显示了投影到一个阵列传感器平面上的连续图像。图 14.5(b)显示了取样和量化后的

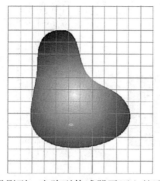 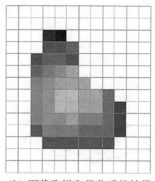

(a) 已投影到一个阵列传感器平面上的连续图像　　(b) 图像取样和量化后的结果

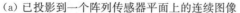

图 14.5　图像的取样和量化

图像。很明显,数字图像的质量在很大程度上取决于取样和量化中所用的样本数和灰度级。

2. 数字图像表示

令 $f(s,t)$ 表示一幅具有两个连续变量 s 和 t 的连续图像函数。如前文解释的那样,通过取样和量化,我们可把该函数转换为数字图像。假如我们把该连续图像取样为一个二维阵列 $f(x,y)$,该阵列包含有 M 行和 N 列,其中 (x,y) 是离散坐标。为表达清楚和方便起见,我们对这些离散坐标使用整数值:$x=0,1,2,\cdots,M-1$ 和 $y=0,1,2,\cdots,N-1$。这样,数字图像在原点的值就是 $f(0,0)$,第一行中下一个坐标处的值是 $f(0,1)$。这里,符号 $(0,1)$ 表示第一行的第二个样本,它并不意味着是对图像取样时的物理坐标值。通常,图像在任一坐标 (x,y) 处的值记为 $f(x,y)$,其中 x 和 y 都是整数。由一幅图像的坐标张成的实平面部分称为空间域,x 和 y 称为空间变量或空间坐标。

如图 14.6 所示,有三种基本方法表示 $f(x,y)$,图 14.6(a)是一幅函数图,用两个坐标决定空间位置,第三个坐标是以两个空间变量 x 和 y 为函数的 f(灰度)值。虽然可以在这个例子中用该图来推断图像的结构,但是,通常复杂的图像细节太多,以至于很难用这样的图去解译。在处理的元素是以 (x,y,z) 三坐标的形式表达的灰度集时,这种表示是很有用的,其中 x 和 y 是空间坐标,z 是 f 在坐标 (x,y) 处的值。

图 14.6(b)所示是更一般的表示。它显示了 $f(x,y)$ 出现在监视器或照片上的情况。这里,每个点的灰度与该点处的值成正比。该图中仅有三个等间隔的灰度值。如果灰度被归一化到区间 0~1 内,那么图像中每个点的灰度都有 0、0.5 或 1 这样的值。监视器或打印机简单地把这三个值分别变换为黑色、灰色或白色,如图 14.6(b)所示。

第三种表示是将 $f(x,y)$ 的数值简单地显示为一个阵列(矩阵)。在这个例子中,f 的大小为 600×600 个元素,或 360 000 个数字。很清楚,打印整个矩阵是很麻烦的,且传达的信息也不多。然而,在开发算法时,当图像的一部分被打印并作为数值进行分析

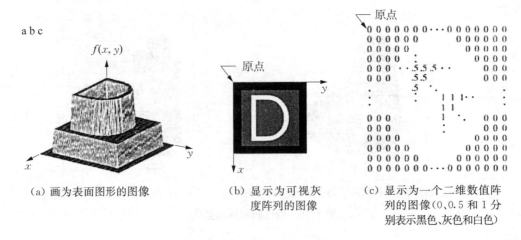

(a) 画为表面图形的图像　　(b) 显示为可视灰度阵列的图像　　(c) 显示为一个二维数值阵列的图像（0、0.5 和 1 分别表示黑色、灰色和白色）

图 14.6　图像的不同表示方式

时，这种表示相当有用。图 14.6(c)所示以图形方式传达了这一概念。

3. 空间和灰度分辨率

直观上看，空间分辨率是图像中可辨别的最小细节的度量。在数量上，空间分辨率可以有很多方法来说明，其中每单位距离线对数和每单位距离点数（像素数）是最通用的度量。假设我们用交替的黑色和白色垂直线来构造一幅图形，其中线宽为 W 个单位（W 可以小于 1），线对的宽度就是 $2W$，每单位距离有 $1/2W$ 个线对。广泛使用的图像分辨率的定义是每单位距离可分辨的最大线对数量（譬如每毫米 100 个线对）。每单位距离点数是印刷和出版业中常用的图像分辨率的度量。

类似地，灰度分辨率是指在灰度级中可分辨的最小变化。基于硬件考虑，正如前一节中提到的那样，灰度级数通常是 2 的整数次幂。最通用的数是 8 比特。有时，我们会发现使用 10 比特或 12 比特来数字化图像灰度级的系统，但这些系统都是特例而不是常规系统。不像空间分辨率必须以每单位距离为基础才有意义，而灰度分辨率指的则是用于量化灰度的比特数。

14.4　实践：Python 文本数据挖掘

14.4.1　词云制作

词云技术是将文本可视化的重要技术之一，它往往能带来很酷炫的视觉效果，本实验将运用词云工具对样例文本生成词云，其中，词云工具是 Python 的 WordCloud 模块，样例文本采用的是《星球大战》电影的台词。

1. 准备掩膜图片和文本数据

本实验利用一张掩膜图像对《星球大战》电影的台词制作词云，首先分别导入 mask 图片"stormtrooper_mask.png"和电影台词"a_new_hope.txt"。

2. 生成词云

利用 WordCloud 函数生成词云，可以自定义颜色参数，函数使用方法如下：

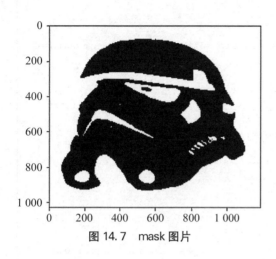

图 14.7　mask 图片　　　　　　　　　图 14.8　电影台词

```
#<程序 14.1 词云制作>
wc = WordCloud(max_words=1000, mask=mask, stopwords= stopwords, margin=10,
random_state=1).generate(text)
```

得到以下结果：

图 14.9　黑白词云

14.4.2　文本分类实践

文本分类是自然语言处理的基本应用之一，掌握文本分类能够更好地理解文本数据挖掘，本实验将会建立一个神经网络模型，通过分析影评文本将影评分为正面或负面。这是一个典型的二分类问题,是一种重要且广泛适用的机器学习案例。

```
#<程序 14.2 文本分类实践>

imdb = keras.datasets.imdb❶ (以下 2 行)
(train_data,train_labels),(test_data,test_labels)=imdb.load_data(num_words=10000)

word_index = imdb.get_word_index()❷ (以下 10 行)
word_index = {k:(v+3) for k,v in word_index.items()}
word_index["<PAD>"] = 0
word_index["<START>"] = 1
word_index["<UNK>"] = 2  # unknown
word_index["<UNUSED>"] = 3
reverse_word_index = dict([(value, key) for (key, value) in word_index.items()])
def decode_review(text):
    return ' '.join([reverse_word_index.get(i, '?') for i in text])

train_data = keras.preprocessing.sequence.pad_sequences❸ (以下 4 行)
(train_data, value=word_index["<PAD>"],padding='post', maxlen=256)
test_data = keras.preprocessing.sequence.pad_sequences(test_data,
value=word_index["<PAD>"],padding='post',maxlen=256)

vocab_size = 10000❹ (以下 7 行)
model = keras.Sequential()
model.add(keras.layers.Embedding(vocab_size, 16))
model.add(keras.layers.GlobalAveragePooling1D())
model.add(keras.layers.Dense(16, activation=tf.nn.relu))
model.add(keras.layers.Dense(1, activation=tf.nn.sigmoid))
model.summary()

model.compile(optimizer=tf.train.AdamOptimizer(),loss='binary_crossentropy',
metrics=['accuracy'])❺
```

```
x_val = train_data[:10000]❻（以下 4 行）
partial_x_train = train_data[10000:]
y_val = train_labels[:10000]
partial_y_train = train_labels[10000:]


history = model.fit(partial_x_train,❼（以下 6 行）
                    partial_y_train,
                    epochs=40,
                    batch_size=512,
                    validation_data=(x_val, y_val),
                    verbose=1)

results = model.evaluate(test_data, test_labels)❽（以下 2 行）
print(results)
```

1. 数据集和数据探索

我们将使用包含 50 000 条电影评论文本的 IMDB(互联网电影数据库)数据集,并将其分为训练集(含 25 000 条影评)和测试集(含 25 000 条影评)。训练集和测试集是平衡的,也即两者的正面评论(1)和负面评论(0)的总数量相同。

IMDB 数据集已经集成于 TensorFlow 的 keras 中,该数据集已经被预处理过,每一条评论(可以看作一个单词序列)都已经被转换为整数序列,整数序列每一个整数都表示字典中的一个单词序号。

使用代码❶下载 IMDB 数据集。

参数 num_words＝10 000 表示数据集保留了最常出现的 10 000 个单词。为了保持数据大小的可处理性,罕见的单词会被丢弃。

让我们花一点时间来了解数据的格式。数据集经过预处理后,每条影评都是由整数数组构成,代替影评中原有的单词。每条影评都有一个标签,标签是 0 或 1 的整数值,其中 0 表示负面评论,1 表示正面评论。

查看训练集的数据大小和标签大小:

```
1  print(train_data.shape, train_labels.shape)
2
3  print(test_data.shape, test_labels.shape)
```

(25000,) (25000,)
(25000,) (25000,)

图 14.10　训练集的数据和标签大小

评论文本已转换为整数数组，每个整数表示字典中的特定单词。以下是第一篇评论文本转换后的形式：

电影评论的长度可能不同，但是神经网络的输入必须是相同长度，因此我们需要稍后解决此问题。以下代码显示了第一篇评论和第二篇评论分别包含的单词数量：

```
1  print(train_data[0])
```

[1, 14, 22, 16, 43, 530, 973, 1622, 1385, 65, 458, 4468, 66, 3941, 4, 173, 36, 256, 5, 25, 100, 43, 838, 112, 50, 670, 2, 9, 35, 480, 284, 5, 150, 4, 172, 112, 167, 2, 336, 385, 39, 4, 172, 4536, 1111, 17, 546, 38, 13, 447, 4, 192, 50, 16, 6, 147, 2025, 19, 14, 22, 4, 1920, 4613, 469, 4, 22, 71, 87, 12, 16, 43, 530, 38, 76, 15, 13, 1247, 4, 22, 17, 515, 17, 12, 16, 626, 18, 2, 5, 62, 386, 12, 8, 316, 8, 106, 5, 4, 2223, 5244, 16, 480, 66, 3785, 33, 4, 130, 12, 16, 38, 619, 5, 25, 124, 51, 36, 135, 48, 25, 1415, 33, 6, 22, 12, 215, 28, 77, 52, 5, 14, 407, 16, 82, 2, 8, 4, 107, 117, 5952, 15, 256, 4, 2, 7, 3766, 5, 723, 36, 71, 43, 530, 476, 26, 400, 317, 46, 7, 4, 2, 1029, 13, 104, 88, 4, 381, 15, 297, 98, 32, 2071, 56, 26, 141, 6, 194, 7486, 18, 4, 226, 22, 21, 134, 476, 26, 480, 5, 144, 30, 5535, 18, 51, 36, 28, 224, 92, 25, 104, 4, 226, 65, 16, 38, 1334, 88, 12, 16, 283, 5, 16, 4472, 113, 103, 32, 15, 16, 5345, 19, 178, 32]

图 14.11　训练集的第一篇评论

```
1  len(train_data[0]), len(train_data[1])
```

(218, 189)

图 14.12　前两篇评论的单词数量

2. 将整数转换为单词

将整数序列转换回文本能够有效帮助我们理解模型。代码❷将创建一个辅助函数来查询包含有整数到字符串映射的字典对象。

现在可以使用 decode_review 函数来查看解码后的第一篇影评文本：

```
1  decode_review(train_data[0])
```

"<START>thisfilmwasjustbrilliantcastinglocationscenerystorydirectioneveryone'sreallysuitedthepartheyplayedandyoucouldjustimaginebeingthererobert<UNK>isanamazingactorandnowthesamebeingdirector<UNK>fathercamefromthesamescottishislandasmyselfsoilovedthefacttherewasarealconnectionwiththisfilmthewittyremarksthroughoutthefilmweregreatitwasjustbrilliantsomuchthatiboughtthefilmassoonasitwasreleasedfor<UNK>andwouldrecommendittoeveryonetowatchandtheflyfishingwasamazingreallycriedattheenditwassosadandyouknowwhattheysayifyoucryatafilmitmusthavebeengoodandthisdefinitelywasalso<UNK>tothetwolittleboy'sthatplayedthe<UNK>ofnormanandpaultheywerejustbrilliantchildrenareoftenleftoutofthe<UNK>listithinkbecausethestarsthatplaythemallgrownuparesuchabigprofileforthewholefilmbutthesechildrenareamazingandshouldbepraisedforwhattheyhavedonedon'tyouthinkthewholestorywassolovelybecauseitwastrueandwassomeone'slifeafterallthatwassharedwithusall"

图 14.13 解码后的评论文本

3. 准备数据

在输入到神经网络之前，整数数组形式的评论必须转换为张量。这种转换可以通过以下两种方式完成：

方法一：对数组进行独热编码（one-hot-encode），将其转换为 0 和 1 的向量。例如序列[3,5]将成为一个 10 000 维的向量，除索引 3 和 5 为 1 外，其余全部为零。然后，将其作为我们网络中的第一层——全连接层（稠密层，dense layer）——以处理浮点向量数据。然而，这种方法会占用大量内存，需要一个 num_words * num_reviews 大小的矩阵。

方法二：填充数组，使它们都具有相同的长度，然后创建一个形状为 max_length * num_reviews 的整数张量。我们可以使用能够处理这种形状的嵌入层（embedding layer）作为神经网络中的第一层。

在本实验中，我们使用第二种方法。

由于电影评论的长度必须相同，我们使用 keras 中定义的 pad_sequences 函数对长度进行标准化（代码❸）。

现在来查看影评的长度和第一篇影评：

```
1  print(len(train_data[0]), len(test_data[0]))
```

256 256

图 14.14 扩展后的评论单词量

4. 构建模型

神经网络是由层的叠加来实现的,因此我们需要做两个架构性决策:

- 模型中要使用多少层?
- 每层要使用多少隐藏单元?

在本实验中,输入数据由单词索引数组组成,要预测的标签不是 0 就是 1。我们可以建立一个模型来解决这个问题(代码❹)。

```
1 train_data[0]
```

```
array([   1,   14,   22,   16,   43,  530,  973, 1622, 1385,   65,  458,
       4468,   66, 3941,    4,  173,   36,  256,    5,   25,  100,   43,
        838,  112,   50,  670,    2,    9,   35,  480,  284,    5,  150,
          4,  172,  112,  167,    2,  336,  385,   39,    4,  172, 4536,
       1111,   17,  546,   38,   13,  447,    4,  192,   50,   16,    6,
        147, 2025,   19,   14,   22,    4, 1920, 4613,  469,    4,   22,
         71,   87,   12,   16,   43,  530,   38,   76,   15,   13, 1247,
          4,   22,   17,  515,   17,   12,   16,  626,   18,    2,    5,
         62,  386,   12,    8,  316,    8,  106,    5,    4, 2223, 5244,
         16,  480,   66, 3785,   33,    4,  130,   12,   16,   38,  619,
          5,   25,  124,   51,   36,  135,   48,   25, 1415,   33,    6,
         22,   12,  215,   28,   77,   52,    5,   14,  407,   16,   82,
          2,    8,    4,  107,  117, 5952,   15,  256,    4,    2,    7,
       3766,    5,  723,   36,   71,   43,  530,  476,   26,  400,  317,
         46,    7,    4,    2, 1029,   13,  104,   88,    4,  381,   15,
        297,   98,   32, 2071,   56,   26,  141,    6,  194, 7486,   18,
          4,  226,   22,   21,  134,  476,   26,  480,    5,  144,   30,
       5535,   18,   51,   36,   28,  224,   92,   25,  104,    4,  226,
         65,   16,   38, 1334,   88,   12,   16,  283,    5,   16, 4472,
        113,  103,   32,   15,   16, 5345,   19,  178,   32,    0,    0,
          0,    0,    0,    0,    0,    0,    0,    0,    0,    0,    0,
          0,    0,    0,    0,    0,    0,    0,    0,    0,    0,    0,
          0,    0,    0])
```

图 14.15　扩展后的评论

输出:

```
Model: "sequential"
_____
Layer (type)                 Output Shape              Param #
=================================================================
embedding (Embedding)        (None, None, 16)          160000
_____
global_average_pooling1d (Gl (None, 16)                0
_____
dense (Dense)                (None, 16)                272
_____
```

```
-----------------------------------------------------------------
dense_1 (Dense)                    (None, 1)                   17
=================================================================
Total params: 160,289
Trainable params: 160,289
Non-trainable params: 0
_____
```

图 14.16　模型概览

在该模型中，以下四层按顺序堆叠以构建分类器：

- 第一层是嵌入层(embedding layer)。该层采用整数编码的词汇表，并查找每个词索引的嵌入向量。这些向量是作为模型训练学习的。向量为输出数组添加维度，生成的维度为：(batch, sequence, embedding)。
- 接下来，全局平均池化层(global average pooling1D layer)通过对序列维度求平均，为每个评论返回固定长度的输出向量。这使得模型以最简单方式处理可变长度的输入。
- 接下来，这个固定长度的输出向量通过一个带有 16 个隐藏单元的全连接层(稠密层，dense layer)进行传输。
- 最后一层与单个输出节点紧密连接。使用 sigmoid 激活函数，输出值是介于 0 和 1 之间的浮点数，表示概率或置信水平。

模型需要一个损失函数和一个用于训练的优化器。由于这是二分类问题和概率输出模型(一个带有 sigmoid 激活的单个单元层)，我们将使用 binary_crossentropy 损失函数。这不是损失函数的唯一选择，例如也可以选择 mean_squared_error 等函数。但是通常 binary_crossentropy 在处理概率上表现更好——它测量概率分布之间的"距离"，或者测量真实分布和预测之间的"距离"。对于回归问题(比如预测房价)，另一种称为均方误差(mean squared error)的损失函数也是不错的选择。

现在，使用优化器和损失函数来配置模型(代码❺)。

5. 创造验证集

在训练时，想要检查模型在以前没有见过的数据上的准确性。因而通过从原始训练数据中分离 10 000 个影评来创建验证集。(为什么现在不使用测试集呢？我们的目标是只使用训练数据开发和调整模型(代码❻)，然后仅使用一次测试数据来评估模型的准确性)。

6. 训练模型

本实验采用小批量梯度下降法训练模型(代码❼)，每个 mini-batches 含有 512 个样本(影评)，模型共训练了 40 个 epoch。这就意味着在 x_train 和 y_train 张量上对所有样本进行了 40 次迭代。在训练期间，模型在验证集(含 10 000 个样本)上的损失值和准确率同样会被记录。

7. 评估模型

通过测试集来检验模型的表现(代码❽)。检验结果将返回两个值:损失值(表示误差,值越低越好)和准确率。

输出:

```
25000/25000 [==============================] - 1s 25us/sample - loss: 0.3376 - acc: 0.8702
[0.33762896797180175, 0.8702]
```

图 14.17　测试集准确度

本实验中使用了相当简单的方法便可达到约 87% 的准确率。若采用更先进的方法,模型准确率应该接近 95%。

14.5　本章小结

非结构化数据挖掘是互联网和大数据高速发展的产物,它的处理对象是非结构化的数据。根据处理对象不同,非结构化数据挖掘分为自然语言处理、语音信号处理以及数字图像处理等。本章以非结构化数据挖掘为核心,介绍了自然语言处理、语音信号处理和数字图像处理的概况、发展和常用技术等知识,并通过 Python 实践了简单的文本数据挖掘。相对于结构化数据,非结构化数据挖掘更加具有挑战性,受到了越来越多的关注。

14.6　习题与实践

复习题

1. 自然语言处理(NLP)常用的三种方法是什么?
2. 为什么说自然语言处理是人工智能领域里面最难的一个领域?
3. 语音信号分析根据参数性质的不同可以分为哪几种?
4. 数字图像是连续的还是离散的?
5. 请分别阐述数字图像处理中的低级任务、中级任务、高级任务是什么。

践习题

1. 运用 Python 的 WordCloud 模块对任意文本生成一个词云,尽量美观。
2. 运用词袋模型,对任意文本进行向量化,输出结果向量。
3. 运用 sklearn 中的 tfidf 方法,对 sklearn 自带的 20newsgroups 数据集进行向量化,输出第一个文本的结果向量。
4. 运用朴素贝叶斯的方法对向量化的文本进行分类,输出训练集和测试集的分类准确度。

5. 任取一段音频,对其进行快速傅里叶变换,可视化傅里叶变换的结果。
6. 设计一个 3×3 的卷积,使其能够检测图像的垂直边缘,并用 OpenCV 实现。
7. 使用 CIFFAR10 数据集,设计并构建任意结构的卷积神经网络模型,对每层卷积计算后得到的图像特征进行可视化展示,观察结果。
8. 图数据是一种常见数据结构,Cora 数据集是一个研究中常用的图数据集,该图数据集中的节点分属于不同类别,下载地址:http://www.cs.umd.edu/~sen/lbc-proj/LBC.html,请尝试选取合适的数据挖掘算法,对该图数据集进行分类。
9. 高维数据的可视化展示需要通过降维技术来实现,请在第 8 题的基础上,使用 PCA 算法对分类结果进行降维处理,并进行二维展示。

研习题

1. 自然语言处理领域的成果层出不穷,阅读"文献阅读"[30]和[31],学习 NLP 领域最新的研究成果 BERT,思考并尝试将其实现。
2. 近年来表征学习技术发展迅猛,该技术通过学习算法得到对不同类型结构数据的向量表征,并用于下游任务,在图像、NLP 和图数据挖掘等领域应用广泛,尝试收集资料调研表征学习技术的发展和应用,并对现有的技术进行总结和归类。

第四部分
数据应用与社会问题

第 15 章　数据综合应用

CHAPTER FIFTEEN

阿尔法零点在短短 24 小时内就实现了人类的全部潜力,而不仅仅是对领域规则的理解。我们需要意识到这种前沿工作的重要性,并提醒自己:我们仍处于卡尔·本茨(Karl Benz)的时代——他对他的发明将带来的影响一无所知。

——佚名

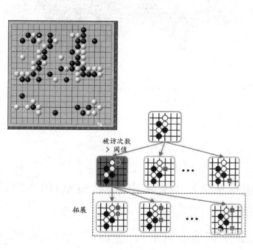
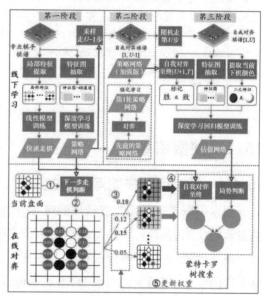

来源:郑宇,张钧波,一张图解AlphaGo原理及弱点,2016.

数据最终会在应用中发挥巨大的作用,将前面学习到的知识串联起来解决实际生活中的复杂问题,展示数据的威力,是本章的目的所在,所介绍的三个领域均是集数据大成者,也是非常典型的数据驱动的应用创新。本章主要内容如下:15.1 节介绍搜索引擎,15.2 节介绍智能运维,15.3 节介绍开源数字年报。

> **开篇实例**
>
> 　　2008 年,在持续了两年的"创新"之后,IBM 提出了让业界再次眼前一亮的理念——"智慧的地球"。其目标是让世界的运转更加智能化,涉及个人、企业、组织、政府、自然和社会

开篇实例

之间的互动,而他们之间的任何互动都将是提高性能、效率和生产力的机会。随着地球体系智能化的不断发展,也为我们提供了更有意义的、崭新的发展契机。

智慧地球的核心是以一种更智慧的方法通过利用新一代信息技术来改变政府、公司和人们相互交互的方式,以便提高交互的明确性、效率、灵活性和响应速度。如果使用得当,我们就可以利用这些数据和智能算法来解决城市所面临的问题,如空气污染、交通拥堵、能耗增加、规划落后等。智慧城市通过对多源异构数据的整合、分析和挖掘来提取知识和智能,并结合行业知识来创造"人—环境—城市"三赢的局面。

如今信息基础架构与高度整合的基础设施的完美结合,使得政府、企业和市民可以做出更明智的决策。智慧方法具体来说是以下述三个方面为特征的:更透彻的感知,更广泛的互联互通,更深入的智能化,而这一切的核心来自于两个字:数据。

15.1 搜索引擎

15.1.1 搜索引擎是如何工作的

搜索引擎是一类系统或软件的统称,作用是从文档的集合中查找(检索)出匹配信息需求的文档(查询),信息需求是由单词、问题等构成的。

确切地说,这里所讲解的搜索引擎其实是"全文搜索引擎"。所谓的"全文"指的就是全部的句子,当检索的对象为"由文本构成的文档中的全部句子"时,对于该文档进行的检索就称为全文搜索。而实现了这种全文搜索的系统就是全文搜索引擎(全文搜索系统),在英文中一般称为 Full-text Search Engine。在本书之后的章节中,提到"搜索引擎"指的就是全文搜索引擎。

下面让我们先从搜索引擎的全貌看起,搜索引擎一般由以下四个组件构成:
- 索引管理器(index manager);
- 索引检索器(index searcher);
- 索引构建器(indexer);
- 文档管理器(document manager)。

图 15.1 展示了构成搜索引擎的全部要素。首先让我们简单地看看这些组件都在进行着怎样的工作吧。

1. 索引管理器

索引管理器组件的作用是管理带有索引结构的数据,索引结构是一种用于进行高

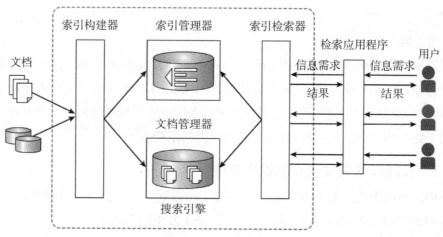

图 15.1　搜索引擎的构成

速检索的数据结构。对索引的访问也是通过索引管理器进行的。索引管理器通常是将索引作为二级存储上的二进制文件来进行管理的。而且，还经常会通过保存压缩后的索引来减少从二级存储加载的数据量，达到提升检索处理效率的目的。

2. 索引检索器

索引检索器是利用索引进行全文搜索处理的组件。索引检索器根据来自检索应用程序用户的查询，协同索引管理器进行检索处理。在大多数情况下，索引检索器都会根据某种标准对与查询相匹配的检索结果排序，并将排在前面的结果返回给应用程序。另外，本书将查询和信息需求视为同义词。所谓查询是指"由 1 个以上的单词或词组组成的对搜索引擎的询问"。

3. 索引构建器

索引构建器是从作为检索对象的文本文档中生成索引的组件。索引构建器会先通过解析将文本文档分解为单词序列，然后再将该单词序列转换为索引结构。在搜索引擎中，将生成索引的环节称为索引构建（index construction）。

4. 文档管理器

文档管理器是管理文档数据库的组件，文档数据库中储存着作为检索对象的文档。文档管理器会先从文档数据库中取出与查询相匹配的文档，然后再根据需要从该文档中提取出一部分内容作为摘要。

5. 与搜索引擎相关的组件

- 爬虫

爬虫（Crawler）是用于收集 Web 上的 HTML 文件等文档的系统（机器人）。例如，用于 Web 检索的爬虫就是通过追随 Web 页面上的超链接来收集全世界的 HTML 网页的。全世界的 Web 页面正以惊人的速度不断增长，因此爬虫的任务就是高效地收集这些网页。

- 搜索排序系统

以谷歌的 PageRank 系统为代表的搜索排序系统是给作为检索对象的文档打分的系统。例如，在 Web 检索中，通常会根据查询与文档的关联性以及文档的热门度计算出分数，并以此分数为基准，将检索结果排序后提供给应用程序的用户。搜索排序系统正是用于此目的的、能（机械地）算出文档热门度的系统。

15.1.2 实现快速全文索引的索引结构

下面介绍用于快速全文搜索的索引结构。在讲解广泛应用于全文搜索的、名为倒排索引的索引结构之前，让我们先来梳理一下全文搜索的方法。

全文搜索大致可以分为两种方法，一种是利用全扫描进行全文搜索，一种是利用索引进行全文搜索。

1. 利用全扫描进行全文搜索

第一种方法是从头到尾扫描作为检索对象的文档，以此来搜索要检索的字符串。由于 Unix 的字符串检索命令"grep"也是以同样的方式进行搜索的，所以有时也将这种方法称为"grep 型搜索"。在利用全扫描进行全文搜索时，虽然不需要事先处理作为检索对象的文档，但问题是文档越大越多检索时间就越长。因此，一般认为这种方法只适用于处理少量或暂时性的文档。

在通过对文档进行全扫描来搜索字符串的方法中，有一些高效的算法，例如 KMP 算法和 BM 算法。受限于篇幅，本书不会介绍这些算法，有兴趣的读者可以参考有关算法的教材。

2. 利用索引进行全文搜索

相对于利用全扫描进行全文搜索的方法，利用索引的方法需要事先为文档建立索引，然后利用索引来搜索要检索的字符串。虽然事先建立索引需要花费时间，但优点是即使文档的数量增加，检索速度也不会大幅下降。因此，一般认为这种方法更适合处理大量的文档。搜索引擎一般也会采用这种方法。

虽然索引分为很多种，每种的结构都不同，但是以谷歌和雅虎为代表的大多数搜索引擎采用的都是名为倒排索引的索引结构。也就是说，在全文搜索中倒排索引是一种最常见的索引结构。本书将要介绍的搜索引擎开发过程采用的就是倒排索引。

实际上，倒排索引具有与图书索引完全相同的逻辑结构。下面就让我们以一本书中的文档为例来具体看看倒排索引吧。这本书由以下两页组成，内容分别如下所示。

第 1 页（P1）：I like search engines.

第 2 页（P2）：I search keywords in Google.

表 15.1　示例书籍中的倒排索引

engine	P1	keyword	P2
Google	P2	like	P1
I	P1,P2	search	P1,P2
in	P2		

从表 15.1 应该就能看出倒排索引确实和图书的索引拥有相同的结构。看到单词时只要查一下这张表,该单词出现在哪一页就一目了然了。所谓倒排索引就是一张列出了"哪个单词出现在了哪一页"的表格。

如何才能构建出倒排索引呢?下面就让我们使用上面的书籍示例,具体地看一看构建倒排索引的步骤吧。首先,要以表格的形式归纳出书中的每一页都使用了哪些单词。归纳出的表格如表 15.2 所示。请注意此时要将英文单词的复数形式还原为单数形式。

表 15.2　表中列出了书中的哪一页使用了哪个单词

	I	like	search	engine	keyword	in	Google
P1	1	1	1	1	0	0	0
P2	1	0	1	0	1	1	1

在表 15.2 中,我们以书中使用过的单词为行标题,以页码为列标题。写好行、列标题后,当某页使用了某个单词,就将 1 填入对应的格子中。例如,第 1 页(P1)使用了 I、like、search、engine 几个单词,因此就在对应的几个格子中写入 1。对于第 2 页(P2)也是如此。由于表格是从左向右填写的,所以自然也要从左向右浏览,这样就能读出出现在各页中的单词了。若是从上向下浏览,又会有什么发现呢?这样浏览应该能读出每个单词都出现在哪一页上了。为了便于浏览,我们交换了表 15.2 的行和列,并将单词按照词典顺序进行了排序,最终结果如表 15.3 所示。

表 15.3　表中列出了书中的哪个单词出现在了哪一页上

	P1	P2		P1	P2
engine	1	0	keyword	0	1
Google	0	1	like	1	0
I	1	1	search	1	1
in	0	1			

从表 15.3 应该就能看出，到了这个阶段，倒排索引就已经大致完成了。剩下的步骤就与制作图书的索引一样了，只要改用精简的表示方式，即只列出"每个单词都出现在了第几页上"，就可以制成表 15.1 那样的表格了。

在生成的倒排索引中，我们建立起了页中的单词和页的对应关系。也就是说，把页当成构建索引的单位。之所以这样做，是因为在翻阅图书时，人们通常是以"页"作为单位的。那么，对于其他情况又要如何处理呢？例如，对于 Web 上的 HTML 文档，我们可以将 1 个 HTML 网页作为构建索引的单位。而对于邮件，我们可以将 1 封邮件作为构建索引的单位。由此可见，对于每种作为检索对象的数据，构建索引的单位都是不同的。在全文搜索中，将构建索引的单位统称为"文档"（document），将文档的标识信息称为"文档编号"。文档编号类似图书的页码，用于唯一地标识某个文档。

15.1.3　深入理解倒排索引

到此为止，我们就介绍完了倒排索引的概要。下面，就让我们再来略微详细地了解一下倒排索引吧。总的来说：**倒排索引＝词典＋倒排文件**。

倒排索引是由单词的集合"词典"和倒排列表的集合"倒排文件"构成的。词典和倒排文件以及作为这二者构成要素的单词和倒排列表的关系如图 15.2 所示。

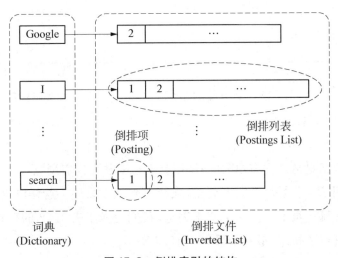

图 15.2　倒排索引的结构

词典中的每个单词都持有一段引用信息，指明了对应着该单词的倒排列表。利用这段引用信息，我们就可以从词典中的各个单词那里获取到相应的倒排列表了。

1. 从倒排索引中查找单词

若要从倒排索引中查找出包含了某个单词的文档，只需要先从词典中找到该单词，然后获取与之对应的倒排列表，最后从倒排列表中获取文档编号即可。这里只是改用检索的术语将之前讲解过的方法描述了一遍，所以若有疑问的话，请再重新读读前面的内容。

那么，我们又该如何查找同时包含了多个单词的文档呢？查找时只需要先从词典中找出各个单词，然后分别获取这些单词的倒排列表并加在一起，由此计算出包含在各个倒排列表中的文档编号的交集。举例来说，假设我们使用的是上一节生成的那个倒排索引，并要从中查找出既包含 search 又包含 engine 的文档。那么根据上述方法，一旦获取到了 search 和 engine 分别对应的倒排列表，就可以知道 search 包含在页面 1 (P1)和页面 2(P2)中，engine 包含在页面 1(P1)中。而接下来，只要再计算出这两个倒排列表的交集，就又可以知道同时包含这两个单词的文档是文档 1(P1)。

2. 将单词的位置信息加入倒排文件中

到目前为止，我们见到的倒排文件都只带有"各单词都出现在了哪个文档中"这一种信息。这样的倒排文件称为"文档级别的倒排文件"(document-level inverted file)。除此以外，还有另一种倒排文件，称作"单词级别的倒排文件"(word-level inverted file)。这种倒排文件中不仅带有有关单词出现在了哪个文档中的信息，还带有单词出现在了文档中的什么位置(从开头数是第几个单词)这一信息。

在单词级别的倒排文件中，各个倒排项的表示方法如下所示。

DocID;offset1,offset2...

还是以刚刚使用过的两个文档为例，从头数的话，单词 search 是文档 1(P1)中的第 3 个单词，是文档 2(P2)中的第 2 个单词，因此其倒排列表是：

search:D1;3,D2;2

如果把各个单词在文档中的出现位置都如此考察一遍，就可以得到如下所示的单词级别的倒排文件了。

engine:D1;4

Google:D2;5

I:D1;1,D2;1

in:D2;4

keyword:D2;3

like:D1;2

search:D1;3,D2;2

随后我们要介绍的从倒排索引中查找短语，或是计算检索结果中文档的得分等场景中都会用到这种单词的位置信息。

3. 从倒排索引中查找短语

我们刚刚讲解的是如何利用文档级别的倒排文件查找同时包含 search 和 engine 的文档。但是利用这种方法得到的检索结果，未必都是关于搜索引擎(search engine)的文档。例如，虽然下面的文档也同样包含了 search 和 engine，但却与搜索引擎无关。

I search for a gas station because my car's engine doesn't start.
(因为汽车的引擎发动不起来了,所以我要找加油站。)

因此,要想查找关于搜索引擎的文档,就需要从倒排索引中找出含有短语 search engine 的文档。而要想从倒排索引中查找短语,就需要使用刚刚介绍过的单词级别的倒排文件。

在使用单词级别的倒排文件查找短语时,前几步与使用文档级别的倒排列表相同,即也是先从词典中找出单词 search 和 engine,然后分别获取它们的倒排列表,最后算出这两个倒排列表中文档编号的交集。但是到这里还没有结束,查找短语时还需要确认 search 和 engine 是否是相邻出现的。在上面的例子中,由于 search 和 engine 都出现在了文档 1 中,并且 search 是文档 1 中的第 3 个单词,engine 是第 4 个单词,这说明这两个单词是相邻出现的,所以可以得出结论,短语 search engine 出现在了文档 1 中。

15.1.4 实现倒排索引

在实现词典时,为了能够快速地获取到对应着单词的倒排列表,通常都会使用哈希表、树等数据结构。例如,常用的树形数据结构有保存着各个单词顺序关系的二叉查找树(binary search tree)和字典树(trie)等。

1. 用二叉查找树实现词典

使用二叉查找树实现词典时,要先将数据对(的列表)按照单词的词典顺序排列,然后存储到存储器中。数据对是由单词和对应着该单词的倒排列表的引用信息构成的。例如,若用内存上的二叉查找树实现之前例子中的词典,就会得到如图 15.3 所示的树形结构。树中的各个节点是通过地址引用(指针)连接起来的。

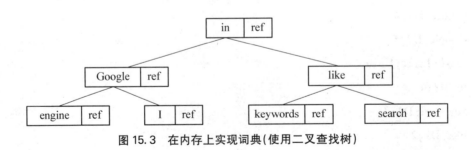

图 15.3 在内存上实现词典(使用二叉查找树)

同样地,在二级存储上实现词典时,也要先将数据对按照单词的词典顺序排列,然后一个接一个地存储到存储器上。但是,如果只是单纯地一个接一个地存储,就无法知道各数据对应该在哪里结束了,因此在此之上还要维护一个列表,用于存储从开头算起每个数据对的偏移量。对应的数据结构如图 15.4 所示。在进行检索时,可以对该偏移量的列表进行二分查找。

如果词典能够完整地加载到内存,那么所形成的二叉树的搜索效率将会非常高。

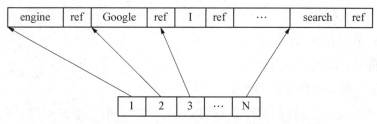

图 15.4　在二级存储器上实现词典（使用二叉查找树）

特别是当二叉树处于平衡状态时，平均进行 $\log_2 N$ 次查找就能找到单词。但是，如果词典无法完整地加载到内存，而必须存储到二级存储器上时，二叉树就未必是高效的数据结构了。HDD 或 SSD 等二级存储器一般被称作"块设备"，由于它们是以块为单位进行输入输出的，所以即使只是读取块中 1 个字节的数据，也不得不对整个块进行输入输出操作。例如，假设我们用二叉查找树实现了含有 100 万个单词的词典，那么进行二分查找的话，平均需要 20 次查找，因此在最坏的情况下就需要加载 20 个块。也就是说，假设二级存储的加载性能为 5 ms/块，那么在 1 次检索中，仅花费在二级存储输入输出上的时间就高达 100 ms。因此，当要存储大型词典时，往往要使用适合块设备的 B+树等树形数据结构。

2. 用 B+ 树实现词典

B+树是一种平衡的多叉树，属于从 B 树派生出来的树形结构。在 B+树中，所有的记录都存储在树中的叶节点（Leaf Node）上，内部节点（Internal Node）上只以关键字的顺序存储关键字。B+树的示意图如图 15.5 所示。

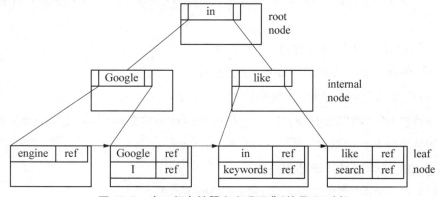

图 15.5　在二级存储器上实现词典（使用 B+树）

B+树通常以文件系统中页尺寸的常数倍为单位管理各节点，而由这样的节点来构成树，则有助于减少检索时对二级存储的输入输出次数。下面就让我们用 B+树来实现之前的包含了 100 万个单词的词典吧。假设有以下设定。

- 块大小：4 KB；

- 页大小:4 KB;
- 单词的平均大小:10 字节;
- 页内偏移量的大小:2 字节;
- 指向下一级节点的指针的大小:4 字。

基于这种假设,可以算出每个单词将占用页中 16 个字节的空间,因此每页中可以存放大约 250 个关键词(单词)。由于页中的每个单词都持有一个指向下级节点的指针,下级节点中存储的是按照词典顺序排在该单词之前(后)的单词集合,所以可以推算出要存储 100 万个单词只需要 3 层节点就足够了(100 万<250×250×250＝约 1 500 万)。也就是说,只要从二级存储中读取 3 个节点,就可以检索到任意的单词了。假设二级存储的加载性能还是 5 ms/块,那么花在检索上的输入输出时间就是 15 ms,这与花费在二叉查找树检索上的 100 ms 的输入输出时间形成了鲜明的对比。

15.1.5 使用倒排索引进行检索

前面我们已经了解了由索引管理器管理的倒排索引的结构以及具体的实现方法。下面,就让我们再来了解一下在索引检索器上使用倒排索引进行检索的方法吧。

1. 布尔检索

前面我们提到了如何从倒排索引中查找出同时包含多个单词的文档,即先获取与各单词相对应的倒排列表,然后用 AND 运算符计算出其中包含的文档编号的交集。使用由多个单词通过逻辑运算符连接而成的查询进行检索,称为"布尔检索"(Boolean retrieval)。逻辑运算符(Boolean operator)有 AND、OR、NOT 等,其含义分别如下所示。

- AND:两边的单词都要包含(逻辑与);
- OR:包含任意一边的单词即可(逻辑或);
- NOT:不包含某个单词(逻辑非)。

另外,我们通常将"如何进行检索"这样的机制称为检索模型,因此执行布尔检索的检索模型就叫做布尔模型。

2. 使用倒排索引的检索处理流程

一般来说,使用倒排索引的检索处理流程如下所示:

① 获取查询中每个单词的倒排列表;
② 根据布尔检索,获取符合检索条件的文档编号;
③ 计算符合检索条件的文档和查询的匹配度;
④ 获取对检索结果进行排序时使用的属性值;
⑤ 根据匹配度或用于排序的属性值,获取前 k 个文档。

另外，虽然在第①步中使用了"每个单词"这一表述，但是要说得严谨一些的话，应该是处理由单词或字符连接而成的每个短语（phrase）。虽然在此后的叙述中还是使用"单词"这一表述，但是请读者根据实际情况进行解读。

```
#<程序15.1：使用倒排索引的检索处理>
Q = Query // copied
// sort Q by the length of each word's posting list
word ← shift Q
posting_list = fetchList(word)  ❶
for all word ∈ Q do
    posting_list2 ← fetchList(word)  ❶
    posting_list ← Intersect(posting_list, posting_list2)  ❷
end for
array ← newArray()  ❸ （以下 8 行）
for all posting ∈posting_list do
    elem ← newElement()
    elem.val ← calcRelevancy(Query, posting)
    //elem.val ← getAttribute(posting)
    elem.ref ← posting.doc_ref
    push array, elem
end for
// Identify the top-k elem.val and return the corresponding documents.  ❹
```

假设在这段伪代码中，我们处理的是由各单词通过 AND 连接而成的布尔查询（单词 1 AND 单词 2 AND⋯单词 N）。

首先，根据各自倒排列表长度的升序，对查询中的单词进行排序。之所以这样做是为了在对多个倒排列表两两计算交集的时候，尽可能地减少比较的次数。

接下来，从查询中取出最前面的单词，获取与之对应的（最短的）倒排列表（❶）。

然后，依次计算该倒排列表与查询中剩余单词的倒排列表的交集，最终生成包含全部单词的倒排列表（❷）。接下来，计算刚生成的倒排列表中的各文档与查询的关联度。此时，若还需要根据日期等属性值而非关联度对检索结果进行排序的话，则还需要从每个文档中获取相应的属性值（❸）。

最后，再按照关联度和属性值对检索结果进行排序后，取出检索结果中的前 k 个文档(❹)。在取出结果的时候,能将所有结果都提供给用户固然好,然而当结果数量过多时,通常只提供根据某种标准选出的"优质结果"。

3. 关联度的计算方法

在 Web 搜索引擎中,一般是按照文档与查询的关联度对检索结果进行排序的。计算关联度的方法有余弦相似度(cosine similarity)和 Okapi BM25 等。在计算余弦相似度时,需要把文档和查询映射到以单词(term)为维度的向量空间上,文档向量和查询向量的夹角(内积)越小,说明文档和查询的关联度越高。而 Okapi BM25 则是基于"文档是否匹配查询是由概率决定的"这一统计原理,根据单词的出现频率等因素计算出查询与文档相关联的概率,这个概率越大,说明文档和查询的关联度越高。

4. 信息检索中的检索

在被称为信息检索的全文搜索学术领域中,由于其原本的目的就是找出与信息需求相匹配的文档,因此可以认为匹配的文档中没有必要包含查询。也就是说,在检索处理中,文档是否包含查询无关紧要,重要的是通过计算查询和整个文档的关联度,把关联度高的文档作为检索结果。

以下代码清单中列出了将余弦相似度作为关联度的指标来进行检索处理的伪代码。

```
#<程序15.2:基于文档和查询关联度的检索>
// Calculate word vector Vq,w for each word w in Query
for all d ∈ Documents do
    Sd ← 0
    for all word ∈ Query do
        Calculate document vector Vd,w
        Sd ← Sd +Vq,w · Vd,w // calculate the inner product of the two vectors
    end for
    Wd ← getDocumentLength(d)
    Sd ← Sd/Wd // normalize the score
end for
// Identify the k greatest Sd values and return the corresponding documents.
```

在该方法中,因为要计算的是所有文档和查询的关联度,所以作为检索对象的文档越多,检索处理的成本就越高。

与此相对,若是先将检索对象限定为至少包含 1 个查询中的单词的文档,再计算关联度的话,就可以降低检索处理的成本了。这种情况下的检索处理伪代码如下所示。

```
#<程序15.3：基于查询单词的文档和查询关联度的检索>
// Allocate an accumulator Ad for each document d and set Ad ← 0
for all word ∈ Query do
    // Calculate word vector Vq,w
    posting_list ← fetchList(word)
    for all (d, freq) ∈ posting_list do
        // Calculate document vector Vd,w
        Ad ← Ad + Vq,w · Vd,w // calculate the inner product of the two vectors
    end for
end for
Wd ← getDocumentLength(d)
Ad ← Ad/Wd for each Ad // normalized the score
// Identify the k greatest Ad values and return the corresponding documents.
```

由此可见，在搜索引擎中各种各样的方法都可用于检索处理。而搜索引擎的开发者则需要根据作为检索对象的文档的性质和检索应用程序的用途，适当地选择这些方法。

15.1.6 构建倒排索引

前面我们已经了解了由索引管理器管理的倒排索引的结构以及在索引检索器上进行检索处理的流程。下面，就让我们再来看一下如何在索引构建器上构建倒排索引吧。

1. 使用内存构建倒排索引

生成了与文档编号对应的单词表后对该表进行倒排，在15.1.2节我们通过这种方法生成了倒排索引。若让计算机来处理的话也是如此，先在内存上生成与文档编号对应的单词表（二维数组），然后用相同的方法倒排该表，就可以构建出倒排索引了。但是，由于大多数情况下倒排索引都是非常稀疏的表，因此这种构建方法可能会消耗大量的内存。

于是就有了用链表实现倒排列表这一优化方法。相比之下，该方法只需少量的内存就可以构建出倒排索引。

2. 使用二级存储构建倒排索引

在今天的硬件环境下，不乏装配有大量内存的计算机，尽管如此，在很多情况下还是需要处理超过实际内存容量的大规模文档。遇到这种情况时，可以利用二级存储来构建索引。作为利用二级存储构建索引的代表性方法，本书将会介绍"基于排序的构建方法"和"基于合并的构建方法"。为了使文章简明扼要，下面只介绍如何构建文档级别的倒排文件,但是其中步骤也适用于构建单词级别的倒排文件。

3. 基于排序的索引构建法

基于排序的索引构建法是一种将由单词和倒排项组成的二元组写入二级存储,并以单词的词典顺序对这些二元组排序,以此来构建倒排索引中的倒排列表的方法。具体的构建程序如下面的伪代码所示。首先,对各文档中构成该文档的每个单词都建立一条形如"单词、文档编号、单词在文档中的出现次数(TF)"的记录,然后将该记录写入到二级存储上的文件的末尾(❶)。接下来,将文件中的各条记录优先按照单词的升序排列,单词字段相同的记录需再按照文档编号的升序排列(❷)。

最后,从第一行开始逐行地读取排序后的文件,取出每个单词的文档编号的列表,并用这些列表构建出各个单词的倒排列表(❸)。此外,压缩倒排列表的操作也是在步骤❸中进行的。

```
<#程序 15.4:基于排序的索引构建>
file ← newFile()
while all documents have not been processed do
    d ← getDocument()
    for all word∈ d do ❶（以下 3 行）
        appendToFile(file, word, d.docID, count(d, word))
    end for
end while externalSort(file) ❷
inverted_file ← newFile()
for all r ∈ file do ❸（以下 4 行）
    posting ← constructPostingList(r.docID, r.freq)
    add(inverted_file, r.word, posting)
end for
```

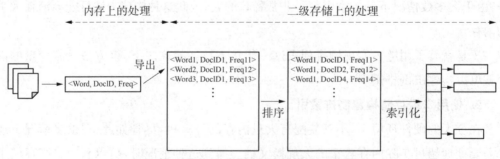

图 15.6　基于排序的索引构建处理的示意图

4. 基于合并的索引构建法

基于合并的索引构建法是一种先在内存上构建出倒排索引的片段,然后将这些片段导出到二级存储,最后将导出的多个倒排索引片段合并在一起,以此来构建最终的倒排索引的方法。具体的构建程序如下面的伪代码所示:

```
#<程序15.5：基于合并的索引构建>
n ← 0
while all documents have not been processed do
    n ← n + 1
    filen ← newFile()
    map ← newMap()
    while free memory available do ❶（以下11行）
        d ← getDocument()
        for all word ∈ d do
            if word ∈ map then ❷（以下2行）
                posting_list ← newPostingList()
            else
                posting_list ← getPostingList(map, word)
            end if
            add(posting_list, d.docID)
        end for
    end while
    sorted_map ← sort(map) ❸（以下2行）
    writeToFile(filen, sorted_map)
end while
filemerged ← mergeFiles(file1, ... , filen) ❹
```

首先,在内存上构建出以单词为键,以倒排列表为值的映射表(mapping),即由部分数据构成的倒排索引的片段(❶)。每当遇到文档中的单词不在映射表中时,都要将该单词加入映射表中(❷)。当映射表的大小(事先已设定好)达到内存大小的上限时,就将该映射表导出到文件中(❸)。像这样反复处理,直到处理完所有的文档,最后利用多路合并将导出的多个文件合并在一起,构建出最终的倒排索引(❹)。另外,压缩倒排列表的操作也是在步骤❹中进行的。基于合并的索引构建处理的示意图如

图 15.7 所示。

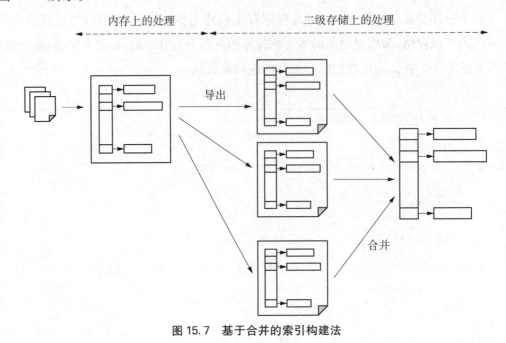

图 15.7　基于合并的索引构建法

虽然本节省略了对相关算法的详细分析，但是一般认为基于合并的索引构建法拥有更高的效率。这是由于相对于基于合并的方法，基于排序的方法要在二级存储上进行排序，所以读写的总量往往会增多。

15.2　智能运维

15.2.1　智能运维的基本概念

当代社会的生产生活，许多方面都依赖于大型、复杂的软硬件系统，包括互联网、高性能计算、电信、金融、电力网络、物联网、医疗网络和设备、航空航天、军用设备及网络等。这些系统的用户都需要良好的用户体验。因此，这些复杂系统的部署、运行和维护都需要专业的运维人员，以应对各种突发事件，确保系统安全、可靠地运行。由于各类突发事件会产生海量数据，因此，智能运维从本质上可以被视作一个大数据分析的具体场景。

图 15.8 展示了智能运维涉及的范围，它是机器学习、软件工程、行业领域知识、运维场景知识四者相结合的交叉领域，智能运维的顺利开展离不开这四者的紧密合作。

智能运维强调由机器学习算法自动地从海量运维数据（包括事件本身以及运维人员的人工处理日志）中不断地学习、提炼并总结规则。即智能运维在自动化运维的基础上增加了一个基于机器学习的大脑，指挥着监测系统采集大脑决策所需的数据，做出分析、决策并指挥自动化脚本去执行大脑的决策，从而达到运维系统的整体目标。

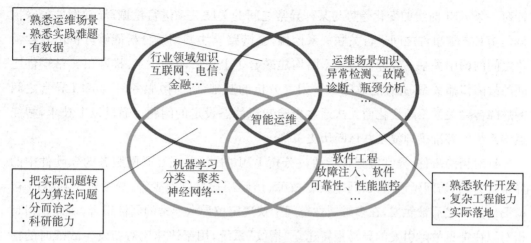

图 15.8 智能运维涉及的领域

Gartner Report 预测 AIOps(智能运维)的全球部署率将从 2017 年的 10% 增加到 2020 年的 50%。

15.2.2 智能运维的关键场景与技术

图 15.9 展示了智能运维涉及的关键场景和技术,包括大型分布式系统监控、分析、决策等。

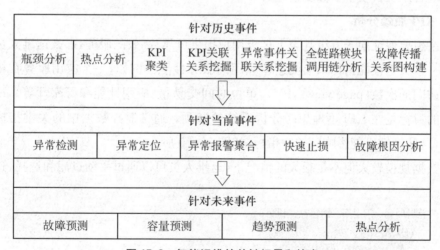

图 15.9 智能运维的关键场景和技术

其中在针对历史事件的智能运维技术中:瓶颈分析是指发现制约互联网服务性能的硬件或软件瓶颈;热点分析指的是找到对于某项指标(如处理服务请求规模、出错日志)显著大于处于类似属性空间内其他设施的集群、网络设备、服务器等设施;KPI(key performance indicator)曲线聚类是指对形状类似的曲线进行聚类;KPI 曲线关联挖掘针对两条曲线的变化趋势进行关联关系挖掘;KPI 曲线与报警之间的关联关系挖掘是针对一条KPI曲线的变化趋势与某种异常之间的关联关系进行挖掘；异常事件关联挖掘是指对异常事件之间进行关联关系挖掘；全链路模块调用链分析能够分析出软件模块之间的调用关系。故障传播关系图构建融合了上述后四种技术，推断出异常事件之间的故障传播关系，并作为故障根本因素分析的基础，解决微服务时代KPI异常之间的故障传播关系不断变化而无法通过先验知识静态设定的问题。通过以上技术，智能运维系统能够准确地复现并诊断历史事件。

针对当前事件：异常检测是指通过分析KPI曲线，发现互联网服务的软硬件中的异常行为，如访问延迟增大、网络设备故障、访问用户急剧减少等；异常定位在KPI被检测出异常之后被触发，在多维属性空间中快速定位导致异常的属性组合；快速止损是指对以往常见故障引发的异常报警建立"指纹"系统，用于快速比对新发生故障时的指纹，从而判断故障类型以便快速止损；异常报警聚合指的是根据异常报警的空间和时间特征，对它们进行聚类，并把聚类结果发送给运维人员，从而减少运维人员处理异常报警的工作负担；故障根因分析是指根据故障传播图快速找到当前KPI异常的根本触发原因；故障根因分析系统找出异常事件可能的根因以及故障传播链后，运维专家可以对根因分析的结果进行确定和标记，从而帮助机器学习算法更好地学习领域知识。这一系统最终达到的效果是当故障发生时，系统自动准确地推荐出故障根因，指导运维人员去修复或者系统自动采取修复措施。

1. KPI 瓶颈分析

如果想要保证向千万级甚至上亿级用户提供可靠、高效的服务，那么运维人员通常会使用一些关键性能指标来监测这些应用的服务性能。例如，一个应用服务在单位时间内被访问的次数（page views，PV）、单位时间交易量、应用性能和可靠性等。KPI瓶颈分析的目标是在KPI不理想时分析系统的瓶颈。通常监控数据中的关键指标有许多属性，这些属性可能影响到关键指标，如图15.10所示。

在数据规模较大但不是很大的情况下，运维人员可以通过手动过滤和选择，这样能

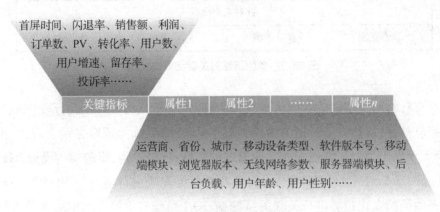

图 15.10　KPI 及影响因素

够发现影响关键性能指标的属性组合。然而,当某个关键指标有十几个属性,同时每个属性有上百亿条数据时,如何确定它们的属性是怎样影响关键性能指标的,将成为一个很大的挑战。此时,采用人工的方式去总结其中的规律是不现实的。因此,借助于机器学习算法来自动地挖掘数据背后的规律,定位系统的瓶颈成为其发展的方向。

2. KPI 异常检测

异常检测是指对不符合预期模式的事件或观测值的识别。在线系统中响应延迟、性能减弱,甚至服务中断等均为异常表现,用户体验会受到很大影响。因此异常检测在保障稳定服务上格外重要。大多数上述智能运维的关键技术都依赖于 KPI 异常检测的结果,故而互联网服务智能运维的一个底层核心技术就是 KPI 异常检测。

当 KPI 呈现出突增、突降、抖动等异常时,通常意味着与其相关的应用发生了一些潜在的故障,例如:网络故障、服务器故障、配置错误、缺陷版本上线、网络过载、服务器过载、外部攻击等。所以如果想要提供高效和可靠的服务,就必须实时监测 KPI 以及时发现异常。而那些持续时间相对较短的 KPI 抖动也必须被准确检测到,以避免未来的经济损失。

图 15.11 所示为某搜索引擎一周内的 PV 数据,其中圆圈标注的为异常。

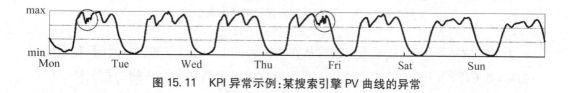

图 15.11　KPI 异常示例:某搜索引擎 PV 曲线的异常

一般情况下,每天的问题报告数量比较稳定,然而有时特定的属性组合会导致报告数量的突发性增长,快速发现并解决这些问题就不会使用户满意度受到很大影响。

目前,学术界和工业界已经提出了一系列 KPI 异常检测算法。这些算法可以概括地分成:基于近似性的异常检测算法;基于窗口的异常检测算法,例如奇异谱变换(singular spectrum transform);基于预测的异常检测算法,例如 Holt-Winters 方法、时序分解方法、线性回归方法、支持向量回归等;基于机器学习(集成学习)的异常检测算法;基于分段的异常检测算法;基于隐式马尔可夫模型的异常检测算法等类别。

3. 智能诊断

如果把异常检测比喻成一位患者出现胸闷、气短以及发烧的现象,那智能诊断的目标就是找到其背后的根本原因:是呼吸道感染,还是肺炎,抑或是其他更为严重的疾病?

对异常的诊断基于对系统运行时产生的大量监测数据的深入分析。在实践中常会遇到以下问题:

- 如何在海量指标数据中定位到异常原因?

- 如何关联时序型的异常数据和文本类型的记录？

研究人员先后提出了用异构数据的关联分析方法来解决上述两种问题，在海量指标数据下的异常识别(anomaly detection)、自动诊断(auto diagnosis)系统，以及利用日志数据进行问题定位的日志诊断分析。

(1) 异构数据关联分析。

事件序列(event sequence)数据和时间序列(time series)数据是两类常见的系统数据，包含丰富的系统状态信息。CPU使用率曲线就是一条典型的时间序列，而事件序列是用来记录系统正发生的事情，如当系统存储不足时，空间可能会记录下一系列"Out of Memory"事件。

图15.12表现了CPU使用率的时间序列和两个系统任务(CPU密集型程序和磁盘密集型程序)之间的关系。

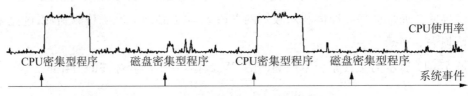

图15.12　时间序列数据与事件序列数据

为了定位异常原因，运维人员通常从在线服务的KPI指标(如宕机时间)和系统运行指标(如CPU使用率)的相关性切入。监控数据以及系统状态之间的相关性分析在异常诊断中发挥着重要的作用。由于连续型的时间序列和时序型的事件序列是异构的，传统的相关分析模型(如pearson correlation和spearman correlation)效果并不理想。并且在大规模系统中，一个事件的发生并非只与某个时间点相关，而可能与一整段时间序列相关，而传统的相关性分析只能处理点对点的相关性。因此，可以将问题建模为双样本(two-sample)问题，再使用基于最近邻统计的方法来挖掘相关性，进而解决时间序列数据和事件序列数据的相关性问题。

(2) 日志分析。

一个服务系统每天会产生1 PB的日志数据，一旦出现问题，手工检查日志需要耗费大量的时间。而且在大规模在线系统中，一个问题修正后还可能会反复出现，因此在问题诊断时可能会做大量重复性劳动。日志数据的类型也极具多样性，但不是所有的日志信息在问题诊断时都同等重要。基于日志聚类的问题诊断方法可以解决上述问题。如图15.13所示，日志分析分为两个阶段，构造阶段和产品阶段。在构造阶段，从测试环境中收集日志数据，进行向量化(log vectorization)、分权重聚类(log clustering)后，从每个集合中挑选一个代表性的日志，构造日志知识库(knowledge base)。在产品阶段，从大规模实际生产环境中收集日志，进行同样处理后与知识库中的日志进行核

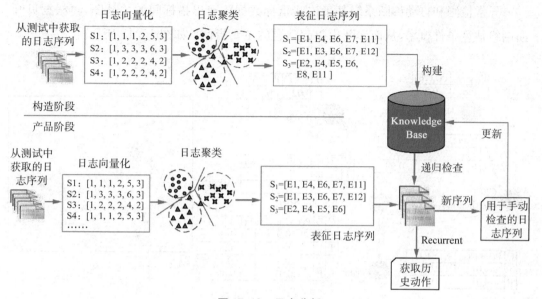

图 15.13 日志分析

对。如果知识库中存储了这条日志,代表该问题之前已经出现过,只需采用以往的经验处理,如果没出现过,再进行手工检查。

(3) 异常检测和自动诊断。

异常检测和自动诊断目的在于解决海量指标数据下的异常诊断。

图 15.14 表明在一段时间内出现两次服务异常,而在线系统从 CPU、内存、网络、系统日志、应用日志、传感器等采集了上千种系统运行指标(metric),而且这些指标之间存在复杂的关系,单独研究问题和指标之间的相关性已经无法得出诊断结论,需要理解指标之间的相关性。

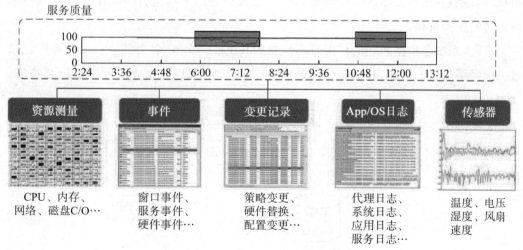

图 15.14 异常检测和自动诊断

异常检测和自动诊断系统基于这些指标数据构造出指标间的关系图,再根据贝叶斯网络估算条件概率,从而诊断出引起问题的主要指标。如图 15.15 所示。

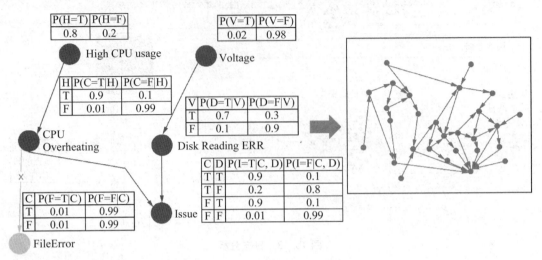

图 15.15　指标间的关系图

4. 自动修复

衡量在线系统可靠性以及保证用户满意度的重要指标之一是平均修复时间(Mean Time To Restore,MTTR)。如果想要减少 MTTR,通常做法是通过人工修复使得服务重新启动,再去挖掘并修复潜在的根本问题。但是,人工修复的缺点也显而易见,其一是浪费时间,研究表明人工时间大约占用到 90% MTTR,其二是确定一个合适的修复方法需要很强的领域知识,并且很容易出错。

自动产生修复建议的方法可以解决人工修复的问题。其主要思想是当一个新问题出现的时候,利用过去的诊断经验来为新问题提供合适的解决方案。图 15.16 展示了该策略的主要流程。

首先,系统会根据问题的详细日志信息为其生成一个签名,并建立一个问题库记录过去已经解决过的问题,其中每个问题都有一些基本信息,如发生时间、地点(某集群、

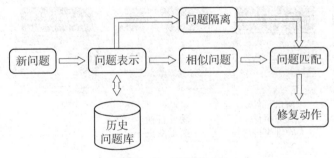

图 15.16　自动修复

网络,或数据中心)、修复方案。其中,修复方案由一个三元组⟨verb, target, location⟩描述。verb 是采取的动作,如重启;target 是指组件或服务,如数据库;location 是指问题影响到的机器及机器位置。当一个新问题出现时,系统会去问题库中寻找与其签名相似的问题,如果找到就可以根据相似问题的修复方案来修复,否则就单独人工处理。在生成签名的过程中,可以首先采用形式概念方法(formal concept analysis)将高度相关的事件组合到一起,也就是一个"概表",并基于信息衡量每个"概表"与相应的日志记录之间的相关性,再根据相关数据生成问题签名。

5. 事故管理

服务事故(service incident)是指在系统实际运行中时而会发生某些系统故障,导致系统服务质量下降甚至服务中断。在过去的几年中,许多企业出现过服务事故,而这种事故会带来很大的经济损失,同时严重影响其在消费者心中的形象。因此,事故管理(incident management)对于保证在线服务系统的服务质量很重要。

事故管理过程一般分为事故检测接收和记录、事故分类和升级分发、事故调查诊断、事故的解决和系统恢复等环节。事故管理的各个环节通常是通过分析从软件系统收集到的大量监测数据来进行的,这些监测数据包括系统运行过程中记录的详细日志、CPU 及其他系统部件的计数器、机器和进程以及服务程序产生的各种事件等不同来源的数据。这些监测数据通常包含大量能够反映系统运行状态和执行逻辑的信息,因此在绝大多数情况下能够为事故的诊断、分析和解决提供足够的支持。

许多企业目前开始采用软件解析的方法来解决在线系统中事故管理问题。例如,微软开发了一个称之为 Service Analysis Studio(SAS) 的系统,该系统可以迅速处理、分析海量的系统监控数据,提高事故管理的效率和响应速度。SAS 包括诊断信息重用、缺陷组件定位、可疑信息挖掘和分析结果综合等分析方法。

6. 故障预测

相较于对已有故障的诊断和修复,更好的情况是在故障未发生前就将其获取并解决。比如,如果能提前预测出数据中心的节点故障情况,就可以提前做数据迁移和资源分配,从而保障系统的高可靠性。目前主动的异常管理已成为一种提高服务稳定性的有效方法,而故障预测是主动异常管理的关键技术。故障预测是指在互联网服务运行时,使用多种模型或方法分析当前服务的状态,并基于历史经验判断近期是否会发生故障。

故障预测的定义如图 15.17 所示。在当前时刻,根据一段时间内的测量数据,预测未来某一时间区间是否会发生故障。之所以预测未来某一时间区间的故障,是因为运维人员需要一段时间来应对即将发生的故障,例如,切换流量、替换设备等。

目前,学术界和工业界已经提出了大量的故障预测方法。大致可分为以下几个类别:

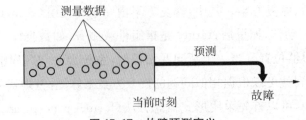

图 15.17　故障预测定义

- 征兆监测。通过一些故障对系统的异常状况来捕获它们，例如，异常的内存利用率、CPU 使用率、磁盘 I/O、系统中异常的功能调用等。
- 故障踪迹。其核心思想是从以往故障的发生特征上推断即将发生的故障。发生特征可以是故障的发生频率，也可以是故障的类型。
- 错误记录。错误事件日志往往是离散的分类数据，例如事件 ID、组件 ID、错误类型等。

从机器学习的角度看，现有方法是把故障预测抽象为二分类问题，使用分类模型如随机森林、SVM 做预测，并取得了相当好的效果。

15.2.3　实例：智能运维在大视频运维中的应用

视频业务随着移动互联网和宽带网络的快速发展，以广泛的受众、高频次的使用、较高的付费意愿，成为炙手可热的应用之一。越来越多的电信运营商将视频业务视为发展的新机遇，据用户视频报告的数据，35% 的用户把视频观看体验作为选择视频服务的首要条件。因此，运维保障成为视频业务的关键。

将原有运维技术手段和依托大数据及人工智能技术相结合，对大视频业务系统产生的各类信息进行汇聚、分析、统计、预测等，然后构建智能化的大视频运维系统，其系统架构如图 15.18 所示。

1. 大视频运维系统的组成部分

（1）数据源。数据源主要指大视频业务智能运维所需要采集的数据，包括接入网络的用户宽带信息和资源拓扑数据；CDN 的错误日志、告警、链路状态、码流信息等；终端的播放记录和关键绩效指标（KPI）数据；IPTV 业务账户、频道/节目信息等。

（2）数据采集及预处理。数据采集层主要是文件传输协议（FTP）、Kafka、超文本传输协议（HTTP）等用于数据采集的组件；数据预处理是指对各种异构日志数据进行解析、转换、清洗、规约等操作，可以完成数据使用前的必要处理及数据质量保证。

（3）数据分析处理。数据分析处理主要包括离线批处理 MR 框架、流式计算处理框架 Spark、数据存储及检索引擎、人工智能计算框架。业务组件包括数据实时分析、批处理、机器学习等模块。数据实时处理主要是对于时效性要求较高的安全事件进行监测控制、异常检测与定位、可能引发严重故障的预警、对已知问题的实时智能决策等；

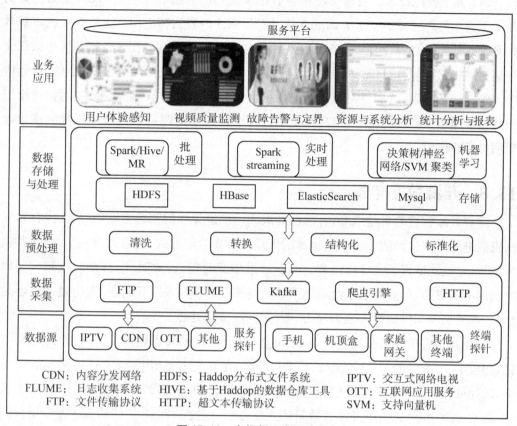

图 15.18 大视频运维系统架构

批处理模块主要是对时效性要求不高的业务模块的处理及数据的离线分析,包含但不限于故障及异常的根源分析、故障及特定规则阈值的动态预测、事件的依赖分析及关联分析、异常及重要时序模式发现、多事件的自动分类等;机器学习模块包括离线的机器学习训练平台、算法框架和模型。

(4) 业务应用层。业务应用层主要提供智能业务监测控制、端到端故障定界定位、用户体验感知、统计分析与报表等主要业务场景的分析及应用。

2. 大视频运维系统的关键技术

(1) 大数据技术。该技术可以构建基于大数据的处理平台,实现数据的采集、汇聚、建模、分析与呈现。

(2) 探针技术。该技术可以实现全网探针部署,包括机顶盒探针、直播源探针、CDN探针、无线探针、固网视频探针等,通过探针技术实现全面的视频质量实时监测控制以及数据采集。

(3) 视频质量分析指标。该指标以用户体验为依据建立视频质量评估体系,对视频清晰度、流畅度、卡顿等多项用户体验质量(QoE)指标进行分析。

(4) 人工智能技术。机器学习本身有很多成熟的算法和系统，以及大量的优秀的开源工具。另外还需要三个方面的支持：数据、标注的数据和应用。大视频系统本身具有海量的日志，包括从网络、终端、业务系统多方面采集的数据，在大数据系统中做优化存储；标注的数据是指日常运维工作会产生标注的数据，如定位一次现网事件后，运维工程师会记录过程，这个过程会反馈到系统之中，反过来提升运维水平；应用指运维工程师是智能运维系统的用户，用户在使用过程中发现的问题可以对智能系统的优化起到积极反馈作用。

15.3 开源数字年报

随着开源软件的日趋风靡，开源已经成为一项世界性的流行运动，它是人类在互联网发展进程中探索出的一种面向全球的大规模协作生产方式，它以开放共享、合作共赢为宗旨，有效地推进了全球化进程。开源经过形成时期、古典时代、移动时代到云开源时代的不断发展，产业链条已经逐渐形成。越来越多的中国 IT 企业，无论是大厂还是小厂，都越来越积极地投入人力物力，参与开源，贡献开源。

开源开发者项目活跃度使用 2019 年全年 GitHub 的日志数据，总日志条数约 5.46 亿，相较于 2018 年的 4.21 亿增长约 29.7%。在开发者活跃度与项目活跃度的定义下，统计得到 2019 年总活跃项目数量约为 512 万个，相较于 2018 年的约 313 万个增长约 63.6%；2019 年总活跃开发者数量约 360 万个，相较于 2018 年的约 303 万个增长约 18.8%。

开发者活跃度，其定义为某特定 GitHub 账号在一段时间内在某特定 GitHub 项目中的活跃评价指标。其活跃度由该账号在该项目中的行为数据决定，本节关心的行为主要包含以下几种。

(1) Issue Comment：在 Issue 中参与讨论是最基本的行为，每个评论计入 1 次。

(2) Open Issue：在项目中发起一个 Issue，无论是讨论、Bug 报告或提问，对项目都是带来活跃的，每个发起的 Issue 计入 1 次。

(3) Open Pull Request：为项目提交一个 PR，表示已对该项目进行源码贡献，则每次发起一个 PR 计入 1 次。

(4) Pull Request Review Comment：对项目中的 PR 进行 Review 和讨论，需要对项目有相当的了解，并且对项目源码的质量有极大帮助，每个评论计入 1 次。

(5) Pull Request Merged：若有 PR 被项目合入，即便是很小的改动，也需要对项目有较为深入的理解，是帮助项目进步的真切贡献，则每次有一个 PR 被合入计入 1 次。

可使用 $A_u = \sum w_i C_i$ 和 $A_r = \sum \sqrt{A_u}$ 作为评估公式。其中，C_i 是本次研究模型所关注的特征，即上述 5 个行为的统计指标，w_i 为赋予特征的对应权值，A_u 和 A_r 分别表

表 15.4 全球 Top 10 开发者账户

排名	用户名	操作记录数量（个）	Issue Comment	Open Issue	Open PR	Review Comment	PR Merged
1	Dependabot[Bot]	3641110	272213	0	3006606	0	374345
2	Direwolf-GitHub	589065	0	0	340105	0	0
3	Dependabot-Preview[Bot]	503923	808143	19595	1675424	0	790491
4	Pull[Bot]	281141	0	0	1127083	0	1124472
5	GitHub-Learning-Lab[Bot]	262617	372192	142165	43742	12864	33362
6	Renovate[Bot]	209693	37663	1807	574740	0	455955
7	Greenkeeper[Boot]	147530	825189	56071	161884	0	81707
8	Imgbot[Bot]	105982	0	0	58822	0	11459
9	Autotester-One	88989	0	89029	0	0	0
10	Snyk-Bot	88096	1	0	126804	0	10589

示开发者和开源软件仓库的活跃度。基于评测指标和评测模型，通过对 GitHub 2019 年全年的日志数据进行计算得到的评测值如表 15.4～表 15.6 所示，其中表 15.4 展示了全球 Top 10 活跃开发者账户，从数据统计来看，最活跃的开发者账号均为机器人账号，其中 7 个账号为 GitHub APP。表明开发者最常使用的自动化仓库管理、协作功能主要集中在依赖更新、自动同步上游、GitHub 学习、漏洞检测等方面。在对 2019 年全年活跃项目进行统计与排名后，可以得到如表 15.5 和表 15.6 所示世界 Top 10 和中国 Top 20 活跃的开源软件项目。从全球来看，世界排名前 10 的开源项目中只有一个来

表 15.5 世界 Top 10 开源软件项目

排名	项目名	操作记录数量（个）	参与人数（个）	Issue Comment	Open Issue	Open PR	Review Comment	PR Merged
1	Microsoft/Vscode	34371	19622	83592	19479	1942	1724	1444
2	996icu/996.ICU	34201	19958	26279	22080	1835	144	1014
3	MicrosoftDocs/Azure-Docs	33600	14286	96327	16759	6387	858	4585
4	Flutter/Flutter	30437	14997	85735	14490	7029	17505	4146
5	Fristcontributions/First-Contributions	25695	9678	9471	30	9986	47	7863
6	Kubernetes/Kubernetes	22311	6890	238946	4585	9280	39799	6475

续表

排名	项目名	操作记录数量(个)	参与人数(个)	Issue Comment	Open Issue	Open PR	Review Comment	PR Merged
7	Tensorflow/Tensorflow	21984	10236	53492	6929	3692	7588	2421
8	DefinitelyTyped/DefinitelyTyped	19824	6352	44571	1127	8103	7473	6545
9	Ansible/Ansible	18330	6522	77312	4563	10596	17807	8208
10	Jlippold/TweakCompatible	18104	5128	54975	53890	4	0	2

表 15.6 中国 Top 20 开源软件项目

排名	全球排名	项目名	操作记录数量(个)	参与人数(个)	Issue Comment	Open Issue	Open PR	Review Comment	PR Merged
1	2	9961icu/996,ICU	34201	19958	26279	22080	1835	144	1014
2	28	Ant-Design/Ant-Design	9070	4466	21504	4258	2108	29q9	1666
3	37	ElemeFE/Element	7487	4319	10643	3542	981	298	460
4	83	Selfteaching/Selfteaching-Python-Camp	5350	715	3676	453	5708	343	5080
5	90	Nervjs/Taro	5027	2260	14720	2843	532	64	358
6	103	Paddlepaddle/Paddle	4750	922	10247	2142	4606	637	33l4
7	107	Vuejs/Vue-Cli	4536	2830	6252	1288	464	255	355
8	128	Pingcap/Tidb	4221	608	26105	1366	3963	14913	3406
9	137	Openapitools/Openapi-Generat	4066	1416	8770	1305	1731	1906	1480
10	141	Ant-Design/Ant-Design-Pro	4040	1902	8671	2090	419	1222	269
11	169	Apache/Incubator-Echarts	3632	2031	6576	1906	329	226	247
12	193	Vuejs/Vue	3403	2067	4537	1243	329	128	118
13	207	Advanced-Frontend/Daily-Interview-Question	3258	2125	5742	305	22	0	14

续表

排名	全球排名	项目名	操作记录数量(个)	参与人数(个)	Issue Comment	Open Issue	Open PR	Review Comment	PR Merged
14	209	Yougan/Vant	3215	1656	5810	1892	1070	174	102
15	237	Nests/Nest	2947	1535	8488	1058	1200	254	1043
16	270	Apache/Dubbo	2779	1039	5560	1222	1167	1272	769
17	296	Xitu/Gold-Miner	2593	427	6852	858	753	6596	718
18	297	ApolloAuto/Apollo	2592	666	3289	717	3421	2577	306
19	362	Alibaba/Nacos	2318	1131	3863	1238	404	198	296
20	383	Paddlepaddle/Models	2228	571	2968	892	1635	1679	1330

自于中国,即 996.ICU;活跃度最高的项目则是来自微软的跨平台代码编辑器 Microsoft/vscode。此外,微软使用开源的方式来建设其 Azure 云平台的项目 MicrosoftDocs/Azure-Docs 排名第三,显然微软在开源上的努力获得了人们的认可。表 15.5 中涉及了三个来自谷歌的项目,分别是前端跨平台开发框架 Flutter、容器编排系统 Kubernetes 以及深度学习框架 Tensorflow,这也进一步说明谷歌在开源上的努力和影响力获得了业内的认可。

从表 15.6 中还可以看出,在中国开源成绩比较突出的两家公司是百度和阿里巴巴。百度的深度学习平台 PaddlePaddle 占据了两个项目,分别是核心框架 Paddle 和模型库 Models。此外,开放自动驾驶平台 Apollo 也榜上有名。另外,由百度贡献的数据可视化项目 ECharts 在 2018 年进入 Apache 孵化器,此次榜单中 ECharts 排名第 11;阿里巴巴"服务于企业级产品设计体系"的 Ant-Design 是蚂蚁金服采用 React 封装的一套组件库,在中国范围内是属于最活跃的开源项目之一,排名第 2;而基于 Java 的 RPC 框架 Dubbo,也在 2020 年成为 Apache 顶级项目。

从表 15.6 中还可以发现,前端项目几乎占据了总项目的一半,包括 Ant-Design 组件库、Vue UI 组件库 Element 以及基于 Vue 构建的移动 UI 组件库 Vant 等,这说明在国内前端群体在社区中显得更为活跃。另外,由于前端代码一般不太涉密,因此其所属公司在心态上更开放。不过这其中也有一点需要引起注意,即虽然活跃的前端项目组件库居多,但是缺少核心项目。

针对上文分析方法得出的排名前 20 的中国开源项目,可进一步对其仓库的历史提交记录进行挖掘。Git 仓库中的每一个提交记录由贡献者产生,对仓库的一个或者多个文件产生影响,因此对特定时段内的所有贡献者的提交记录进行分析能反映出贡

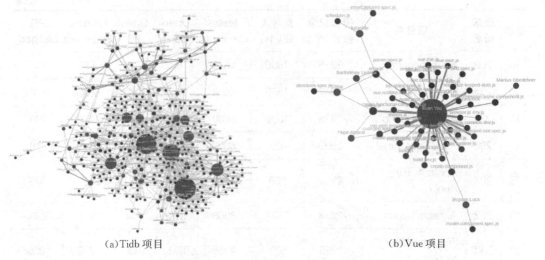

(a) Tidb 项目　　　　　　　　　　(b) Vue 项目

图 15.19　开源社区协作贡献网络

献者的活跃程度、协作模式以及项目社区本身的类型属性。

图数据文件的可视化图中偏深灰色节点代表仓库文件,偏浅灰色节点代表用户,节点越大,表明该账号对应的用户修改的文件内容越多,节点间的边的粗细则反映了贡献次数。图 15.19 给出了两个例子,分别为 Tidb 和 Vue 社区的开源协作贡献网络,从图 15.19(a)的 Tidb 项目的内容协作贡献网络来看,整个社区中存在多个核心维护者,他们各自维护着不同的模块,周边也有大量的开发者在做出贡献,且该社区的提交修改非常频繁,相较于其他项目,Tidb 以比较快的速度进行演化和更新。相对的,图 15.19(b)的 Vuejs/Vue 项目大部分贡献都是由一个账号(Evan You 尤雨溪)做出,且该项目在 2019 年 4 月以后,内容贡献图呈现出许多协作孤岛的形态,反映出贡献者对少量文件的修改,项目变动不大。

开源作为人类在互联网发展进程中探索出的一种面向全球的大规模协作生产方式,不仅有效地推进了全球化进程,还在慢慢改变整个社会和生产关系,其中开源社区的繁荣和开源软件的可持续性在其发展进程中显得愈发重要。基于真实的开源数据挖掘其背后的价值,对开源软件健康评估、协作网络分析、社区管理、项目变迁等任务起到关键的指导作用。

15.4　本章小结

伴随着各种随身设备、物联网、云计算、云存储等技术的发展,数据内容和数据格式愈发多样,数据粒度也愈来愈细,随之出现了分布式存储、分布式计算、流处理等大数据技术。各行业基于多种甚至跨行业的数据源相互关联探索更多的应用场景,同时更注重面向个体的决策和应用的时效性。本章介绍了搜索引擎、智能运维、开源数字年报等不同情景下数据应用的成功范例。大数据的数据形态、处理技术、应用形式构成了区别于传统数据应用的大数据应用,大数据应用带来的巨大变革已经悄然改变了这个世界。

15.5 习题与实践

复习题

1. 搜索引擎的基本结构包括哪几个组件部分?
2. 实现全文搜索的方法有哪些?
3. 请简述倒排索引的基本原理。
4. 智能运维主要应用在哪些场景?相关技术有哪些?
5. 开源开发有哪些典型的行为?
6. 如何获取开源开发中的数字化行为数据?

践习题

1. 请画出下列文档集所对应的倒排索引:

    a) 文档 1:new home sales top forecasts

    b) 文档 2:home sales rise in July

    c) 文档 3:increase in home sales in July

    d) 文档 4:july new home sals rise

2. 考虑如下几篇文档:

    a) Breakthrough drug for schizophrenia

    b) New schizophrenia drug

    c) New approach for treatment of schizophrenia

    d) New hops for schizophrenia patients

    请画出文档集对应的词项-文档矩阵。

3. 对于逻辑与构成的查询,按照倒排记录表从小到大的处理次序是不是一定是最优的?如果是,请给出解释;如果不是,请给出反例。

4. 如何处理查询 x AND NOT y?为什么原始的处理方法非常耗时?给出一个针对该查询的高效合并算法。

5. 本章开源数字年报所使用的数据集可通过 Zenodo 下载:https://zenodo.org/record/3648084,尝试下载该数据集,并通过之前学到的数据分析方法进行统计探索。

6. 尝试基于上一题的开源轨迹数据集的探索结果,自行选取数据指标,构建评价模型对开源社区进行评估,并解释设计模型的基本思想。

研习题

1. 索引是搜索引擎中的重要数据结构,请查阅"文献阅读"[34],阐述索引的构建与压缩过程。

2. 2016 年 3 月，阿尔法狗与围棋世界冠军、职业九段棋手李世石进行围棋人机大战，以 4 比 1 的总比分获胜，震惊世界；2017 年 5 月，阿尔法狗与当年排名世界第一的世界围棋冠军柯洁对战，以 3 比 0 的总比分获胜，再次震惊世界。查阅"文献阅读"[35]，简述阿尔法狗背后的原理，说明数据究竟起到了怎样的作用。

3. 阅读 GitHub 2019 开源数字年报（"文献阅读"[36]），下载开放数据集并进行查看和分析，指出还能利用这个开放数据集分析哪些问题，并试着进行实现。

第 16 章 数据道德与职业行为准则

CHAPTER SIXTEEN

计算专业人员的行为改变世界。他们应反思其工作的广泛影响,始终如一支持公众利益,才能负责任地行事。旨在激励和指导包括现有和胸怀抱负的从业者、教师、学生、影响者以及任何以有影响力的方式使用计算技术的人士等所有计算专业人员的道德行为。

——Code of Ethics,ACM

开篇实例

2018 年 7 月,美国计算机学会(ACM)发布了《道德规范和专业行为准则》的最新修订版,距第一部 ACM《职业行为指南》发布已过去了 50 多年。这是一个介绍计算专业人员在所有专业工作中应该追求的价值取向的列表,是一个志存高远的文件,反映了计算机行业的良知。

今天,计算的范围和影响发生了重大变化,是用来丰富和改善人们生活的,因此,该准则为计算专业人员提供了必要指导,阐述了计算专业人员不断更新其技术技能和伦理分析能力的重要性,以及如何分析和理解专业人员工作成果的伦理和社会影响。具体职业责任包括:

- 努力在专业工作的过程和产品中实现高质量。
- 保持高标准的专业能力、行为和道德实践。
- 了解并尊重与专业工作相关的现有规则。
- 接受并提供适当的专业审查。
- 对计算机系统及其影响进行全面彻底的评估,包括分析可能的风险。
- 仅在能力范围内开展工作。
- 提升公众对计算、相关技术及其后果的认识和理解。
- 仅当获得授权或仅为公众利益之目的才能访问计算和通信资源。
- 设计和实施具有稳固又可用的安全的系统。

> **开篇实例**
>
> 今天的数据学科也面临着同样的问题,甚至更加急迫。因为今天我们所面临的和数据相关的道德与社会问题实在是太多。而数据应用将像电力一样,成为必需品、公共产品,渗透到公共生活、经济生活的各个方面,数据道德与伦理问题必将会成为数据资源广泛应用的前提基础。

数据道德与职业行为准则是数据科学与工程中的重要组成部分,我们正处于一个开放的世界,隐私与安全、道德与规范、职业与生活,都将在这个大数据与人工智能的时代留下深深的痕迹。本章主要内容如下:16.1 节介绍开放的世界,16.2 节介绍数据科学与工程的职业规划,16.3 节介绍数据隐私与社会问题,16.4 节介绍数据与人工智能伦理。

16.1 开放的世界

技术的发展离不开社会的发展,人们对社会的改造推动着新技术的出现。今天是一个开放的世界,不仅仅是代码的开源,还有开放数据、开放算法、开放知识等各种越来越流行的形态。这是一个开放的新世界,开放的意思是什么呢?今天的 IT 世界,是互联、开放、协作、演化的世界。人类的大部分群体都在互联网上进行着数字化生存,通过互联网开展着协作,即所谓的"云端生存,开源翱翔"(Living on the cloud, swimming in the open source pool)。

16.1.1 开源的启蒙

"开源"(open source)这个计算机领域的专业词汇自诞生 20 年来,在近年来一系列重大事件的推动下,第一次成为备受关注的焦点,成为和世界科技发展息息相关的一个关键词。

"开源"是人类在互联网发展进程中探索出的一种面向全球的大规模协作生产方式,它以开放共享、合作共赢为宗旨,有效地推进了全球化进程。当下,全世界范围内的开发者和企业参与开源的热情不断高涨,开源产业也逐步完善。今天是数字化的世界,是由数据所驱动的智能社会。而承载这个社会机器高效运作的就是软件。在这个软件定义世界的潮流下,开源正在对软件行业进行着重新定义。如果说,软件正在"吞噬着"世界,而开源则在"吞噬着"软件,这是一个首要的基本常识。

2018 年,在"开源"走过 20 年的历程之后,围绕着与开源相关的话题层出不穷,原本只是属于理想主义、被人们标签为情怀的"开源"开始走向商业上的成功,而且一个比一个量重。"开源"不仅仅是技术上的问题,开源治理、开源人才、开源法律、开源生态、开源教育等方面还存在诸多问题。

今天已经不是开源和闭源之间的选择与博弈,而是大面积的开源与开源项目之间的竞争,这里面包含了技术、社区、人才等众多方面的综合因素。所谓,得开发者得天下!例如,Kubernetes 社区战略性的全方位吸引开发者的策略令人叹为观止!

开源,即开放一类技术或一种产品的源代码、源数据、源资产等,可以是各行业的技术或产品,其范畴涵盖文化、产业、法律、技术等多个社会维度。如果开放的是软件代码,一般被称作开源软件。开源的实质是共享资产或资源(技术),扩大社会价值,提升经济效率,减少交易壁垒和社会鸿沟。开源与开放标准、开放平台密切相关。

开源软件是一种版权持有人为任何人和任何目的提供学习、修改和分发权利,并公布源代码的计算机软件。开源软件促进会(Open Source Initiative,OSI)对开源软件有明确的定义,业界公认只有符合该定义的软件才能被称为开发源代码软件,简称开源软件。这称呼源于埃里克·雷蒙德(Eric Raymond)的提议。OSI 对开源软件特征的定义如下:

- 开源软件的许可证不应限制任何个人或团体将包含该开源软件的广义作品进行销售或者赠予;
- 开源软件的程序必须包含源代码,必须允许发布源代码及以后的程序;
- 开源软件的许可证必须允许修改和派生作品,并且允许使用原有软件的许可条款发布它们。

开源许可证是一种允许源代码、蓝图或设计在定义的条款和条件下被使用、修改和/或共享的计算机软件和其他产品的许可证。目前经过 OSI 认证的开源许可证共有 74 种,而重要的仅有 6~10 种(其中,最主要的两种是 GPL、Apache)。在开源商业化的浪潮下,适度宽松的 Apache 等许可证更受欢迎。

自由软件是一种用户可以自由地运行、复制、分发、学习、修改并改进的软件。自由软件需要具备以下几个特点:无论用户出于何种目的,必须可以按照用户意愿,自由地运行该软件;用户可以自由地学习并修改该软件,以此来帮助用户完成用户自己的计算,作为前提,用户必须可以访问到该软件的源代码;用户可以自由地分发该软件及其修改后的拷贝,用户可以把改进后的软件分享给整个社区而令他人收益。

免费软件是一种开发者拥有版权,保留控制发行、修改和销售权利的免费计算机软件,通常不发布源代码,以防用户修改源码。

广义上认为,自由软件是开源软件的一个子集,自由软件的定义比开源软件更严格。同时,开源软件要求软件发行时附上源代码,并不一定免费;同样免费软件只是软件免费提供给用户使用,并不一定开源。开源软件、自由软件和免费软件之间的关系如图 16.1 所示。

开源软件市场应用广泛。据 Gartner 调查显示,99%的组织在其 IT 系统中使用了开源软件,同时开源软件在服务器操作系统、云计算、大数据、Web 等领域都有比较广泛的应用。

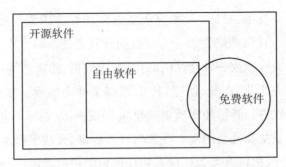

图 16.1 开源软件、自由软件和免费软件的关系

开源软件市场规模稳居服务器操作系统首位。《Linux 内核开发报告 2017》显示，自从进入 Git 时代(2005 年 2.6.11 发布之后)，共有 15 637 名开发者为 Linux 内核的开发做出了贡献，这些开发者来自 1 513 家公司。全球公有云上运行的负载有 90% 是 Linux 操作系统，在嵌入式市场的占有率是 62%，而在超算的市场占有率更是达到了 99%，它运行在世界上超过 82% 的智能手机中，也是所有公有云厂商的主要支撑服务器(90%)。

开源软件在云计算领域使用也非常广泛。云计算领域开源目前主要以 IaaS 和 PaaS 两个层面为主，IaaS 层面有 OpenStack、CloudStack、oVirt、ZStack 等，PaaS 层面有 OpenShift、Rancher、Cloud Foundry 以及调度平台 Kubernetes、Mesos 等。2017 年的 OpenStack 用户调查(OpenStack User Survey)显示：2017 年，OpenStack 全球部署将近 1 000 次，比 2016 年增加 95%；亚洲超越北美成为 OpenStack 用户分布最广的区域。除 IT 行业以外，OpenStack 在其他行业也得到了广泛使用，名列前几位的用户行业为电信、研究、金融和政府。2013 年 Docker 发布之后，技术日渐成熟，截至 2014 年年底，Docker 容器镜像下载量高达 1 亿次，到 2017 年年初，这一数量超过 80 亿次。

开源软件在大数据以及人工智能领域也是非常常见的，例如大数据分析平台有 Hadoop、Spark、HBase、Flink 等，人工智能方面则有 TensorFlow、CNTK、Caffe 等。本书实践所用的编程语言、框架、工具等，全部采用开源软件的形式。

16.1.2 开放数据与开放算法

什么是开放数据呢？要理解开放数据，不妨先来了解一下开放究竟意味着什么。根据英国开放知识基金会(Open Knowledge)的定义，开放(openness)意味着三项基本元素：

- 非歧视性：数据若开放，则其对任何人都开放；
- 机器可读性：数据若开放，则其应提供在机器可读格式下(例如，对于表格数据，应该采用 CSV 而非 PDF)；
- 开放授权性：数据若开放，则其对应授权条款应确保使用者自由免费访问、获取、使用、加值、演绎、拷贝、传播的权利。

基于上述定义,不难看出,开放数据相较于共享数据而言,更秉承着开源世界所提倡的平等、自由的价值观。开放数据所强调的非歧视性和开放授权性,打破了传统数据共享中所设定的"共享条件"和"特定共享方"的限制。

而相对政府一直推行的信息公开而言,开放数据所强调的机器可读性以及其明确赋予数据使用者的自由加值权利(包括商业使用和非商业使用)和分享传播权利则更好地刺激了公众对政府数据资源的需求,并鼓励公众对政府数据加值利用。

开放数据的原动力是透明化。开放数据有别于信息公开,更有别于数据共享,它所要求的非歧视性、机器可读性、开放授权性对于数据提供者都提出了更高的要求。这也意味着数据提供者需要背负更高的成本来确保数据开放在正确的格式与协议之下,并且承担可能的直接经济利益的损失(即损失了原本通过数据交易可得的利益)。

然而,仅凭透明化所带来的动力并不能推动开放数据走向终点。随着民众对政府数据的需求日益增长,开放数据的倡导者和实践者们不得不开始正视随之而来的巨大成本压力。另一方面,透明化的主题并非企业和创业者所感兴趣的,若要进一步吸引这一群体参与推进开放数据运动,创建正向循环的数据开放生态,那么就必须探索开放数据的商业潜能。因此,开放数据的倡导者和实践者逐步开始研究并宣传开放数据的经济价值,希望借此吸引商业人士的注意和参与。

从2009年到2015年,开放数据的发展从依靠透明化为单纯动力,演变到如今透明化和商业潜能双驱动的模式。而开放数据也不再仅是欧美发达国家所能开展的计划,无论是非洲的肯尼亚、拉美的墨西哥,还是亚洲的菲律宾,都是发展中国家中开放数据发展的佼佼者。开放数据已成为各国政府在这个数据革命时代不得不为之事。

在2015年全国"两会"期间,李克强总理在回应山东代表团有关开放数据相关提议时说道:"政府掌握的数据要公开,除依法涉密的之外,数据要尽最大可能地公开,以便于云计算企业为社会服务,也为政府决策、监管服务。"而在2015年5月底召开的贵阳国际大数据产业博览会暨全球大数据时代贵阳峰会上,中共中央政治局委员、国务院副总理马凯也强调:"要共促数据开放,让大数据惠及更多民众","要加快建立政府开放数据门户,优先开放高价值数据,鼓励基于开放数据开展应用创新,让大数据惠及更多民众;要制定鼓励政策,引导更多非公共数据向社会开放"。这些来自中央高层的支持无疑代表了中央政府推进开放政府数据的巨大决心。

虽然开放数据尚未在中央层面全面开展,但一些市政府乃至区政府早已开始了开放数据的实验。上海市在2012年6月就上线了中国第一个开放数据门户"上海市政府数据服务网",如图16.2所示。之后几年,北京、佛山、武汉等也陆续推出了自己的开放数据门户网站。当欧美各国正在思考如何从中央走向地方发展开放数据时,中国开放数据的发展却从一开始就深入地方开始了发展。

图 16.2　上海市公共数据开放平台网站

但是,光开放数据还是不够的,必须同时开放算法。我们已经生活在算法时代了。在大数据的世界里,算法将向你推荐最合适的产品或服务。但这个"最适合"的对象,很可能不是你,而是商家。表面上是你的选择,实际上是广告主的金钱,广告主付费购买你的注意力,以及你的数据和隐私。透明化是开放的原动力。商业价值在数据中,更在算法中。在保护商业利益的同时,让涉及社会公平和用户权益的算法,更加透明,应该是大势所趋。人们能上哪个学校、能否获得购车贷款、健康保险的缴费标准是多少等各种决策,越来越多地由数学模型和算法决定,而不是由人决定。从道理上说,这应该导致更公平的结果,因为一切都按规则来处理,似乎就消除了偏见。遗憾的是,数学模型和算法带来的是更多的不公平。现在使用的很多模型和算法都是不透明的,未受到规制的。

互联网已经成为了大多数人新的精神家园。搜索引擎中的网页排序算法的开放促进了信息更好地自由流动,去伪存真;而混入了竞价排名的封闭算法则带来了洪水滔天。谷歌的 PageRank 算法的开放不仅没有让谷歌死掉,反而让它成为搜索引擎界的老大。为什么? 因为这个算法让所有的用户都打消了疑虑——搜索结果的排序是科学合理的。这在很大程度上使得用户倾向于去相信他们家的排序结构,所以它说什么,我就信什么! 因此,公开数据,只是让我们明白了你有什么,而公开算法,才让所有人了解你是如何做的。

现在,真正主宰我们这个世界的,其实是各种算法。那么,这样一讲,我们人类岂不是算法的木偶了吗? 这就是我们现在要提倡的,数据公开,还不够,还要做到算法公开的原因。与政府或者商家相比,普通用户也好,消费者也罢,永远处在一个信息不对称的地位。他们的决策是如何来的? 他们怎么让我看到我应该看的信息的? 我要搞清楚。这个排名是花钱买的? 是经过怎么样过滤的? 还是经过大家公认合理的计算而得到的? 这时就需要公开算法。因此,如何使得涉及社会公平和用户权益的算法更加透明地接受监督才是我们这个信息社会需要解决的问题。

16.2　数据科学与工程职业规划

当下,数据驱动科学、数据驱动决策、数据驱动创新的文化氛围与时代特征日益明显。随着大数据的研究走热,市场对大数据人才的需求与日俱增。全球顶尖咨询管理公司麦肯锡的一项分析调查显示,2018年,美国市场已经面临20万从事大数据深层次分析的人才缺口,同时急需近150万名运用大数据做出有效决策的数据专业人员,2020年这个缺口则高达280万左右。我国2017年发布的首份大数据人才报告也显示,当时我国的大数据人才仅46万,而3~5年内的缺口将达到150万。近年来,为了顺应大数据时代发展的需求,各国都纷纷开始大数据人才的培养,数据科学与工程作为一门学科受到越来越多的关注。国务院《促进大数据发展行动纲要》中明确指出要"加强专业人才培养。创新人才培养模式,建立健全多层次、多类型的大数据人才培养体系"。在国家大数据发展战略和政策支持下,截至2019年4月,全国总共477所高校获批设立"数据科学与大数据技术"专业,682所职业院校获批设立"大数据技术与应用"专业,成为大数据人才培养的重要基地。

数据科学家是大数据价值发现与挖掘的主力,是融合统计学、计算机科学、情报学、心理学等多学科背景的综合型人才,而背后还有为数众多的诸如系统架构师、数据工程师、算法工程师等新兴职业从业人员,我们将他们统称为数据工作者。

16.2.1　数据科学家与数据科学家能力

大数据时代,数据工作者的重要性日益凸显,"数据科学家"被誉为21世纪最"性感的"职业,此称谓提升了数据从业者的社会认可度。数据科学家作为数据科学理论体系的实践者与发展者,成为数据科学中至关重要的角色。

美国国家自然科学基金会(NSF)国家科学委员会将数据科学家定义为:"信息和计算机科学家、数据库和软件工程师、领域专家、策展人员和标注专家、图书馆员、档案工作者等,他们对数据的收集和成功管理起关键作用。"英国联合信息系统委员会(JISC)认为,数据科学家是在以数据为中心的部门,与数据创建者密切合作,进行数据研究工作,承担NSF在上述定义中描述的全部或部分职能,他们可以是领域专家、计算机科学家或信息技术专家,其职业发展要求掌握一些甚至以前从未学习过的学科技能。他们的一个重要角色是成为一名"翻译官",能够在IT技术、数据分析和商业决策之间架起一座桥梁,驱动整个数据分析战略的设计和执行,并与数据管理员一起确保数据以有效的方式进行存储和访问。

由于数据创新和数据决策依赖于相应的数据基础和分析能力以及处理相关领域和社会问题的能力,因此,能称得上数据科学家的数据研究者需具备综合多样的专业素养,能够通过收集和过滤来自多个不同渠道的数据,探索并确定其隐含的意义,为组织提供竞争优势或解决紧迫的业务问题。

能力是完成一项目标或任务所体现出来的素质,通常包括知识、技能和态度,能够识别、评估和发展参与者的个人条件和行为特征。人们在参与任何一种活动的过程中所表现出来的能力是不同的,个人能力直接影响着组织效率。

16.2.2 数据科学家能力体系

1. 美国数据科学家能力体系

美国国家标准技术研究所(NIST)2015年发布的大数据互操作框架中,界定了数据科学所需能力,如图16.3所示,展示了数据科学家能力的交叉重叠性,涉及业务需求、领域知识、分析方法、软件和系统工程中的知识和技能。这个丰富的技能集合,既可以赋予某一位数据科学家,也可能由一个数据科学团队共同构成。

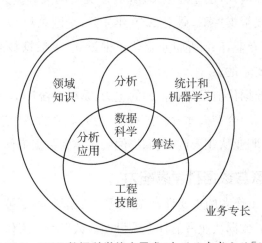

图 16.3 NIST 数据科学能力需求(来源见参考文献[29])

在数据实践的早期阶段,数据分析工作由特定领域的专家负责;随着计算机分析技术的发展,需要更多的统计或机器学习技能,来进行更复杂的分析工作;领域专家将与软件和系统工程师共同合作,建立领域定制的分析应用;随着在并行处理器之间进行计算密集型模拟的复杂性增加,需要计算技术来实现这些体系结构的算法。在数据密集型应用环境中,所有这些技能组合都需要在并行工作的资源系统之间分配数据和计算,这也就对数据科学家提出了更高要求,不仅要关注数据分析,而且还要考虑整个数据生命周期。数据科学家必须知道数据的来源和出处、数据转换的适当性和准确性、转换算法和过程之间的相互作用以及数据存储机制,要确保数据流程的各个阶段顺利运行,进而探索数据并创建和验证假设。数据科学家不一定要在某个特定领域掌握很强的技能,但他们需要对所有相关领域有所了解,以便从数据密集型应用环境中提取价值,并在跨越所有这些领域的团队中工作。

高德纳（Gartner）公司是美国最具权威的信息技术研究与咨询公司，提供 ICT 领域知识更新和最佳实践，促使企业提高效率、降低成本和风险。高德纳公司发布过一个大数据分析技能模型，阐释了 IT 技能、领域技能和数据科学之间的关系，如图 16.4 所示。为了使大数据项目成功运行，团队成员必须具备不同的技能，通过培训和实践，拓展他们的经验。数据科学家对于致力于从大数据中获取洞察力的组织来说至关重要，需要具备广泛的技能组合，包括：协作和团队合作、分析和决策建模技能以及数据管理技能。

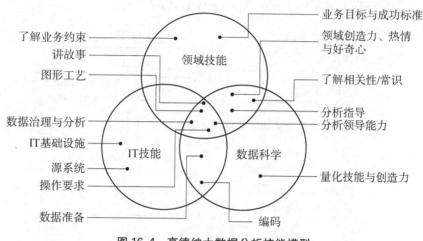

图 16.4　高德纳大数据分析技能模型

2. 欧洲数据科学家能力体系

EDISON（Education for Data Intensive Science to Open New Science Frontiers）是获得"欧盟 2020 地平线研究与创新计划"资助的项目，旨在为欧洲研究领域与工业领域的数据科学家建立新的专业基础，加速数据科学专业的发展。

EDISON 数据科学框架（EDISON Data Science Framework）是一组定义数据科学专业文档的集合，通过创建数据科学教育和培训的完整框架，构建数据科学专业的整体愿景，开发数据科学可持续发展教育模式和数据密集型技术，其中包括数据科学能力框架、数据科学知识体系和数据科学课程模型。

EDISON 数据科学能力框架是基于现有的数据科学和 ICT 能力和技术框架，通过对产业界和学术界对数据科学家的需求进行分析，结合现有标准、分类学和研究成果设计而成，包括数据科学家在整个职业生涯中的不同环境下顺利开展工作所需的常见能力。图 16.5 和图 16.6 分别显示了科学研究驱动的与业务流程管理驱动的数据科学能力组，以及所确定的能力组之间的关系。

对于科学研究方法，主要指的是数据密集型科研范式。大数据时代，科研的一般原则和方法，包括科学活动过程中采用的思路、程序、规则、技术和模式，均发生了变化。

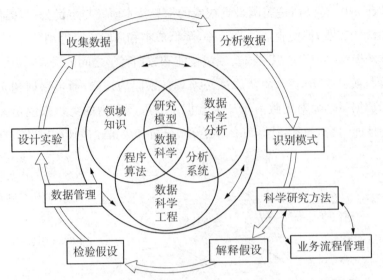

图 16.5　科学研究驱动的数据科学能力组（来源见参考文献[31]）

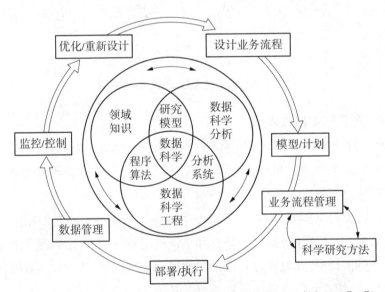

图 16.6　业务流程管理驱动的数据科学能力组（来源见参考文献[31]）

数据科学家必须掌握数据驱动的科学方法和研究周期的相关知识和必要技能，才能成功地执行任务并支持数据驱动新发现的研究。这也是数据科学家职业与以往所有职业有所区别的根本所在。具体的科学研究方法包括：定义研究问题、设计实验、收集数据、分析数据、识别模式、解释假设、验证假设、优化模型、启动新的实验周期。

对于商业领域，类似的角色属于业务流程管理范畴，需要采用新的数据驱动的敏捷业务模式，特别是采用连续数据驱动的业务流程改进。数据驱动的业务管理模式需要组合不同的数据源来改进预测性业务分析，从而制定更有效的解决方案，针对不同的客户群体,根据市场需求和客户激励做出最佳的资源分配和服务快速响应。具体的业务流程管理包括:定义业务目标、设计业务流程、模型/计划、部署和执行、监控和控制、优化和重新设计。

数据科学是欧洲发展趋势最快的新兴领域之一,根据业务需求,不同行业对数据科学家工作职能的描述差异很大。为了满足欧洲对数据科学人才的紧迫需求,开发面向应用研究和工业前沿需求的未来数据科学家的培养课程及研究方案,欧洲的部分学者设计了数据科学家能力集合,如图 16.7 所示。

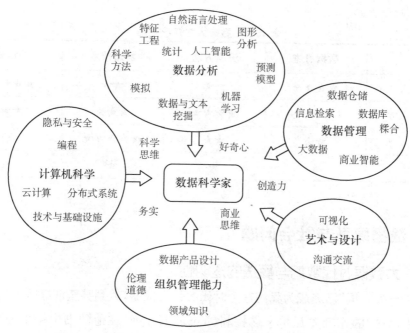

图 16.7 欧洲数据科学家能力集合(来源见参考文献[32])

该集合将数据科学家应该具备的能力分为五大类,分别为数据分析、数据管理、计算机科学、艺术与设计、组织管理能力,其中每一类又包含了若干技术分支。同时,将科学思维、好奇心、创造力、务实、商业思维这些基本素质融合于数据科学家能力集合中,共同构成一个合格的数据科学家所应具备的硬实力与软实力。

3. 对我们的启示

对于我国来说,数据科学仍然是一个新兴领域,从学术界到产业界,都开始积极探索人才培养方案,以应对市场紧迫需求,其中数据能力框架的构建是关键目标之一。能力框架的构建,也有利于数据科学家明确自身需要掌握的知识结构和具备的能力素养,合理规划职业发展路径,不会因为技术环境的变化和岗位职能的调整而变得无所适从,使数据科学能力成为一个不断生长着的有机体。

我们可以将数据科学家能力划分为三个层级：①数据分析和数据工程的知识和技能构成了数据科学家的基本能力，主要涉及数学、统计学、计算机科学、工程学等基础知识和技能的综合掌握；②数据密集型时代的数据管理与科学研究方法，成为数据科学家的核心能力，是区别于数据分析师、数据架构师等职业的特征所在，强调的是运用更具前瞻性和探索性的方式挖掘数据、提取价值；③领域知识和业务专长作为特色能力，支撑数据科学家在行业发展中具备独特的优势和竞争力，为特定专业领域提供更有针对性的决策支持。对于这些能力的培养，既要突出基础理论知识的扎实广泛，又要强调理论转化为实际能力的重要性。一个典型的数据人才知识矩阵如下表所示。

表 16.1 数据人才知识矩阵

	数据思维	分析方法	数据技术	领域知识
复合型人才	★★★★	★★	★★	★★★★★
咨询型人才	★★★★★	★★★★	★★★	★★★
技术型人才	★★	★★	★★★★★	★★
兴趣型人才	★	★	★	★

16.3 数据隐私与社会问题

16.3.1 大数据时代数据与算法的透明性

"算法＋大数据"已经成为我们这个时代的强大武器，大到甚至能够毁灭我们自己，犹如《未来简史》的作者尤瓦尔·赫拉利（Yuval Harari）在他的书中指出的那样。因此，《人类算法：从入门到毁灭》中提到：要警惕这些算法成为少数人所利用的工具，因为，若干年后，从人类文明的历史进程来看，不是算法控制了人，而是少数人控制了多数人。

同样，2016年有一本广受关注的书叫做：《数学杀伤性武器：大数据如何增加不平等和威胁民主》（*Weapons of Math Destruction：How Big Data Increases Inequality and Threatens Democracy*）。在这本书中，作者所说的数学杀伤性武器就是指计算机模型和算法，它们把人类的成见、误解和偏见等，有意或无意地编码到管理人类生活方方面面的软件系统中，进而重新定义我们现在的生活。这种论点和思想被美国国家公共电台的《发现》节目进行报道，成为2016年数学界或数学家对社会上产生较大影响的10个事件之一。Weapons of Mass Destruction是大规模杀伤性武器的意思，作者把该词组中的Mass改为发音很接近的Math，就成为"数学杀伤性武器"的意思了。

作者凯西·奥尼尔（Cathy O'Neil）是一名数学家，也是华尔街前金融工程师。在金融界工作几年后,她对于对冲基金模型彻底失望了,对于大数据分析的不当应用十分反感,还积极投身于"占领华尔街"运动。她创办了一个叫做 mathbaby.org 的著名数学博客,目的就是想回答好一个问题:"一个学术界以外的数学家怎样能使世界更美好?"身怀理想!

中国科学技术发展战略研究院的武夷山老师针对该书写了一篇《大数据应用的"傲慢与偏见"》的书评文章。他在文章中提到:我们已经生活在算法时代了。人们能上哪个学校、能否获得购车贷款、健康保险的缴费标准是多少等各种决策,越来越多地由数学模型和算法决定,而不是由人决定。从道理上说,这应该导致更公平的结果,因为一切都按规则来处理,似乎就消除了偏见。遗憾的是,数学模型和算法带来的是更多的不公平。现在使用的很多模型和算法都是不透明的,未受到规制的,明明有错却容不得质疑的。

奥尼尔在书中描述了一些数学模型和算法是如何惩罚穷人、犒赏富人的,因为这些模型和算法就是基于"成见、误解和偏见"的。她将最具伤害性的这类模型称为"数学杀伤性武器",社会弱势群体在求学、求职、借款、遭遇牢狱之灾的时候,都会受到这种武器的可怕伤害。

例如,一些雇主利用信用评分来评价潜在的雇佣对象,认为若是其信用评分不高,今后的工作表现也好不到哪儿去。然而,二者之间究竟是否存在这样的联系很值得怀疑。又如,以盈利为目的的大学利用信用评分数据来发现那些易于被俘获的群体,引诱他们入学,最终往往使他们债台高筑。再如,一些汽车保险公司在审查申请投保者资料的时候,不是看他们的驾驶记录,而是看他们的消费模式。有的年轻人由于住在穷人区,就申请不到贷款,从而上不起大学。自作聪明的算法往往根据申请人家庭住址和邮政编码,就做出了"贷款给他们有较大风险"的判断。还有一些所谓的犯罪预测软件的实际效果,是引导警员们去贫困街区关注一些轻微滋事案件。当片警动不动就把少数族裔的穷孩子当街拦住,推推搡搡,再警告一番,大数据和算法的害处就显而易见了。

当你在上网娱乐、学习、浏览新闻或从事商业活动时,你就会无形中陷入一张数据采集的罗网,这张网的覆盖面之广,你绝对难以想象。我们的经济和社会越来越由这些高深莫测的数学和算法来决定。这些数学模型和算法总是将人们置于各种营销陷阱中,使他们的生活"更智能化,更便捷"。

我们必须更负责任地应用数学模型和算法,政府也必须对大数据应用加以规制。人性决定了决策时趋利避害,大数据提供了寻找利益点和风险点的工具。工具本无善恶,人性使然而已。我们需要重新清理我们的头脑,让每个人都有新的权利使"数据透明并使用"。

今天,仅仅是通过手机点餐的动作就会触发并激活 300 多个网络服务器,这些服务器通常会在用户的电脑中植入一个"cookie"软件,用以识别和跟踪访客,从而收集目标数据并获知用户的上网习惯。在这个互联网时代,每一天,各类公司都会通过仔细检索、审视我们的工作习惯和互联网的使用把我们各种行为的细节连接整合在一起。这种整合起来的数据极其详细,每个人的隐私早已被入侵得体无完肤。

后隐私时代已经到来。正如 1999 年时任美国太阳微系统(Sun Microsystems)公司的斯科特·麦克尼利(CEO Scott McNealy)对众多媒体记者和分析师所说的话:"你的隐私只剩零了,想开点吧。"互联网的分享会彻底"杀死"隐私。我们进入了网络分享时代,也进入了后隐私时代。

一方面,物联网、大数据和无处不在的传感器网络记录着我们的世界和世界中的人群,就像我们人人都拥有了自己的一个黑匣子,随时可以被查阅而采取更好的对策。人类行为的大规模数据集有可能从根本上改变我们对抗疾病、设计城市或进行科学研究的方式,有人甚至将这种大规模数据集的使用行为与显微镜的发明相提并论。

另一方面,我们个人却不知道有多少信息被记录了,这些信息会传播到什么地方;也不知道哪些人会使用它,使用这些信息的目的何在;更无从知道这些信息的泄露会产生怎样的后果,依据这些信息所做的判断是否准确,是否存在偏见或破坏性。这对目前的人类社会来说,大数据和算法就是一个神秘的黑箱运作机制!

复旦大学生命科学学院的赵斌教授在给一本叫做《黑箱社会》的中译本作序做推荐的时候指出:"数据是新的石油",一旦被提炼就可以做很多东西,正如石油可制造汽油、塑料,甚至美容产品一样。这在许多方面已经大大改善了我们的生活。但是,这二者还是有差异的,因为数据石油的大部分利益被锁定在提炼这些数据的公司中,而实际上只有很少的利益反馈回来源群体中(即我们)。我们个人无法从这些丰富的数据中获得原本更多的收益。不管是银行评估我们的信用,还是保险公司确定我们的风险水平,抑或是潜在雇主决定我们是否可以得到一份工作,他们可能都是在利用这些数据来对付我们而不是为我们服务。

因此,数据需要透明,数据的使用方式(算法)也需要透明,要让这些公司将提炼的数据返回给我们。这种透明可产生巨大的社会红利,如帮助决策、优化个人的财富和健康、提高社区安全等。为什么人们对相对隐蔽的监测工具(如谷歌眼镜)会感到威胁,而对同样具有音频和视频记录的智能手机则无所畏惧,就是因为前者是不透明的。

一个可能的思路就是,我们应该好好利用我们自己的这些数据,让数据真正做到为人民服务。比如塑造我们个人的品牌。当然,这需要全社会的共同努力,也需要人们不断地在实践中提高认识。

16.3.2 数据安全

随着云计算的发展,数据上云成为越来越重要的一个趋势。然而,用户在将大量数据交予云端处理的同时,也面临着巨大的安全风险。据威瑞森(Verizon)公司统计,

2015年全球有61个国家和地区出现了79 790起数据泄露事件。2018年的5 000万用户数据失窃事件,不仅使脸书(Facebook)公司市值当时蒸发500亿美元,还面临巨额天价罚款。脸书的创始人兼CEO马克·扎克伯格也在第一时间道歉:"我们有责任保护好用户数据,如果连这都做不到,那么就不配向用户提供服务。我创建了脸书,最终我要对发生在这个平台上的事件负责。"如图16.8所示。

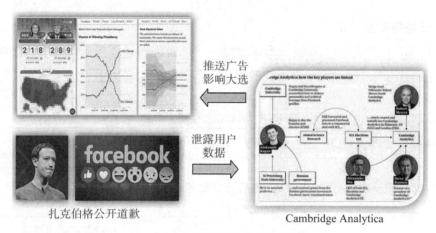

图 16.8　脸书大规模数据泄露事件

频发的云安全事件使用户对数据外包到云端的安全性产生了担忧,多数用户和企业出于安全方面的考虑不愿意将关键数据存储于云端服务器或交给云端处理。可见数据安全问题已经严重阻碍了云计算服务的进一步应用和发展。

1. 数据面临的安全威胁

以2015年为例。2月,约5万名优步(Uber)公司的司机信息被第三方获取;3月,微软云(Microsoft Azure)因网络基础设施问题导致服务连续数天瘫痪,美国大型医疗保险商CareFirst被黑客攻击,致使110万名用户的信息泄露;8月,谷歌计算引擎(Google Compute Engine)因受到雷电暴风袭击导致部分磁盘数据丢失;9月,阿里云被曝存在重大安全漏洞,全部机器权限和用户资料被泄露。可以看出,在开放的网络环境下,外包到云端的用户数据面临着巨大的安全威胁,主要分为以下三个方面。

- 数据泄露

导致数据泄露的原因包括网络攻击、云服务安全漏洞和不完善的管理措施等。

- 非法访问

将数据外包给云服务器,用户就失去了对数据的物理控制权,云服务器对数据进行何种操作用户将不得而知。云服务提供商可能会因某种商业目的而蓄意窥探用户数据,甚至将用户数据提供给第三方使用。另外,存储于云端的用户数据还有可能在用户不知情的情况下,被第三方监听访问。恶意黑客的攻击也有可能获取系统访问权限,非法读取和使用用户数据。

- 数据破坏或丢失

存储于云端的数据可能会因管理误操作、物理硬件失效（如磁盘损坏）、电力故障、自然灾害等原因丢失或损坏，造成数据服务不可用。另外，不可信的云服务提供商还可能为了节省存储空间、降低运营成本而移除用户极少使用的数据，造成数据丢失。

2. 云数据安全技术

在不可信云环境下，为确保云数据存储、共享、查询和计算等云服务中的数据安全，研究者们提出了一些新的、用户可控的安全技术，如表16.2所示。

表16.2 云数据安全研究内容

云数据服务	安全威胁	安全需求	研究内容	
云数据存储	数据破坏或丢失	数据完整性	云数据安全验证	• 支持数据动态操作的验证 • 公开可审计验证 • 数据可恢复证明
云数据共享	非法访问	访问可控性	云数据安全共享	• 细粒度访问控制 • 访问权限动态更新 • 用户动态添加或撤销
云数据查询	数据泄露	数据机密性	云数据安全查询	• 支持丰富的查询功能 • 支持数据动态变化 • 支持查询结果排序
云数据计算	数据泄露	数据机密性	云数据安全计算	• 支持密文计算的同态加密 • 特定类型安全外包计算 • 外包计算结果验证

- 云数据安全验证

只有可信的云服务器才能保证用户数据的完整性，而不会为了节省存储空间而故意删除用户数据。为确保数据能够正确可靠地存储于云服务器中，必然需要用户对其进行完整性验证。

- 云数据安全共享

云数据共享是云数据的一项基础服务，也是用户使用云服务的主要目的之一。在不可信的云环境下和大规模用户中实现安全可控的数据共享，是需要研究的问题。

- 云数据安全查询

在不可信的云环境下，出于机密性的考虑，存储于云服务器中的数据通常是被用户加密的，这使得云服务器无法为用户提供正常的数据查询功能。为解决这一问题，需要研究查询加密技术。

- 云数据安全计算

用户期望能够借助云端强大的计算能力进行数据处理,同时不想让云服务器获知所需处理的数据内容以及相应的计算结果。针对这种需求,需要研究安全外包计算技术。

16.3.3　数据道德

《大学》的开篇目,便是"大学之道,在明明德,在亲民,在止于至善",此文旨在弘扬光明正大的品德,而在火爆全球的大数据面前,大数据人也要必备一些数据道德,才能以"德"服人。

何为数据道德?简单说,道德是行为原则基础上思想的正确性与否。而道德原则,则往往体现在公平、尊重、诚信、责任、信任、质量、可靠性和透明度等方面。所谓数据伦理道德,关注的是数据采集、存储、管理和使用的方式的道德原则。通常来说,在大数据应用中,数据的使用作为一种道德体现方式,有必要针对持续获取数据价值的企业确立长期使用原则。而不道德的数据利用会导致企业的商誉损失、客户流失,原因是数据安全风险被暴露出来。很多情况下,不道德的数据使用也是非法的,数据管理专业人员应当承担企业数据道德责任。

1. 数据伦理道德的核心概念

我们首先来了解一下数据伦理道德的几个核心概念:

(1) 人的影响:由于数据可以表示人的行为特点,它的使用会影响人们的生活,因此必须进行质量和可靠性的管理。

(2) 潜在的滥用:数据的滥用会造成人和组织的负面影响,所以数据道德当务之急要防止数据滥用。

(3) 数据价值:数据具有经济价值。数据道德层面需要考虑数据所有权,应确定:谁,通过什么方式,访问哪些数据。企业需要基于法律和法规要求明确数据保护责任。因为数据代表人(客户、供应商、患者等等)、数据管理专业人员应当确立数据道德(如:合规合法),且有责任保护这些数据,确保不会被滥用。即便数据不直接代表人,它依然影响我们的生活。这里的数据道德不仅强调数据保护,也包括管理数据质量,因为人们做出决策往往会受到基于数据的预测和分析的完整性和准确性。

从企业角度和技术角度来看,数据管理专业人士需要有效降低风险和确保数据安全,以及对数据可能带来的滥用和误解风险进行控制。这项责任应该贯穿整个数据生命周期。

2. 埃森哲的十二条守则

另外,对于数据专家和从业者们来说,还需要遵守以下埃森哲的十二条守则。这正是数据职业道德的基础。可以说,这对于不断发展壮大的数据行业来说是必不可少的。

（1）最高守则：尊重数据背后的人。

当从数据中获取的洞见能够对人产生影响时，从业者需要首先考虑潜在危害。大数据能够创造出关于大众的有效信息，但是对个人来说，同样的信息则有可能导致不公平的结果。

（2）追踪数据集的下游使用。

在使用数据的时候，数据专家应该尽量在目的和对数据的理解上与数据提供方保持一致。从管理层面，数据集有时候会按照"公共""私有"和"专利"进行分类。然而，数据集的使用方式很少与数据类型相关，更多地是取决于用户本身或者其所处的环境。对于被重复应用于不同目的的数据，如果这些应用之间产生了相关性，那么数据分析就会带来更多的希望和前景，也同时带来更大的风险。

（3）尽量让隐私和安全保护达到期望标准。

数据主体对隐私和安全的期望标准是根据具体情况变动的。设计者和数据专家应该尽量考虑这些期望标准，并尽可能达到它们。

（4）数据来源和分析工具决定了数据使用的结果。

世上本没有所谓的"原始数据"——所有的数据集和对应的分析工具都或多或少地包含了过去的人的主观决策。当然，这些"过去"是可以被审查的，比如追踪数据收集的环境、许可方式、责任链，以及检查数据的质量和精确度等。

（5）尽可能向数据提供者解释分析和销售方法。

数据在穿越整个供应链的过程中会产生相当的风险。在数据收集的时间点上，最大化地提高透明度可以把这种风险降到最低。

（6）不要仅仅为了拥有更多数据而收集数据。

今天所收集的数据，有可能会在未来某一天的未知事务中起到作用——这就是数据分析的力量和危险性所在。有时候，少一点数据可能会令分析更精确，风险更低。

（7）数据是一个工具，可以涵盖更多人，也可能排除一些人。

虽然每一个人都可以从数据中获得好处，但是数据对每个人的影响并不是平等的。数据专家应该尽量减少其产品对不同人的影响力差异，并更多地聆听相关群体的声音。

（8）遵守法律，并明确法律只是最低标准。

数字化进程的迅速发展，导致法律法规很难跟上其脚步。因此，现有的相关法律很容易出现偏差和漏洞。在这样的大背景下，要信守数据道德，企业领导人需要保证自己的合规框架比现行法律的标准更高。

（9）数据专家和从业者需要准确地描述自己的从业资格、专业技能缺陷、符合职业标准的程度，并尽量担负同伴责任。

数据行业的长期成功取决于大众和客户的信任，从业者们应当尽量担负同伴责任，从而获得信任。

（10）设计道德准则时，应将透明度、可配置性、责任和可审计性包含在内。

并非所有道德困境都能够被设计所解决，但设计可以打破许多障碍，使得道德准则更加通用和有效——这是一项工程挑战，应当投入本领域最优秀的人才。

（11）对产品和研究应该采取内部，甚至外部的道德检验。

对于新产品、服务和研究项目，企业应该优先设立有效、一致、可行的道德标准。内部同行评审可以减少风险，而外部检验则可以增强公众信任。

（12）设立有效的管理活动，使所有成员知情，并定期进行审查。

过去通行的合规制度无法应对数据道德给今天的企业所带来的挑战。对于现在的数据行业，监管、社会等各方面的情况还在不断变动之中。企业之间需要相互合作，进行日常化和透明化的实践，才能更好地建立数据行业的道德管理体系。

16.4 数据与人工智能伦理

随着人工智能技术的快速发展和广泛应用，智能时代的大幕正在拉开，无处不在的数据和算法正在催生一种新型的人工智能驱动的经济和社会形态。人工智能无疑能够成为一股"向善"的力量，继续造福于人类和人类社会。

但任何具有变革性的新技术都必然带来法律的、伦理的以及社会的影响。例如，互联网技术带来的用户隐私、虚假信息、算法"黑盒"、网络犯罪、电子产品过度使用等问题已经成为全球关注焦点，引发全球范围内对互联网技术及其影响的反思和讨论，探索如何让新技术带来个人和社会福祉的最大化。人工智能也是如此，其在隐私、歧视、安全、责任、就业等经济、伦理和社会方面的问题正在显现。未来可能出现的通用人工智能和超级人工智能则可能带来更深远而广泛的安全、伦理等影响。在隐私方面，脸书-剑桥分析数据丑闻引爆了社会对数据的泄露、不正当二次利用、滥用等问题的担忧，而这些问题已是现今互联网用户普遍面临的问题；在歧视方面，"大数据杀熟"成为近年来社会生活类十大流行语之一，反映了人们对算法歧视的担忧；在安全方面，自动驾驶汽车的安全问题尤其引人关注；在责任方面，人工智能算法由于可能存在不透明、不可理解、不可解释等特性，在事故责任认定和分配上也存在有待讨论的法律难题；在就业方面，人工智能可能造成大规模失业的风险一直备受社会关注，甚至有人认为人工智能的普及将会在人类社会中产生一批史无前例的"无用阶层"。

因此，我们有必要对人工智能等新技术进行更多的人文和伦理思考。正如人工智能科学家李飞飞所言，要让伦理成为人工智能研究与发展的根本组成部分。基辛格也曾说过，面对人工智能的兴起，人们在哲学、伦理、法律、制度、理智等各方面都还没做好准备，因为人工智能等技术变革正在冲击既有的世界秩序，我们却无法完全预料这些技术的影响，而且这些技术可能最终会导致我们的世界所依赖的各种机器为数据和算法所驱动且不受伦理或哲学规范约束。

显然,在当前的人工智能等新技术背景下,我们比历史上任何时候都更加需要"科技向善"理念,更加需要技术与伦理的平衡,以便确保新技术朝着更加有利于人类和人类社会的方向发展。一方面,技术意味着速度和效率,要发挥好技术的无限潜力,善用技术追求效率,创造社会和经济效益。另一方面,人性意味着深度和价值,要追求人性,维护人类价值和自我实现,避免技术发展和应用突破人类伦理底线。因此,只有保持警醒和敬畏,在以效率为准绳的"技术算法"和以伦理为准绳的"人性算法"之间实现平衡,才能确保"科技向善"。

在此背景下,从政府到行业再到学术界,全球掀起了一股探索制定人工智能伦理原则的热潮。例如,经济合作与发展组织(OECD)和二十国集团(G20)已采纳了首个由各国政府签署的人工智能原则,成为人工智能治理的首个政府间国际共识,确立了以人为本的发展理念和敏捷灵活的治理方式。我国新一代人工智能治理原则也紧跟着发布,提出和谐友好、公平公正、包容共享、尊重隐私、安全可控、共担责任、开放协作、敏捷治理八项原则,以发展负责任的人工智能。可见,各界已经基本达成共识,以人工智能为代表的新一轮技术发展应用离不开伦理原则提供的价值引导。

需要构建以信任、幸福、可持续为价值基础的人工智能伦理,以便帮助重塑数字社会的信任,实现技术、人、社会三者之间的良性互动和发展,塑造健康包容可持续的智慧社会。

1. 构建让人信任的人工智能规则体系

虽然技术自身没有道德、伦理的品质,但是开发、使用技术的人会赋予其伦理价值,因为基于数据做决策的软件是人设计的,他们设计模型、选择数据并赋予数据意义,从而影响人们的行为。所以,这些代码并非价值中立,其中包括了太多关于人类的现在和未来的决定。所以,技术无关价值的论断并不正确。现在人们无法完全信任人工智能,一方面是因为人们缺乏足够信息,对这些与我们的生活和生产息息相关的技术发展缺少足够的了解;另一方面是因为人们缺乏预见能力,既无法预料企业会拿自己的数据做什么,也无法预测人工智能系统的行为。

因此,需要构建能够让人们信任的人工智能规则体系,让技术接受价值引导。作为建立技术信任的起点,人工智能发展与应用需要遵循四个方面的理念,给人工智能发展提供必要的价值引导。

(1)可用。发展人工智能的首要目的,是促进人类发展,给人类和人类社会带来福祉,实现包容、普惠和可持续发展。为此,需要让尽可能多的人可以获取、使用人工智能,让人们都能共享技术红利,避免出现技术鸿沟。可用性,一方面意味着人工智能的发展应遵循以人为本的理念,尊重人的尊严、权利和自由以及文化多样性,让技术真正能够为人们所用,给人们带来价值;另一方面意味着人工智能与人类之间不是非此即彼的取代关系,而是可以成为人类的好帮手,增强人的智慧和创造力,实现和谐的人机关系。此外,可用性还意味着包容性,要求技术赋能于人,尤其是残障人士等弱势群体及少数族裔。

(2) 可靠。人工智能应当是安全可靠的,能够防范网络攻击等恶意干扰和其他意外后果,实现安全、稳定与可靠。一方面人工智能系统应当经过严格的测试和验证,确保其性能达到合理预期;另一方面人工智能应确保数字网络安全、人身财产安全以及社会安全。

(3) 可知。人工智能应当是透明的,是人可以理解的,避免技术"黑盒"影响人们对人工智能的信任。目前,学界和业界已在致力于解决人工智能"黑盒"问题,实现可理解的人工智能算法模型。此外,算法透明不是对算法的每一个步骤、算法的技术原理和实现细节进行解释,简单公开算法系统的源代码也不能提供有效的透明度,反倒可能威胁数据隐私或影响技术安全应用。此外,在发展和应用人工智能的过程中,应为社会公众参与创造机会,并支持个人权利的行使。同时,对于人工智能做出的决策,在适当的时候提供异议和申诉机制以挑战这些决策;对于人工智能造成的损害,提供救济途径并能追究各参与方的法律责任。最后,还需要保障个人的信息自决。

(4) 可控。人工智能的发展应置于人类的有效控制之下,避免危害人类个人或整体的利益。短期来看,发展和应用人工智能应确保其带来的社会福祉显著超过其可能给个人和社会带来的可预期的风险和负面影响,确保这些风险和负面影响是可控的,并在风险发生之后积极采取措施缓解、消除风险及其影响。只有当效益和正面价值显著超过可控的风险和消极影响时,人工智能的发展才符合可控性的要求。长期来看,虽然人们现在还无法预料通用人工智能和超级人工智能能否实现以及如何实现,也无法完全预料其影响,但应遵循预警原则,防范未来的风险,使未来可能出现的通用人工智能和超级人工智能能够服务于全人类的利益。

当然,信任的建立,需要一套规则体系。在这些原则之下,人们可以探索制定标准、法律、国际公约等。需要采取包容审慎、敏捷灵活的规制方式,遵循分阶段的监管思路,采取多利益相关方协同治理的模式,同时需要避免采取统一的专门监管。

2. 确保人人都能追求数字福祉

(1) 保障个人的数字福祉,人人都有追求数字福祉的权利。一方面需要消除技术鸿沟和数字鸿沟,全球还有接近一半人口没有接入互联网,老年人、残疾人等弱势群体未能充分享受到数字技术带来的便利。另一方面减小、防止数字技术对个人的负面影响,网络过度使用、信息茧房、算法偏见、假新闻等现象暴露出了数字产品对个人健康、思维、认知、生活和工作等方面的负面影响,呼吁互联网经济从吸引乃至攫取用户注意力向维护、促进用户数字福祉转变,要求科技公司依循"经由设计的数字福祉"(digital wellbeing by design)理念,将对用户数字福祉的促进融入互联网产品、服务的设计中。

(2) 保障个人的工作和自由发展，人人都有追求幸福工作的权利。虽然有人声称人工智能将导致大规模失业和无用阶层的出现，但就目前情况而言，人工智能的经济影响依然相对有限，不可能很快造成大规模失业，也不可能终结人类工作，因为技术采纳和渗透往往需要数年甚至数十年，需要对生产流程、组织设计、商业模式、供应链、法律制度、文化期待等各方面做出调整和改变。但工作的内容、性质、方式和需求等可能发生很大变化，需要人们掌握新的知识和技能。预测显示，未来20年内，90%以上的工作或多或少都需要数字技能。而且人工智能、机器人等新技术正在从ICT领域向实体经济、服务业、农业等诸多经济部门扩散、渗透，未来中国将成为机器人大国，这些变化将在很大程度上影响当前的就业和经济结构。虽然短期内人工智能可能影响部分常规性的、重复性的工作，长远来看，以机器学习为代表的人工智能技术对人类社会、经济和工作的影响将是深刻的，但人类的角色和作用不会被削弱，相反会被加强和增强。现在需要做的就是为当下和未来的劳动者提供适当的技能教育，为过渡期劳动者提供再培训、再教育的公平机会，支持早期教育和终身学习。未来，人类将以新的方式继续与机器协同工作，进入人机协同的新时代，人工智能将成为人类的强大帮手和助手，极大增强人类体力、智力等。

3. 塑造健康包容可持续的智慧社会

技术创新是推动人类和人类社会发展的最主要因素。在21世纪的今天，人类所拥有的技术能力，以及这些技术所具有的"向善"潜力，是历史上任何时候都无法比拟的。换言之，人工智能等新技术本身是"向善"的工具，可以成为一股"向善"的力量，用于解决人类发展面临的各种挑战。与此同时，人类所面临的挑战也是历史上任何时候都无法比拟的。联合国制定的《2030可持续发展议程》确立了17项可持续发展目标，实现这些目标需要解决相应的问题和挑战，包括来自生态环境的、来自人类健康的、来自社会治理的、来自经济发展的等等。将新技术应用于这些方面，是正确的、"向善"的方向。例如，人工智能与医疗、教育、金融、政务民生、交通、城市治理、农业、能源、环保等领域的结合，可以更好地改善人类生活，塑造健康包容可持续的智慧社会。

因此，企业不能只顾财务表现、只追求经济利益，还必须肩负社会责任，追求社会效益，服务于好的社会目的和社会福祉，给社会带来积极贡献，实现利益与价值的统一，包括有意识有目的地设计、研发、应用技术来解决社会挑战。

16.5 本章小结

数据道德与职业行为准则是数据科学与工程中的重要组成部分。本章介绍了开源的相关概念、数据科学与工程的职业规划、数据隐私与社会问题、数据与人工智能伦理等内容。我们正处于一个开放的世界，隐私与安全、道德与规范、职业与生活，都将在这个大数据与人工智能的时代留下深深的痕迹。

16.6 习题与实践

复习题
1. 数据科学家在数据科学中扮演者怎样的角色？
2. 数据科学家和数据工程师有怎样的区别？
3. 数据安全包含哪些方面？云计算的出现对数据安全带来了哪些影响？
4. 数据科学家为什么需要遵守埃森哲的12条守则？
5. 大数据时代道德监督功能实现过程中，如何限制道德力量的过度使用？
6. 随着人工智能技术的发展，人类和智能机器之间会是一个什么样的关系？

研习题
1. 阅读《计算机协会道德与职业行为准则》（"文献阅读"[37]），深入了解道德规范和专业行为准则，并给出你的见解。
2. 阅读欧洲的数据所有权法案（"文献阅读"[38]），了解世界不同国家和组织制定的人工智能伦理原则。

文献阅读
LITERATURE READING

第1章

[1] 周傲英,钱卫宁,王长波. 数据科学与工程:大数据时代的新兴交叉学科[J]. 大数据,2015,1(2):90-99.

[2] 李国杰. 大数据研究的科学价值[J]. 中国计算机学会通讯,2012,8(9):8-15.

[3] National Academies of Sciences, Engineering, and Medicine. Data Science for Undergraduates: Opportunities and Options [M]. National Academies Press, 2018.

第2章

[4] Wing J M. Computational Thinking [J]. Communications of the ACM, 2006,49(3):33-35.

[5] Blei D M, Smyth P. Science and Data Science [J]. Proceedings of the National Academy of Sciences, 2017,114(33):8689-8692.

[6] 吴军. 数学之美[M]. 北京:人民邮电出版社,2012.

第3章

[7] Aho A V, Ullman J D. 计算机科学的基础[M]. 傅尔也,译. 北京:人民邮电出版社,2013.

[8] UCI. UCI Machine Learning Repository [DB/OL]. [2019-10-1]. https://archive.ics.uci.edu/ml/index.php.

第4章

[9] Thomas H, Charles E L, Ronald L R. 算法导论[M]. 殷建平,等,译. 北京:机械工业出版社,2013.

[10] Perez F, Granger B E. Project Jupyter: Computational Narratives as the Engine of Collaborative Data Science [J/OL]. [2019-10-1]. http://archive.ipython.org/JupyterGrantNarrative-2015.pdf.

第5章

[11] Fox A, Griffith R, Joseph A, et al. Above the clouds: A Berkeley View of Cloud Computing [J]. Dept. Electrical Eng. and Comput. Sciences, University of California, Berkeley, Rep. UCB/EECS, 2009,28(13):2009.

[12] Barroso L A, Clidaras J, Hölzle U. The Datacenter as a Computer: An Introduction to the Design of Warehouse-Scale Machines [J]. Synthesis Lectures on Computer Architecture, 2013, 8(3):1-154.

第6章

[13] Ghemawat S, Gobioff H, Leung S T. The Google File System [C]. 19th ACM Symposium on Operating Systems Principles, 2003,37(5):29-43.

[14] Decandia G, Hastorun D, Jampani M, et al. Dynamo: Amazon's Highly Available Key-value Store [C]. ACM SIGOPS Symposium on Operating Systems Principles, 2007,41(6):205-220.

第7章

[15] 崔斌,高军,童咏昕等. 新型数据管理系统研究进展与趋势[J]. 软件学报,2019,30(1):164-193.

[16] Pavlo A, Aslett M. What's Really New with NewSQL? [J]. ACM SIGMOD Record, 2016,45

(2):45-55.

第 8 章

[17] 杜小勇,卢卫,张峰. 大数据管理系统的历史、现状与未来[J]. 软件学报,2019,30(1):127-141.
[18] 维克托·迈尔·舍恩伯格. 大数据时代[M]. 盛杨燕,周涛,译. 杭州:浙江人民出版社,2012.

第 9 章

[19] Liew C S, Atkinson M P, Galea M, et al. Scientific Workflows: Moving across Paradigms [J]. ACM Computing Surveys (CSUR),2016,49(4):1-39.
[20] Berthold M R, Cebron N, Dill F, et al. KNIME: The Konstanz Information Miner [J]. ACMSIGKDD Explorations Newsletter, 2009,964(164):319-326.
[21] KNIME. KNIME [EB/OL]. [2019-10-1]. https://www.knime.com.

第 10 章

[22] Page L, Brin S, Motwani R, et al. The PageRank Citation Ranking: Bringing Order to the Web [R]. Stanford University,1999.
[23] Berkhin P. A Survey on PageRank Computing [J]. Internet Mathematics,2005,2(1):73-120.

第 11 章

[24] Mjolsness E, DeCoste D. Machine Learning for Science: State of the Art and Future Prospects [J]. Science,2001,293(5537):2051-2055.
[25] 周志华. 机器学习[M]. 北京:清华大学出版社,2016.

第 12 章

[26] Ioffe S, Szegedy C. Batch Normalization: Accelerating Deep Network Training by Reducing Internal Covariate Shift [J/OL]. [2019-10-1]. https://arxiv.org/abs/1502.03167.
[27] Srivastava N, Hinton G, Krizhevsky A, et al. Dropout: A Simple Way to Prevent Neural Networks from Overfitting [J]. Journal of Machine Learning Research, 2014,15(1):1929-1958.

第 13 章

[28] Scikit-Learn. Nearest Neighbors [EB/OL]. [2019-10-1]. https://scikit-learn.org/stable/modules/neighbors.html.
[29] 斯坦福大学. CS231n:Convolutional Neural Networks for Visual Recognition [EB/OL]. [2019-10-1]. http://cs231n.github.io/convolutional-networks.

第 14 章

[30] Devlin J, Chang M W, Lee K, et al. Bert: Pre-training of Deep Bidirectional Transformers for Language Understanding [J/OL]. [2019-10-1]. https://arxiv.org/abs/1810.04805.
[31] Tensorflow 官方网站:https://www.tensorflow.org/.
[32] Pytorch. Pytorch 教程[EB/OL]. [2019-10-1]. https://pytorch.org/tutorials/intermediate/torchvision_tutorial.html.
[33] Tensorflow. Tensorflow 教程[EB/OL]. [2019-10-1]. https://www.tensorflow.org/versions/r2.0/api_docs/python/tf.

第 15 章

[34] Manning C D. 信息检索导论(修订版)[M]. 王斌,译. 北京:人民邮电出版社,2019.
[35] Silver, D., Huang, A., Maddison, C. et al., Mastering the Game of Go with Deep Neural Networks and Tree Search [J]. Nature, 2016,529(7587),484-489.
[36] 王伟,周添一,赵生宇,范家宽. 全球开源生态发展现状研究[J]. 信息通信技术与政策,2020(5):38-44.

第 16 章

[37] ACM. 计算机协会道德与职业行为准则[EB/OL]. [2019-10-1]. https://www.acm.org/code-of-ethics/the-code-in-chinese.

[38] 瑞柏律师事务所. 欧盟《一般数据保护条例》GDPR(汉英对照)[M]. 北京:法律出版社,2018.

参考文献
REFERENCES

[1] 哈雷尔,弗尔德曼.算法学:计算精髓[M].霍红卫,译.北京:高等教育出版社,2008.
[2] Van der Aalst W, Damiani E. Processes Meet Big Data:Connecting Data Science with Process Science[J]. IEEE Transactions on Services Computing,2015,8(6):810-819.
[3] Ogasawara E, Dias J, Oliveira D, et al. An Algebraic Approach for Data-Centric Scientific Workflows[J]. Proc. of VLDB Endowment,2011,4(12):1328-1339.
[4] Guo P. Data Science Workflow:Overview and Challenges[J]. Communications of the ACM,2013.
[5] Common Workflow Language,v1.0. Specification[EB/OL]. Common Workflow Language working group. [2020-1-1]. https://www.commonwl.org/.
[6] Wikipedia.蒙特卡洛法[EB/OL].[2019-10-1]. https://en.wikipedia.org/wiki/Monte_Carlo_method.
[7] Scrapy. Scrapy Tutorial[EB/OL].[2019-10-1]. https://docs.scrapy.org/en/latest/intro/tutorial.html.
[8] Hennessy J L, Patterson D A. Computer Architecture:A Quantitative Approach[M]. Elsevier,2011.
[9] 张江陵,冯丹.海量信息存储[M].北京:科学出版社,2003.
[10] 封举富,于剑.2016数据挖掘前沿技术专题[J].计算机研究与发展,2016,53(8):1649-1650.
[11] 李航.统计学习方法[M].北京:清华大学出版社,2012.
[12] 周志华.机器学习[M].北京:清华大学出版社,2016.
[13] 王珊,萨师煊.数据库系统概论[M].北京:高等教育出版社,2014.
[14] Han J, Haihong E, Le G, et al. Survey on NoSQL database[C]. 2011 6th International Conference on Pervasive Computing and Applications,2011:363-366.
[15] 张俊林.大数据日知录:架构与算法[M].北京:电子工业出版社,2014.
[16] APACHE. Hadoop Docs[EB/OL].[2019-10-1]. http://hadoop.apache.org/docs/stable.
[17] 雷奥奇·卡塞拉等.统计推断(第二版)[M].张忠占,等,译.北京:机械工业出版社,2018.
[18] 斯坦福大学.CS229:Machine Learning[EB/OL].[2019-10-1]. http://cs229.stanford.edu.
[19] Page L, Brin S, Motwani R, et al. The PageRank Citation Ranking:Bringing Order to the Web[R]. Stanford University,1998.
[20] Goodfellow I, Bengio Y, Courville A. Deep learning[M]. MIT press,2016.
[21] Wang H, Raj B. On the Origin of Deep Learning[J/OL].[2019-10-1]. https://arxiv.org/abs/1702.07800.
[22] Simonyan K, Zisserman A. Very Deep Convolutional Networks for Large-Scale Image Recognition[J/OL].[2019-10-1]. https://arxiv.org/abs/1409.1556.
[23] 沙行勉.计算机科学导论——以Python为舟(第2版)[M].北京:清华大学出版社,2016.
[24] 杨现民,田雪松.互联网+教育:中国基础教育大数据[M].北京:电子工业出版社,2016.
[25] 格伦·布鲁克希尔,丹尼斯·布里罗.计算机科学概论(第12版)[M].刘艺,吴英,等,译.北京:人民邮电出版社,2017.
[26] 托尼·海依,奎利·帕佩.计算思维史话[M].武传海,陈少芸,等,译.北京:人民邮电出版

社,2020.
- [27] 迈克斯·泰格马克.生命3.0[M].汪婕舒,译.杭州:浙江教育出版社,2018.
- [28] 刘锋.互联网进化论[M].北京:清华大学出版社,2012.
- [29] NBD Interoperability. NIST Big Data Public Working Group Definitions and Taxonomies Subgroup In: Framework: Definitions [J]. NIST Special Publication,2015,1500-1.
- [30] SICULAR S. Big Data Analytics Failures and How to Prevent Them [EB/OL]. [2017-05-18]. https://www.gartner.com/en/documents/3108918/big-data-analytics-failures-and-how-to-prevent-them.
- [31] Demchenko Y, Belloum A, Wiktorski T. EDISON Data Science Framework: Part 1. Data Science Competence Framework (CF-DS) Release 2 [EB/OL]. [2017-07-03]. https://zenodo.org/record/1044346#.X0xTwHkzaUk.
- [32] Braschler M, Stadelmann T, Stockinger K. Applied Data Science [M]. New York: Springer International Publishing,2019.
- [33] 秦小燕,初景利.国外数据科学家能力体系研究现状与启示[J].图书情报工作,2017,61(23):40-50.
- [34] 裴丹,张圣林,裴昶华.基于机器学习的智能运维[J].中国计算机学会通讯,2017,13(12):68-72.
- [35] G.波利亚.怎样解题[M].上海:上海科技教育出版社,2018.
- [36] 沃德斯顿·费雷拉·菲尔多.计算机科学精粹[M].蒋楠,译.北京:人民邮电出版社,2019.
- [37] 李廉,王士弘.大学计算机教程:从计算到计算思维[M].北京:高等教育出版社,2016.
- [38] 王伟.云计算原理与实践[M].北京:人民邮电出版社,2018.
- [39] 莎拉·巴氏.IT之火:计算机技术与社会、法律和伦理(原书第5版)[M].郭耀,译.北京:机械工业出版社,2020.
- [40] 唐亘.精通数据科学:从线性回归到深度学习[M].北京:人民邮电出版社,2018.

附录
APPENDIX

为了方便读者，我们将本教材中所有实践部分内容制作成在线实训课程的形式，通过作者团队自主开发的在线实训平台"功夫编程"(http://kfcoding.com)提供在线实训环境支持，读者可以登录该平台，在主页查找"数据科学与工程导论"这门课程，访问与本教材配套的线上实训资源，作为阅读和学习本教材时的参考。

在线实训课程资料的呈现形式以 Jupyter Notebook 文件和 markdown 文件为主，其内容划分与本教材章节划分一致，读者可以通过章节名称查找并学习相应的实践课程。

同时，本教材的所有配套资源包括：
- 课程大纲
- 课件
- 补充视频
- 实验代码
- 实验数据
- 习题与解答

这些资源均以开源的形式放于 GitHub 与 Gitee 平台上，方便教师和同学下载。
- GitHub 平台地址：https://github.com/will-ww/IntroDaSE
- Gitee 平台地址：https://gitee.com/will-ww/intro-da-se

以上开源仓库会不断更新，也欢迎广大读者朋好友在平台上互动交流，提出宝贵意见，帮助我们来一起不断完善这本教材。